机器人新兴领域
“十四五”高等教育教材

机器人理论与技术基础

主　编　丁希仑　徐　坤
副主编　张武翔　田耀斌

Fundam als of
Robo y and
echnology

中国教育出版传媒集团
高等教育出版社·北京

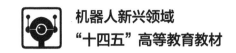

内容简介

本书系统地介绍了机器人的基本原理、主要技术及其应用，使读者了解当前机器人技术的最新成果和未来发展方向。全书共12章，具体为绪论、机器人系统组成、机器人的机构、位姿描述和齐次变换、机械臂的运动学、机械臂的雅可比矩阵、移动机器人的运动学、并联机器人运动学基础、机器人的动力学、机器人的控制、机器人的运动规划、仿生机器人。

本书具有很强的基础性、实用性和前沿性。本书将基础理论和工程应用相结合，在介绍理论知识的同时，给出相关的应用示例，帮助学生加深对知识的理解；本书还注重体现学术前沿成果与新方法，开阔读者视野。

本书内容丰富，涵盖机器人的基础知识与前沿技术，可作为普通高等学校机电类本科生和研究生专业基础课的教材，也可供其他大专院校的学生及从事机器人研制、开发及应用的技术人员学习参考。

图书在版编目（CIP）数据

机器人理论与技术基础 / 丁希仑，徐坤主编. 北京：高等教育出版社，2024. 8. -- ISBN 978-7-04-062901-9

Ⅰ. TP24

中国国家版本馆 CIP 数据核字第 2024XH0676 号

Jiqiren Lilun yu Jishu Jichu

策划编辑 欧阳舟　责任编辑 王　楠　封面设计 李树龙　版式设计 杨　树
责任绘图 李沛蓉　责任校对 张　薇　责任印制 赵　佳

出版发行	高等教育出版社	网　　址	http://www.hep.edu.cn
社　　址	北京市西城区德外大街4号		http://www.hep.com.cn
邮政编码	100120	网上订购	http://www.hepmall.com.cn
印　　刷	北京中科印刷有限公司		http://www.hepmall.com
开　　本	787mm×1092mm　1/16		http://www.hepmall.cn
印　　张	16.75		
字　　数	400千字	版　　次	2024年8月第1版
购书热线	010-58581118	印　　次	2024年8月第1次印刷
咨询电话	400-810-0598	定　　价	36.50元

物 料 号　62901-00

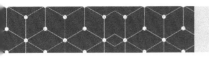

新形态教材网使用说明

机器人理论与
技术基础

主编
丁希仑　徐坤

计算机访问：

1　计算机访问https://abooks.hep.com.cn/62901。

2　注册并登录，进入“个人中心”，点击“绑定防伪码”，输入图书封底防伪码（20位密码，刮开涂层可见），完成课程绑定。

3　在“个人中心”→“我的学习”中选择本书，开始学习。

手机访问：

1　手机微信扫描下方二维码。

2　注册并登录后，点击“扫码”按钮，使用“扫码绑图书”功能或者输入图书封底防伪码（20位密码，刮开涂层可见），完成课程绑定。

3　在“个人中心”→“我的图书”中选择本书，开始学习。

课程绑定后一年为数字课程使用有效期。受硬件限制，部分内容无法在手机端显示，请按提示通过计算机访问学习。

如有使用问题，请直接在页面点击答疑图标进行问题咨询。

前言

机器人作为制造业皇冠上的明珠，是新一轮科技革命的切入点和重要增长点。《中国制造2025》将机器人作为重点发展领域，在国家“新基建”规划中，明确提出要把机器人列入涉及国计民生的重要产业予以重点发展。机器人产业正极大地改变着人类的生产和生活方式，为经济社会发展注入强劲动能。

“十四五”期间我国将快速进入中度老龄化，劳动力短缺问题会更加突出。机器人对于高强度、重复性、恶劣环境工作岗位具有更好的适应性，也是填补劳动力不足的最佳选择。《“十四五”机器人产业发展规划》提出，到 2025 年我国将成为全球机器人技术创新策源地、高端制造集聚地和集成应用新高地。

制造业的转型升级不仅需要提升产品质量和生产效率，也在推动工业机器人的加速发展。伴随着工业机器人浪潮的到来，对机器人技术人才的需求也日益增长。根据国家相关调研数据，工业机器人项目的增长速度与人才的持续需求存在显著的差距，全国范围内的人才缺口已达上百万人。社会发展的同时带来了教育理念上的转变，亟须在机器人工程等领域培养大量实践能力强、综合素质高的高层次科技创新人才和专业人才。

为满足国家对机器人技术人员的迫切需求以及新工科机器人技术人才培养的需求，编写组整理了机器人技术入门必需的相关技术与理论基础并编写了本书。

全书各章节的内容简介如下：

第一章绪论，介绍机器人的定义、发展历史，简介机器人的关键技术、组成与分类以及人工智能。

第二章机器人系统组成，对机器人的机械系统、驱动系统、传感器系统和控制系统进行详细介绍。

第三章机器人的机构，介绍机器人机构分类、常见机器人机构及其特点、机构自由度的计算等。

第四章位姿描述和齐次变换，介绍刚体的位姿描述与齐次坐标表示，以及基于齐次坐标的位姿运算，同时简要介绍四元数的相关知识。

第五章机械臂的运动学，以工业机械臂为范例，介绍其正逆运动学的建立与工作空间分析。

第六章机械臂的雅克比矩阵，介绍机械臂速度从关节空间到操作空间的映射关系和雅克比矩阵的构造方法，同时介绍力雅克比矩阵。

第七章移动机器人的运动学，以轮式和足式移动机器人为例介绍其运动学的建立。

第八章并联机器人运动学基础,介绍并联机器人特性、运动学建模及工作空间分析。

第九章机器人的动力学,介绍刚体动力学、牛顿-欧拉动力学方程以及拉格朗日动力学方程。

第十章机器人的控制,介绍机器人控制发展历史及主要控制方法。

第十一章机器人的运动规划,介绍机械臂的轨迹规划与移动机器人的路径规划方法。

第十二章仿生机器人,介绍最新仿生机器人的研究进展。

由于作者水平有限,本书错漏之处在所难免,希望读者批评指正。编者邮箱:xlding@buaa.edu.cn.

目录

第一章 绪论

机器人技术是现代科学与工程领域中的一个重要研究方向，它涉及机械工程、电子工程、计算机科学、人工智能等多个学科的交叉与融合。随着科技的不断进步和社会的发展，机器人已经成为人们生活中不可或缺的一部分。机器人是“制造业皇冠顶端的明珠”，其研发、制造、应用是衡量一个国家科技创新和高端制造业水平的重要标志。本章将介绍机器人技术的基本概念、发展历程以及其在各个领域中的应用。

电子教案：绪论

1.1 机器人的技术发展概论

1.1.1 机器人的定义

“我是擎天柱”——这是动画片《变形金刚》中的一句经典台词。它承载着很多人童年的回忆，也是许多人听到“机器人”这一名词后脑海中最先浮现的画面。这只是漫画、动画与科幻片中的“机器人”，虽然与机器人专业所描述的机器人有不少的相似，但也有很大的不同。

机器人(robot)是一种机器，是一种可由计算机编程的机器，能够自动执行一系列复杂动作，它可以由外部控制设备引导，或者嵌入式设备直接控制。机器人可以被构建成具有人类形态，但大多数情况下是以功能为重点设计的任务执行机器。它们可以是自主或半自主的，包含类人机器人、工业机器人、服务机器人和特种机器人等各种类型。韦氏词典将机器人定义为一种能够自主移动并执行复杂动作的机器，或者自动执行复杂、经常重复任务的设备。大英百科全书解释机器人是可取代人工实现自动操作的机器，尽管它可能在外观上不像人类或以人类方式执行功能。剑桥词典将机器人定义为由计算机控制的机器，用于自动执行工作。

国际学术界众说纷纭，尚未对机器人做出统一的定义。而对于工业机器人，国际标准化组织于 1987 年对其进行了定义：工业机器人是一种具有自动控制的操作和移动功能，能完成各种作业的可编程操作机。随后国际标准 ISO8373：2021 对工业机器人做出了更具体的解释：机器人具备自动控制及可再编程、多用途功能，机器人操作机具有三个或三个以上的可编程轴，在工业自动化应用中，机器人的底座可固定也可移动。

机器人学(robotics)是一门研究机器人的学科，涉及机器人的设计、制造、控制、感知、规划和学习等方面。它综合了计算机科学、工程学、数学和物理学等多个学科的知识，旨在开发出能够模拟和执行人类任务的自主智能机器人。机器人学的研究领域非常广泛，包括机器人的机械结构设计、传感器和执行器的选择与集成、运动规划与控制、人机交互、机器视觉、感知与定位、机器学习等。通过这些研究，机器人学致力于解决机器人在各种环境中的自主行动、决策和学习能力的问题。

机器人的应用领域非常广泛。在工业领域，机器人被广泛应用于自动化生产线上，能够完成重复性、高精度的任务，提高生产效率。在医疗领域，机器人可以用于手术操作、康复训练等，提高手术精确度和患者康复效果。在军事领域，机器人可以用于侦察、拆弹、无人机等任务，减少人员伤亡风险。此外，机器人还可以应用于家庭服务、教育、娱乐等领域。机器人的发展离不开人工智能和机器学习的支持。通过机器学习算法，机器人可以从大量的数据中学习和优化自己的行为，提高自主决策的能力。同时，机器人学也面临一些挑战，如机器人的安全性、伦理问题、人机交互的设计等。

1.1.2 机器人学的历史与发展

机器人学的历史可以追溯到古代。人们一直梦想着创造出能够模仿和执行人类任务的机械装置。根据《列子·汤问》中的记载，早在西周时期，我国的能工巧匠偃师就研制出了能歌善舞的伶人，这是我国最早记载的机器人。据《三国志·诸葛亮传》和《三国志·后主传》中记载，后汉三国时期，蜀国丞相诸葛亮制作出了“木牛流马”，并用其运送军粮。1662 年，日本的竹田近江利用钟表技术发明了自动机器玩偶，并在大阪的道顿堀演出。1738 年，法国天才技师杰克·戴·瓦克逊发明了一只机器鸭，它会发出叫声，会游泳和喝水，还会进食和排泄，其本意是想把生物的功能加以机械化而进行医学上的分析。

直到 20 世纪，随着计算机科学和工程学的发展，机器人学才成为一门独立的学科。1920 年，捷克作家卡雷尔·卡佩克发表了科幻剧本《罗萨姆的万能机器人》。在剧本中，卡佩克把捷克语“Robota”写成了“Robot”，“Robota”是奴隶的意思，这也是“Robot”这一名词首次作为机器人出现，对后世产生了巨大的影响。

1940 年，美国科幻小说作家艾萨克·阿西莫夫在《我，机器人》短篇小说集中，提出了著名的“机器人三原则”：

第一条，机器人不应伤害人类；

第二条，机器人应遵守人类的命令，与第一条违背的命令除外；

第三条，机器人应能保护自己，与第一条相抵触者除外。

这是人类给机器人赋予的伦理性纲领，机器人学术界一直将这三原则作为机器人开发的准则。20 世纪初，机器人学主要集中在机械结构和运动控制方面。早期的机器人主要是基于机械装置，如电动机和传动系统，用于执行简单的重复性任务。这些机器人通常由机械工程师设计和制造，主要应用于工业生产线上。随着计算机技术的进步，机器人学逐渐与计算机科学和人工智能相结合。20 世纪 50 年代，人们开始使用计算机来控制机器人的运动和行为。这一时期的机器人主要是通过预先编程的方式来执行任务，缺乏自主决策的能力。1959 年，美国“机器人之父”约瑟夫·恩格尔伯格研制成功了世界上第一台工业机器人“Unimate”。他创立了世界上第一家机器人公司万能自动公司（Unimation），这是工业机器人史上具有里程碑意义的重大事件。随着计算机技术的发展,机器人的智能化程度也在不断提高。到了20世纪70年代,机器人学开始关注机器人的感知和定位能力。研究者开始探索如何让机器人通过传感器获取环境信息,并准确地感知和确定自身的位置。这为机器人在复杂环境中进行自主导航和执行任务打下了基础。日本早稻田大学加藤一郎教授团队研制了"WABOT-1",这是第一个能够模仿人类动作的机器人。"WABOT-1"能够行走、说话和演奏乐器,引起了全球的关注。1977年,蒋新松(中国"机器人之父")作为中科院自然科学发展规划的起草人之一,把机器人和人工智能列入了中科院长期发展项目,从此机器人和人工智能研究被首次载入我国科技发展史册。

在20世纪80年代初期,机器人技术开始进入一个新的发展阶段。这个时期的机器人主要是基于计算机技术和传感器技术的发展,实现了初步的自主控制和感知能力。一些工业机器人开始被应用于生产线中,实现了自动化和智能化的生产。同时,一些服务型机器人也开始出现,如家庭清洁机器人。

随着技术的不断发展,机器人在20世纪90年代开始进入更广泛的应用领域。在这个时期,机器人的智能化水平得到了显著提升,一些机器人开始具备自主学习和决策能力。同时,随着网络的普及,机器人也开始与互联网相结合,实现了远程控制、数据共享等功能。

进入21世纪后,机器人技术得到了更加迅猛的发展。在这个时期,机器人的应用领域不断扩大,涉及航空、医疗、军事等多个领域。近年来,随着机器学习和人工智能的兴起,机器人学进入了一个新的阶段。机器学习算法使得机器人能够从大量的数据中学习和优化自己的行为。通过机器学习,机器人可以逐渐提高自己的决策能力和适应能力,更好地适应不同的任务和环境。现代机器人已经具备了感知、决策和执行的能力,能够在复杂环境中完成各种任务。同时,随着5G和物联网等新技术的普及,机器人也将更加深入地融入人们的日常生活中,为人们提供更加便捷和高效的服务。机器人技术的发展历程经历了从简单机械自动化到智能化的演进过程,为人类创造了更多的便利和效益。

人工智能(artificial intelligence,AI)是一门研究如何使计算机系统具备智能的学科。它旨在模拟人类的智能行为和思维过程,使计算机能够像人类一样感知、理解、推理、学习和决策。人工智能的发展历程可以追溯到20世纪50年代,随着计算能力的提升和大数据的兴起,人工智能取得了巨大的突破和进展。人工智能的核心技术包括机器学习、自然语言处理、计算机视觉等。机器学习(machine learning,ML)是一种让计算机通过数据和经验自主学习的技术,它可以让计算机从大量的数据中发现模式和规律,并做出预测和决策。深度学习是机器学习的一种特殊形式,它通过模拟人脑神经网络的结构和功能,实现了对复杂数据的高级抽象和处理。

机器人并不等同于人工智能,机器人是人工智能的重要载体,也是人工智能重要体现。进一步而言,人工智能是机器人发展的高级阶段,是机器人智能化的必经之路。二者息息相关,如同"鱼"与"水"之间的关系。近年来,随着大型人工智能模型的发展,具身智能(embodied AI)这一概念受到了公众与研究者的高度关注。在机器人领域,具身智能是将人类的感知、认知和行动能力应用于机器人系统中。与传统的人工智能方法相比,具身智能更加注重机器人与环境的实时交互和紧密关联。通过具身智能,机器人能够通过感知环境、理解环境并采取相应的行动来解决问题和完成任务。具身智能的核心思想是将智能从离线的计算和推理模型中解放出来,使机器人能够在实时的环境中进行感知和行动。这种实时交互使机器人能够更好地适应不断变化的环境，从而提高其适应性和灵活性。具身智能的研究和应用领域包括机器人技术、自动驾驶、智能传感器等。例如，机器人可以通过摄像头获取图像信息，通过激光雷达获取距离信息，再通过机器学习算法对图像进行识别和分类，从而判断出环境中的物体和障碍物，最后通过执行器控制自身运动，进而避开障碍物或完成特定的任务。在自动驾驶领域，具身智能使车辆能够通过感知周围的交通状况、理解交通规则并采取相应的行动，从而实现自主驾驶。尽管具身智能在理论和技术上还存在许多挑战，但它已经在许多领域取得了重要的进展。随着感知、认知和行动技术的不断发展，具身智能有望在未来实现更广泛的应用，为人类生活和工作带来更多的便利和效益。

1.2 机器人学的基本概念

(1) 机构与驱动

机器人机构(mechanism)是指机器人的机械运动部分，是通过一系列的关节和连杆组合而成的机器人的骨架。机器人的机构设计是决定其运动能力的关键因素。例如，一个简单的机械臂可能包含若干旋转关节和(或)移动关节，这些关节的组合方式直接影响机械臂末端能够到达的空间范围以及其在该空间内的灵活性。其中连杆是机器人机构中固定或移动的部件，是独立运动的单元体，用以支撑、传递运动或力。关节是相邻连杆间的可动连接，连接两个或以上连杆，允许连杆之间相对运动。关节的类型和布置方式决定了机器人的运动自由度，自由度是描述一个物理系统能够独立进行运动的变量数目的术语。在机器人学中，自由度通常指确定机器人状态所需要的最小独立变量数目，也指机器人可以独立控制的运动轴数。每个自由度代表了一个独立的运动参数，可以是线性移动(平移)或者角度旋转(转动)。机器人的机构设计需要综合考虑力学性能、工作环境以及任务需求等因素，以实现既定的功能和效率。

驱动(actuation)系统是机器人的动力来源，它将电能、化学能等能源转换为机械能，驱动机器人的各个关节和执行器按照预定的方式运动。根据驱动源的不同，当前机器人驱动系统主要分为三种类型：电动驱动使用电机作为动力源，是最常见的驱动方式，特点是控制简单、响应快速、维护方便；液压驱动通过液压泵和液压缸等液压元件提供动力，适用于需要高负载和刚性较高的应用场合；气动驱动利用压缩空气作为动力源，适合于轻载荷、高速运动的场景，但控制精度较低。此外，近年来还涌现出了一些新型驱动方式，如利用声波产生的力来推动机器人移动的声波驱动、形状记忆合金驱动、利用光能来驱动机器人或其部件运动的光驱动、通过磁力控制机器人的磁驱动等。

总的来说，机器人的机构和驱动系统是紧密相连的两大核心部分，共同决定了机器人的性能和应用范围。本书第二章将着重介绍机器人的系统组成部件与驱动元件，指导机器人系统设计和构造的方法。第三章将介绍主要的机器人机构类型与自由度计算方法。

(2) 运动学

运动学(kinematics)涉及机器人机构中物体运动的传递，而不考虑引起运动的力和力矩。由于机器人机构本质上是为运动而设计的，因此运动学是机器人设计、分析、控制和仿真的基础。机器人学界一直致力于有效地应用位置和姿态的不同表示及其对时间的导数来解决基本运动学问题。本书第四章将介绍物体在空间中的位置和姿态的有效表示方法以及在不同坐标间的变换方法。第五章将介绍机器人机构中最常见的关节运动学以及表示机器人机构拓扑几何的方法,这些具象工具将被应用于计算机器人机构的工作空间、正向和逆向运动学。第六章主要介绍速度运动学(也常被称为一阶运动学),其被用于分析和描述机器人各部件在空间中的速度关系,即如何从机器人的关节速度(关节空间中的速度)推导出机器人末端执行器或任何特定部位在工作空间中的速度(笛卡儿空间中的速度)。这一分析对于理解和控制机器人的动态行为至关重要,特别是在精确执行快速移动和复杂任务时。为简洁起见,本书重点将放在适用于开链机构的算法上,目的是为读者提供表格形式的通用工具和更广泛的算法概述,这些算法可以一起应用于解决与特定机器人机构有关的运动学问题。

(3) 动力学

动力学(dynamics)方程提供了作用在机器人机构上的驱动力和与环境接触力之间的关系,以及由此产生的加速度和运动轨迹。逆动力学、正动力学、惯性矩阵等计算对机械设计、控制和仿真都很重要。本书第九章将提供在机器人机构的刚体模型上执行上述运算的有效算法,这些算法以最一般的形式呈现,适用于一般的刚性机器人机构,这类机构包括固定基座机器人、移动机器人和并联机器人机构。空间矢量代数是一种简洁的矢量符号,用于描述刚体的速度、加速度、惯性等。它可使得动力学方程变得高效且紧凑,同时其也易于被用于动态算法中。本书的目标是向读者介绍机器人动力学的主题,并为读者提供牛顿-欧拉法和拉格朗日两种动力学算法,这些算法可以应用于串联开链机构,并可拓展应用于并联机构和混联机构。

(4) 运动控制与规划

运动控制与规划(motion control and planning)是指通过算法和反馈机制对机器人的运动进行规划、指导和调整的过程,以实现精确、高效和安全的操作。这一领域涵盖了从基本的运动指令执行到复杂的动态调整和适应性控制的技术。机器人运动控制的核心目标是确保机器人可以按照既定的轨迹或达到特定的位置和姿态,同时考虑速度、加速度以及外部环境因素的影响。以下是机器人运动控制的几个关键方面:

轨迹规划(trajectory planning)是在机器人开始运动之前,根据任务需求和环境条件,预先设计机器人从起始点到目标点的最佳路径。这个过程需要考虑避开障碍物、最小化能耗、减少运动时间等因素,以确定机器人各关节和执行器在时间上的具体运动规律。

运动控制(motion control)是实现轨迹规划中定义的路径的关键。这些算法包括 PID 控制、逆动力学控制、自适应控制等,通过精确调节机器人各关节的力和运动速度来执行复杂的运动序列。运动控制算法的选择和优化直接影响机器人执行任务的精度和效率。

力控制(force control)专注于在机器人与外部环境相互作用,如抓握、推拉或操作物体时,控制施加或感应的力。这要求机器人能够灵敏地感知外界力并做出适应性调整,以实现更加精细和安全的操作。

自适应控制和机器学习(adaptive control and learning)使机器人能够基于过去的经验和当前的环境反馈,自动调整其控制策略。这种能力对于应对复杂、变化多端的任务环境特别重要,如在不确定的地形中导航或处理未知的物体对象。

机器人运动控制的研究和应用不断进展,随着新算法、传感器技术和计算能力的发展,机器人正变得更加智能、灵活和适应性强，能够在更广泛的领域和更复杂的环境中发挥作用。本书第十章和第十一章将分别对机器人的运动控制方法和规划方法进行介绍。

(5) 仿生

仿生(bioinspiration/biomimetics)是一门跨学科的研究领域，涉及生物学、工程学、物理学和计算机科学等多个领域。它的核心思想是从自然界的生物体中获取灵感，模拟其形态、结构、功能和过程，以解决人类面临的复杂科技和工程问题。通过研究自然界生物的适应性、效率和生存策略，仿生学旨在创造出能够模拟这些生物特性的新材料、机器和技术。本书第十二章将对仿生机器人进行相关概念的介绍。

1.3 机器人的分类

机器人技术在各个领域中都有广泛的应用，如工业制造、农业生产、医疗健康、教育培训等。工业机器人在工业制造领域中能够提高生产效率和产品质量，减少人力成本；农业机器人能够自动完成农作物的种植、喷洒等任务，提高农业生产效率；医疗机器人在手术和康复训练中能够提供精确的操作和个性化的治疗；教育培训领域中的机器人能够帮助学生学习编程和提高解决问题的能力。机器人技术的应用不仅提高了生产效率和生活质量，还为人们创造了更多的就业机会和经济效益。机器人目前被广泛应用于工业、医疗、军事、服务等领域。随着科技的不断发展，机器人的种类也越来越多样化。这里主要针对机器人的应用场景，将其分为工业机器人、服务机器人、特种机器人三个大类分别进行介绍，如图 1.3-1 所示。

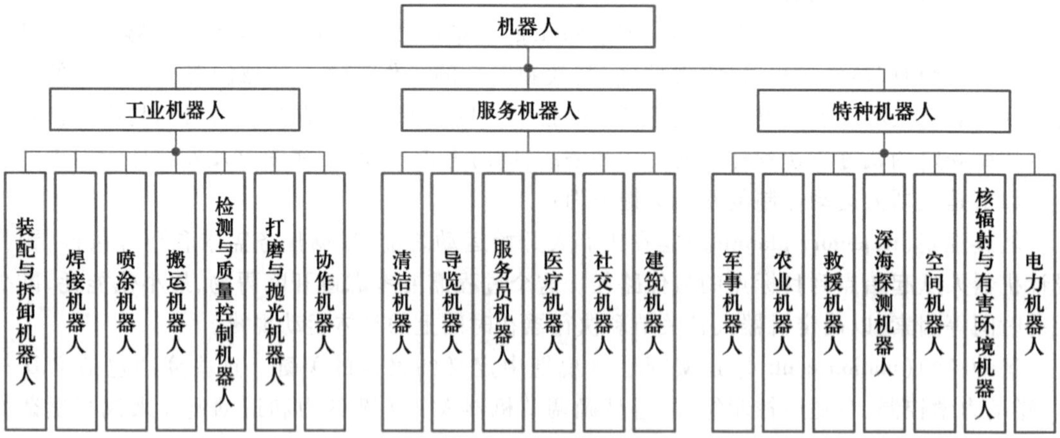

图 1.3-1 机器人的分类

1.3.1 工业机器人

工业机器人是用于工业自动化生产线的机器人，它们能够执行重复性、高精度的任务，提高生产效率和质量。根据其结构和功能，工业机器人可以分为以下几类。

(1) 装配与拆卸机器人

这类机器人主要用于精确的装配操作，如汽车制造中的零件装配、电子产品的组装等，其特点是高精度定位、重复定位精度高，可编程性强。

(2) 焊接机器人

这类机器人在汽车制造、重工业和金属加工领域尤其常见，能够在高温、高危环境下工作，提高焊接质量和效率。

(3) 喷涂机器人

这类机器人可用于各种表面涂层的喷涂，如汽车车身喷漆、产品涂装等，可以提供均匀的涂层，减少材料浪费，改善工作环境。

(4) 搬运机器人

这类机器人可在仓库、物流和生产线上用于搬运、装卸、码垛等任务，能够提高生产效率，减轻人工劳动强度。可移动的搬运机器人包括自动导引车(automated guided vehicle, AGV)和自主移动机器人(autonomous mobile robot, AMR)，主要用于工业环境中的物料搬运和运输任务。AGV 可以按照预设的路径移动，这些路径可以是地面上的磁带、电缆或者通过激光导航确定。AMR 比 AGV 更加先进，它们能够在没有预设路径的情况下自主导航和规划路线，广泛应用于仓库管理、配送中心和制造车间等。

(5) 检测与质量控制机器人

这类机器人可用于产品质量检测、尺寸测量、外观检查等。例如，切割与去毛刺机器人在金属加工、塑料制品生产等行业中用于切割、打磨和去毛刺等，能够在复杂的形状上进行精确作业，提高产品的加工质量。

(6) 打磨与抛光机器人

这类机器人用于金属、木材、塑料等材料的表面打磨和抛光，以达到所需的表面光洁度。其能够提供一致的处理效果，减少人工劳动。

(7) 协作机器人

与传统工业机器人相比，协作机器人的独特之处在于它们的设计初衷是为了直接与人类工作人员在同一工作环境中安全地协作，而不是替代人力。

1.3.2 服务机器人

服务机器人是用于提供各种服务的机器人，它们可以在家庭、商业和公共场所执行各种任务。与工业机器人不同，服务机器人通常与人类用户或公众直接互动，为人类提供支持、帮助或娱乐。以下是几种常见的服务机器人。

(1) 清洁机器人

清洁机器人被用于清洁和打扫家庭环境、办公室环境和公共场所环境。它们通常配备吸尘器、拖地器和清洁剂喷洒器，能够自动清洁地面和其他表面。

(2) 导览机器人

导览机器人被用于场所导航和提供信息服务，如应用在博物馆、机场和商场等场所。它们通常配备语音识别和语音合成技术，能够回答游客的问题并提供导览服务。

(3) 服务员机器人

服务员机器人被用于餐厅、酒店和医院等场所，能够提供食物、饮料等配餐服务和其他服务。它们通常具有自主导航和物品搬运的能力，能够与顾客进行简单的交流。

(4) 医疗机器人

医疗机器人是用于医疗领域的机器人,它们能够辅助医生进行手术、诊断和治疗。以下是几种常见的医疗机器人:① 手术机器人,用于辅助医生进行手术,提高手术的精确性和安全性。它们通常配备高清晰度摄像头和机械臂,能够进行微创手术和精确的操作。② 康复机器人,用于康复治疗,帮助患者进行运动和功能恢复。它们通常具有传感器和运动控制系统,能够监测患者的运动和提供适当的治疗。③ 医疗助理机器人,用于提供基本的医疗服务,如测量血压、心率和体温等。它们通常具有人机交互界面和数据分析功能,能够提供准确的医疗信息。

(5) 社交机器人

社交机器人是用于与人类进行交流和互动的机器人,它们能够模拟人类的行为和情感,帮助人们建立情感联系,并提供信息、娱乐和支持等服务。以下是几种常见的社交机器人:① 陪伴机器人,用于提供陪伴和娱乐,例如陪伴老年人、儿童和孤独者。它们通常具有语音识别和情感识别技术,能够与用户进行对话和互动。② 教育机器人,用于教育和培训,例如应用在学校和培训机构中。它们通常具有教学内容和交互界面,能够提供个性化的学习辅导。③ 情感机器人,能够识别和表达情感,例如笑、哭、愤怒等。它们通常具有情感识别和情感生成技术,能够与用户进行情感交流和互动。

(6) 建筑机器人

建筑机器人用于建筑施工和维护过程,包括自动化砖砌、混凝土喷涂、结构组装、焊接和建筑监测等任务。这些机器人旨在提高建筑效率、减少工人伤害和提高建筑质量。建筑机器人能够执行精确的重复任务,如自动铺设砖块或瓷砖,以及进行高难度的施工作业,如高空作业。它们可减轻人力劳动强度,提高施工速度和质量。

1.3.3 特种机器人

特种机器人是专为执行特定、复杂且通常是高风险任务而设计的机器人,它们在极端环境下工作,执行普通机器人或人类难以完成的任务。特种机器人广泛应用于军事、搜索与救援、深海探索、空间探索、核设施管理等领域。与工业或服务机器人相比,特种机器人往往具有更高的耐用性、更强的功能性和更专业的设计。

(1) 军事机器人

军事机器人是用于军事领域的机器人,它们能够执行危险和复杂的任务,减少士兵的风险。以下是几种常见的军事机器人:① 侦察机器人,用于侦察和情报收集,能够在战场上进行无人侦察和监视。它们通常配备摄像头和传感器,能够收集图像和数据。② 爆炸物处理机器人,用于处理和拆除爆炸物,减少士兵的风险。它们通常具有机械臂和探测器,能够进行精确的操作。③ 无人机,用于空中侦察和攻击,能够执行空中任务。它们通常具有飞行控制系统和载荷,能够进行远程监视和打击。

(2) 农业机器人

农业机器人是用于农业领域的机器人,它们能够助力农业生产过程自动化,提高农作物的产量和质量。以下是几种常见的农业机器人:① 植物种植机器人,用于植物种植过程自动化,包括播种、施肥、浇水和除草等。它们通常配备传感器和机械臂,能够根据植物的需求进行精确的操作。② 农田巡查机器人，用于巡查农田，监测土壤湿度、温度和作物生长情况等。它们通常具有无人机或移动机器人的形式，能够收集农田的数据并提供农业建议。③ 采摘机器人，用于农作物的采摘过程自动化，例如水果、蔬菜和花卉等。它们通常具有视觉识别和机械臂，能够识别成熟的农作物并进行精确的采摘。

(3) 救援机器人

救援机器人是用于灾害救援和紧急情况的机器人，它们能够进入危险区域执行任务，减少救援人员的风险。以下是几种常见的救援机器人：① 搜索救援机器人，用于搜索和救援被困人员，例如应用在地震、火灾和塌方等灾害中。它们通常具有移动机器人或无人机的形式，能够在复杂环境中进行搜索和定位。② 消防救援机器人，用于消防救援，能够进入火灾现场执行任务，例如进行灭火、救援和疏散等任务。它们通常具有耐高温和防火性能，能够在危险环境中工作。③ 水下救援机器人，用于水下救援，能够在水下执行任务，例如搜救溺水者和修复水下设施等。它们通常具有防水和潜水能力，能够在水下环境中工作。

(4) 深海探测机器人

深海探测机器人是为了研究地球上最未知和最不可接近的深海环境而设计的。这些机器人能够承受极端的水压和黑暗的环境，执行如海底地形测绘、生物样本收集、水下考古以及海底矿产资源探测等任务。深海探测机器人通常具有高度防水和耐压能力，能够在数千米深的水下正常工作。它们配备高精度的传感器、摄像头和机械臂，用于捕获高清图像、视频以及收集海底样本。

(5) 空间机器人

空间机器人指的是在地球外空间、其他行星或卫星表面执行任务的机器人。它们用于执行卫星维修、空间站建设和维护、行星探测等任务。空间机器人能够在高真空、超低温、微重力、强辐射以及照明差的空间环境中工作。它们通常具备自主导航、遥控操作和复杂任务执行的能力，代替人类宇航员在空间中执行工作任务。

(6) 核辐射与有害环境机器人

核辐射与有害环境机器人是专为在核电站、辐射处理设施以及其他有害环境中工作而设计的。它们执行的任务包括监测辐射水平、进行设施维护和检查、处理和清除放射性物质。这类机器人被设计用来承受高辐射而不损坏，能够执行人类难以接近或危险区域的任务。它们通常装备有远程操作功能，以减少人员暴露于辐射的风险。

(7) 电力机器人

电力机器人在电力系统的建设、维护和检修中发挥作用，包括输电线路的巡检、变电站的设备检修以及电缆的铺设和维护。它们能够在高压环境下安全工作，减少停电时间和提高电网的可靠性。电力机器人通常装备有用于视觉检测的摄像头、红外和紫外线传感器，以及其他专业工具，用于检测线路故障、绝缘材料磨损和其他潜在问题。

1.4 机器人的组成

大多数机器人由四个系统组成，分别是机械系统、驱动系统、传感器系统、控制系统，如图 1.4-1 所示。因而，机器人是一门综合了材料与机械科学、数学与力学、仿生生物学、计算机科学与技术、自动化科学与技术、传感技术与人工智能、通信技术、能源与动力等多领域多学科的综合性学科。

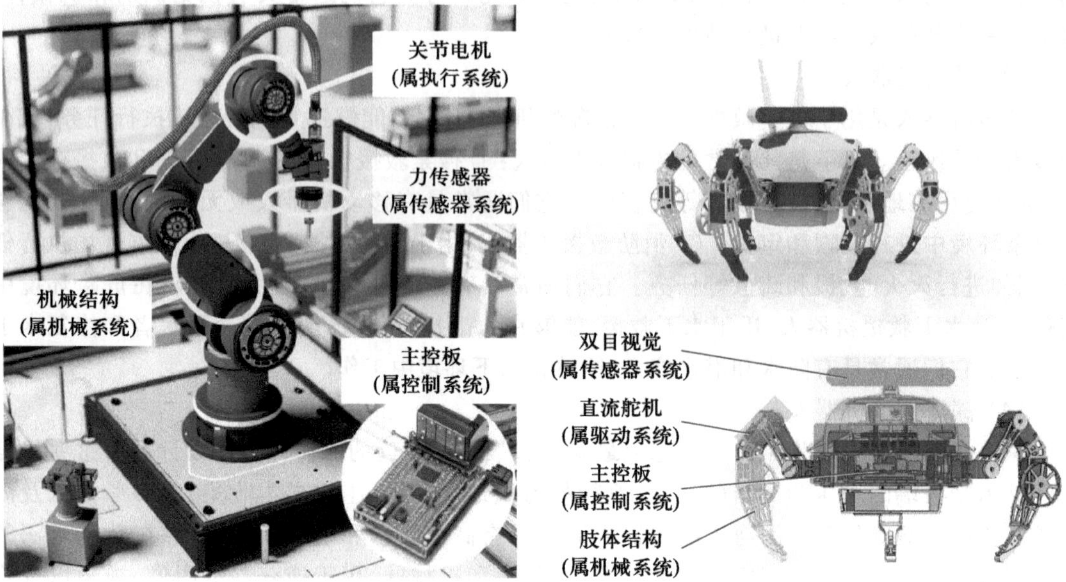

图 1.4-1 机器人的组成示意图

(1) 机械系统

机械系统是指构成机器人身体的所有机械部件,包括机器人的骨架、关节、外壳等。它为机器人提供了所需的结构支撑,以及与外界环境互动的能力。机械本体结构是运动和操作的基础,它决定了机器人的形态和运动能力。机械结构的设计需要考虑机器人的任务需求和环境适应性。例如,操作机器人通常采用多关节机械臂结构,可以实现复杂的运动轨迹和灵活的操作;移动机器人则需要具备底盘和轮子等结构,以实现自主导航和移动能力。机械结构的设计还需要考虑机器人的材料、强度、稳定性、灵活性和自由度等因素,以确保机器人能够准确地执行任务。

(2) 驱动系统

驱动系统,也称为执行系统,是机器人中负责直接驱动机械部件运动的部分,如电机、液压或气动执行器。执行系统的功能是将控制信号转换为机械动作,使机器人能够执行如移动、抓取和搬运等任务。按驱动方式的不同,执行器可分为电动执行器、液压执行器和气动执行器等。执行系统的选择和设计取决于机器人预期的用途、所需的负载和精确度,以及成本和维护等因素。为了实现高效和精确的控制,执行系统通常需要与传感器(如位置和力矩传感器)以及控制系统紧密集成,形成闭环控制系统。这种集成确保了机器人能够精确地执行复杂的动作和任务。

(3) 传感器系统

传感器系统在机器人中担任着“眼”“鼻”“耳”等器官在人类中的作用,是机器人与外界环境交互、完成各项任务的桥梁。传感器系统一般根据机器人的种类不同在机器人上的作用也各不相同,其核心是各种类型的传感器。常用的传感器包括视觉传感器(各种类型的相机)、触觉传感器(如力传感器)、声音传感器(如声呐)、位置传感器(如编码器、位置开关)、速度传感器(如转速计)、姿态传感器(如陀螺仪)、距离传感器(如激光测距仪)等。传感器是机器人感知自身状态和采集外界信息的通道,是实现机器人闭环控制的前提条件,是实现机器人与环境交互、人机共融和机器人智能化的必要条件。

(4) 控制系统

控制系统相当于人类的"大脑",是整个机器人的中枢,机器人上的绝大多数指令都是通过控制系统发出的。控制系统通过接收传感系统反馈回来的数据,根据自身内部预定的(或者在线生成的)逻辑算法,向机械系统和驱动执行器发出指令,完成任务。控制算法是机器人控制系统中的核心部分,它决定了机器人的运动和执行任务的方式。常见的控制算法包括 PID 控制、模糊控制、神经网络控制等。

控制器是机器人控制系统中的关键组件,它负责接收传感器数据、执行控制算法,并输出控制信号给执行器。控制器可以是硬件控制器,也可以是软件控制器。硬件控制器通常是嵌入式系统,它集成了传感器接口、执行器接口和控制算法,可以实时地接收和处理传感器数据,并输出控制信号给执行器。硬件控制器具有高实时性和稳定性,适用于对实时性要求较高的应用。软件控制器可以运行在计算机或嵌入式系统上,它通过软件实现传感器数据的处理和控制算法的执行。软件控制器具有灵活性和扩展性,可以方便地进行算法的更新和调整,适用于对灵活性要求较高的应用。控制器的设计和实现需要考虑控制算法的选择、硬件平台的适配和系统的稳定性等因素。合理的控制器设计可以提高机器人的性能和精度,实现更复杂的任务和应用。

1.5 小结

本章介绍了机器人技术的发展历程,并简述了机器人的关键技术、组成与分类,同时抛出了具身智能的概念。机器人可以执行重复性任务,解放人力资源,同时也可以应用于危险环境,保护人类生命安全。此外,机器人技术的不断发展也推动了科学研究、医疗保健、工业制造和军事领域等的创新,为社会带来了更多机会和挑战。因此,机器人及其技术在现代社会中扮演着重要的角色,对未来的发展和提高人类生活质量具有重要意义。

1.6 习题

【题 1-1】机器人的定义是什么?

【题 1-2】什么是阿西莫夫机器人三原则?

【题 1-3】"机器人之父"是谁?其作出了哪些贡献?

【题 1-4】请查阅相关资料回答:机器学习和人工智能是什么关系?

【题 1-5】具身智能和人工智能有什么关系?

【题 1-6】机器人的机构与驱动的作用是什么?

【题 1-7】机器人的运动学与动力学的作用是什么?

【题 1-8】机器人的运动规划与控制技术的作用是什么？

【题 1-9】工业机器人可以分为哪些类型？分别可以对应什么应用场景？

【题 1-10】服务机器人可以分为哪些类型？分别可以完成什么样的任务？

【题 1-11】特种机器人可以分为哪些类型？分别可以完成什么样的任务？

【题 1-12】机器人有哪些主要组成部分？其各自的作用是什么？

第一章习题参考答案

第二章　机器人系统组成

机器人是一种典型的机电一体化系统，一般是由机械系统、驱动系统、传感系统、控制系统构成，如图 2.0-1 所示。机器人的组成因其特定应用场景和具体用途会有所不同。例如，工业机器人通常用于工业重复性操作，因此一般具有强大的机械臂和精确的运动控制，而服务机器人可能更注重人机交互和导航能力。因此，机器人的组成因其应用的任务和领域而异。本章主要介绍机器人常见的机械系统、驱动系统、传感系统和控制系统的硬件形式及其主要的功能和原理。

电子教案：机器人系统组成

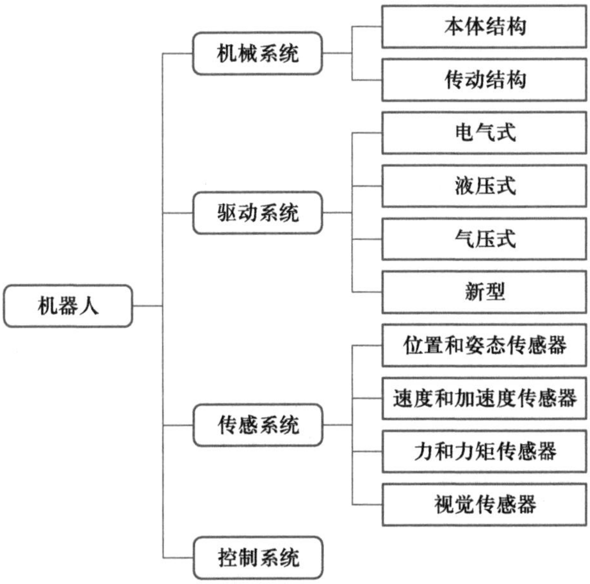

图 2.0-1　机器人整体组成

2.1　机械系统

机器人的机械系统是由若干关节和连杆通过不同的结构设计和机械连接所组成的机械装置，是机器人机械硬件的主要组成部分。它主要包括本体结构和传动结构，如图 2.1-1 所示。

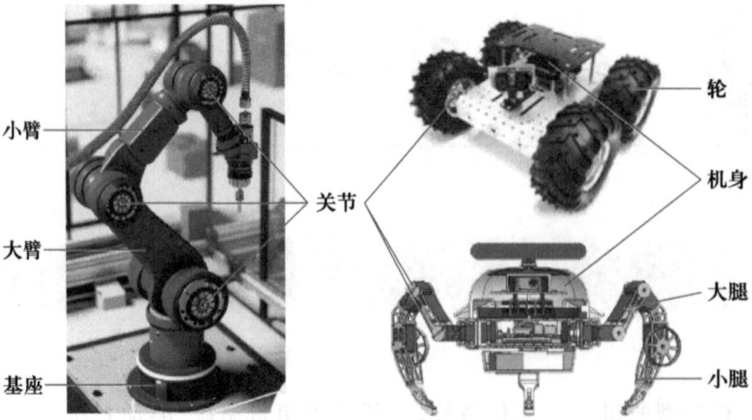

图 2.1-1 机械系统本体结构

2.1.1 本体结构

机器人的本体结构主要由连杆结构和关节结构组成。

(1) 连杆结构

连杆(也称为杆件)结构是机器人运动的单元体,由单个零件或多个零件装配而成,组成连杆结构的零件之间无相对运动。其主要起承载的作用,连杆结构的设计需要考虑系统强度、刚度等因素。根据连杆的不同位置和功能,连杆会有不同的名称:机械臂的基座、大臂和小臂,移动机器人的机身、大腿和小腿等。

(2) 关节结构

关节结构是连接不同连杆的、可以产生相对运动的结构。其主要起连接和驱动的重要作用,关节结构的设计除需要考虑系统强度、刚度等因素外,还要考虑运动效率。根据运动方式的不同,关节可以分为旋转关节和移动关节两大类。旋转关节允许连接的连杆之间产生旋转运动,绕单轴旋转的关节多采用旋转轴承,如滚动轴承(如图 2.1-2 所示)和滑动轴承(如图 2.1-3 所示),绕多轴旋转的关节常见的有万向联轴器(虎克铰,如图 2.1-4 所示)和球关节(如图 2.1-5 所示)。移动关节可以支撑很大的载荷,并沿直线产生精确的直线运动。移动关节使用的大都是摩擦较小的滚动直线移动关节,主要形式有直线滚动轴承(直线导轨)、交叉滚子直线导轨、滚珠花键、滚珠轴套等。

图 2.1-2 滚动轴承

图 2.1-3 滑动轴承

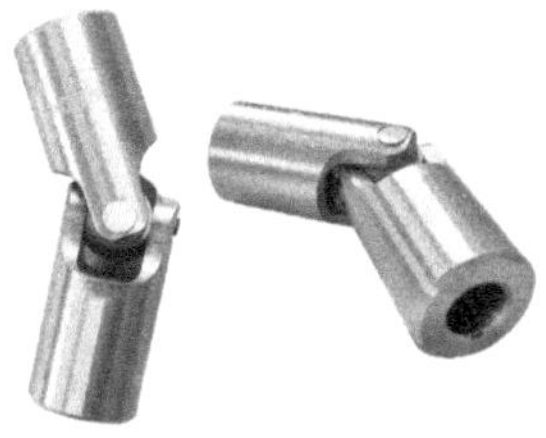

图 2.1-4 万向联轴器

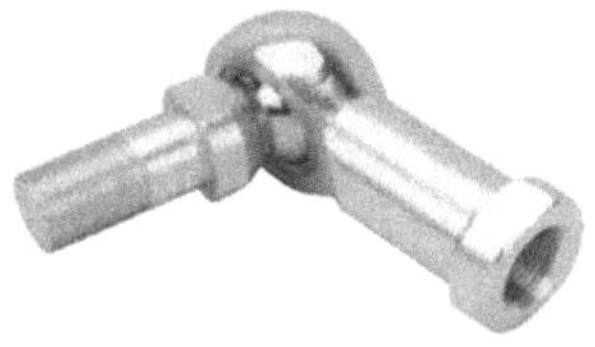

图 2.1-5 球关节

(3) 其他结构

随着技术的发展,除上述两种结构外,又出现了新型机器人结构,如软体结构。软体结构一般由柔软的材料构成,通常用气体或液体来改变其形状。这种结构通常用于敏捷的、高度适应性的应用,如柔性机械臂和软体机器人。

如果只讨论机械结构设计,其内容主要是机械设计、工程材料等学科所研究的,本书中不做详细讨论。机器人的本体结构与机构密不可分,其主要研究多个连杆和关节之间的整体运动特点,本书第三章将详细介绍机器人的机构与结构。

2.1.2 传动结构

机器人的传动结构是机器人结构中的关键组成部分,它用于将驱动系统的运动或者力传递到本体结构上。传动结构的设计可以影响机器人的性能、速度、精度和适应性。机器人传动结构的基本要求:

① 结构紧凑,即同比体积最小、重量最轻,减小机器人整体的重量。

② 传动刚度大,即承受扭矩时角度变形小,以提高整机固有频率,降低整机的低频振动。

③ 回差小,即由正转到反转时空行程小,以得到较高的位置控制精度。

④ 寿命长、价格低。

机器人的传动结构选择取决于应用需求、负载要求、精度要求、速度要求和预算。不同类型的机器人(例如工业机器人、服务机器人、医疗机器人等)通常会采用不同类型的传动结构以满足其特定的需求。传动结构的设计和维护对于机器人的性能和可靠性至关重要。机器人常用传动机构如表 2.1-1 所示。

表 2.1-1 机器人常用传动机构

序号	类型	原理简图	特点	传动轴空间关系	应用场合
1	齿轮传动		响应快,转矩大,刚性好,可实现旋转方向的改变和复合传动	平行	腰、腕关节

续表

序号	类型	原理简图	特点	传动轴空间关系	应用场合
2	谐波传动		速比大,同轴线,响应快,体积小,重量轻,回差小,转矩大	重合	所有关节
3	RV传动	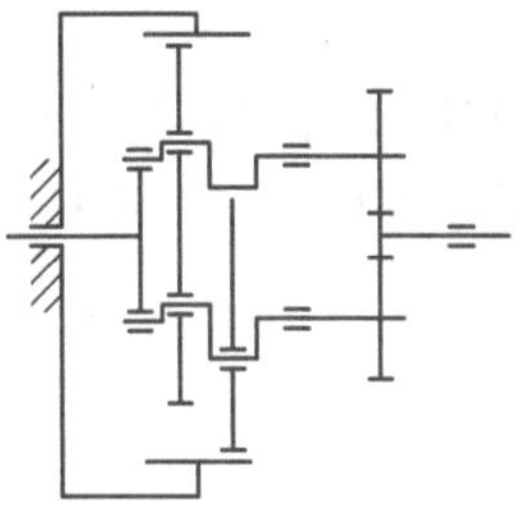	速比大,同轴线,响应快,刚度好,体积小,回差小,转矩大	重合	臂关节
4	蜗轮蜗杆传动	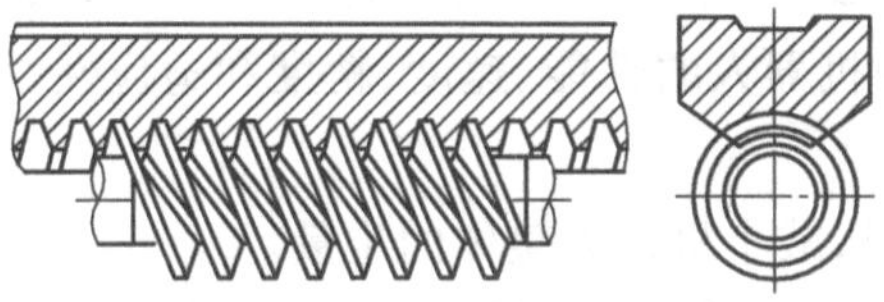	速比大,交错轴,体积小,回差小,响应小,刚度好,转矩大,效率低,发热大	交错	腰关节、手爪机构
5	链传动	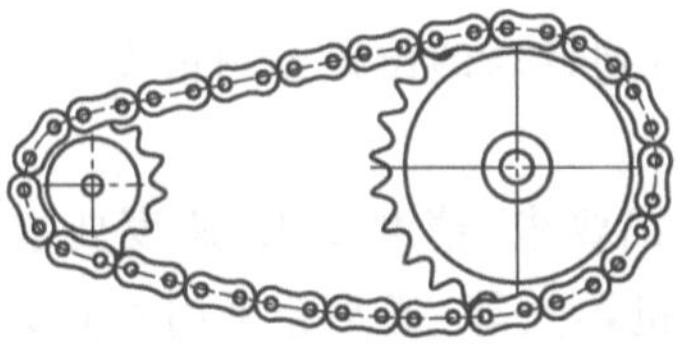	速比小,转矩大,刚度与张紧装置有关	平行	腕关节
6	齿形带传动	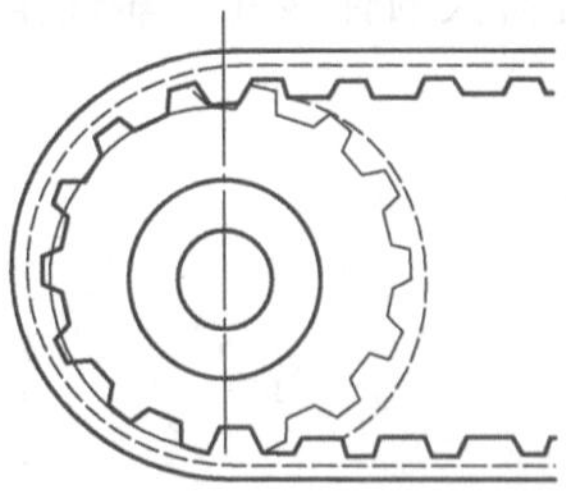	速比小,转矩小,刚性差,无间隙	平行	各关节的一级传动
7	钢绳传动		速比小,转矩小,刚性与张紧装置有关,无间隙	平行	腕关节
8	钢带传动	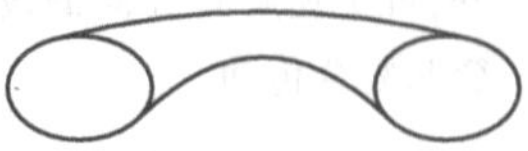	减速比小,无间隙	平行	腕关节、手爪机构

续表

序号	类型	原理简图	特点	传动轴空间关系	应用场合
9	滚动螺旋传动	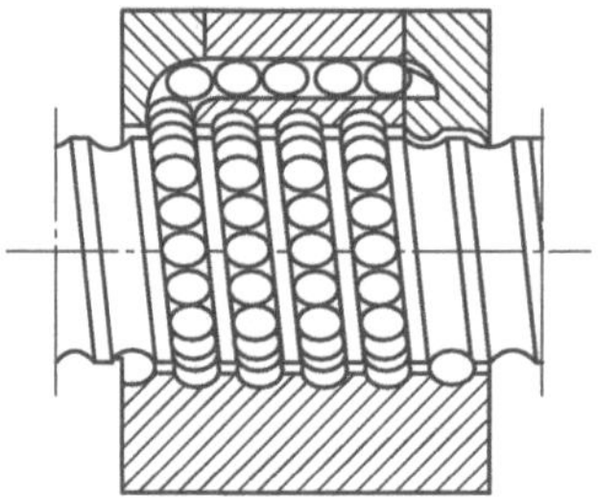	效率高,精度好,刚度好,无回差,可实现运动方式改变,速比大	重合	直动关节、摇块机构
10	齿轮齿条传动	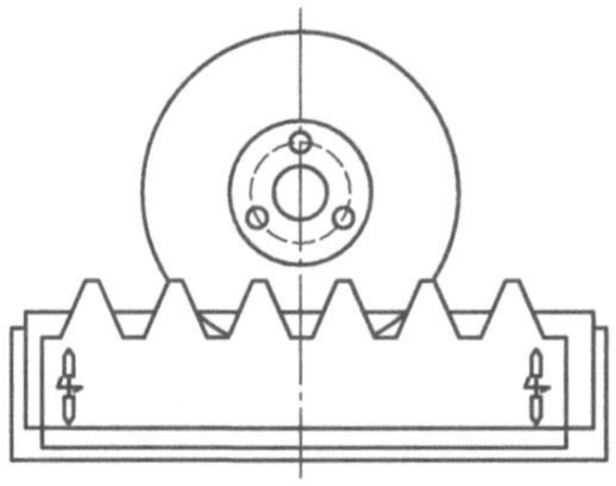	效率高,精度好,刚度好,可实现运动方式变化	交错	直动关节、手爪机构

这里主要介绍两种最常见的传动方式:谐波齿轮传动和 RV 减速传动。

(1) 谐波齿轮传动

谐波齿轮传动是一种靠波发生器使柔性齿轮产生可控弹性变形,并与刚性齿轮相啮合,从而传递运动和动力的齿轮传动系统。谐波齿轮减速器是在行星齿轮基础上发展而来的(如图 2.1-6 所示),它由三个基本构件组成,即具有内齿的钢轮,具有外齿的柔轮和激波器(转臂)。与行星传动一样,在这三个构件中必须有一个是固定的,而其余两个,一个为主动件,另一个为从动件。

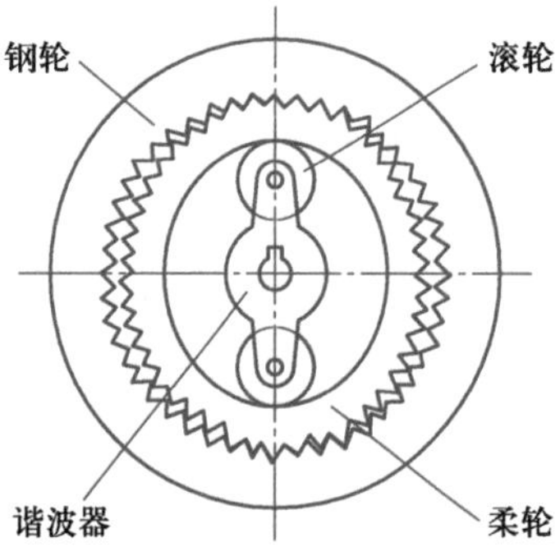

图 2.1-6 谐波齿轮减速器

谐波齿轮传动的工作原理是:激波器的长度比未变形的柔轮内圆直径大。当激波器装入柔轮内圆时,迫使柔轮产生弹性变形而呈椭圆状,于是椭圆形柔轮的长轴端附近的齿与钢轮齿完全啮合,短轴端附近的齿与钢轮完全脱开。在柔轮其余各处,有的齿处于啮合状态,有的齿处于啮出状态。当激波器连续转动时,柔轮长短轴的位置不断变化,使柔轮的齿依次进入啮合状态,再依次退出啮合,从而实现啮合传动。在传动过程中,柔轮产生的弹性变形近似于谐波,因此称为谐波齿轮传动。

与行星齿轮传动相比,谐波齿轮传动减速比大,承载能力强,传动效率高,运动平稳。但因为交变应力存在容易疲劳破坏,且顺势传动比不是定值,所以适合应用于高动态性能的伺服系统中,在机器人中常见用于负载小的机械臂或大型机器人末端几个轴。

国内谐波减速器经过持续研发投入，在扭转刚度、传动精度上大幅度提升，解决了减速器振动耦合的问题，打破了日本在谐波减速器领域的长期垄断，大幅降低了国产机器人的生产成本。

(2) RV 减速器

RV 减速器的工作原理(如图 2.1-7 所示)：渐开线行星轮与曲柄轴连成一体，作为摆线针轮传动部分的输入。如果渐开线中心轮顺时针方向旋转，那么渐开线行星轮在公转的同时逆时针自转，并通过曲柄带动摆线轮做偏心运动，此时摆线轮在其轴线公转的同时，还将在针齿的作用下反向自转，即顺时针转动。同时通过曲柄轴将摆线轮的转动等速传给输出轴。

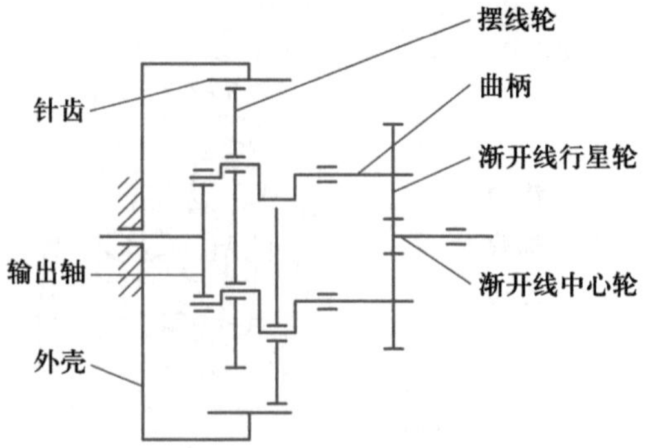

图 2.1-7 RV 减速器的工作原理

RV 减速器的组成和各构件的作用如下。

① 输入齿轮轴：输入齿轮轴用来传递输入功率，且与渐开线行星轮互相啮合。

② 行星轮(正齿轮)：它与曲轴固联，两个或三个行星轮均匀分布在一个圆周上，起功率分流作用，即将输入功率分成几路传递给摆线针轮机构。

③ RV 齿轮：为了实现径向力的平衡，一般采用两个完全相同的摆线针轮。

④ 针齿：针齿与机架固联在一起成为针轮壳体。

⑤ 刚性盘与输出盘：输出盘是 RV 减速器与外界从动机相连接的构件，输出盘和刚性盘连接成为一个整体，输出运动或动力。

和谐波减速器相比，RV 减速器具有更高的疲劳强度、刚度和寿命，在机器人中常用于转矩大的腿部、腰部和肘部三个关节。

国内的厂商从 0 到 1 自主研发 RV 减速器，展开减速器动力学研究，在齿形设计、传动精度、回差控制、精度保持等方面从头开始，虽然进入该领域较晚，但在齿轮加工上已经积累了深厚的经验，随着国内高校科研水平和企业技术的提升，国产 RV 减速器在精度、刚度和噪声上同国外主流厂商已无明显差距，国产份额开始逐渐上升。

2.2 驱动系统

机器人的驱动系统是机器人中的关键组成部分，用于提供动力、运动和控制机器人的各个部件。驱动系统的设计对机器人的性能和功能产生重大影响。伺服驱动系统一般由驱动器和电机两部分组成。根据电机运动的原理，伺服驱动系统通常可分成电气式、液压式、气压式和新型驱动，如图 2.2-1 所示。

2.2.1 电气式驱动

电气式驱动是一种使用电动机来传递动力和控制机械运动的系统。这种驱动通过将电能转化为机械能来驱动各种设备和机器。电气式驱动的主要形式有步进电动机、直流伺服电机(直流有刷电机和直流无刷电机)和交流伺服电机。

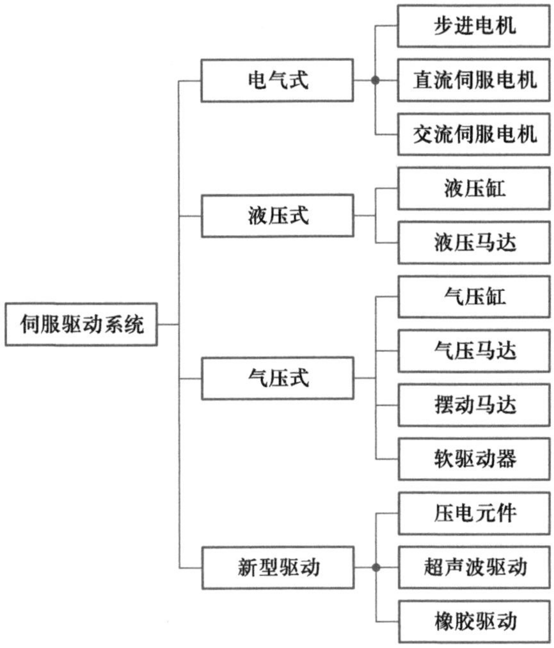

图 2.2-1 伺服驱动系统的分类

(1) 步进电机

步进电机(如图 2.2-2 所示)是一种将电脉冲信号变换成相应的角位移或直线位移的机电执行元件,控制装置输出的进给脉冲数量、频率和方向经过驱动控制电路达到步进电机后,可以转换为工作台的位移量、进给速度和方向。控制脉冲个数即控制步进电机的角位移,控制脉冲频率即控制步进电机的速度和角速度。

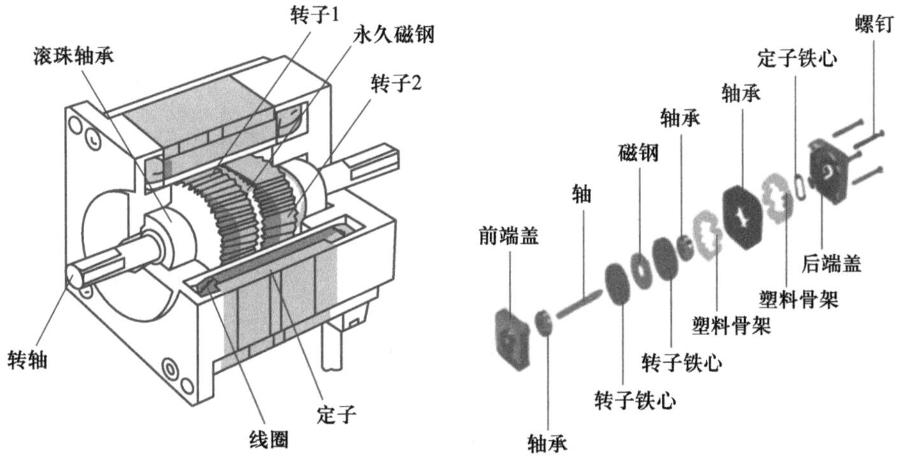

图 2.2-2 步进电机

(2) 直流有刷电机

直流有刷电机(如图 2.2-3 所示)是由定子、转子、电刷和换向器组成的电气执行元件,其转动速度和转矩与加在电机两端的直流电压和通过的电流有关。

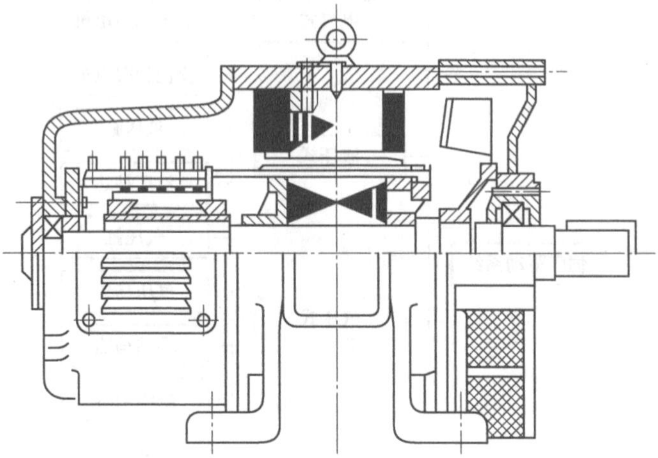

图 2.2-3 直流有刷电机

(3) 直流无刷电机

直流无刷电机(如图 2.2-4 所示)是直流伺服电机的一种,也是由定子和转子组成的,与直流有刷电机的主要区别是没有电刷和换向器,是在异步交流电机的基础上,应用晶体管换向电路代替电刷和换向器而成的。

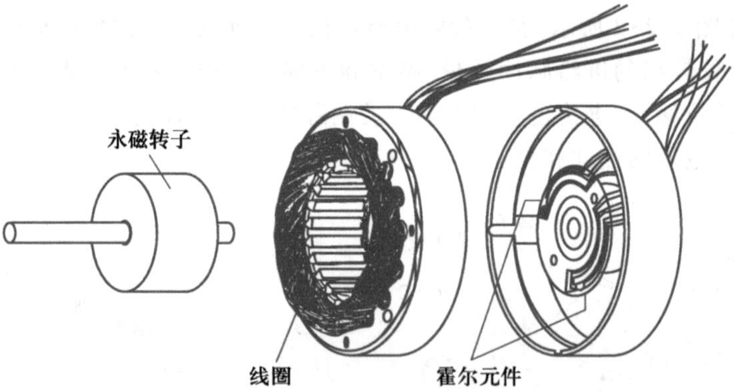

图 2.2-4 直流无刷电机

(4) 交流伺服电机

交流伺服电机(如图 2.2-5 所示)内部的转子是永磁铁,驱动器控制的 U、V、W 三相电形成电磁场,转子在此磁场的作用下转动,同时电机自带的编码器反馈信号给驱动器,驱动器根据反馈值与目标值进行比较,调整转子转动的角度。

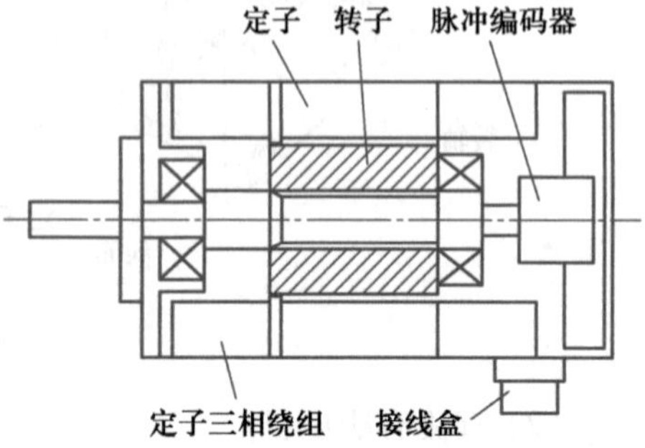

图 2.2-5 交流伺服电机

电气式驱动的主要特点(如表 2.2-1 所示)是输出功率较大,在几十到上百千瓦,适合于负载大、但比液压伺服低的中型机电设备;电机及电源的投资花费少，使用成本低。

表 2.2-1 步进电机、直流伺服电机和交流伺服电机的比较

种类	主要特点	应用
步进电机	转角与控制脉冲成比例，可构成直接数字控制； 转矩控制困难，运动精度较低； 可构成廉价的开环控制系统	计算机外围设备；办公机械；数控装置
直流有刷电机	高响应特性； 高功率密度（体积小，重量轻）； 可实现高精度数字控制； 接触换向部件需要维护	数控机械；机器人；计算机外围设备；办公机械
直流无刷电机	体积小，重量轻，速度高； 无接触换向部件，不需要维护	办公计算机外围设备；电子数码消费品
交流伺服电机	无接触换向部件，工作可靠； 适用于高速、大扭矩场合	水轮机调速器、风力发电机变桨系统；电梯、传送带；机床

直流伺服电机的结构较为复杂，需要干净无粉尘、无易燃品的环境，还需要直流电源。直流伺服电机的控制特性很好，过去一直占据着统治地位。

交流伺服电机的结构简单，功率较大，不需另配直流电源；可实现数字伺服控制，现在已占据主流。

相对步进电机驱动来说，直流伺服和交流伺服驱动的功率大，输出力矩大，速度快（转速高），控制精度高，价格也高；在其他相同的条件下，交流伺服电机的功率最高，直流伺服电机次之，步进电机最低。

2.2.2 液压式驱动

液压式驱动使用液体（通常是油）来传递能量并控制机械运动。液压式驱动在各种应用中都扮演着重要的角色，其强大的功率密度和控制性能使其成为许多工程和机械应用的首选。液压式驱动的主要形式有液压缸和液压马达，如图 2.2-6 和图 2.2-7 所示。

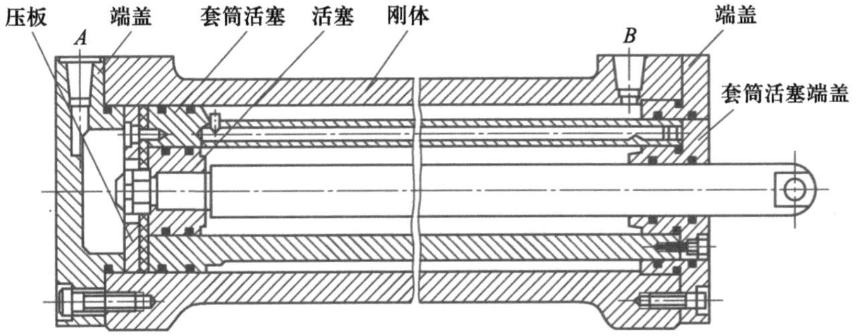

图 2.2-6 液压缸

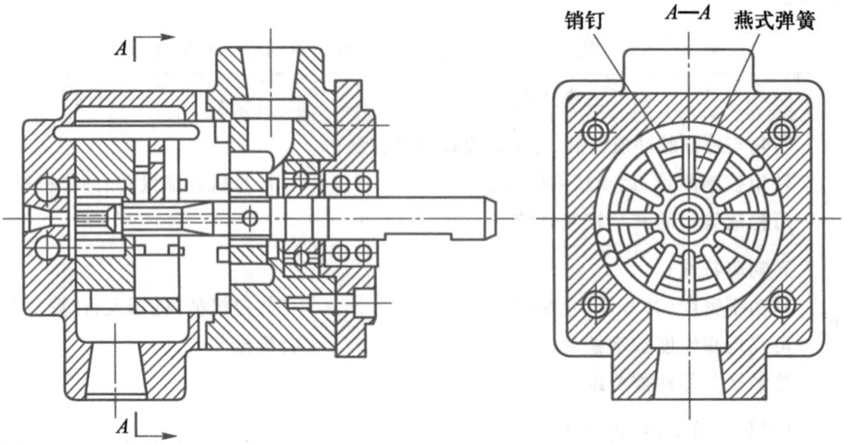

图 2.2-7 液压马达

液压式驱动的优点有输出功率大、动作平稳,可以直接驱动运行执行机构;过载能力强;能实现伺服控制。

液压式驱动的缺点有结构复杂,需要相应的液压源头;占地面积较大,容易漏油而污染环境;控制性能不如伺服电机。

液压式驱动系统由高压油泵、伺服阀、液压油缸和其他辅助元件组成,如图 2.2-8 所示。

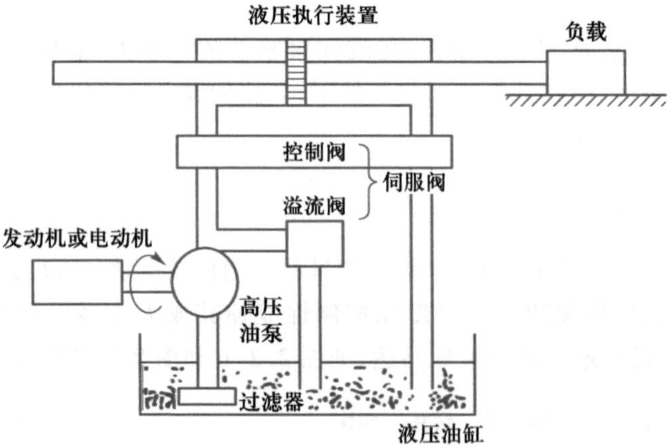

图 2.2-8 液压系统的主要组成

2.2.3 气压式驱动

气压式驱动使用压缩空气来传递能量并控制机械运动。这种类型的驱动广泛应用于各种领域,通常被选择用于需要高速、低成本、低噪声和可控性的应用。气压式驱动的形式:气缸、气马达、摆动缸和软驱动器。

① 气缸(如图 2.2-9 所示):气压式驱动器中最典型的形式,调节空气的给、排气即可实现往复直线运动。

② 气马达和摆动缸：气马达（如图 2.2-10 所示）和摆动缸是气压式转动型驱动器。两者的区别是气马达可以整周旋转，而摆动缸只能在限定角度内摆动。

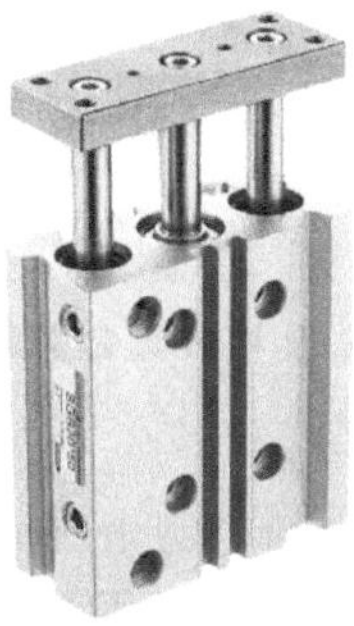

图 2.2-9 气缸

图 2.2-10 气马达

③ 软驱动器（如图 2.2-11 所示）：本身具有柔性的驱动器，如人工肌肉。

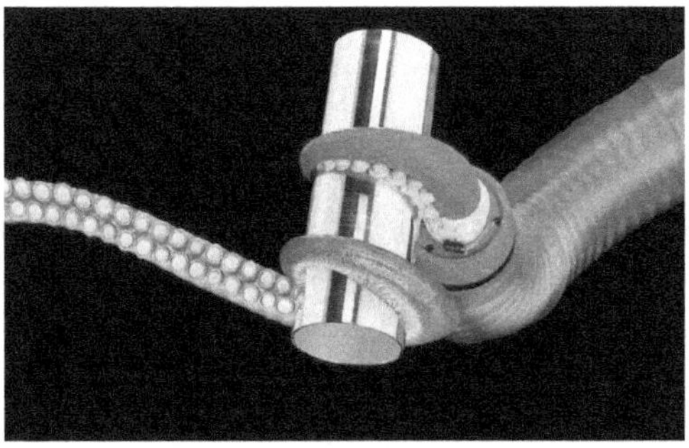

图 2.2-11 软驱动器（Festo 公司研制的仿生章鱼触手）

气压式驱动的优点有气源方便、成本低、动作快等。

气压式驱动的缺点有输出功率较小，介于液压和电动之间；体积大，工作噪声大；难以伺服控制等。

气压系统（如图 2.2-12 所示）由空气压缩机、二次冷却器、储气罐、干燥机、过滤器、减压阀、管道、控制阀及气动执行装置构成。

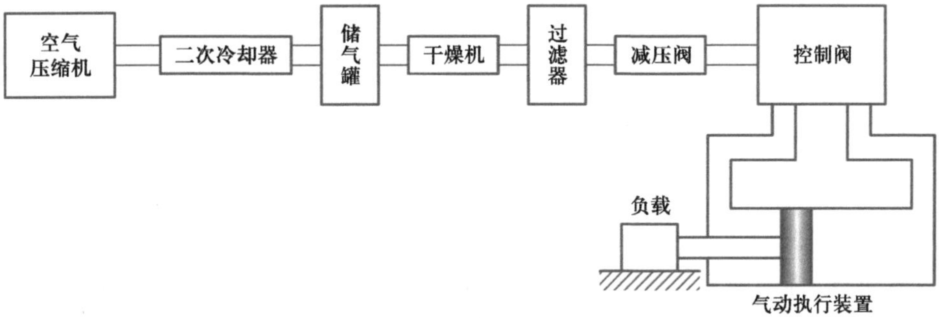

图 2.2-12 气压系统的组成

2.2.4 三类驱动器的比较

电气式、液压式和气压式驱动器的比较见表 2.2-2。

表 2.2-2 电气式、液压式和气压式驱动器的比较

种类	优点	缺点
电气式	操作简单;编程容易;能实现定位伺服;响应快、易与 CPU 相接;体积小、动力较大;无污染	过载差,堵转时会引起烧毁事故,易受外部干扰
液压式	输出功率大、速度快,动作平稳;可实现定位伺服;易与 CPU 相接,响应快	设备难于小型化;液压源或液压油要求(杂质、温度、油量、质量)严格;易泄漏且有污染
气压式	气源方便、成本低;无泄漏污染;速度快、操作较简单	功率小、体积大,动作不够平稳;不易小型化;远距离传输困难;工作噪声大,难以伺服控制

2.2.5 新型驱动器

(1) 提压电元件

提压电元件的基本原理是对于压电体,施加力可以在表面产生电荷;反之,施加电场则会产生机械应变。其主要特点有电能和机械能的变换效率高,单位体积输出力较大。提压电元件可以应用于微小型机器人等。

(2) 超声波电机

超声波电机(如图 2.2-13 所示)的基本原理是通过超声波激励弹性体定子,在摩擦的作用下,定子使转子获得推力输出。其主要特点是超声波电机的负载特性与直流伺服电机的相似。与直流伺服电机相比,超声波电机可以达到低速、高效率;可以获得更大转矩;无电池噪声;控制容易。超声波电机可以应用在钟表驱动电机、基于 π 型直线电机的 x-y 平台等。

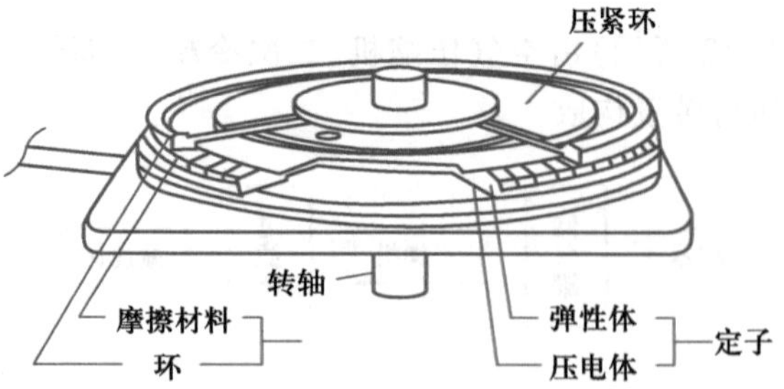

图 2.2-13 超声波电机的结构原理

(3) 橡胶驱动器

橡胶驱动器的基本原理是利用橡胶等易变形材料(如图 2.2-14 所示),制作具有内部空间的结构物,通过调整压力室内部压力,使结构体发生弹性变形。其主要特点有轴向柔顺性高,结构体本身柔软;与气缸相比,没有滑动摩擦,运动平滑,位置控制或微小力控制容易实现;借

助于设计,可以让橡胶驱动器本身兼作机器人本体。橡胶驱动器可以应用在 Mckibben 气动人工肌肉、气动手指等。

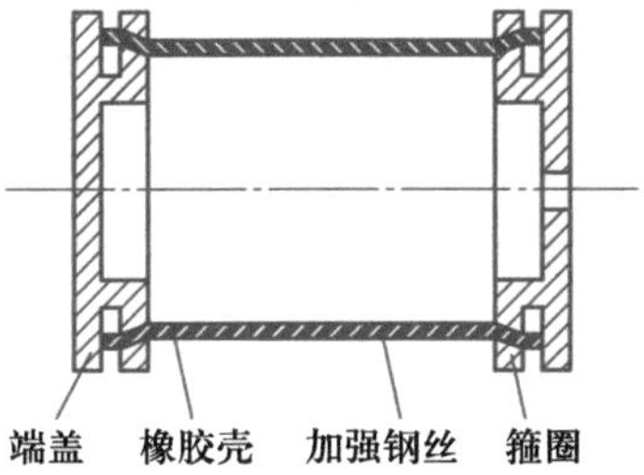

图 2.2-14 橡胶驱动器的结构原理

2.3 传感器系统

在机器人中,传感器既用于内部反馈控制,也用于外部环境的交互。机器人通过各种传感器组成感知系统,为其提供感觉(视觉、力觉、触觉、听觉、嗅觉、味觉等)信息。应用传感器进行定位和控制,能够克服机械定位的弊端。同时机器人利用传感器获取环境信息、感知周围世界并支持机器人决策和控制。传感器可以帮助机器人感知物体、距离、颜色、声音、温度、湿度、位置等各种信息。

机器人感知是把相关特性或相关物体特性转换为执行某一机器人功能所需要的信息。这些物体特征主要有几何的、机械的、电气的、磁性的、放射性的和化学的等。这些特征信息形成符号以表示系统,进而构成与给定工作任务有关的世界状态知识。

机器人的感知主要分两步进行(如图 2.3-1 所示):

① 变换:通过硬件把相关目标特性转换为信号。

② 处理:把所获信号变换为规划及执行某个机器人功能所需要的信息,包括预处理和解释两个步骤。在预处理阶段,一般通过硬件来改善信号。在解释阶段,一般通过软件对改善了的信号进行分析,并提取所需要的信息。

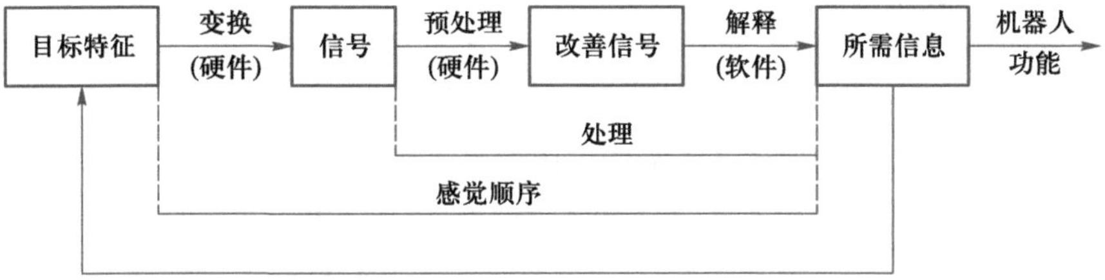

图 2.3-1 机器人感知的主要步骤

根据输入信息与机器人的关系,传感器可以分为两大类:感知机器人内部状态的内部测量传感器和感知外部环境状态的外部传感器(如图 2.3-2 所示)。常见的内部传感器有:位置传感器、姿态传感器、速度传感器、加速度传感器。常见的外部传感器有:力/力矩传感器、触觉传感器、接近传感器、距离传感器、视觉传感器。内部传感器在机器人内部安装,用来检测机器人本身的状态和参数，如运动轴的位置、速度、角度、负载等。而外部传感器则安装在机器人周围，用于检测物体和环境的状态，如光线、温度、湿度、声音等。内部传感器主要采用接触传感和非接触传感技术，例如光电编码器、磁编码器、压力传感器、温度传感器等。而外部传感器则根据不同的检测对象采用不同的技术，如感应器、测距传感器、光电传感器、红外传感器等。内部传感器主要作用于机器人自身，通常只在特定的位置安装。而外部传感器则作用于机器人周围的物体和环境，安装位置通常比较灵活。

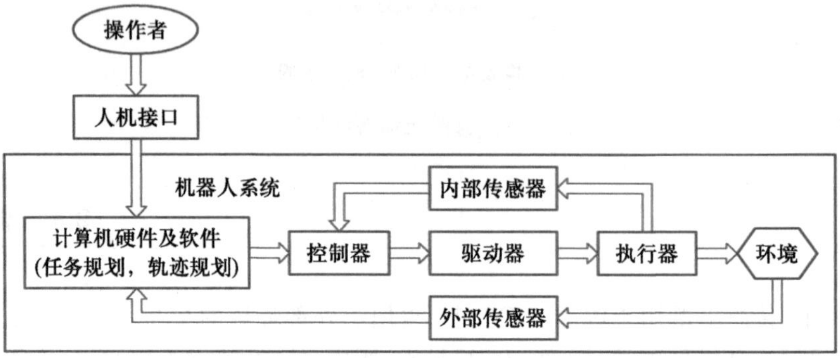

图 2.3-2 内部传感器和外部传感器

传感器一般由敏感元件、转换元件、基本转换电路等组成（如图 2.3-3 所示）。敏感元件：直接感受被测量信息，并以确定关系输出某一物理量的元件，如弹性敏感元件可将力转换为位移或应变。转换元件：将敏感元件输出的非电物理量转换成电量。基本转换电路：将由转换元件产生的电量转换成便于测量的电信号，如电压、电流、频率、数字量等。

图 2.3-3 传感器的组成

2.3.1 位置和姿态传感器

（1）设定位置和设定角度的检测

检测预先设定的位置或角度，可以用两个状态值表示，属于数字量，用于检测机器人的起始原点、极限位置。

① 微型开关（如图 2.3-4 所示）通常作为限位开关使用，当设定的位移或力作用到它的可动部分（称为执行器）时，开关的电气触点便断开或接通。

② 光电开关（如图 2.3-5 所示）由光源和光敏元件组成。当物体的遮光片通过光源和光敏元件之间，光线照不到光敏元件，产生电路状态的变化，于是产生开关作用。

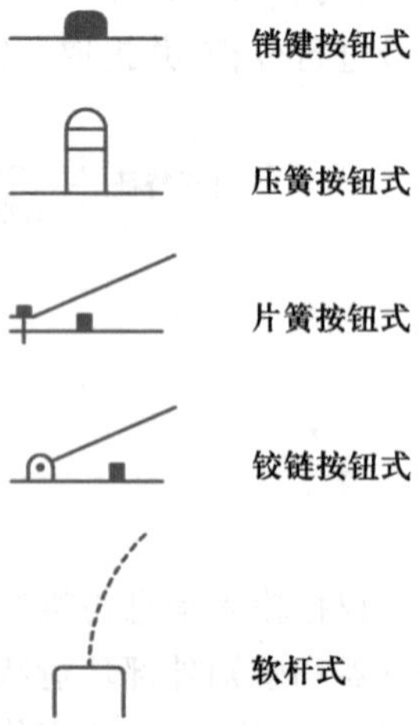

图 2.3-4 微型开关的分类

（2）位置和角度测量

用于测量机器人关节或某部位的转角或位移的传感器，在机器人位置控制中必不可少。

① 电位器(如图 2.3-6 所示)可以分为直线型和角度型,由环状或棒状的电阻丝和电刷组成。其输出电压与角度或位移成正比。

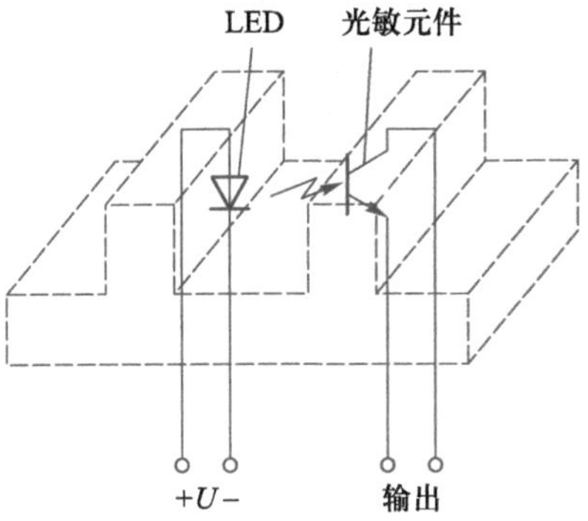

图 2.3-5 光电开关示意图

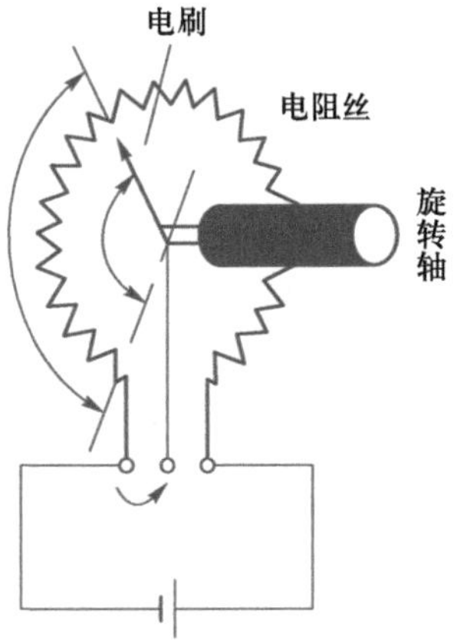

图 2.3-6 电位器

② 光电码盘(如图 2.3-7 所示)是一种通过光电转换将输出轴上的机械几何位移量转换成脉冲或数字量的传感器,又称为编码器。根据信号输出形式,编码器分为增量式和绝对式。增量式编码器输出的每一个脉冲对应一个单位的位移/角位移,绝对式编码器可以直接读出绝对位置。根据工作原理,编码器又可以分为光电式、磁式和电容式。应用最多的是光电式和磁式。

③ 陀螺仪(如图 2.3-8 所示)是检测物体转动角速度的传感器,可以用于检测机器人的姿态。陀螺仪大体上分为速率陀螺仪、位移陀螺仪、方向陀螺仪,机器人领域中大多使用速率陀螺仪。根据检测方法,陀螺仪可以分为机械转动型、振动型、气体型和光学型。

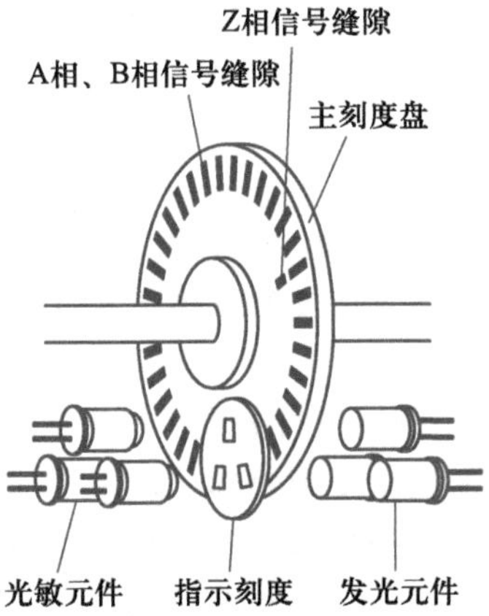

图 2.3-7 光电码盘

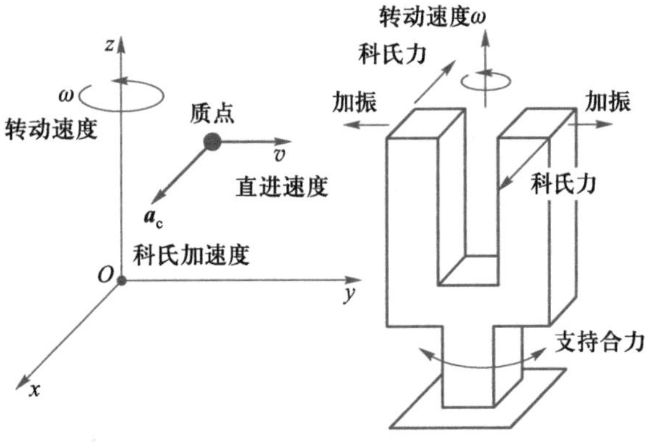

图 2.3-8 检测科氏力的转速陀螺仪

2.3.2 速度和加速度传感器

速度传感器和加速度传感器是测量物体运动和运动变化的重要传感器。它们能够提供关于物体速度和加速度的信息，对于许多应用如导航、运动控制、工程测量和机器人技术等非常关键。

① 测速发电机是一种检测机械转速的电磁装置。它能利用发电机原理，把机械转速变换成电压信号，其输出电压与输入的转速成正比。如果线圈在恒定磁场中发生位移，那么线圈两端的感应电压和线圈内交变磁通的变化速率成正比，根据电压和磁通与速度、角速度的关系便可以得到速度和角速度。

② 质量片-支撑梁型加速度传感器属于悬臂梁结构加速度传感器如图 2.3-9 所示，悬臂梁在向上运动时产生加速度，作用在质量片上的惯性力导致梁支持部位产生位移，将位移变换成电极间隙变化或内部应力变化即可推算出加速度。

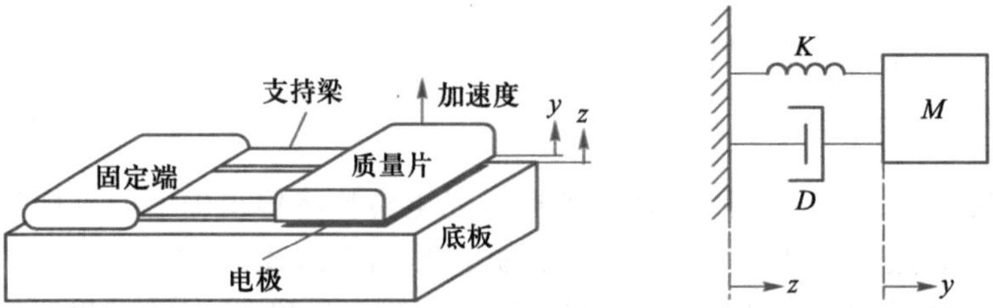

(a) 悬臂梁加速度传感器的结构　(b) 传感器示意图

图 2.3-9 悬臂梁结构加速度传感器

③ 质量片位移伺服型角速度传感器属于悬臂梁结构角速度传感器，惯性力使质量片产生位移后，通过静电动势进行反馈使质量片返回位移为零的位置状态，根据静电电容的变化来测出角速度。

④ 压电加速度传感器是利用具有压电效应的材料，在受到外力时产生形变，并将产生加速度的力转换为电压。通过检测电压可以获得产生加速度的力，从而检出加速度。

2.3.3 力/力矩传感器

力和力矩传感器种类较多，常用的有电阻应变片式、压电式、电容式和电感式，通过弹性敏感元件将被测力或力矩转换成某种位移量或变形量，通过各自的敏感介质把位移量和变形量转换成能够输出的电量。

力传感器和力矩传感器可以根据其测量原理、工作方式和应用领域进行分类。

① 应变片力传感器（如图 2.3-10 所示）基于应变测量原理来测量受力物体的变形。应变片传感器通常由一个细小的金属片或弹性材料片组成，当受到力作用时，这些片材会产生微小的形变，从而导致电阻值的变化。这种电阻值的变化与受力的大小成正比，因此可以通过测量电阻值的变化来确定受力的大小。应变片力传感器在工程、制造和科学领域中被广泛应用，用于测量和监测各种类型的力，从小型实验室应用到大型工程项目。应变片力传感器的高精度和可靠性使其成为许多应用中的首选传感器类型之一。

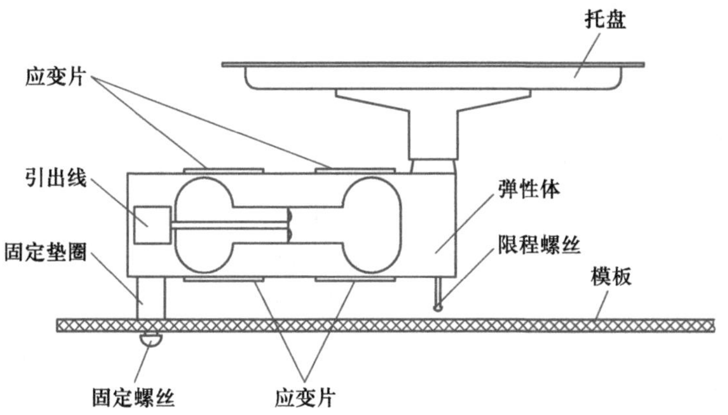

图 2.3-10 应变片力传感器

② 压电力传感器(如图 2.3-11 所示)利用压电效应来将受到的力转化为电信号。压电效应是指某些材料在受到力或应力作用时会产生电荷或电势的现象。压电力传感器可以用于测量各种类型的力,如拉力、压力、挤压力、扭矩和压缩力。它们在实验室研究、工业生产和科学研究中都具有广泛的应用,为各种应用提供了高精度的力测量解决方案。

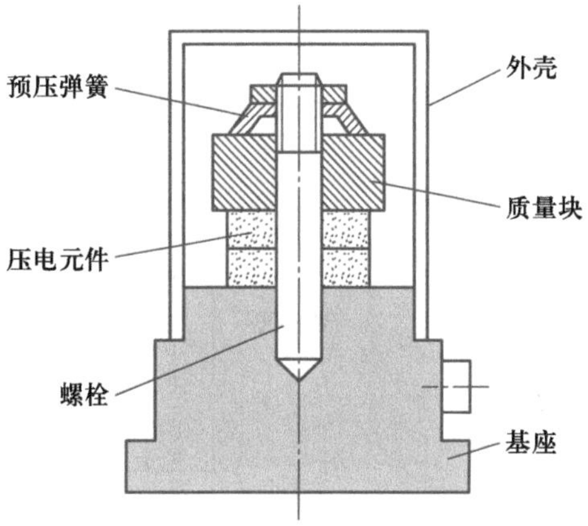

图 2.3-11 压电力传感器

③ 梁式力矩传感器是一种用于测量扭矩的传感器,通常由一个梁(或柱)和应变测量装置(如应变片)组成。这种传感器的工作原理基于梁的弯曲应变,当扭矩作用在梁上时,梁会发生微小的弯曲,从而导致应变测量装置上的应变值发生变化。这种应变值的变化与受到的扭矩大小成正比,因此可以通过测量应变值的变化来确定扭矩的大小。梁式力矩传感器在工程、制造、科学研究、汽车工业、航空航天和机械工程等多个领域中被广泛应用,用于测量和监测扭矩,以实现力矩传输、控制和监测。梁式力矩传感器的高精度和可靠性使其成为许多应用中的首选力矩测量解决方案。

④ 滑环式力矩传感器是一种用于测量扭矩的传感器,它采用滑环或旋转接头的设计,使得传感器在扭矩作用下旋转而不受限制。这种传感器通常包括旋转部分和固定部分,它们之间通过电连接或数据传输线实现信号传递,允许传感器在扭矩作用下旋转。滑环式力矩传感器通常适用于需要旋转测量的应用,而且在安装和维护上更加复杂,因为它们涉及旋转部件和信号传递的设计。因此,在选择和使用这种类型的传感器时需要考虑应用的特殊需求和环境条件。

2.3.4 视觉传感器

视觉传感器是典型的外部传感器,视觉传感器可以用于检测距离和位置、识别对象特征等。

根据原理,视觉传感器可以分为生物视觉传感器和光接收装置。常用的是各种光接收装置。

① 光电二极管(如图 2.3-12 所示)利用光子射入半导体 PN 结边界会产生电流的原理,可以用于照度计、分光光度计等测量装置。

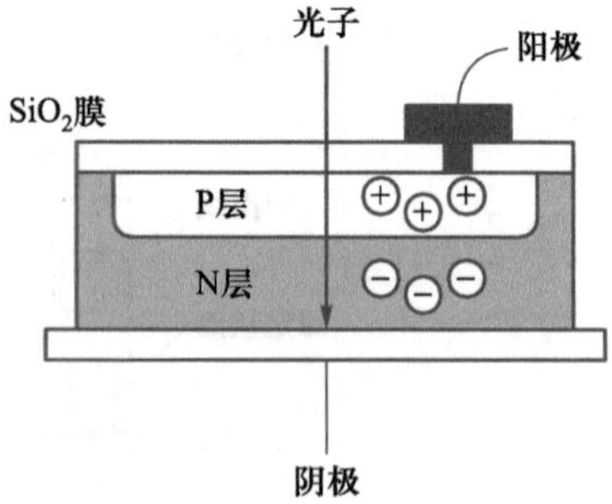

图 2.3-12 光电二极管

② 位置敏感探测器可以用于测量入射光的位置。入射光产生的光电流通过电阻膜到达元件两端的电极,流入各个电极的电流与电阻值存在对应关系,而电阻值与光入射位置以及到各电极的距离成正比,因此根据电流值可以计算得到光入射位置。

③ 电荷耦合元件图像传感器(如图 2.3-13 所示)是由多个光电二极管传送储存电荷的装置。光电二极管将光线(光子)转换为电荷(电子),产生的电子数量与光线的强度成正比。在读取这些电荷时,各列数据被移动到垂直电荷传输方向的电荷传递寄存器中。然后各列电荷传递寄存器中的电荷按行被移动到总的行电荷传递寄存器中,总的行电荷传递寄存器中每行的电荷信息被连续读出,再通过电荷/电压转换器和放大器来得到图像的信息。

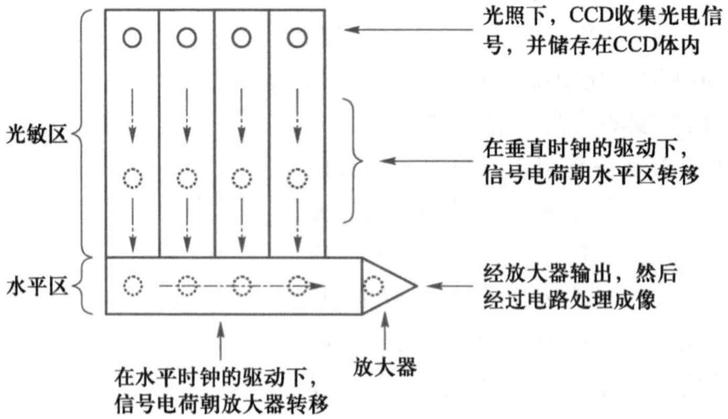

图 2.3-13 电荷耦合元件图像传感器

④ CMOS 传感器(如图 2.3-14 所示)是由接收部分和放大部分组成的一个个单元按照二维排列而成的传感器。外界光照射像素阵列,发生光电效应,在像素单元内产生相应的电荷。行选择逻辑单元根据需要,选择相应的行像素单元,使行像素单元内的图像信号通过信号总线传输到对应的模拟信号处理单元以及 A/D 转换器,转换成数字图像信号输出。

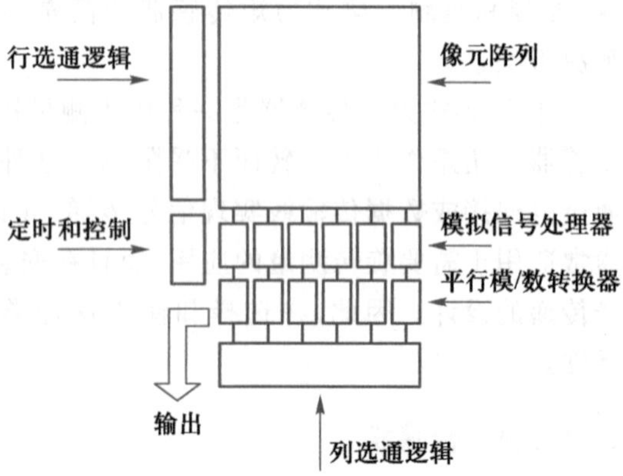

图 2.3-14 CMOS 传感器

2.3.5 激光传感器

激光传感器是利用激光技术进行测量的传

感器。它由激光器、激光检测器和测量电路组成。激光传感器是新型测量仪表,它的优点是能实现无接触远距离测量,速度快,精度高,量程大,抗光、电干扰能力强等。

激光器按工作物质可分为 4 种:固体激光器、气体激光器、液体激光器、半导体激光器。

激光传感器按照功能可以分为如下 5 种。

① 三角测距传感器是一种基于三角形测量原理的传感器,通过测量激光束从传感器发射到目标物体再反射回传感器的不同位置,根据三角公式,计算出目标物体与传感器之间的距离。这种传感器的优点是精度高、测距范围广,适用于测量远距离的目标物体。

② 飞行时间激光传感器是一种基于激光束飞行时间测量原理的传感器,通过测量激光束从传感器发射到目标物体再反射回传感器的时间,计算出目标物体与传感器之间的距离。这种传感器的优点是精度高、测距范围广,适用于测量远距离的目标物体。

③ 相位控制激光传感器是一种基于相位控制技术进行信号处理的传感器,通过控制激光束的相位差,计算出目标物体与传感器之间的距离。这种传感器的优点是精度高、测距速度快,适用于测量高速运动的目标物体。

④ 多线激光传感器是一种同时发射多条激光束进行测量的传感器,通过多条激光束的交叉测量,计算出目标物体的三维坐标。这种传感器的优点是精度高、测量速度快,适用于测量复杂的目标物体。

图 2.3-15 宇树科技的二维扫描激光雷达

⑤ 二维扫描激光雷达(如图 2.3-15 所示)是一种将激光束沿着水平方向进行扫描测量的传感器,通过扫描测量出目标物体在水平方向上的位置信息。这种传感器的优点是测量速度快、成本低,适用于测量室内环境、建筑物等应用场景。

2.4 控制系统

控制系统主要可以分为两个部分:一部分是实现物理世界控制效果的硬件部分(控制器),另一部分主要是实现控制逻辑的软件部分(控制算法)。本节主要介绍常见控制器及通信硬件,软件部分主要以控制理论和算法为主,在后续章节会详细介绍。

2.4.1 控制器

机器人控制器是控制系统中的关键组件,其主要功能是感知系统状态、计算并生成控制信号,然后通过执行器实施调节,以实现对系统行为的精确控制。根据传感器反馈和控制算法,控制器不断监测和调整系统,确保系统达到期望的目标状态,广泛应用于自动化、工程和机械控制等领域。控制器的硬件核心是芯片技术,中国的通用芯片技术发展水平与外国相比仍然存在较大差距,短期内无法完全扭转落后格局;而在人工智能芯片领域,中国的发展情况目前走在世界前端,有望通过现有技术优势提升国际影响力,成为生态建设中的重要一环。

常见的控制器有:单片机、现场可编程逻辑门阵列、可编程逻辑控制器、工控机和便携式计算机等。

① 单片机(如图 2.4-1 所示)是一种高度集成的微型计算机系统,具备处理能力、存储器、

输入/输出接口和计时器等多种功能模块,广泛应用于嵌入式控制和实时系统中。其特点包括集成性、实时性、低功耗、小型化和可编程性。实时性使其能够以非常短的响应时间执行任务,适用于需要高精度时间控制的应用场景。由于通常被设计为低功耗设备,单片机还适用于需要长时间运行和电池供电的便携式设备。它的小巧体积使其容易集成到各种设备中,如智能家居、医疗设备和电子玩具等。单片机具有多种编程语言的支持,且有丰富的开发工具和社区支持,易于编程和配置。然而,单片机也有一些缺点,例如处理能力相对有限,不适用于复杂的高性能计算任务;存储容量有限,限制了可以运行应用程序的复杂性;输入/输出接口数量有限,可能需要额外的外部接口芯片来扩展功能;不适用于复杂的图形用户界面应用。尽管如此,单片机在众多领域有着广泛的应用,包括工业自动化和控制系统、汽车电子系统、家用电器、医疗设备、电子玩具、通信设备、农业自动化和环境监测等。它的多功能性和成本效益使其成为嵌入式控制领域的重要工具,不断推动着技术创新和智能化应用的发展。

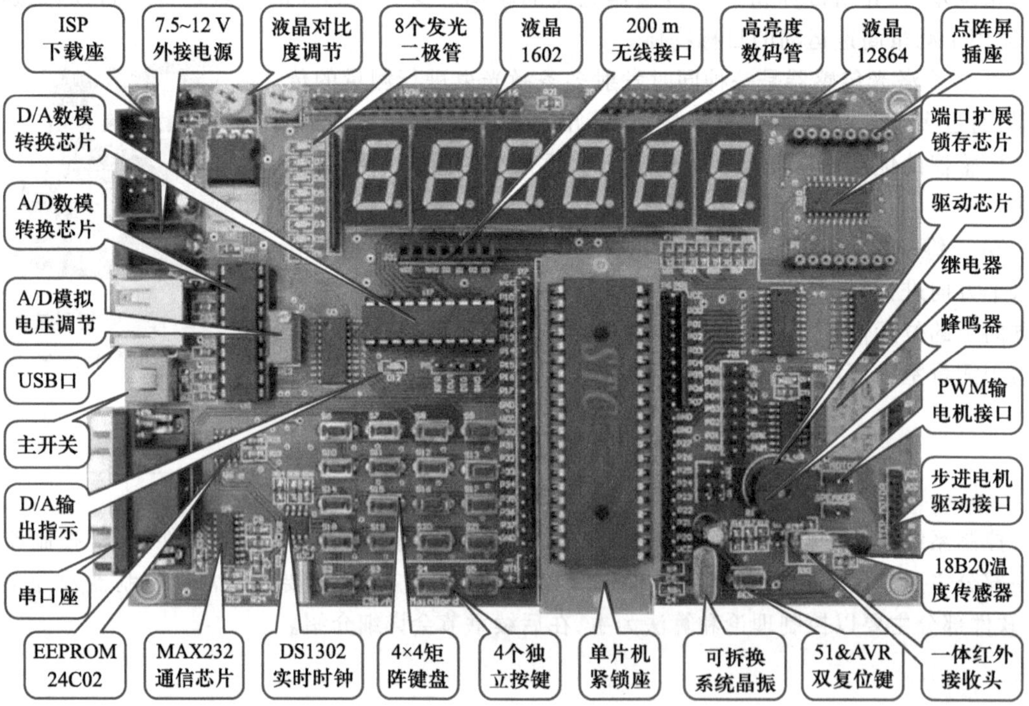

图 2.4-1 集成了多种外设的单片机

② 现场可编程逻辑门阵列(field programmable gate array,FPGA),如图 2.4-2 所示,是一种高度灵活的数字电路芯片,通常通过外部电源供电。FPGA 的主要特点包括高度可编程性、灵活性和并行性,能够根据具体需求自定义硬件电路,实现各种计算和控制任务。FPGA 的优点包括高度灵活的硬件定义、低延迟、高性能并行计算能力、可重用性和适用于实时性能要求高的应用。FPGA 的缺点包括设计复杂性高、成本较高、功耗较大以及不适合所有应用场景。FPGA 广泛应用于数字信号处理、通信、嵌入式系统、图像和视频处理、科学计算、加密和安全、航空航天、军事等多个领域,为硬件加速和控制任务提供了强大的解决方案。

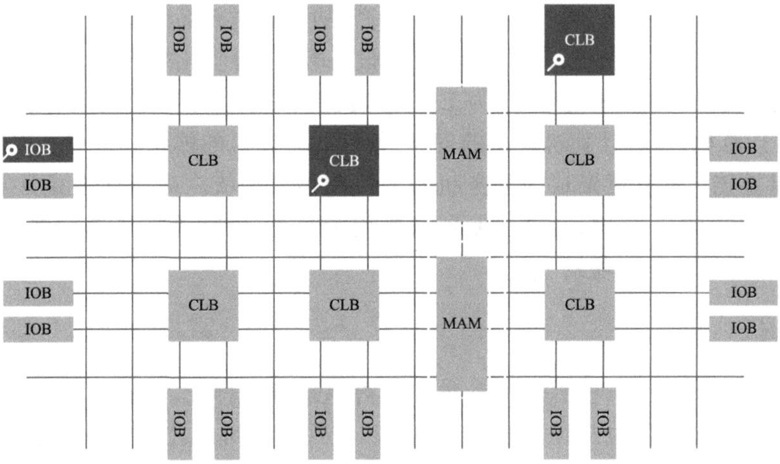

图 2.4-2 FPGA

③ 可编程逻辑控制器(programmable logic controller,PLC),如图 2.4-3 所示,是一种专门设计用于工业自动化和控制系统的电子设备。PLC 的主要功能包括根据用户的程序执行逻辑控制、监测输入信号、生成输出信号以实现自动化任务。其特点包括高度可编程性、稳定可靠、抗干扰能力强、易于维护和可扩展性。优点包括可适用于各种工业环境,能够实现复杂的控制逻辑,可实现快速响应和高精度控制,支持分布式控制和灵活的系统集成。PLC 也存在一些缺点,如成本较高,不适合处理复杂的算法和图像处理任务。PLC 广泛用于工业制造、过程控制、自动化生产线、机械设备控制、电力系统、交通信号控制和建筑物自动化等领域,为实现工业自动化和控制提供了可靠的解决方案。

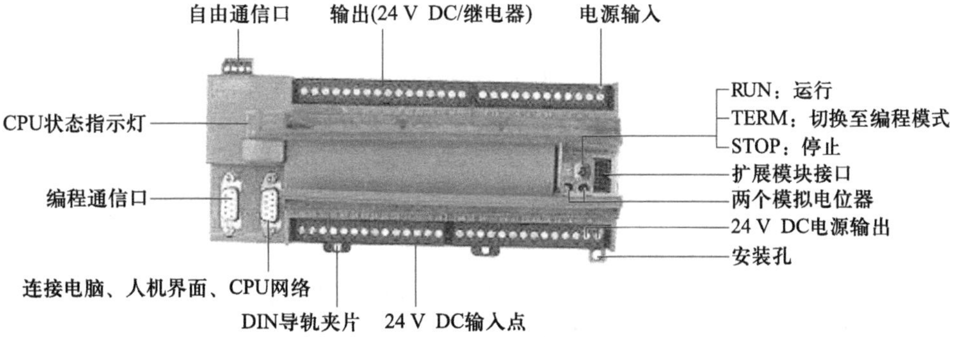

图 2.4-3 PLC

④ 工业控制计算机(简称工控机),如图 2.4-4 所示,是专为工业应用而设计的计算机系统,具备广泛的功能和特点。它的主要功能包括数据采集、控制系统运行、监控设备状态和数据处理。工控机的特点包括耐高温、耐寒、抗尘、抗湿、抗振动和抗电磁干扰等,以适应恶劣的工业环境。其优点包括可靠性高、稳定性强、长期运行稳定、支持多种接口和扩展性好,适合于复杂的工

图 2.4-4 工控机

业自动化和控制需求。工控机的缺点包括成本较高、功耗相对较高和不适合一般办公和娱乐用途。工控机广泛应用于工业制造、工艺控制、机械设备控制、自动化生产线、监测和测量、数据采集、物联网应用和各种工业自动化领域,为工业生产提供了高效、可靠的计算和控制解决方案。

⑤ 便携式计算机:随着计算机技术的发展,便携式计算机的体积和重量可以制作得越来越小,其强大的计算能力使其逐渐成为服务机器人控制器的主流。由于便携式计算机具有强大的计算能力和友好的用户界面,这种控制器通常用于教育、研究等需要进行多个机器人协作、图像处理和数据分析的应用场景。

2.4.2 通信系统

随着计算机技术的发展,控制器的种类也变得越来越多样化。随着机器人从单个关节逐步发展成多个关节,控制器也从控制单个关节逐步实现宏观协同控制多个关节,在实现多关节协同运动过程中,不仅控制器发挥了作用,其多个控制器之间的数据传输也变得十分重要,机器人的多控制器的通信系统也成了机器人控制系统不可或缺的部分。

通信硬件根据发送数据的位数可以分为并行通信和串行通信。串行通信指同一时刻仅能收发一位数据,其抗干扰能力强,距离远,但通信速度较慢。并行通信同一时刻可以收发多位数据,其抗干扰能力弱,距离短,但通信速度较快。通信硬件根据双方信息收发处理能力可分为全双工、半双工以及单工。全双工指通信设备可以同时接收和发送数据。半双工指通信设备可以接收和发送数据,但两者不能同时进行。单工指通信设备只能接收或发送数据。通信硬件根据能挂载的设备个数又可以分为点对点和总线(多点)通信。点对点通信指使用一组数据线仅能在两个设备之间进行数据通信。总线通信指使用共享的数据线路可在多个设备之间传输数据。总线通信通常涉及多个设备,包括主设备和从设备,通过一个共享的数据总线进行通信。

① USB(universal serial bus)是一种用于连接计算机与外部设备的通用接口标准,属于点对点通信。它提供了一种用于数据传输和供电的标准接口,可以连接各种外围设备,如打印机、键盘、鼠标、摄像头等。

② HDMI(high definition multimedia interface)是一种用于高清晰度视频和多通道音频传输的接口标准,属于点对点通信。它通常用于连接电视、显示器、投影仪等视频显示设备到计算机、DVD 播放器、游戏机等源设备。

③ 以太网是一种用于局域网连接的常见协议和接口标准。它通常用于连接计算机、路由器、交换机等网络设备,以实现数据传输和共享资源。

④ Wi-Fi 是一种基于 IEEE 802.11 系列标准的无线局域网技术。它允许设备通过无线信号连接到局域网和互联网,常见于家庭、办公室和公共场所的网络连接中。

⑤ 蓝牙是一种短距离无线通信技术,用于在设备之间传输数据。它通常用于连接手机、耳机、音箱、键盘、鼠标等设备,以及物联网设备之间的通信。

⑥ SPI(serial peripheral interface)是一种串行外设接口标准,属于总线通信,用于在微控制器和外围设备之间进行通信。它通常用于连接闪存存储器、传感器、LCD 显示屏等外围设备。

⑦ I^2C(inter-integrated circuit)是一种串行通信总线协议,属于总线通信,用于连接微控制器和外围设备。它通常用于连接各种传感器、存储器、显示器等外围设备,具有多点连接和低

速率传输的特点。

⑧ CAN(controller area network)是一种串行通信硬件,属于总线通信,用于在汽车和工业领域连接多个设备。CAN 总线支持多点通信,其中多个节点可以在一个总线上进行数据传输。

⑨ 串行接口简称串口,也称串行通信接口,是采用串行通信方式的扩展接口。串行接口是指数据一位一位地顺序传送。其特点是通信线路简单,只要一对传输线就可以实现双向通信(可以直接利用电话线作为传输线),从而大大降低了成本,特别适用于远距离通信,但传送速度较慢。异步串行接口(universal asynchronous receiver/transmitter, UART)是一种最常用通用异步收发器,用于串行数据传输。它通常用于连接计算机、微控制器、传感器等设备,实现串行数据通信,具体接口标准规范有 RS232、RS484、RS422。

2.5 小结

本章详细介绍了机器人的组成,包括机器人机械系统、驱动系统、传感器系统和控制系统。机器人学是一个多学科交叉的产物,涉及机构学、理论力学、材料科学、控制科学和计算机,只有各种学科的知识和技术都在其中发挥作用,才能创造出更先进、功能更强大的机器人系统。

从第三章开始,本书将详细介绍机器人的技术和理论基础。

2.6 习题

【题 2-1】常见的机器人结构有哪些？各自有什么特点？

【题 2-2】齿轮传动有什么特点？

【题 2-3】RV 减速传动相对于谐波齿轮传动有什么优缺点？

【题 2-4】电气式驱动系统有什么优缺点？

【题 2-5】气压式驱动系统有什么优缺点？

【题 2-6】新型驱动系统有哪些？各自有什么优缺点？

【题 2-7】位置和姿态传感器有哪些？

【题 2-8】速度和加速度传感器有哪些？

【题 2-9】可以应用哪些物理原理制作力矩传感器？

【题 2-10】视觉传感器 CMOS 的原理是什么？

【题 2-11】单片机和可编程逻辑器件的区别是什么？

【题 2-12】工业 PLC 的特点是什么？

【题 2-13】工控机和家用 PC 的区别是什么？

第二章习题参考答案

第三章 机器人的机构

电子教案：机器人的机构

本章将介绍机器人的机构。机构是机器人的骨架，决定了机器人的形态、功能和性能。正是机器人的机构赋予了它们在各种环境中执行任务的能力，使它们成为技术和工程的杰作。中国在机器人机构方面的研究处于先进水平，20 世纪 60 年代初，机构学及机器人著名专家张启先院士最早在中国国内兴起空间连杆机构的研究；20 世纪 70 年代末，又在中国国内率先突破传统机构学范畴，开展机器人技术的跨学科研究。中国机构学界两代人从 60 年代开始努力，已经让国际承认了“中国、北美和欧洲并列为机构学研究的三大块阵地”。

本章将揭开机器人机构的神秘面纱，介绍它们的分类、结构和运动学特性。从简单的轮式机器人到复杂的人形机器人，机器人可以按照它们的结构和功能进行多种分类。本章将一一探讨这些不同类型的机构，展示它们的特点和应用领域，并通过简图呈现它们的外观和构造。同时，本章还将介绍机器人机构的自由度。机器人的自由度是指其可自由运动的独立方向或轴线的数量，它直接关系到机器人的运动灵活性和多功能性。

3.1 机器人机构分类

根据机器人机械本体的组成和连接形式，可以将机器人机构分为串联机器人机构、并联机器人机构、混联机器人机构、轮式机器人机构、履带式机器人机构、足式机器人机构、飞行机器人机构和软体机器人机构等（如图 3.1-1 所示）。

3.1.1 固定基座机器人机构

（1）串联机器人机构

串联机器人（series robot）的本体结构通常由关节依次串联起来的连杆组成，如图 3.1-2 所示。串联机器人的关节是依次串联在一起的，这使得它们的作业空间可以很大，因为每个关节的运动会累加到整个机器人的工作范围内。它们在一些场景中获得广泛应用，例如轻型装配、精细操作以及需要大范围灵活性的任务。然而，它们通常具有较低的负载能力，因为每个关节的负载能力都会影响整个机器人的承载能力。此外，串联机器人的刚度通常较低，这意味着它们在处理较大的力或扭矩时可能会发生弯曲或变形，从而降低了精度。这种机器人在需要高精度操作或处理大负载的应用中可能不太适用。

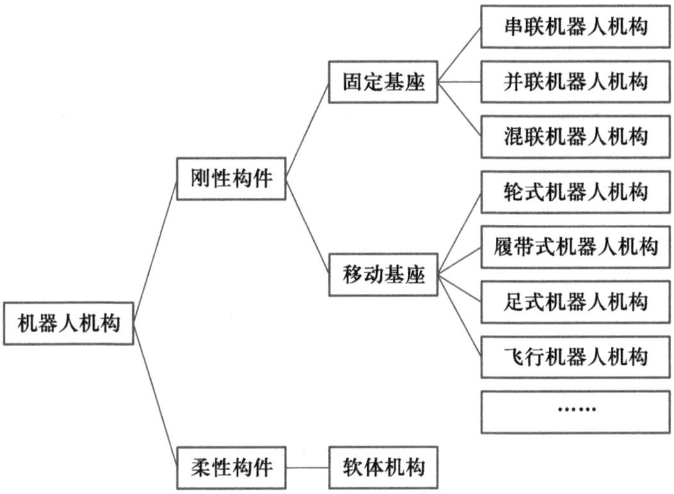

图 3.1-1 机器人机构的分类图

图 3.1-2 KR QUANTEC nano 3.1.1 串联机器人

(2) 并联机器人机构

并联机器人(parallel mechanism,PM)的本体结构由动平台、定平台和若干个独立的运动链联结组成(如图 3.1-3 所示)。由于每个运动链独立操作,每个链路都可以承受较大的负载,这使得并联机器人非常适合需要处理大负载的应用,如重型搬运和装配任务。并联机器人通常具有较高的刚度,能够抵抗外部力和扭矩的影响,从而提高了精度和稳定性。由于较高的刚度和更少的机械柔度,这种机器人通常能够提供较高的精度,适用于需要精细控制和高精度定位的任务。尽管并联机器人具有强大的负载能力和刚度,但它们的作业空间通常较小,受限于动平台的运动范围。图中的并联机械臂也被称为 Delta 机器人。这种机器人通常有三个或更多的运动链连接到一个共同的基座。Delta 机器人以其高速度和精确度而闻名,尤其适用于高速拣选、装配、搬运和包装等任务。Delta 机器人末端通过一系列关节相连,这使得它们能在垂直平面内迅速而准确地移动。由于其结构,Delta 机器人通常用于轻质物品的处理。

(3) 混联机器人机构

混联机器人是一种结合了串联机器人和并联机器人特点的机器人系统(如图 3.1-4 所示)。其本体结构是以并联机构为基础,在并联机构中嵌入具有多个自由度的串联机构,构成了一个复杂的混联系统,这种混联结构兼具两种类型机器人的优点。混联机器人的设计和控制较为复杂,但它们在多个领域,如航空航天、制造业和医疗保健等,提供了一种全面性的解决方案,旨在兼顾作业空间、负载和精度等多重要求。例如,Tricept 混联机器人。

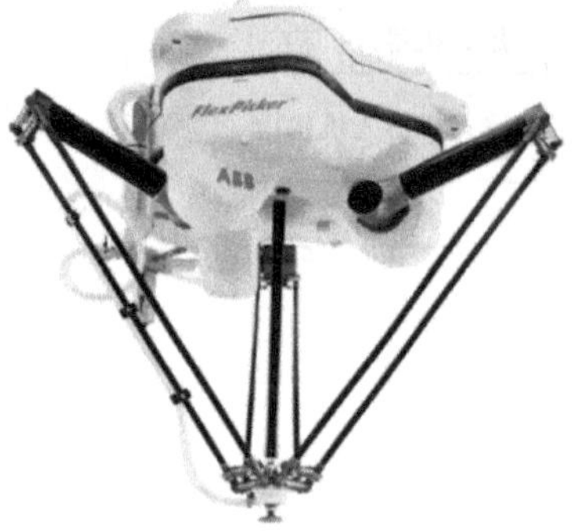

图 3.1-3 IRB 360 FlexPicker 并联机器人

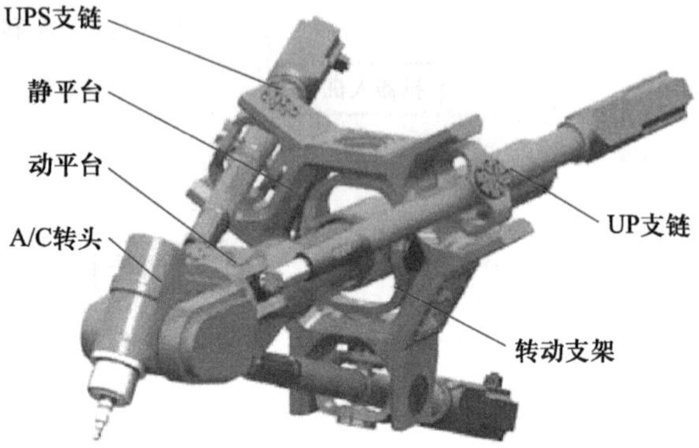

图 3.1-4 Tricept 混联机器人

3.1.2 移动机器人机构

(1) 轮式机器人机构和履带式机器人机构

轮式机器人(wheeled robot)和履带式机器人(tracked robot)(如图 3.1-5 所示)的本体结构主要由一个机身和多个轮/履带分支构成,属于地面移动机器人。

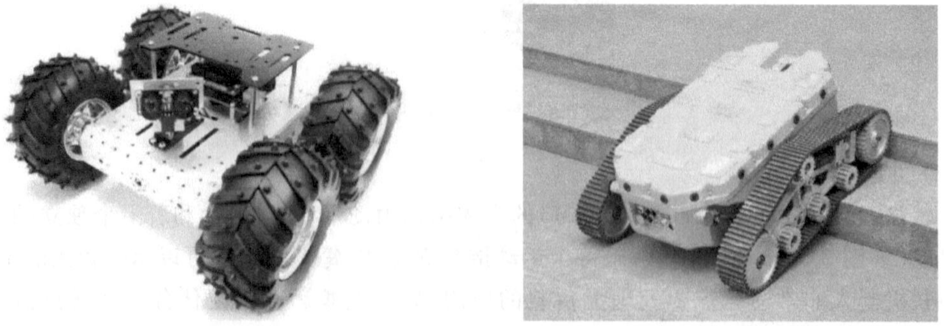

(a) 轮式机器人 (b) 履带式机器人

图 3.1-5 轮式机器人和履带式机器人

轮式机器人可提供良好的越野能力和稳定性,使机器人能够在崎岖不平的地形上移动。这种机器人通常配备有传感器(如在前方可见的摄像头),用于导航和避障。它们的应用包括但不限于户外地形勘测、农业、搜索与救援任务,以及作为移动观测平台。

履带式机器人通常设计用于在复杂地面上移动，比如楼梯、瓦砾或其他难以为轮式机器人导航的环境。履带提供了广泛的接触面积，增加了摩擦，从而提高了爬坡能力。履带式机器人广泛应用于救灾、建筑和军事领域，它们可以被用来在危险或者人类难以到达的地方进行侦查、监测或者清理工作。

(2) 足式机器人机构

足式机器人(legged robot)是一种具备多个腿分支的仿生机器人(如图 3.1-6 和图 3.1-7 所示)，其本体结构通常由一个机身和多个腿分支组成，属于地面移动机器人。足式机器人每个腿分支具有多个关节和执行器，使其能够在各种复杂地形和环境中行走、保持平衡并完成多样化任务。这种机构特点赋予多足机器人出色的机动性、适应性和稳定性，使其在勘探、救援、军事和科学研究等领域具有广泛的应用潜力。例如，ANYmal、BigDog 四足机器人等。

图 3.1-6 ANYmal 四足轮腿机器人

图 3.1-7 北航六足机器人

(3) 飞行机器人机构

飞行机器人/无人机(unmanned aerial vehicle，UAV)的本体结构通常由一个机身和一个或多个提供升力的机构组成，属于飞行移动机器人。飞行机器人的设计和能力不断进步，使得它们可以搭载更重的负载，飞行更远的距离，以及提供更复杂的自动化和自主性功能。随着技术的成熟和法规的发展，预计它们将在未来的商业和民用领域扮演更加重要的角色。最常见的飞行机器人是多旋翼无人机(如图 3.1-8 所示)，它能垂直起降并在空中悬停，提供较高的控制精度和稳定性。无人机可以搭载救援设备，如救生衣、绳索、医疗用品等，快速地将这些物资运送到遇险者所在的位置，特别是在对于传统救援人员来说难以到达或者危险的地方。

(4) 水下机器人机构

水下机器人(underwater robot)的本体结构通常由一个机身和一个或多个提供浮力的机构组成,属于水下移动机器人。最常见的水下机器人是机器鱼(如图 3.1-9 所示),它们通常具有防水外壳、推进器和传感器等装置,能够在水下进行探测、观察、维修等任务。水下机器人具有抗压能力和适应水下环境的特点,常用于海洋科学研究、海底资源开发等领域。

图 3.1-8 六旋翼无人机

图 3.1-9 水下仿生机器鱼

3.1.3 软体机器人机构

软体机器人是一类模仿生物软组织特性的机器人,它们通常由柔性材料制成,如硅胶、聚合物或者其他可以弯曲和变形的材料。软体机器人的灵感多来自自然界中的动物,如章鱼和水母,它们的身体柔软,能在狭小或复杂的环境中灵活移动。这种机器人的设计允许它们在接触到脆弱的物体或在人类皮肤上操作时展现出更高的安全性和适应性。

图 3.1-10 展示的是一种具有柔性抓手的机器人,它使用了软体机器人技术。这种抓手的设计允许它温和地抓取并操纵形状不规则、易碎或敏感的物体。例如,图中的机器人正抓取一个仙人掌,这是一个传统硬质机器人手爪可能会损坏的物体。由于软体抓手的柔性,它可以均匀地围绕物体施加压力,避免造成损伤。随着材料科学、机器学习和传感技术的发展,软体机器人的智能化和功能性正在快速提升,预计它们将在未来的机器人技术发展中扮演重要角色。

图 3.1-10 气动软体机器人实例

3.2 典型固定基座机器人机构及其特点

典型固定基座机器人机构有串联机器人机构与并联机器人机构,它们的机构主要由关节和连杆组成。为清晰地描述和理解机器人的结构和运动能力,通常使用简化的机构图形符号来表示机器人的不同部件,如转动关节、移动关节、末端执行器等,以及这些部件是如何通过连杆等连接和相互作用的。

传统刚性的机器人一般由一系列的连杆和关节组成,而关节的运动形式是机器人基础的描述。运动副(kinematic pair)又称为关节(joint)或铰链,决定了两相邻连杆之间的连接关系。运动副可以分为高副(higher pair)和低副(lower pair),低副指两连杆之间接触形式为面接触,在压力相同情况下压强低;而高副则指两连杆之间接触形式为点接触或线接触,接触面压强高。实际机器人的关节只选用低副,常见的低副是转动副(revolute pair)和移动副(prismatic pair),如表 3.2-1 所示,这也是机器人关节最常用的连接形式。

表 3.2-1 常见的低副及其机构图形符号

名称	代号	类型	自由度数目	图形	机构图形符号
转动副	R	平面低副	1R		
移动副	P	平面低副	1T	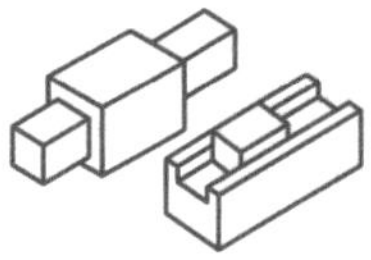	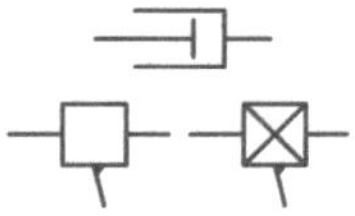
螺旋副	H	平面低副	1R 或 1T	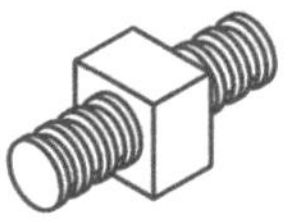	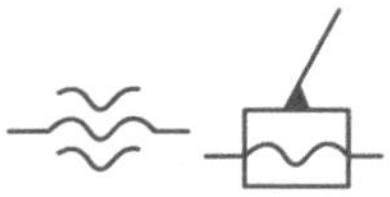
圆柱副	C	空间低副	1R1T		
球副	S	空间低副	3R	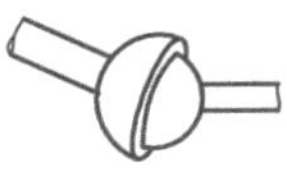	
平面副	E	平面副	1R2T	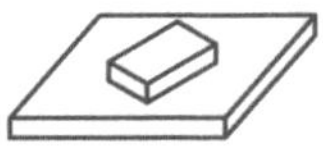	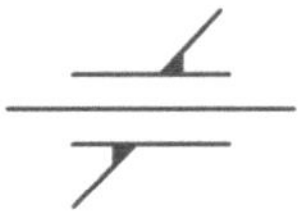
末端执行器					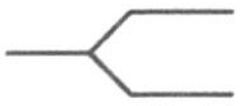
基座					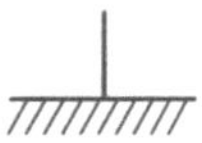

3.2.1 串联机器人

本节介绍工业上经典的串联机器人机械臂（如图 3.2-1 所示）机构。机械臂手臂部分通常有三个关节和三个连杆，可以用于改变手腕参考点的位置，称为定位机构；手腕部分也有三个关节，这三个关节的轴线往往相交，用于改变末端执行器的姿态，称为定向机构。

图 3.2-1 典型机械臂结构

（1）手臂的结构形式

手臂部分的三个关节种类决定了串联机器人工作空间的形式，表 3.2-2 列出了常见的五种手臂形式，以及各自的关节类型。

表 3.2-2 常见的手臂形式以及各自的关节类型

类型	示意图	说明
直角坐标型	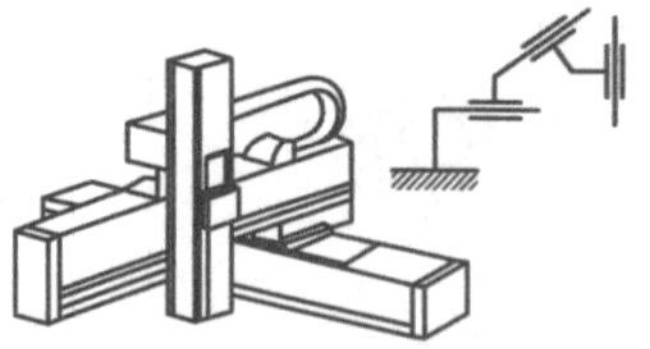	直角坐标型机器人三个关节都是移动关节，关节轴线分布在 x 轴、y 轴和 z 轴。特点是结构简单且刚度高；三个关节相互独立，运动范围较大，但机构占用的空间也较大；控制容易，控制精度较高
圆柱坐标型	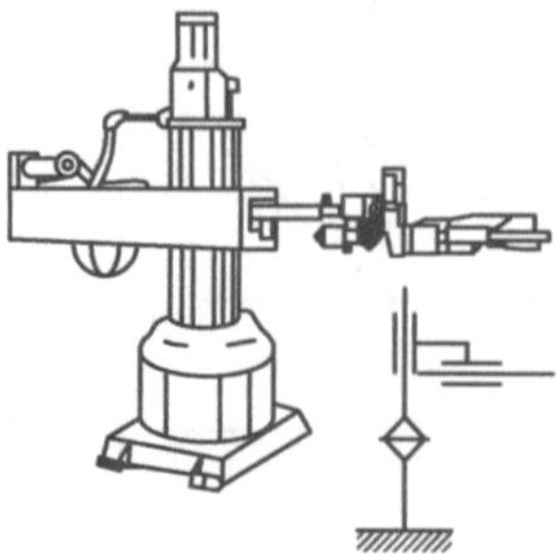	圆柱坐标型机器人的关节包含两个移动关节和一个转动关节，三个关节之间运动较为独立，运动灵活性较好，但机构占用的空间也较大，且移动副不容易防护

续表

类型	示意图	说明
极坐标型	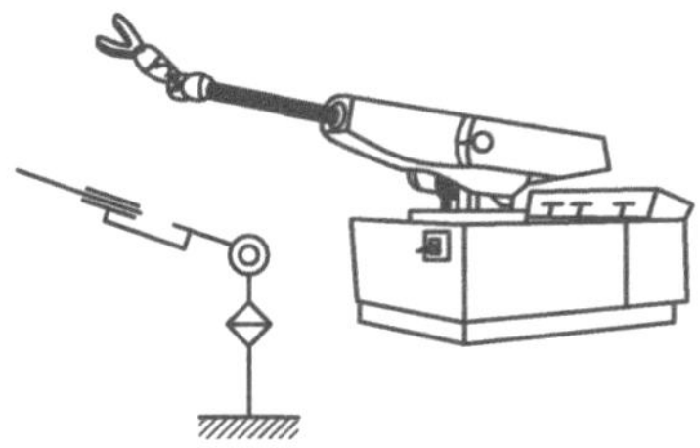	极坐标型机器人的关节包含一个移动关节和两个转动关节，其关节耦合性较直角坐标型和圆柱坐标型强，因此控制较为复杂，但运动灵活性较前两者好，占用的空间也更小
关节坐标型	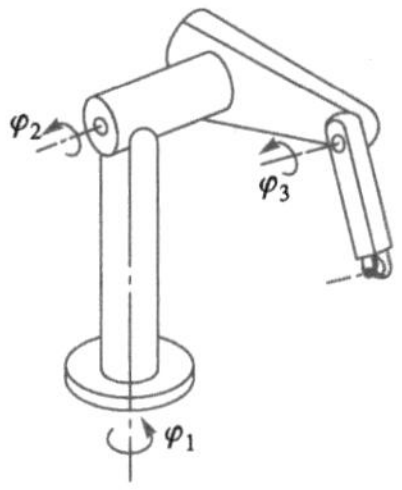 直接驱动式 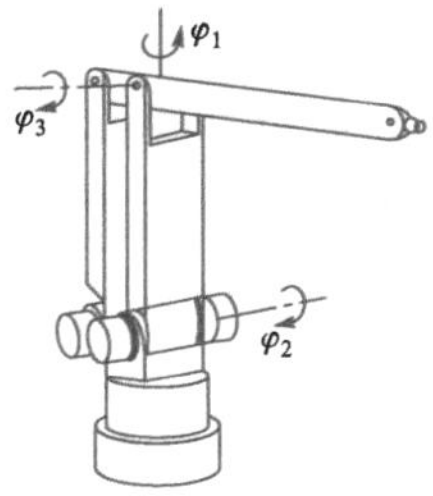 平行连杆式 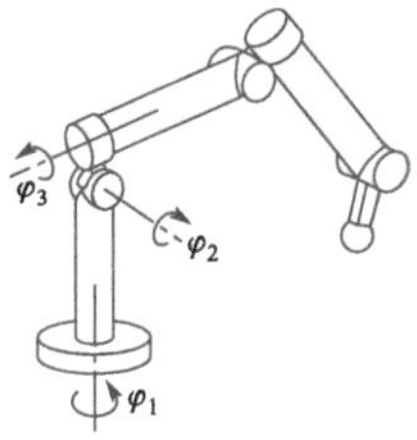 关节偏置式 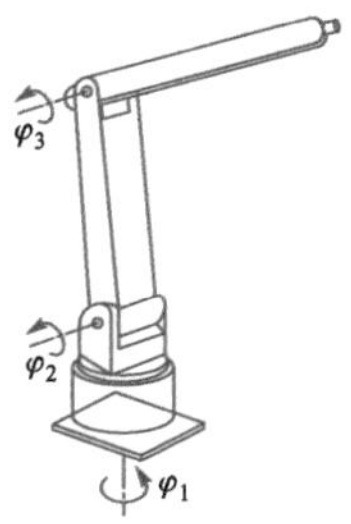 关节偏置式	关节坐标型机器人三个关节都是转动副，根据旋转轴和杆长的关系可以细分为旋转关节和转动关节。旋转关节旋转轴沿杆长度方向，而转动关节旋转轴与杆长方向垂直。关节型机器人根据关节布置形式可以进一步分为直接驱动式、平行连杆式、关节偏置式。关节型机器人运动耦合性强因此控制较为复杂，但是运动灵活性最好，对各种不同形式的作业任务有很好的适应性
SCARA 机器人	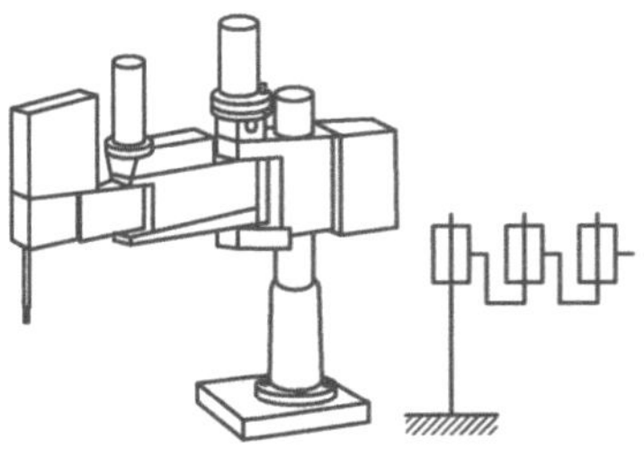	SCARA 机器人有三个转动关节，三个转动轴平行且垂直于水平面，末端还有一个移动关节，用于末端执行器在竖直平面内的运动。SCARA 机器人仅平面运动具有耦合性，运动灵活性较好，且在竖直方向上刚性较好

(2) 手腕的结构形式

机器人手腕是连接末端操作器和手臂的部件，它的作用是调节末端执行器的姿态，因而它具有独立的自由度，以使机器人末端适应复杂的动作要求。

机械臂具有 6 个自由度，臂部一般具有 3 个自由度以调节腕部的位置，而腕部则需要实现在空间中姿态的调整，即对空间 3 个坐标轴 x、y、z 的转动，这 3 个轴的转动也称为翻转、俯仰和偏转自由度，如图 3.2-2 所示。

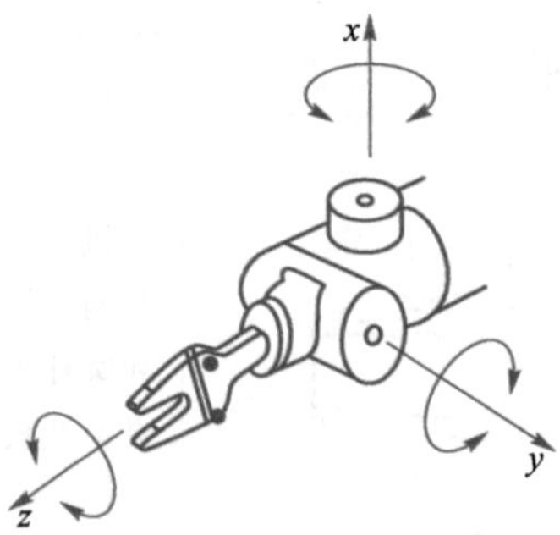

图 3.2-2 手腕姿态示意图

① 单自由度回转运动手腕是使用回转液压缸或气缸直接驱动的腕部结构，如图 3.2-3 所示。它结构紧凑，体积小，运动灵活，但回转角度受限制，一般小于 270°。

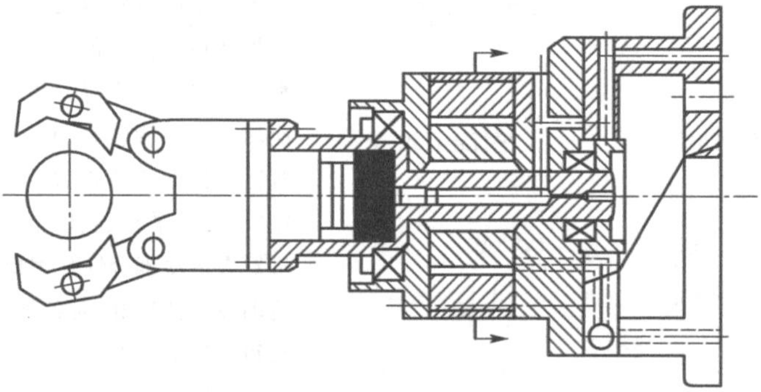

图 3.2-3 回转液压缸直接驱动的单自由度手腕

② 2 自由度手腕是具有 2 个自由度的手腕结构，如图 3.2-4 和图 3.2-5 所示，可以通过两个回转液压缸驱动实现或齿轮传动实现。

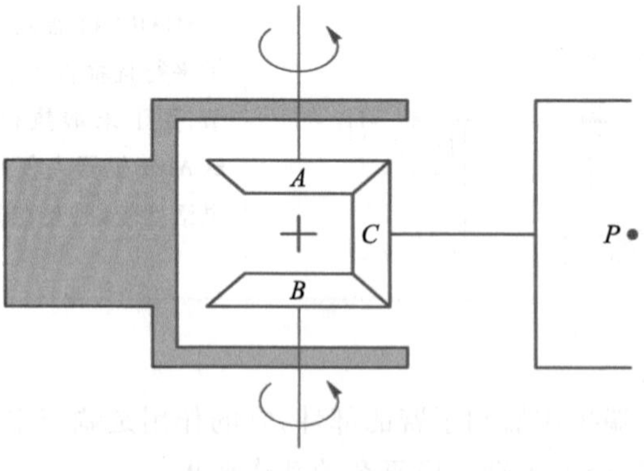

图 3.2-4 齿轮传动的 pitch-roll 2 自由度手腕

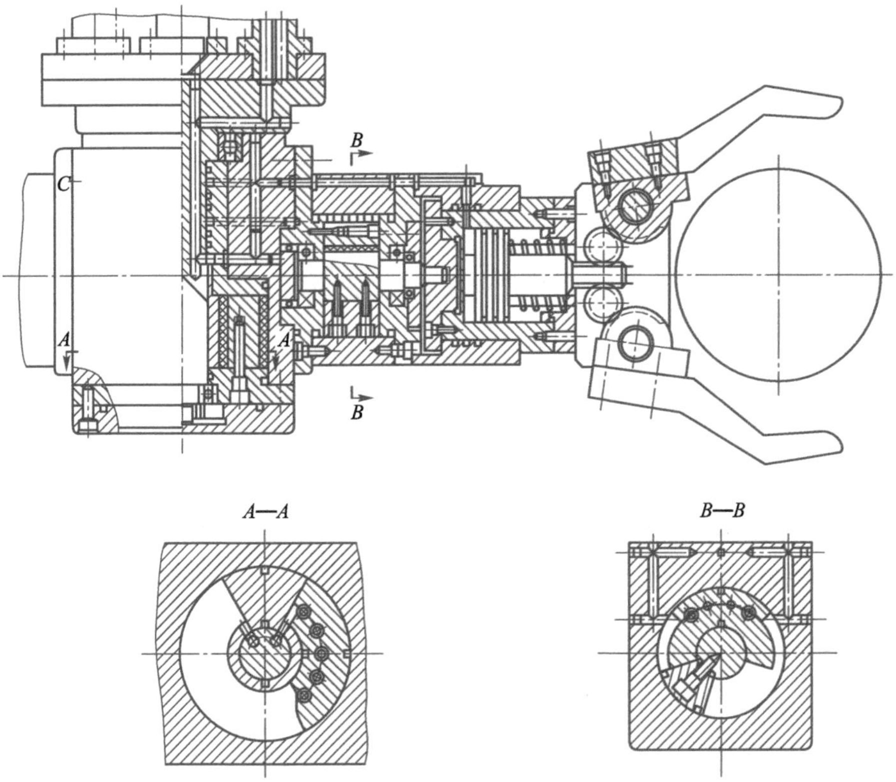

图 3.2-5 回转和摆动 2 自由度手腕

③ 3 轴垂直相交手腕的 3 个自由度都为转动自由度,且转动轴相互垂直并交于一点,如图 3.2-6 所示。理论上它可以达到任意的姿态,但关节角度受到结构的限制,运动范围总是小于 360°。

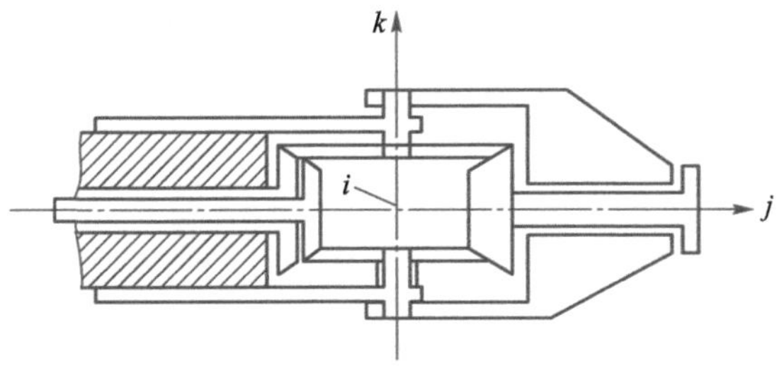

图 3.2-6 齿轮传动的 3 自由度手腕

④ 可连续转动手腕的 3 个自由度均为转动自由度,3 个关节轴轴线相交但不垂直,如图 3.2-7 所示。这种关节轴的布置方式使 3 个关节均可达到 360°的转动,但不能实现空间中的任意姿态。

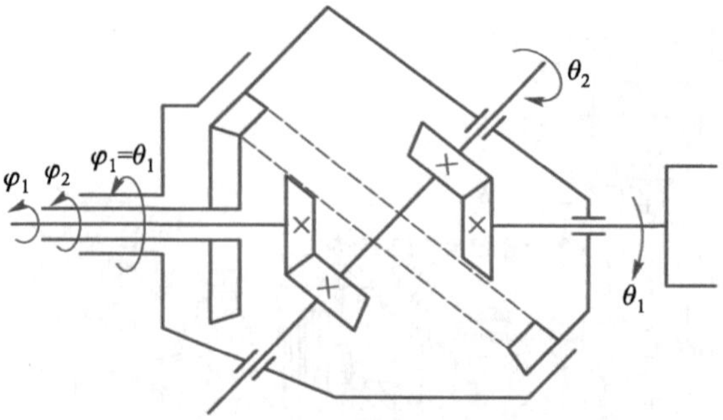

图 3.2-7 可连续转动手腕

3.2.2 并联机器人

(1) 典型的并联机构

斯图尔特(Stewart)平台和德尔塔(Delta)平台是两种常见的并联机构,如图 3.2-8 所示。这两种机构结构类似,都由静平台、动平台和中间的运动支链组成。Stewart 平台具有 6 个运动支链,每个支链通过移动副驱动,与上下平台的连接方式为球面副。而 Delta 平台具有 3 个运动支链,运动支链由平行四边形机构和 1 个连杆组成。

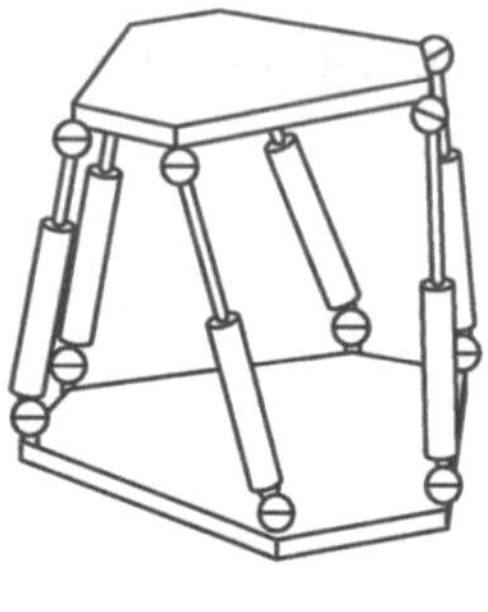

Stewart并联机构

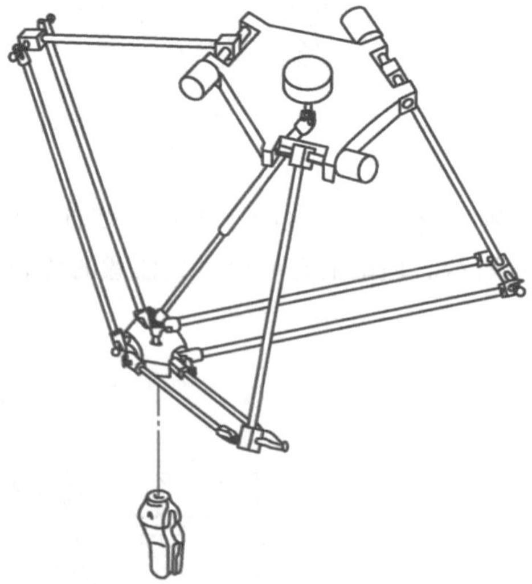

Delta并联机构

图 3.2-8 典型并联机构

(2) 并联机构的演变

以 Stewart 平台为基础,利用不同的演变方法,可以得到各种不同的 6 自由度机器人。

① 改变杆件的分布形式。

连杆数目不变,将原 Stewart 平台中动静平台 6 个支点一一对应关系改变成一对多的关系,可以衍生出新的并联机构,例如 6-3 型 Stewart 平台和 6-4 型 Stewart 平台,如图 3.2-9 所示。

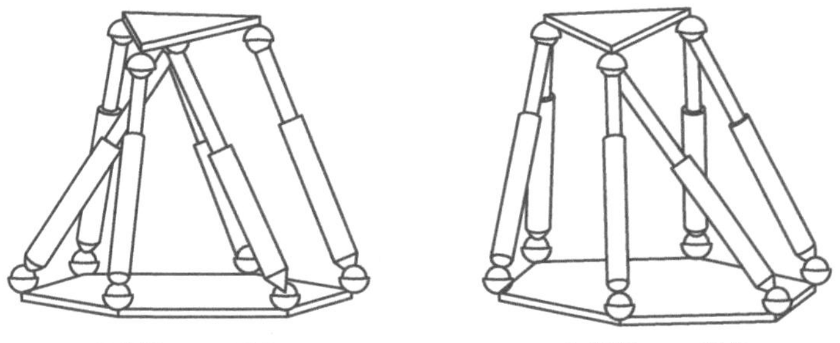

6-3型Stewart平台　　　　6-4型Stewart平台

图 3.2-9　Stewart 衍生并联机构

② 改变铰链形式。

通常的 Stewart 平台，其连杆与上下平台连接形式为球面副，通过将其中一端改为虎克铰，可以演化出 UPS 型 Stewart 平台，如图 3.2-10 所示。

③ 改变支链中铰链的分布顺序。

通常 Stewart 平台的连杆上 3 个自由度的布置形式为转动-移动-转动（SPS），将其顺序改变，改为移动-转动-转动，可以演化出新型 Stewart 平台，如图 3.2-11 所示。这种分布形式将驱动放置在静平台的水平移动滑块上，可以使机构在特定运动方向上具有运动优势。

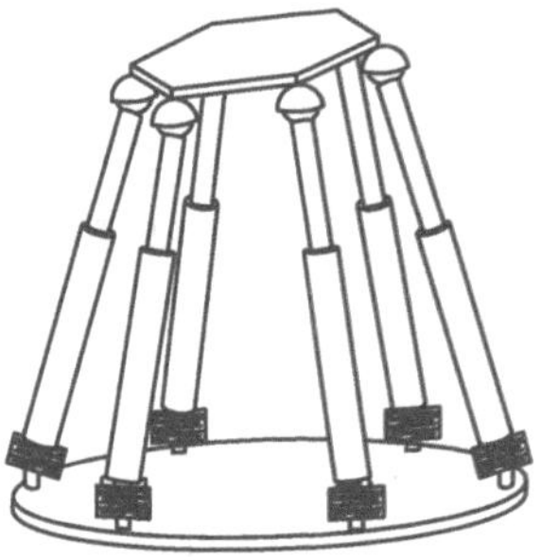

图 3.2-10　6-UPS 型 Stewart 平台

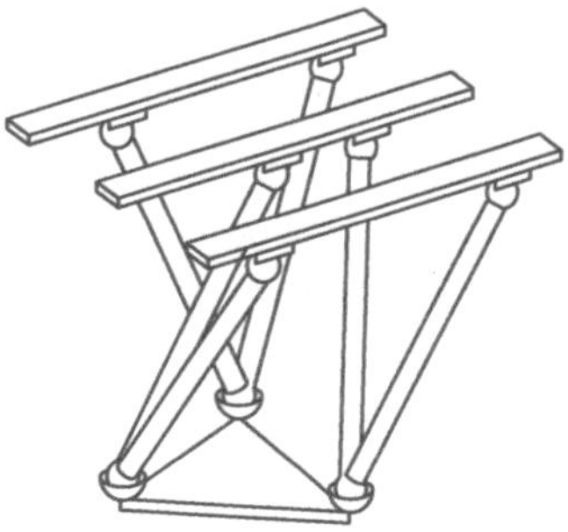

图 3.2-11　PSS 型 Stewart 平台

④ 拆解或组合运动副。

可以将 Stewart 平台中关节的自由度拆解或者组合，形成单自由度关节或多自由度关节。

⑤ 上述几种方法的组合。

例如 6-3 型 6-RUS 机构，如图 3.2-12 所示。

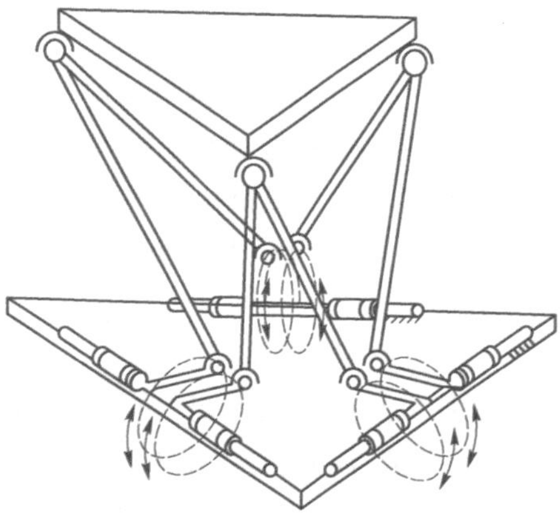

图 3.2-12　6-3 型 6-RUS 机构

并联机构具有如下特点。

① 无累积误差：由于每个并联机构的运动是相互独立的，因此它们不会积累误差。

② 定位精度高：并联机构通常具有较高的定位精度，适用于需要精确控制和定位的应用。

③ 动态响应好：由于较高的刚度和动态特性，它

们具有良好的动态响应能力，适用于需要快速运动和高速度操作的场景。

④ 刚度大，承载能力强：并联机构通常具有较高的刚度，能够承受较大的负载，适用于处理重型任务。

⑤ 可以获得较好的各向同性：这意味着在各个方向上都能够实现相似的性能，使其适用于多种应用。

⑥ 机构紧凑，运动自由度较高：并联机构通常占据相对较小的空间，同时具有较高的自由度，能够灵活适应不同的工作环境和任务。

⑦ 工作空间小：尽管具有许多优点，但并联机构的工作空间通常较小，受限于其设计和结构。

总之，并联机构具有一系列优点，使其在需要高精度、高刚度和高负载能力的应用中表现出色。然而，它们的工作空间通常较小，因此在选择机器人结构时需要根据具体需求进行权衡。

*3.2.3 混联机器人

混联机构综合了串联机构和并联机构，可以集合串联机构运动空间大、正向运动学求解容易以及并联机构刚度大、承载能力强、运动精度高的优点。

(1) 混联机构的形式

混联机器人在结构上有三种形式。

① 并联机构与其他机构串联而成。

此类机构是串联机构在某个关节或杆件处，以并联机构替代产生的，是串联机构和并联机构性能的简单叠加，也是最常见的混联机构形式。这种机构设计比较简单，串联部分和并联部分不存在耦合，具有串联机构控制简单的特性，并且由于并联机构的存在，使局部刚度和承载能力有所加强，运动精度也有所提高。

② 并联机构直接串联到一起。

此类混联机构以串联机构设计思路设计，将多个具有相同或不同自由度的并联机构通过关节连接，往往用于构造柔性机器人。这种机构保留了串联机构运动范围大的特点，且串联机构和并联机构不存在耦合，但机构中含有多个并联机构部分，因此运动学求解较为复杂，控制比较困难。

③ 在并联机构的支链中采用不同的结构。

这类混联机构是对并联机构的支链进行变化，将原本的简单串联形式的支链替换成其他并联机构形式。此类机构由并联机构并联而成，因此没有串联机构的优点，而是放大了并联机构的优点和缺点，运动精度更高，承载能力更强，但运动学计算更复杂，控制困难，多用于运动精度高的场合。

(2) 混联机构的应用

混联机构的应用广泛，包括飞行模拟器、医疗手术机器人、仿生机器人、机器人研究和教育、汽车制造、风洞测试、娱乐游戏等多个领域。其独特的结构设计允许同时兼顾高精度控制和稳定性，使其成为在需要精细操作和多样化应用的情境中的有力工具。

比如图 3.2-13 的混联臂手继承了并联机构的优良特性，相对于传统的串联机械臂加手爪的方案,在刚度、精度、通用性和灵活性等方面具有优势。此外,动平台上所安装的多个独立手指可以协调运动,具有在非结构环境中完成任务的能力,比结构简单的手爪具有更强的适应性和通用性,更易适应大载荷和高精度的操作。特别地,混联臂手机构的手部由多个互相独立的手指组成,臂部与手部的驱动分离,各手指的驱动也分离,因此臂部与手部的运动、手指之间的运动是解耦的,使得协调运动与抓取的控制相对简单。混联臂手的自由度数较多,其构型决定了手指具有较好的灵活性和较大的工作空间。

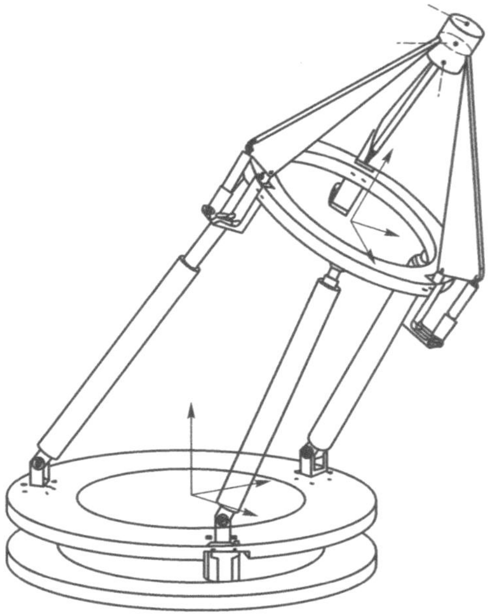

图 3.2-13 将 Stewart 平台中间局部自由度替代的混联臂手

图 3.2-14 所示的 Tricept 混联机器人,是一个 5 自由度的串并混联机构,并联部分有 3 条支链安装在静平台上,具有 3 个自由度;串联机构有 2 个自由度,安装在动平台上。由于其特别的设计,该机器人机构具有定位精度高、负载大、工作空间大和刚度高的特点。

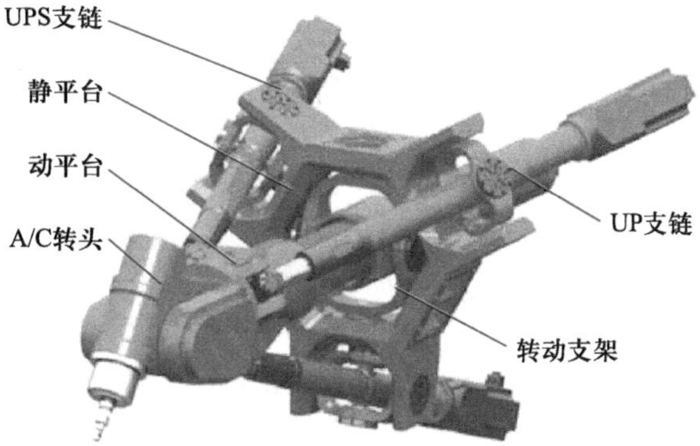

图 3.2-14 Tricept 混联机器人

3.2.4 末端执行器结构分类及特点

机器人的末端执行器也叫作手部，是装在机器人手腕上直接抓握工件或执行作业的部件。手部根据用途可以分为两大类：手爪和工具。手爪具有通用性，其主要功能是对工件进行抓、握、放等类似于人手的操作。工具是指进行某种作业的专用工具，如钻头、焊枪等。

手爪根据夹持原理可以进一步分为机械手爪、磁力吸盘和真空式吸盘。

(1) 机械手爪

机械手爪是指靠接触夹紧、抓持的手爪。它有多种驱动形式，如气动、液压和电动；结构形式多样，有夹持式手爪、多关节多指手爪和顺应手爪等形式。

① 夹持式手爪

夹持式手爪是最简单的手爪形式，手指内侧和外侧都可用于夹持，手指数目多为 2 或 3，按手指运动形式可以分为如下三类。

回转型手爪（如图 3.2-15 所示）：手爪抓紧或松开时，手指绕支点做回转运动，因此夹持直径不同的物体时，夹持的位置会发生变化。

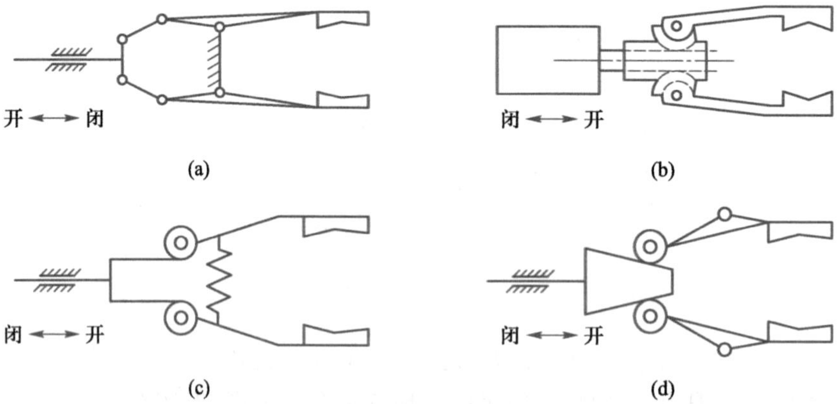

图 3.2-15 回转型手爪

旋转型手爪（如图 3.2-16 所示）：手爪夹紧和松开时，手指姿态不变，只做平移。与回转型手爪类似，夹持直径不同的物体时夹持位置会有所不同。

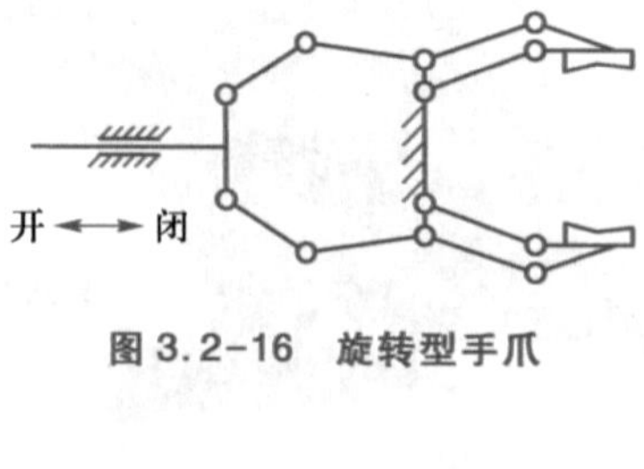

图 3.2-16 旋转型手爪

平移型手爪（如图 3.2-17 所示）：手爪夹紧和松开时，手指做平移运动，并保持夹持中心固定不变，因此夹持直径不同的物体，夹持位置也可以保持不变。

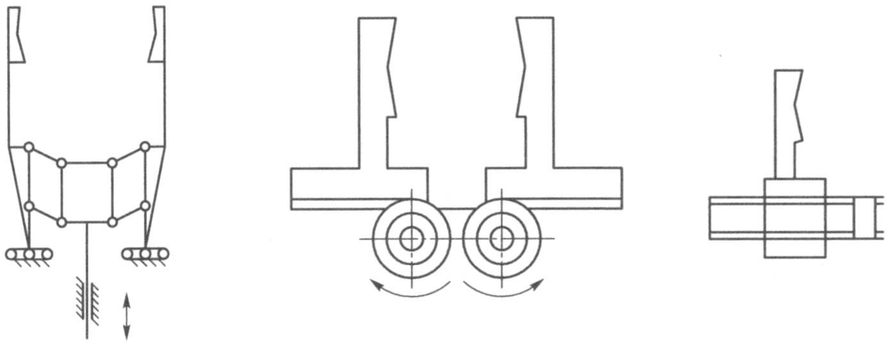

图 3.2-17 平移型手爪

② 多关节多指手爪

多指灵巧手(如图 3.2-18 所示):手指数目为 3 或 4,每个手指具有 3~4 个关节,相当于一个机械臂。手爪形式与人手相似,用于抓取复杂形状的物体,实现精细操作。

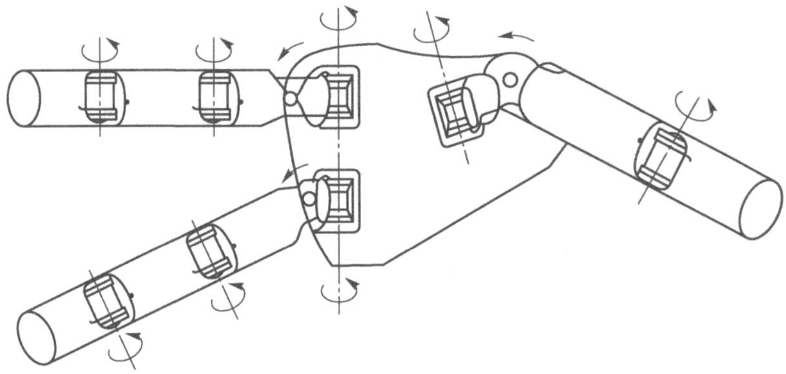

图 3.2-18 多指灵巧手

欠驱动拟人手(如图 3.2-19 所示):结构与多指灵巧手类似,但各关节不是由电机独立驱动的,而是由少量电机以差动形式驱动的,因此称为欠驱动拟人手。与多指灵巧手的不同之处在于欠驱动拟人手具有良好的形状自适应能力,但抓持方式较少。

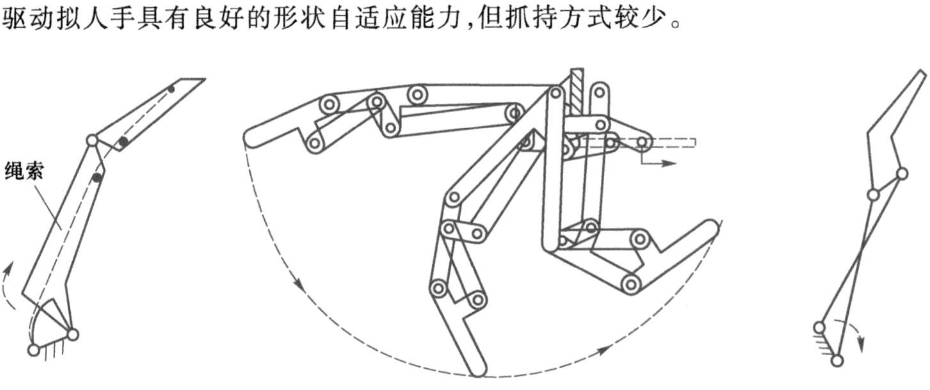

图 3.2-19 欠驱动拟人手

③ 顺应手爪

顺应手爪(如图 3.2-20 所示)具有一定的柔性,动作可以适应工作环境,可以在缺少传感器的情况下实现顺应动作,相当于在手腕和手爪之间安装了一个 6 自由度的弹簧装置。

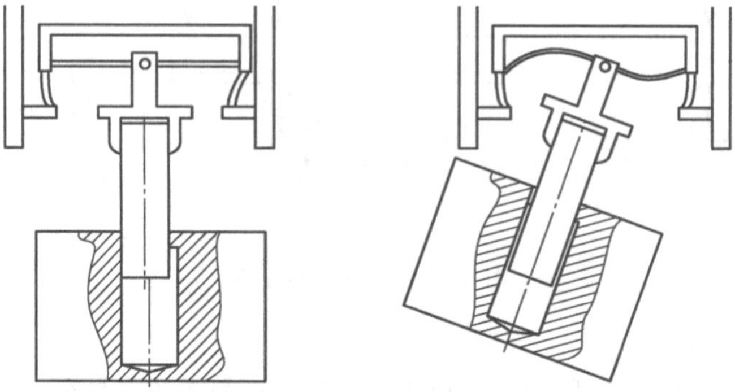

图 3.2-20 顺应手爪

(2) 磁力吸盘

磁力吸盘是在手部装上电磁铁,通过磁场吸力把工件吸住,有电磁吸盘(如图 3.2-21 所示)和永磁吸盘两种。磁力吸盘的缺点是被吸工件会有剩磁,同时吸盘上会吸附铁屑,使吸盘不能可靠地吸住工件。同时,磁力吸盘对工件表面要求较高,否则不能保证可靠吸住工件。

(3) 真空式吸盘

真空式吸盘(如图 3.2-22 所示)主要用于吸取体积大、重量轻的零件(如壳体类)或运输易碎易坏物件(如玻璃管)等。根据原理可以分为真空吸盘、气流负压吸盘和挤气负压吸盘。与磁力吸盘相似,真空式吸盘对物件表面要求较高,物件表面需要平整光滑,否则不能保证可靠吸住工件。

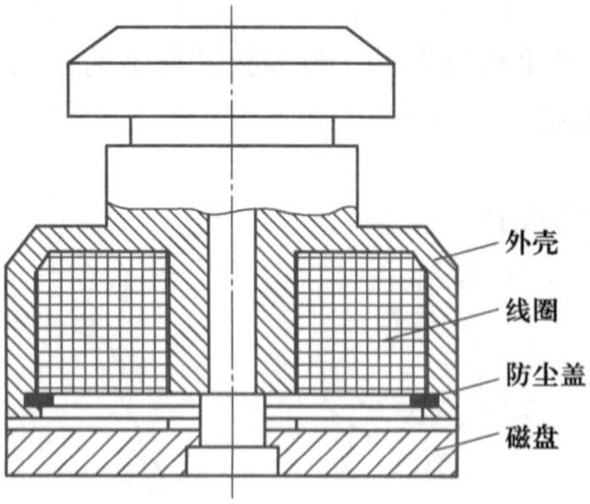

图 3.2-21 电磁吸盘

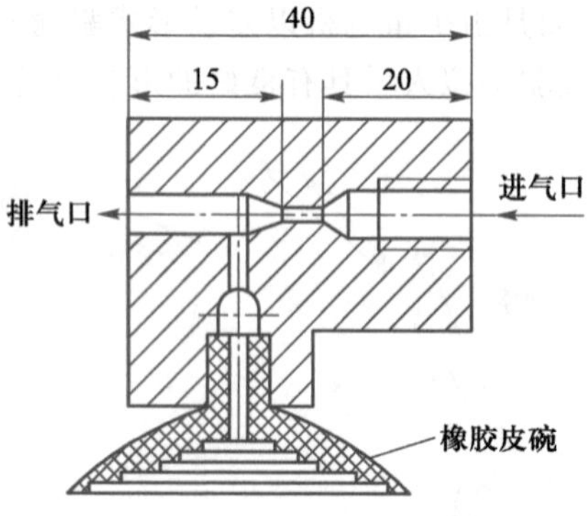

图 3.2-22 真空式吸盘

3.3 典型移动机器人机构及其特点

3.3.1 轮式和履带式移动机构

机器人的机构类型可以分为固定基座式机构和移动式机构，固定基座式机构的主要功能是对工件进行操作，而移动式机构的主要功能是实现各种形式的运动。轮式移动机构是最常见的移动机构，而履带式移动机构则是轮式移动机构的派生机构。

(1) 轮式移动机构的构成要素

轮式移动机构由车体、车轮、车体和车轮之间的支撑机构、车轮驱动等机构构成。

车体是车轮支撑机构的安装基座，决定各个轮子之间的关系，并且在移动时，传递车轮、支撑机构和驱动之间的力。另外，车体有时也作为平台，搭载机械臂等操作设施。

车轮(如图 3.3-1 所示)通过支撑机构与车体连接，与车体共同支撑车辆的质量，同时具有相对于移动面的自由度，可以在移动面上运动。根据自由度数量，车轮可以分为自由度为 1 的圆板形车轮、自由度为 2 全方位车轮以及自由度为 3 的球形车轮。

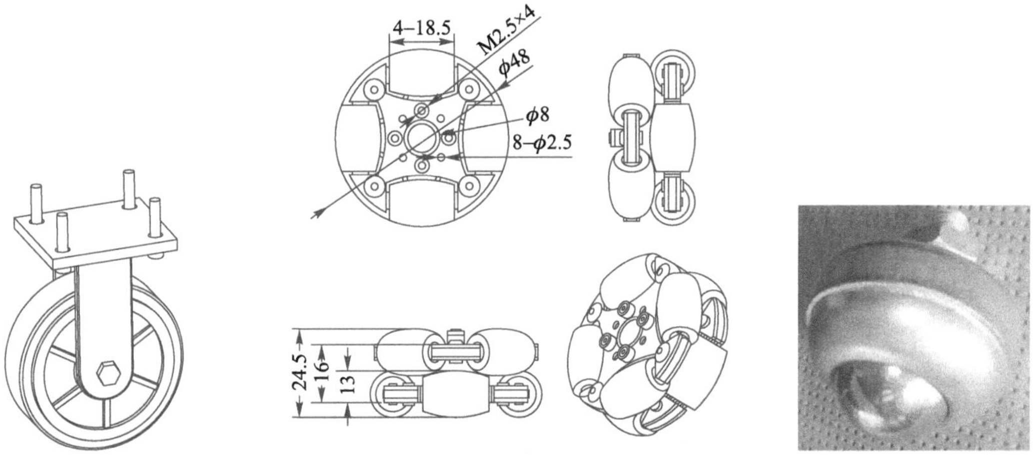

圆板形车轮　　正交全向轮　　球形车轮

图 3.3-1　车轮的不同形式

车轮支撑机构位于车轮和车体之间，决定两者在空间上的关系。车轮支撑机构需要使车轮合理分担车体的重量并且合理着地，同时还需要保证运动过程中的平稳，因此悬挂装置、缓冲装置包含在车轮支撑机构中。

驱动机构是驱动车轮运动的部分，最常见的驱动方式是用电机经过减速器后直接驱动车轮。

(2) 轮式移动机构与机械臂的区别

常见的机械臂，由于基座固定，在空间中有基准点，空间位置和关节位移是一一对应的，因此机械臂的运动学和位移的关系密不可分；而移动机器人在环境中没有基准点，因此运动学问题主要与运动速度有关，即描述二维移动面上移动机构的速度和车轮驱动速度、转向速度的关系。

(3) 履带式移动机构

履带式移动机构一般由履带机构和悬挂机构组成。

履带机构(如图 3.3-2 所示)由履带、支撑履带的链轮、滚轮以及承载的框架构成。履带形式多样，适用于不同形式的路面。

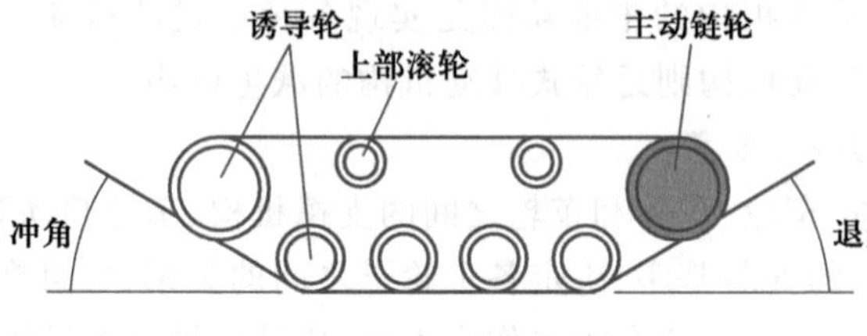

图 3.3-2 履带机构

悬挂机构(如图 3.3-3 所示)存在于大型履带式移动机构中，用于保证两侧履带都能着地。

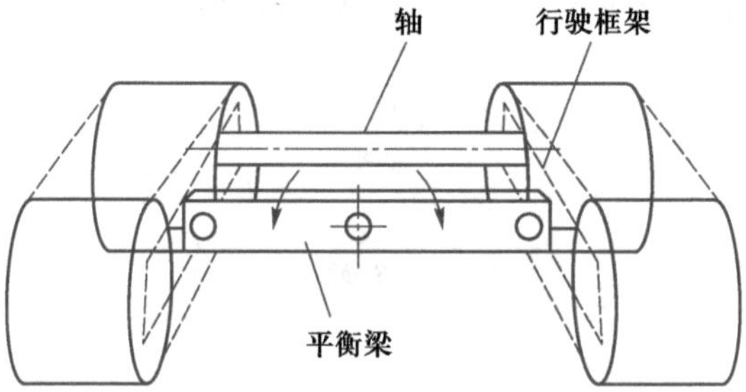

图 3.3-3 悬挂机构

*3.3.2 足式机器人机构

足式机器人机构是模仿多足动物运动的移动式机器人，是一种具有冗余驱动、多支链的运动机构，运动速度较轮式移动机构慢，但是地形适应能力较强，且运动形式多样。根据足数目可以分为两足步行机器人、四足步行机器人、六足步行机器人以及八足步行机器人。

(1) 两足步行机器人

两足步行机器人(如图 3.3-4 所示)多用于仿人体行走，腿的关节参照人体关节设计，具有髋关节、膝关节和踝关节等，自由度也与人体相似，每条腿有 2~7 个自由度。通过驱动关节使两条腿模仿人类运动，实现平稳行走。特点是控制比较复杂，占空间小，但系统稳定性较差。

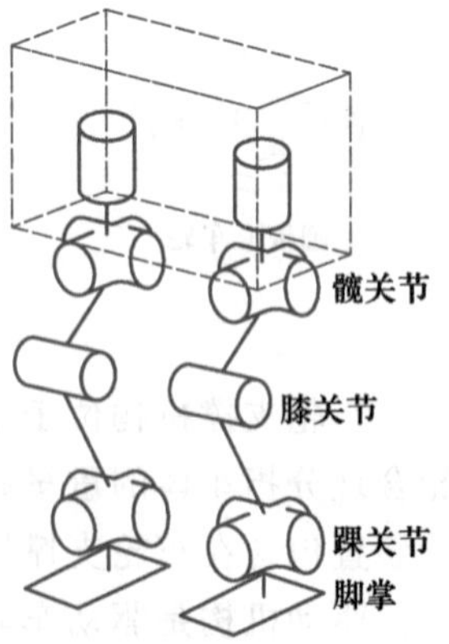

图 3.3-4 两足步行机器人

(2) 四足步行机器人

四足步行机器人(如图 3.3-5 所示)是模仿哺乳动物行走的机构，常见的四足步行机器人有两类:前后腿对屈式、前后腿前屈式。前后腿对屈式四足步行机构模仿的是犬类的腿部结构,地形适应能力和负载能力较强。前后腿前屈式四足步行机构模仿的是猎豹等猫科动物的腿部结构,在足部末端还有一个脚趾关节,用于产生更大的推力以提升奔跑的速度。这种机构类型相比第一种具有更好的运动能力。

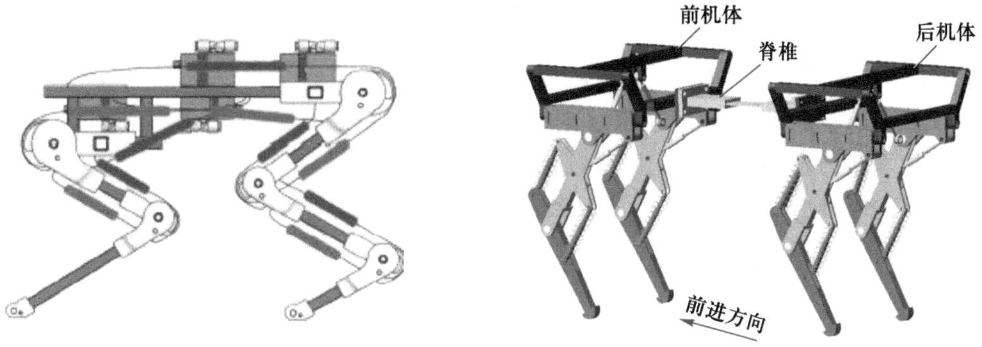

图 3.3-5　两种结构的四足步行机器人

(3) 六足步行机器人

六足步行机器人(如图 3.3-6 所示)是模仿昆虫的机构形式。这种形式的机构对地形适应能力较强,但步行速度较慢。还有新型六足机构,腿部只有一个关节,每条腿均为半弧形结构,机动性强,地形适应能力也较强。

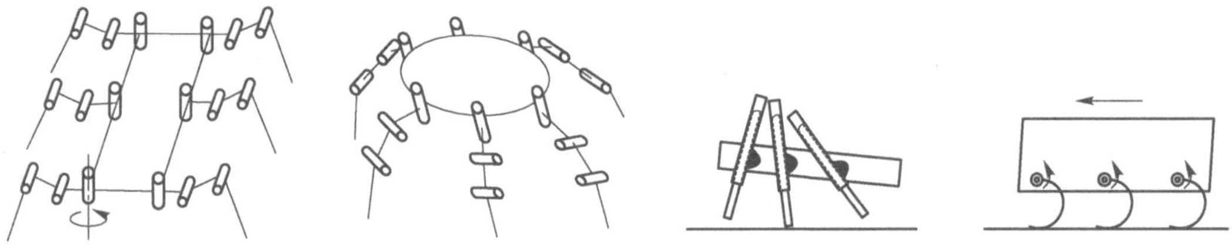

图 3.3-6　六足步行机器人

六足步行机器人的腿部机构及其布置方式主要模仿的是昆虫。常见的六足步行机构有四种,其中两种机构每条腿包含一个与载荷平台连接的侧摆旋转关节和两个依次与侧摆关节串联的旋转关节,用于实现腿部的屈伸运动。该机器人对地形的适应能力较强,但步行速度较慢。第三种结构形式是气动式六足步行机构,主要模仿的是蟑螂,其每条腿均由一个绕载荷平台的旋转关节和沿腿部轴向移动的平移关节构成。其中平移关节可由微型气缸或者直线电动机驱动,通过微型气缸或者直线电动机的高速往复运动,可实现机器人的快速移动。第四种结构形式的六足步行机构仅有一个绕载荷平台的旋转关节,无腿部屈伸关节,每条腿均为半圆弧结构,具有一定的柔性。该类型的六足步行机器人具有很强的机动性,对崎岖地面也具有非常强的适应性,它可以成功通过岩石地面、沙地、草地、斜坡、阶梯等复杂路面。

(4) 八足步行机器人

八足步行机器人的结构类型与六足步行机器人相似,只是腿的数目增加。由于参与支撑的腿的数目增加，八足步行机器人（如图 3.3-7 所示）的显著特点是行走稳定性好且崎岖路面的通过能力强，但控制系统复杂，因为腿的数目过多，能耗也十分巨大。

按照同样的布置方式，可以进一步将腿的数量增加到 10 或减少到 4。这种仿昆虫式结构的足式机器人的特点是重心低，稳定性好，但需要较大的关节力矩来支撑身体，其负载能力不如四足步行机器人。一般地，足式机器人在行走过程中与地面接触的点越多，行走稳定性越好，载荷平台姿态越稳定，同时所能承载的负荷也越大。但腿数量的增加会带来更多的能量消耗，同时也会使控制系统变复杂，因此需要根据实际情况合理选择腿的数目。

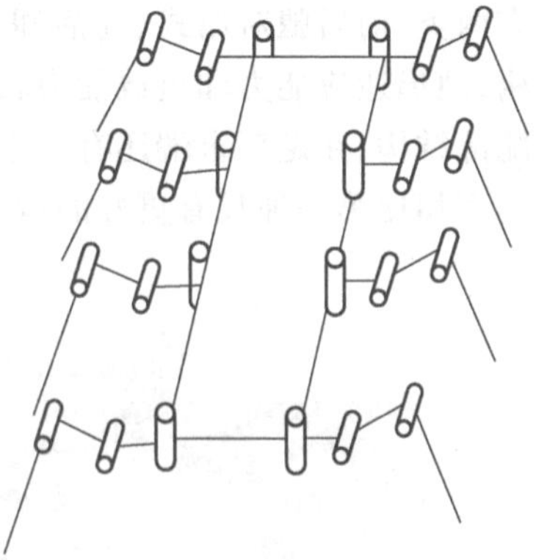

图 3.3-7 八足步行机器人

3.4 机构自由度

本节自由度的计算方法主要考虑机器人机构自身的自由度，忽略末端执行器上的自由度。

3.4.1 基本概念说明

开链机构（open chain mechanism）：具有固定构件的开式运动链。

位形（configuration）：机构的当前状态。

位形空间（configuration space）：机构所能到达的所有位形所形成的集合。

自由度（degree of freedom, DoF）：构件所具有的独立运动的数目（或确定构件位置的独立参变量的数目）。

局部自由度（local DoF）：空间机构中存在着不影响输入和输出件之间运动的自由度。

冗余约束/虚约束（redundant constraint/virtual constraint）：特殊的几何约束条件对机构运动不产生作用的部分。

3.4.2 自由度计算公式

系统的自由度=所有活动构件的自由度-系统损失的自由度

对于不存在虚约束和局部自由度的机构，可以用 CKG（Craig-Kroninger-Grubler）公式计算机构自由度：

$$F=d(n-l-1)+\sum_{i=0}^{n} f_i \tag{3.4-1}$$

其中，d 为机构的阶数，对于平面机构，$d=3$，对于空间机构，$d=6$；n 为构件数（包括机座）；l 为关节数；f_i 为第 i 个关节的自由度数。

当机构存在虚约束或局部自由度时，应采用修正的 CKG 公式：

$$F=d(n-l-1)+\sum_{i=0}^{n} f_i+\nu-\xi \tag{3.4-2}$$

其中，ν 为机构虚约束数，ξ 为局部自由度数，上式可以作为统一的计算机构自由度的公式。

3.4.3 自由度计算示例

【例 3.4-1】SCARA 机器人(如图 3.4-1 所示)的自由度计算。

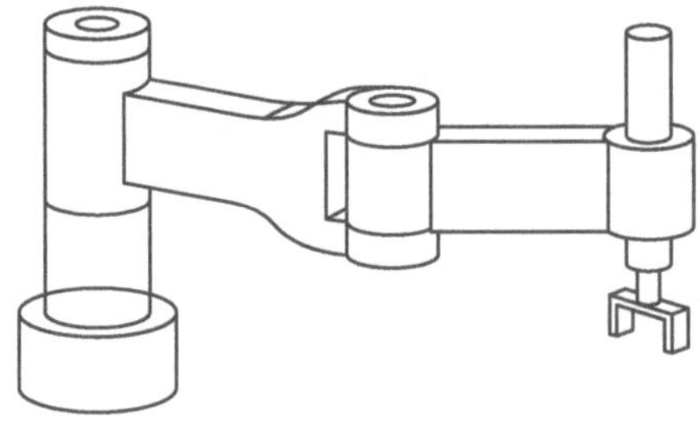

图 3.4-1 SCARA 机器人

解:

构件数目为 5,关节数为 4,关节自由度和为 4,没有虚约束和局部自由度,则机构自由度为

$$F=d(n-l-1)+\sum_{i=0}^{n} f_i=6\times(5-4-1)+4=4$$

【例 3.4-2】计算平面 3-RRR 机器人(如图 3.4-2 所示)的自由度。

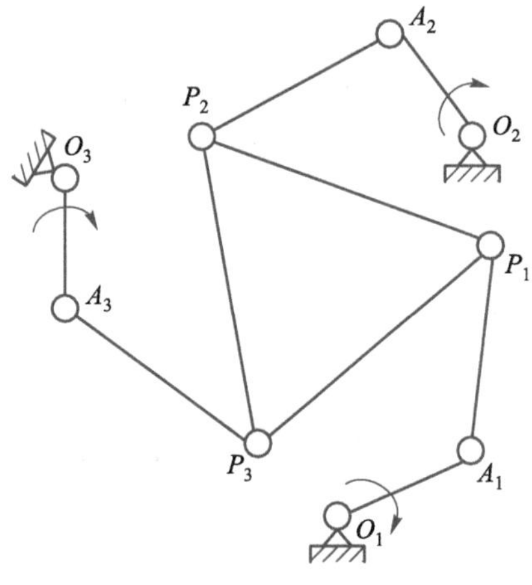

图 3.4-2 平面 3-RRR 机器人

解:

机器人的总自由度为

$$F=d(n-l-1)+\sum_{i=0}^{n} f_i$$

对平面 3-RRR 机器人,机构阶数为 3,构件数为 8,关节数为 9,关节自由度和为 9,没有虚约束和局部自由度,则机构自由度为

$$F=3\times(8-9-1)+9\times1=3$$

【例 3.4-3】Stewart 平台(如图 3.4-3 所示)的自由度计算。

解:

构件数:上下两个平台各 1 个构件,共 6 条支链,每条支链各 2 个构件,则总共构件数为 14。

关节数:每条支链关节数为 3,则总关节数为 18。

关节自由度和:每条支链自由度为 7(一个移动自由度,两个 3 自由度的球副),则关节自由度和为 42。

局部自由度:每条支链有一个局部自由度,两个球副之间的连杆具有一个绕轴线的局部转动自由度,该自由度不影响机构整体自由度,因此局部自由度数为 6。

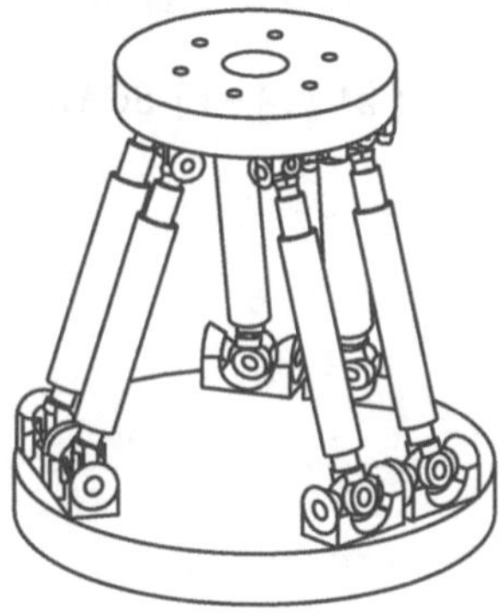

图 3.4-3 Stewart 平台

虚约束数为 0。

因此,机构的自由度为 $F=6\times(14-18-1)+42+0-6=6$。

3.5 小结

本章详细介绍了机器人机构的分类,典型机器人机构及其特点,机器人末端执行器结构分类及特点。此外,本章还详细介绍了机器人机构自由度的概念以及计算公式,使学生对机器人本体机构有了更为系统深刻的认识。机器人的机构是其运动的基础,它涵盖了机器人的结构和组件,决定了机器人能够进行的各种运动和操作。机器人的机构设计直接影响其灵活性、速度、精度和适应性,因此机器人工程师需要精心选择和设计机构,以确保机器人能够有效地执行任务和适应不同的工作环境。

无论是哪种类型的机器人系统或机构,它们在设计和实现的过程中都需要解决一系列共通的技术和理论问题。这些问题的解决为机器人的有效运作提供了基础,包括但不限于空间位姿的确定、速度的控制、运动规划以及与环境的交互等。通过解决这些核心技术和理论问题,机器人系统能够实现高度的自主性和智能性,从而在各种应用领域中发挥关键作用。后续章节将围绕这些问题展开更深入的讨论,探索当前的研究进展、面临的挑战以及未来的发展方向。

3.6 习题

【题 3-1】串联、并联和混联机器人各自有什么优点和缺点?

【题 3-2】足式机器人可以看作一个并联机器人吗?如果可以,哪个部分是动平台?哪个部分是静平台?

【题 3-3】机械手爪和夹持式手爪各自有什么优缺点?

【题 3-4】轮式和履带式移动机构各自有什么特点?

【题 3-5】磁力吸盘有什么特点?

【题 3-6】什么是机器人机构的自由度?

【题 3-7】什么是机器人 CKG 公式?其内容是什么?

【题 3-8】机器人的修正 CKG 公式增加了什么内容？

【题 3-9】什么是机器人机构的局部自由度？

【题 3-10】什么是机器人机构的虚约束？

【题 3-11】用图题 3-1 所示三指机械手抓取物体。每个手指有 3 个单自由度的关节。指尖与物体的接触被认为是“点接触”，也就是说，该接触点的位置固定，但是 3 个自由度的姿态是自由的。因此，在分析的过程中，这些接触点可以用 3 自由度球关节代替。应用 CKG 公式计算整个系统的自由度。

【题 3-12】如图题 3-2 所示闭环机构，它通过 3 根杆与地面相连。每根杆通过一个 2 自由度万向节与物体相连，通过一个 3 自由度的球关节与地面相连。这个系统有多少个自由度？

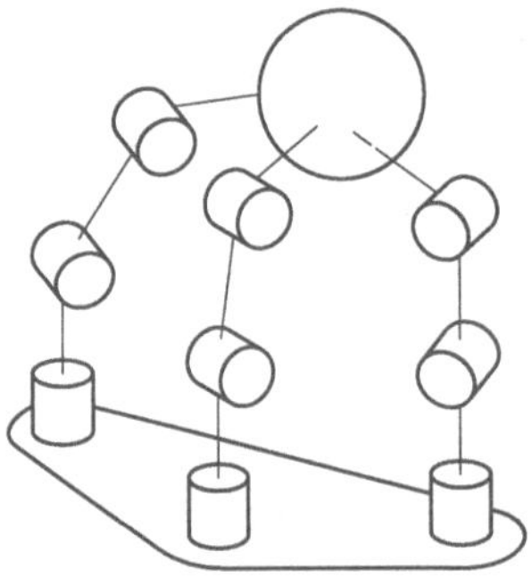

图题 3-1 每个手指有 3 个自由度的三指机械手通过点接触抓取物体

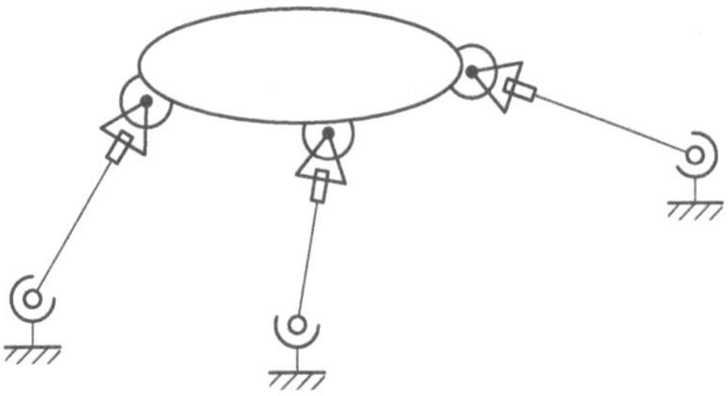

图题 3-2 闭环机构

【题 3-13】图题 3-3 所示的平面闭链机构的自由度是多少？

【题 3-14】图题 3-4 所示的平面闭链机构的自由度是多少？

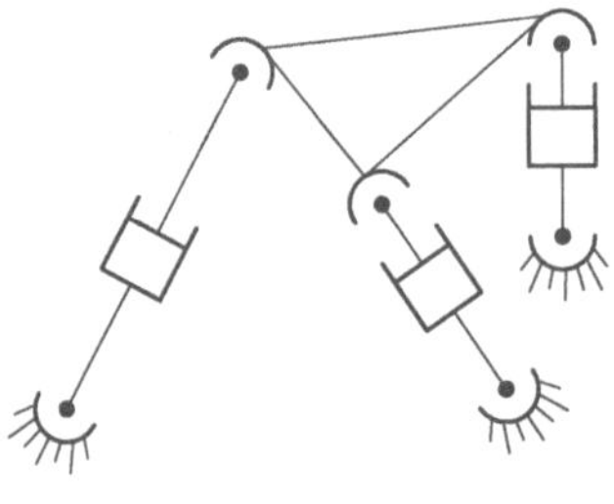

图题 3-3 平面闭链机构

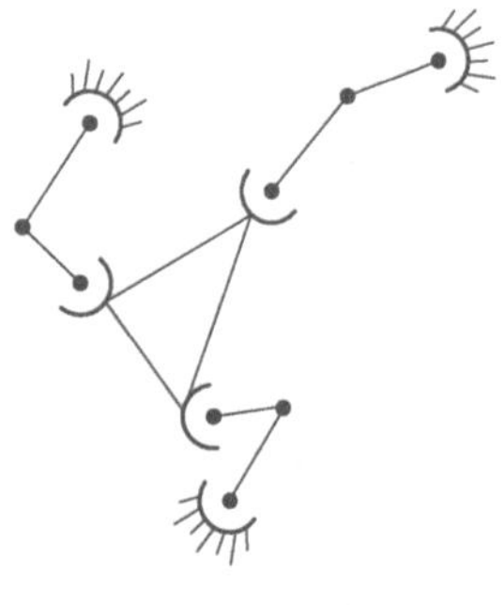

图题 3-4 平面闭链机构

第三章习题参考答案

第四章 位姿描述和齐次变换

电子教案：
位姿描述和
齐次变换

机器人位姿描述和齐次变换等概念为机器人在三维空间中的感知、定位、导航和控制提供了强大的数学工具和框架。通过理解和应用这些概念，能够更准确地描述机器人的位姿，并能够进行精确的路径规划、避障和姿态控制。这些技术将有助于提高机器人在复杂环境中的运动性能和精度，从而推动机器人技术的进步和应用。

本章首先介绍位姿描述的基础数学知识，包括描述机器人位置的坐标系统以及如何表示机器人的朝向；随后逐步引入齐次变换的概念，包括旋转和平移变换，以及它们如何用于描述和控制机器人的运动；此外，还将介绍如何在不同坐标系之间进行变换，以适应不同任务和场景；最后介绍等效轴角和四元数方法，描述位姿，加深理解，拓展知识。

4.1 位姿描述与齐次坐标表示

刚体（rigid body）是一个理想化的物体，假设其内部结构在受到外力作用时不会发生形变，即任意两点之间的距离在运动过程中始终保持不变。在经典力学中，刚体是用来研究物体的运动和平衡的一个基本概念。现实中没有真正意义上的刚体，但许多物体在特定条件下可以近似为刚体，从而简化分析和计算。描述刚体的空间状态需要位置和姿态信息，一般情况下，将一个坐标系固定在刚体上（如图 4.1-1 所示），则该坐标系的空间描述可以表示刚体的位置和姿态。所以，刚体和坐标系的空间描述具有一定的统一性。

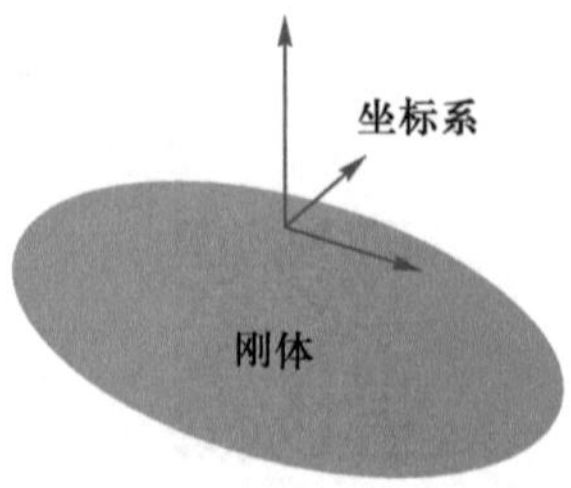

图 4.1-1 刚体和坐标系的关系

4.1.1 刚体的位置描述

对于坐标系{A},空间中任意一点 p 的位置可以用一个 3×1 的列矢量 ${}^{A}\boldsymbol{p}$ 表示,称为位置(position)矢量,如图 4.1-2 所示。

$$ {}^{A}\boldsymbol{p}=[p_x \quad p_y \quad p_z]^{\mathrm{T}} \tag{4.1-1}$$

其中,p_x,p_y,p_z 是点 p 在坐标系{A}中的三个坐标分量。${}^{A}\boldsymbol{p}$ 的上标 A 代表参考系为{A}。

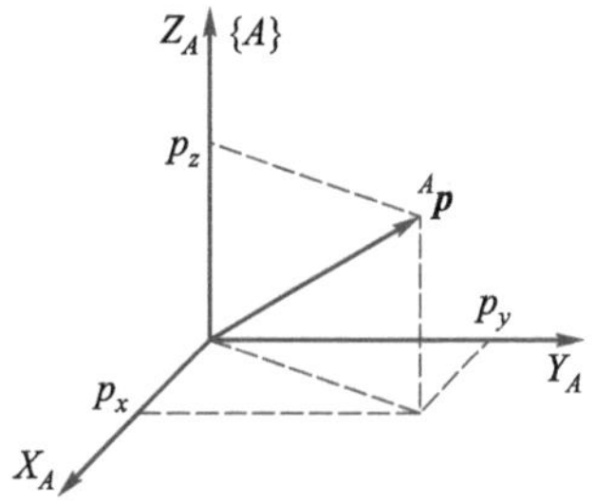

图 4.1-2 点的位置描述

4.1.2 刚体的姿态描述

为了规定空间中某刚体 M 的姿态(orientation),在物体上固连一个直角坐标系{B},并且给出坐标系{B}相对于参考系{A}的表达,就可以用于描述刚体的姿态。

描述物体坐标系{B}的方法是利用坐标系{A}的三个主轴单位矢量表示(如图 4.1-3 所示)。用 $\boldsymbol{x}_B,\boldsymbol{y}_B,\boldsymbol{z}_B$ 表示坐标系{B}主轴方向的单位矢量,当在坐标系{A}表达坐标系{B}时,写成 ${}^{A}\boldsymbol{x}_B,{}^{A}\boldsymbol{y}_B,{}^{A}\boldsymbol{z}_B$。将这三个单位矢量写成相对于坐标系{A}的方向余弦形式,按顺序排列可以得到一个 3×3 的矩阵。

$$ {}_{B}^{A}\boldsymbol{R}=[{}^{A}\boldsymbol{x}_B\ {}^{A}\boldsymbol{y}_B\ {}^{A}\boldsymbol{z}_B]=\begin{bmatrix}\cos(\boldsymbol{x}_A,\boldsymbol{x}_B) & \cos(\boldsymbol{x}_A,\boldsymbol{y}_B) & \cos(\boldsymbol{x}_A,\boldsymbol{z}_B)\\ \cos(\boldsymbol{y}_A,\boldsymbol{x}_B) & \cos(\boldsymbol{y}_A,\boldsymbol{y}_B) & \cos(\boldsymbol{y}_A,\boldsymbol{z}_B)\\ \cos(\boldsymbol{z}_A,\boldsymbol{x}_B) & \cos(\boldsymbol{z}_A,\boldsymbol{y}_B) & \cos(\boldsymbol{z}_A,\boldsymbol{z}_B)\end{bmatrix}=\begin{bmatrix}r_{11} & r_{12} & r_{13}\\ r_{21} & r_{22} & r_{23}\\ r_{31} & r_{32} & r_{33}\end{bmatrix} \tag{4.1-2}$$

其中,${}_{B}^{A}\boldsymbol{R}$ 称为旋转矩阵(rotation matrix),上标 A 代表参考坐标系{A},下标 B 代表被描述的坐标系{B}。

旋转矩阵有 9 个元素,但其中只有 3 个是独立的。因为旋转矩阵的三个列矢量 ${}^{A}\boldsymbol{x}_B,{}^{A}\boldsymbol{y}_B,{}^{A}\boldsymbol{z}_B$ 都是单位主矢量,且两两相互垂直,在符合右手定则的直角坐标系下,旋转矩阵的 9 个元素满足六个约束条件,表示为

$$ {}^{A}\boldsymbol{x}_B\cdot{}^{A}\boldsymbol{y}_B={}^{A}\boldsymbol{y}_B\cdot{}^{A}\boldsymbol{z}_B={}^{A}\boldsymbol{z}_B\cdot{}^{A}\boldsymbol{x}_B=0 \tag{4.1-3}$$

$$ {}^{A}\boldsymbol{x}_B\cdot{}^{A}\boldsymbol{x}_B={}^{A}\boldsymbol{y}_B\cdot{}^{A}\boldsymbol{y}_B={}^{A}\boldsymbol{z}_B\cdot{}^{A}\boldsymbol{z}_B=1 \tag{4.1-4}$$

以上六个等式组成的约束条件称为正交条件。

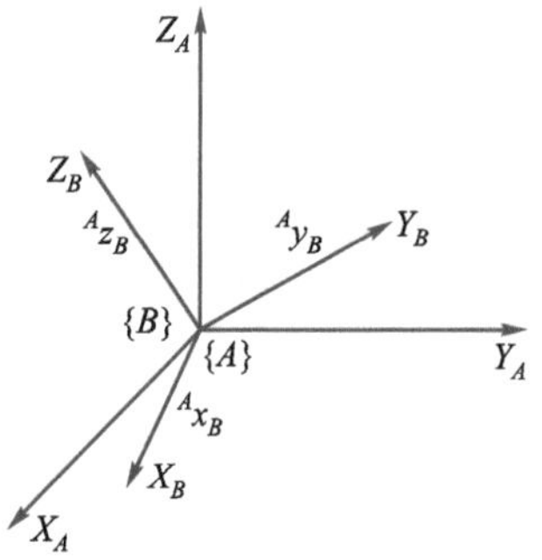

图 4.1-3 姿态的描述

由于旋转矩阵 ${}_{B}^{A}\boldsymbol{R}$ 中每个元素 r_{ij} 表示{B}中的单位方向矢量在{A}单位矢量方向的投影,因此 ${}_{B}^{A}\boldsymbol{R}$ 还可以写成以下形式:

$$ {}_{B}^{A}\boldsymbol{R}=\begin{bmatrix}\boldsymbol{x}_B\cdot\boldsymbol{x}_A & \boldsymbol{y}_B\cdot\boldsymbol{x}_A & \boldsymbol{z}_B\cdot\boldsymbol{x}_A\\ \boldsymbol{x}_B\cdot\boldsymbol{y}_A & \boldsymbol{y}_B\cdot\boldsymbol{y}_A & \boldsymbol{z}_B\cdot\boldsymbol{y}_A\\ \boldsymbol{x}_B\cdot\boldsymbol{z}_A & \boldsymbol{y}_B\cdot\boldsymbol{z}_A & \boldsymbol{z}_B\cdot\boldsymbol{z}_A\end{bmatrix} \tag{4.1-5}$$

可以看出,旋转矩阵的行是{A}中单位矢量在{B}中的投影,即

$$ {}_{B}^{A}\boldsymbol{R}=[{}^{A}\boldsymbol{x}_B\ {}^{A}\boldsymbol{y}_B\ {}^{A}\boldsymbol{z}_B]=[{}^{B}\boldsymbol{x}_A^{\mathrm{T}} \quad {}^{B}\boldsymbol{y}_A^{\mathrm{T}} \quad {}^{B}\boldsymbol{z}_A^{\mathrm{T}}]^{\mathrm{T}}={}_{A}^{B}\boldsymbol{R}^{\mathrm{T}} \tag{4.1-6}$$

因此,坐标系{A}相对于坐标系{B}的描述可以由旋转矩阵 ${}_{B}^{A}\boldsymbol{R}$ 转置得到。并且旋转矩阵

的逆矩阵等于它的转置,简单证明如下:

$$ {}_A^B\boldsymbol{R}^{\mathrm{T}}={}_B^A\boldsymbol{R}=\begin{bmatrix}{}^B\boldsymbol{x}_A^{\mathrm{T}}\\{}^B\boldsymbol{y}_A^{\mathrm{T}}\\{}^B\boldsymbol{z}_A^{\mathrm{T}}\end{bmatrix}[{}^A\boldsymbol{x}_B\ {}^A\boldsymbol{y}_B\ {}^A\boldsymbol{z}_B]=\boldsymbol{I}_3 \tag{4.1-7}$$

其中,$\boldsymbol{I}_3$ 是 3×3 的单位矩阵。

因此,可以得到旋转矩阵 ${}_B^A\boldsymbol{R}$ 的性质:它是正交的矩阵,且满足

$$\begin{cases}{}_B^A\boldsymbol{R}^{-1}={}_B^A\boldsymbol{R}^{\mathrm{T}}\\ \det({}_B^A\boldsymbol{R})=1\end{cases} \tag{4.1-8}$$

4.1.3 刚体的位姿与坐标系描述

为了完整描述刚体在空间中的位姿(pose),需要规定它的位置和姿态。可以在刚体上任选一点,作为固连坐标系$\{B\}$的原点,建立坐标系$\{B\}$。相对于参考坐标系$\{A\}$,用位置矢量 ${}^A\boldsymbol{p}_{BO}$ 描述坐标系$\{B\}$原点的位置,用旋转矩阵 ${}_B^A\boldsymbol{R}$ 描述坐标系$\{B\}$的姿态。因此,坐标系$\{B\}$的位姿可以由 ${}^A\boldsymbol{p}_{BO}$ 和 ${}_B^A\boldsymbol{R}$ 得到,即

$$\{\boldsymbol{B}\}=\{{}_B^A\boldsymbol{R},{}^A\boldsymbol{p}_{BO}\} \tag{4.1-9}$$

坐标系的描述概括了刚体位置和姿态的描述,当旋转矩阵为单位矩阵时,上式表示位置;当位置矢量为零时,上式表示姿态。

以机器人手部为例,手部可以视作刚体,其位置和姿态也可以用固连于手部的坐标系的位姿来表示(如图 4.1-4 所示)。首先选定一个坐标系$\{A\}$作为描述其位姿的参考坐标系,在机器人末端上建立固连坐标系$\{T\}$,其三个坐标轴设定分别为:z 轴在手之间接近物体的方向,y 轴在两手指的连线方向,x 轴由 y 轴和 z 轴根据右手定则确定。一般将 z 轴单位矢量称为接近矢量,用 $\boldsymbol{a}$ 表示,y 轴单位矢量称为方位矢量,用 $\boldsymbol{o}$ 表示,x 轴单位矢量称为法向矢量,用 $\boldsymbol{n}$ 表示。手部固连坐标系$\{T\}$的原点在$\{A\}$中的位置矢量为 $\boldsymbol{p}$,由这四个矢量便可以描述手部的位姿。其中描述手部的位姿矩阵可以写为

$$\{\boldsymbol{T}\}=\{\boldsymbol{R},\boldsymbol{p}\}=\{\boldsymbol{n}\ \boldsymbol{o}\ \boldsymbol{a},\boldsymbol{p}\} \tag{4.1-10}$$

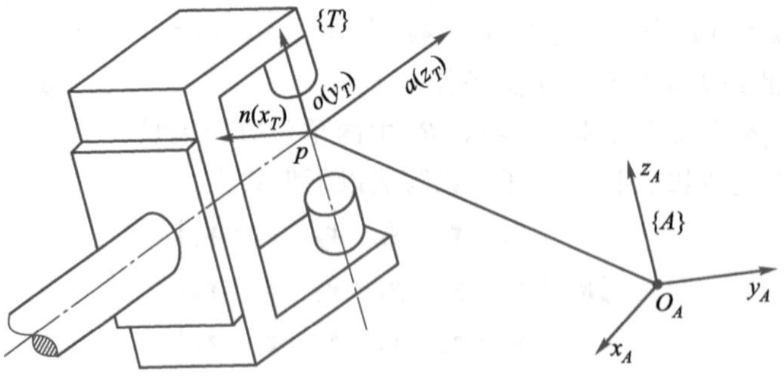

图 4.1-4 手爪固连坐标系

4.2 坐标变换

空间中任一点 p 在不同坐标系中的描述是不同的,将同一个点 p 从一个坐标系的描述变换到另一个坐标系的描述,称为坐标变换(coordinate transformation),也称坐标映射(coordinate mapping)。这种映射也反映了不同坐标系之间的位置和姿态的关系。

4.2.1 平移变换

当坐标系$\{A\}$和$\{B\}$姿态相同但原点不重合时,可以用矢量 ${}^{A}\boldsymbol{p}_{BO}$ 描述$\{B\}$相对于$\{A\}$的位置(如图 4.2-1 所示),将 ${}^{A}\boldsymbol{p}_{BO}$ 称为平移矢量。假设点 p 在坐标系$\{A\}$中的位置矢量为${}^{A}\boldsymbol{p}$,在坐标系$\{B\}$中的位置矢量为 ${}^{B}\boldsymbol{p}$,则 ${}^{A}\boldsymbol{p}$ 可以由 ${}^{B}\boldsymbol{p}$ 通过平移得到,表达式为

$$ {}^{A}\boldsymbol{p}={}^{B}\boldsymbol{p}+{}^{A}\boldsymbol{p}_{BO} \tag{4.2-1}$$

上式称为坐标平移变换/平移映射(translational transformation)。

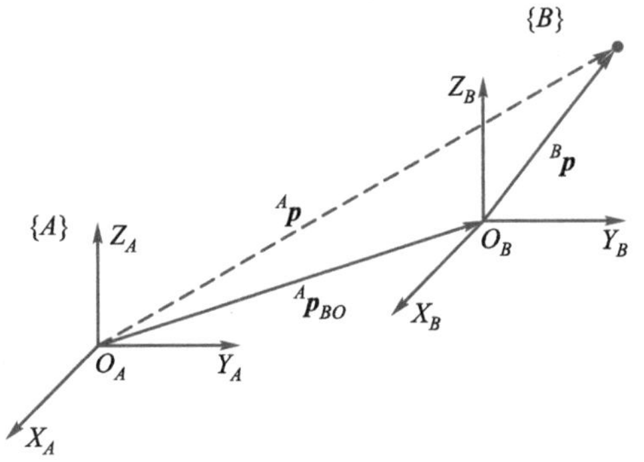

图 4.2-1 平移映射

4.2.2 旋转变换

坐标系$\{A\}$与坐标系$\{B\}$具有相同的坐标原点,但两者的姿态不同,可以用 ${}^{A}_{B}\boldsymbol{R}$ 表示坐标系$\{B\}$相对于坐标系$\{A\}$的姿态(如图 4.2-2 所示)。同一点 p 在这两个坐标系的位置矢量 ${}^{A}\boldsymbol{p}$、${}^{B}\boldsymbol{p}$ 可以通过旋转矩阵变换得到

$$ {}^{A}\boldsymbol{p}={}^{A}_{B}\boldsymbol{R}\,{}^{B}\boldsymbol{p} \tag{4.2-2}$$

该关系式称为坐标旋转变换/旋转映射(rotational transformation)。

同理,根据旋转矩阵 ${}^{B}_{A}\boldsymbol{R}$ 可以得到坐标系$\{A\}$中相对于坐标系$\{B\}$的姿态以及$\{A\}$中点 ${}^{A}\boldsymbol{p}$ 到$\{B\}$中点 ${}^{B}\boldsymbol{p}$ 的映射

$$ {}^{B}\boldsymbol{p}={}^{B}_{A}\boldsymbol{R}\,{}^{A}\boldsymbol{p} \tag{4.2-3}$$

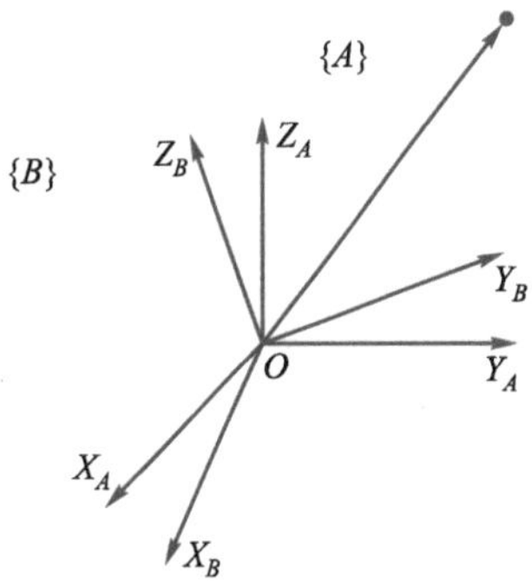

图 4.2-2 旋转映射

4.2.3 一般变换

在平移变换和旋转变换的基础上可以建立刚体坐标系的一般变换。对于原点不重合、方

位不相同的两个坐标系{A}和{B}(如图 4.2-3 所示),坐标系{B}相对于坐标系{A}的位置矢量用 ${}^{A}\boldsymbol{p}_{BO}$ 表示,坐标系{B}相对于坐标系{A}的姿态用 ${}_{B}^{A}\boldsymbol{R}$ 表示,这时,点 p 在这两个坐标系的位置矢量 ${}^{A}\boldsymbol{p}$、${}^{B}\boldsymbol{p}$ 具有的变换关系表示为

$$ {}^{A}\boldsymbol{p}={}_{B}^{A}\boldsymbol{R}{}^{B}\boldsymbol{p}+{}^{A}\boldsymbol{p}_{BO} \tag{4.2-4} $$

上式表示的操作可以看作是坐标平移变换和旋转变换的复合变换,即一般变换。规定过渡坐标系{C},{C}的坐标原点与{B}重合而方位与{A}相同,那么由{A}到{B}的变换可以看作{A}经过平移变换得到{C},{C}再经过旋转变换得到{B},表示为

$$ {}^{C}\boldsymbol{p}={}_{B}^{C}\boldsymbol{R}{}^{B}\boldsymbol{p}={}_{B}^{A}\boldsymbol{R}{}^{B}\boldsymbol{p} \tag{4.2-5} $$

$$ {}^{A}\boldsymbol{p}={}^{C}\boldsymbol{p}+{}^{A}\boldsymbol{p}_{CO}={}_{B}^{A}\boldsymbol{R}{}^{B}\boldsymbol{p}+{}^{A}\boldsymbol{p}_{BO} \tag{4.2-6} $$

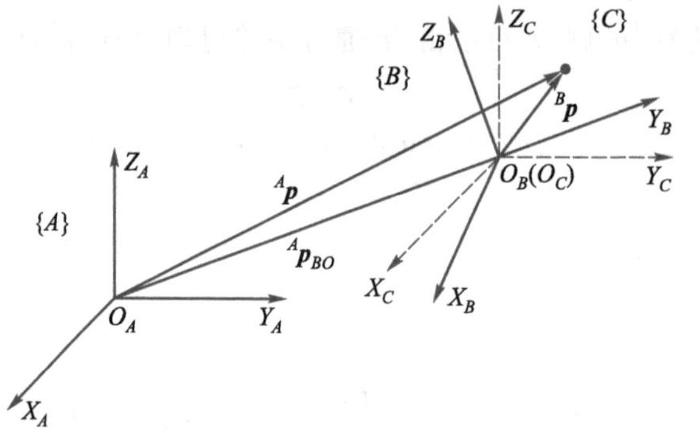

图 4.2-3 一般变换

【例 4.2-1】已知坐标系{B}初始位姿与{A}重合,首先将{B}相对于坐标系{A}的 z 轴旋转 30°,再沿{A}的 x 轴移动 10 个单位,沿{A}的 y 轴移动 5 个单位,求其位置矢量 ${}^{A}\boldsymbol{p}_{BO}$ 和旋转矩阵 ${}_{B}^{A}\boldsymbol{R}$。点 p 在坐标系{B}中的描述为 ${}^{B}\boldsymbol{p}=[3\quad 7\quad 0]^{\mathrm{T}}$,求坐标系{$A$}中的描述 ${}^{A}\boldsymbol{p}$。

解:

根据表达式,得到 ${}^{A}\boldsymbol{p}_{BO}$ 和 ${}_{B}^{A}\boldsymbol{R}$,表示为

$$ {}^{A}\boldsymbol{p}_{BO}=[10\quad 5\quad 0]^{\mathrm{T}} $$

$$ {}_{B}^{A}\boldsymbol{R}=\begin{bmatrix}\cos 30^\circ & -\sin 30^\circ & 0\\ \sin 30^\circ & \cos 30^\circ & 0\\ 0 & 0 & 1\end{bmatrix}=\begin{bmatrix}0.866 & -0.5 & 0\\ 0.5 & 0.866 & 0\\ 0 & 0 & 1\end{bmatrix} $$

根据一般变换的表达式,可得

$$ {}^{A}\boldsymbol{p}={}_{B}^{A}\boldsymbol{R}{}^{B}\boldsymbol{p}+{}^{A}\boldsymbol{p}_{BO}=[9.098\quad 12.562\quad 0]^{\mathrm{T}} $$

4.2.4 齐次变换

齐次坐标(homogeneous coordinates)是一种数学工具,用于简化三维空间中的点、向量和变换(如旋转、平移)的表示和计算。使用齐次坐标的优势在于能够将多种变换(包括平移)统一为矩阵乘法操作。例如,复合变换式对于点 p 而言是非齐次的,在进行计算和求逆时不方便,可以用齐次向量的方式将其表示为齐次形式。

$$\begin{bmatrix} {}^{A}\boldsymbol{p} \\ 1 \end{bmatrix} = \begin{bmatrix} {}^{A}_{B}\boldsymbol{R} & {}^{A}\boldsymbol{p}_{BO} \\ \boldsymbol{0} & 1 \end{bmatrix} \begin{bmatrix} {}^{B}\boldsymbol{p} \\ 1 \end{bmatrix} \tag{4.2-7}$$

上式将旋转矩阵和平移向量通过齐次向量写成 4×4 矩阵的形式,将矩阵用 ${}^{A}_{B}\boldsymbol{T}$ 表示,得到了一般变换的矩阵表达形式为

$${}^{A}\boldsymbol{p} = {}^{A}_{B}\boldsymbol{T}\,{}^{B}\boldsymbol{p} \tag{4.2-8}$$

其中,位置矢量 ${}^{A}\boldsymbol{p}$、${}^{B}\boldsymbol{p}$ 均为 4×1 的列矢量,称为点 p 的齐次坐标。矩阵 ${}^{A}_{B}\boldsymbol{T}$ 称为变换矩阵,是 4×4 的方阵,表示为

$${}^{A}_{B}\boldsymbol{T} = \begin{bmatrix} {}^{A}_{B}\boldsymbol{R} & {}^{A}\boldsymbol{p}_{BO} \\ \boldsymbol{0} & 1 \end{bmatrix} \tag{4.2-9}$$

其中,${}^{A}_{B}\boldsymbol{T}$ 称为齐次变换矩阵,特点是最后一行元素为[0 0 0 1]。

齐次变换矩阵综合地表达了旋转变换和平移变换。不难发现,两种形式下的一般变换是等价的,将矩阵形式的变换式展开即可得到原来的表达式。

【例 4.2-2】利用齐次变换的方法求解【例 4.2-1】。

解:

由【例 4.2-1】中的旋转矩阵 ${}^{A}_{B}\boldsymbol{R}$ 和位置矢量 ${}^{A}\boldsymbol{p}_{BO}$,可以得到相应的齐次变换矩阵

$${}^{A}_{B}\boldsymbol{T} = \begin{bmatrix} {}^{A}_{B}\boldsymbol{R} & {}^{A}\boldsymbol{p}_{BO} \\ \boldsymbol{0} & 1 \end{bmatrix} = \begin{bmatrix} 0.866 & -0.5 & 0 & 10 \\ 0.5 & 0.866 & 0 & 5 \\ 0 & 0 & 1 & 0 \\ 0 & 0 & 0 & 1 \end{bmatrix}$$

由齐次变换式有

$${}^{A}\boldsymbol{p} = {}^{A}_{B}\boldsymbol{T}\,{}^{B}\boldsymbol{p} = \begin{bmatrix} 0.866 & -0.5 & 0 & 10 \\ 0.5 & 0.866 & 0 & 5 \\ 0 & 0 & 1 & 0 \\ 0 & 0 & 0 & 1 \end{bmatrix} \begin{bmatrix} 10 \\ 5 \\ 0 \\ 1 \end{bmatrix} = \begin{bmatrix} 9.098 \\ 12.562 \\ 0 \\ 1 \end{bmatrix}$$

和【例 4.2-1】对比可以发现,两种不同的计算方法所得结果一致,区别在于,在【例 4.2-1】中,位置矢量 ${}^{A}\boldsymbol{p}$、${}^{B}\boldsymbol{p}$ 均是采用直角坐标形式描述的,两个位置矢量均为 3×1 列矢量;而在本例中,位置矢量 ${}^{A}\boldsymbol{p}$、${}^{B}\boldsymbol{p}$ 是采用齐次坐标形式描述的,两个位置矢量均为 4×1 列矢量。两处位置矢量的符号相同,但意义不同,需要根据与之相乘的矩阵的维数判断位置矢量是以何种形式表达的。

齐次变换矩阵的物理意义:齐次变换矩阵由点的坐标变换的一般形式而来,因此齐次变换矩阵表示点的坐标变换,反映两个点在不同坐标系下位置的映射关系。当齐次向量最后一个分量为零时,用于规定矢量的方向,最后一个分量不为零时,用于规定点的位置。对于齐次变换矩阵,其四个列向量中,前三个列向量最后一个分量为零,因此用于描述姿态,而第四个列向量最后一个分量不为零,用于描述位置,所以齐次变换矩阵就可以用于描述坐标系{B}相对于坐标系{A}的位置和姿态,这是齐次变换矩阵的第二种物理意义。

【例 4.2-3】齐次变换矩阵

$$
{}^{A}_{B}\boldsymbol{T}=\begin{bmatrix}0 & 0 & 1 & 1\\ 1 & 0 & 0 & -3\\ 0 & 1 & 0 & 4\\ 0 & 0 & 0 & 1\end{bmatrix}
$$

描述坐标系$\{B\}$相对于$\{A\}$的位姿,并解释含义。

解:

$\{B\}$的坐标原点相对于$\{A\}$的位置是$[1\quad -3\quad 4\quad 1]^{\mathrm{T}}$。

$\{B\}$的三个坐标轴相对于$\{A\}$的姿态分别是:

$\{B\}$的 x 轴与$\{A\}$的 y 轴同向,用齐次坐标表达为$[0\quad 1\quad 0\quad 0]^{\mathrm{T}}$;

$\{B\}$的 y 轴与$\{A\}$的 z 轴同向,用齐次坐标表达为$[0\quad 0\quad 1\quad 0]^{\mathrm{T}}$;

$\{B\}$的 z 轴与$\{A\}$的 x 轴同向,用齐次坐标表达为$[1\quad 0\quad 0\quad 0]^{\mathrm{T}}$。

4.3 运动算子

上一节中介绍了齐次变换矩阵以及其物理意义,它既可以表示同一个点在不同坐标系下的坐标映射关系,也可以描述一个坐标系相对于另一个坐标系的位姿。本节将介绍齐次变换矩阵的第三种物理意义——点的运动算子含义,它可以用于描述点的运动过程。

不同于位姿描述和坐标变换描述两个坐标系之间的关系,运动算子是一个数学或物理概念,用于描述和实现物体在空间中的运动,包括平移、旋转和缩放等。在不同的学科和应用背景中,运动算子可以有不同的形式和定义,但它们共同的目的是提供一种有效的方式来表示和操作物体的运动。作为运动算子,齐次变换矩阵抽象了具体的物理运动,允许我们在不直接处理个别坐标或复杂几何计算的情况下,对空间点进行操作。这种抽象使得算法和程序能够更加通用和灵活。

4.3.1 平移算子

平移(translation)是将空间中的一个点沿着一个已知的矢量方向移动一定的距离,在空间中进行平移仅与一个坐标系有关。移动矢量用 ${}^{A}\boldsymbol{p}$ 表示,因此点平移前后的位置矢量 ${}^{A}\boldsymbol{p}_1$、${}^{A}\boldsymbol{p}_2$ 的关系可以用矢量相加来表示为

$$
{}^{A}\boldsymbol{p}_2={}^{A}\boldsymbol{p}_1+{}^{A}\boldsymbol{p} \tag{4.3-1}
$$

将位置矢量用齐次坐标表示并将表达式写成矩阵相乘的形式为

$$
{}^{A}\boldsymbol{p}_2=\boldsymbol{D}\,{}^{A}\boldsymbol{p}_1 \tag{4.3-2}
$$

其中,矩阵 $\boldsymbol{D}$ 的形式为

$$
\boldsymbol{D}=\begin{bmatrix}\boldsymbol{I}_3 & {}^{A}\boldsymbol{p}\\ \boldsymbol{0} & 1\end{bmatrix} \tag{4.3-3}
$$

将矩阵 $\boldsymbol{D}$ 用算子的形式表示,即为 $\mathrm{Trans}({}^{A}\boldsymbol{p})$。于是,表达式可以写为

$$
{}^{A}\boldsymbol{p}_2=\mathrm{Trans}({}^{A}\boldsymbol{p})\,{}^{A}\boldsymbol{p}_1 \tag{4.3-4}
$$

4.3.2 旋转算子

在坐标系$\{A\}$中，某点旋转前后的位置分别用位置矢量${}^A\boldsymbol{p}_1$、${}^A\boldsymbol{p}_2$表示，两者之间的关系可以用旋转矩阵$\boldsymbol{R}$表示

$$ {}^A\boldsymbol{p}_1=\boldsymbol{R}\,{}^A\boldsymbol{p}_2 \tag{4.3-5}$$

可以发现，上式与旋转变换数学形式相同，但物理含义不同，可以理解为，坐标变换对应坐标系的旋转(rotation)，运动可以用旋转矩阵$\boldsymbol{R}$；旋转算子对应点的运动，即矢量的旋转，运动也可以用$\boldsymbol{R}$描述。于是我们可以知道：矢量经过某一旋转$\boldsymbol{R}$得到的矢量与某一坐标系经过旋转$\boldsymbol{R}$得到的矢量是相同的。

同样地，将表达式用齐次向量的形式改写，可以得到旋转矩阵$\boldsymbol{R}$的齐次形式，把它记为旋转算子$\mathrm{Rot}(\boldsymbol{k},\theta)$，$\boldsymbol{k}$表示旋转轴，$\theta$表示旋转的角度。

因此，旋转运动表达式可以写为

$$ {}^A\boldsymbol{p}_1=\mathrm{Rot}(\boldsymbol{k},\theta)\,{}^A\boldsymbol{p}_2 \tag{4.3-6}$$

由旋转变换矩阵和旋转算子的关系，可以很容易得到绕$\{A\}$某一个坐标轴的旋转矩阵。绕x轴，y轴，z轴旋转θ角的旋转算子分别为

$$\mathrm{Rot}(\boldsymbol{x},\theta)=\begin{bmatrix}1 & 0 & 0\\ 0 & \cos\theta & -\sin\theta\\ 0 & \sin\theta & \cos\theta\end{bmatrix} \tag{4.3-7}$$

$$\mathrm{Rot}(\boldsymbol{y},\theta)=\begin{bmatrix}\cos\theta & 0 & \sin\theta\\ 0 & 1 & 0\\ -\sin\theta & 0 & \cos\theta\end{bmatrix} \tag{4.3-8}$$

$$\mathrm{Rot}(\boldsymbol{z},\theta)=\begin{bmatrix}\cos\theta & -\sin\theta & 0\\ \sin\theta & \cos\theta & 0\\ 0 & 0 & 1\end{bmatrix} \tag{4.3-9}$$

4.3.3 一般形式的运动算子

与平移和旋转一样，一般形式的运动也可以变换算子来定义，在坐标系$\{A\}$中，某点运动前后的位置用位置矢量${}^A\boldsymbol{p}_1$和${}^A\boldsymbol{p}_2$表示，两个位置矢量的关系可以用算子$\boldsymbol{T}$来表示为

$$ {}^A\boldsymbol{p}_1=\boldsymbol{T}\,{}^A\boldsymbol{p}_2 \tag{4.3-10}$$

一般形式的运动算子和旋转的情况相同，运动算子表达式与一般变换的表达式形式相同，但物理含义不同，因此可以得到类似的结论：经过旋转$\boldsymbol{R}$和平移$\boldsymbol{Q}$的齐次变换矩阵与一个坐标系相对于参考系经旋转$\boldsymbol{R}$和平移$\boldsymbol{Q}$的齐次变换矩阵相同。

以上建立了齐次变换矩阵和运动算子的关系。齐次变换矩阵可以看成旋转变换和平移变换的复合，将其分解成两个矩阵乘积的形式：

$$ {}^A_B\boldsymbol{T}=\begin{bmatrix}{}^A_B\boldsymbol{R} & {}^A\boldsymbol{p}_{BO}\\ \boldsymbol{0} & 1\end{bmatrix}=\begin{bmatrix}\boldsymbol{I}_3 & {}^A\boldsymbol{p}_{BO}\\ \boldsymbol{0} & 1\end{bmatrix}\begin{bmatrix}{}^A_B\boldsymbol{R} & \boldsymbol{0}\\ \boldsymbol{0} & 1\end{bmatrix}=\mathrm{Trans}({}^A\boldsymbol{p}_{BO})\,\mathrm{Rot}(\boldsymbol{k},\theta) \tag{4.3-11}$$

这一表达式建立了变换矩阵和运动算子的关系，在表示坐标变换时，$\mathrm{Trans}({}^A\boldsymbol{p}_{BO})$称为平移

变换矩阵，Rot($\boldsymbol{k},\theta$)称为旋转变换矩阵，它们表达的含义与运动算子相同。同时，也证明了运动算子 $\boldsymbol{T}$ 可以分解为平移算子和旋转算子，齐次变换矩阵也可以分解为平移矩阵和旋转矩阵。

【例 4.3-1】 在坐标系{A}中，点 p 的运动轨迹如下：首先绕 z 轴旋转 30°，再沿 x 轴平移 10 个单位，最后沿 y 轴平移 5 个单位，如图 4.3-1 所示。已知点 p 原始的位置是 ${}^A\boldsymbol{p}_1 = [3\quad 7\quad 0\quad 1]^{\mathrm{T}}$，求运动后点 p 的位置 ${}^A\boldsymbol{p}_2$。

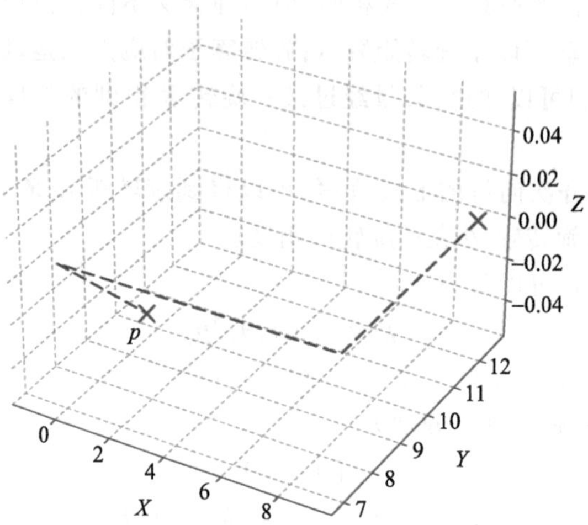

图 4.3-1 【例 4.3-1】运动过程示意图

解：

根据定义，绕 z 轴转动表示为 $\mathrm{Rot}(\boldsymbol{k},\theta)=\mathrm{Rot}([0\quad 0\quad 1]^{\mathrm{T}},30°)$。

平移运动表示为 $\mathrm{Trans}({}^A\boldsymbol{p}_{BO})=\mathrm{Trans}([10\quad 5\quad 0]^{\mathrm{T}})$。

写出实现运动的运动算子 $\boldsymbol{T}$ 为

$$\boldsymbol{T}=\mathrm{Trans}({}^A\boldsymbol{p}_{BO})\mathrm{Rot}(\boldsymbol{k},\theta)=\begin{bmatrix}0.866 & -0.5 & 0 & 10\\ 0.5 & 0.866 & 0 & 5\\ 0 & 0 & 1 & 0\\ 0 & 0 & 0 & 1\end{bmatrix}$$

于是

$${}^A\boldsymbol{p}_2=\boldsymbol{T}{}^A\boldsymbol{p}_1=\begin{bmatrix}0.866 & -0.5 & 0 & 10\\ 0.5 & 0.866 & 0 & 5\\ 0 & 0 & 1 & 0\\ 0 & 0 & 0 & 1\end{bmatrix}\begin{bmatrix}3\\ 7\\ 0\\ 1\end{bmatrix}=\begin{bmatrix}9.098\\ 12.562\\ 0\\ 1\end{bmatrix}$$

与【例 4.2-1】和【例 4.2-2】对照可以看出，三种计算方法结果相同，但物理含义却不同，这也反映了齐次变换矩阵的三种不同的物理解释。

4.4 变换矩阵的运算

根据前面几小节的讨论，4×4 齐次变换矩阵 $\boldsymbol{T}$ 具有不同的物理解释：

① 坐标系的描述

齐次矩阵 ${}_B^A\boldsymbol{T}$ 描述坐标系{B}相对于参考系{A}的位姿，其中旋转矩阵 ${}_B^A\boldsymbol{R}$ 的各列分别描述{B}的三个坐标主轴方向，${}^A\boldsymbol{p}_{BO}$ 描述{B}坐标原点的位置。齐次变换矩阵 ${}_B^A\boldsymbol{T}$ 的前三列表示坐标系{B}相对于坐标系{A}的三个坐标轴的姿态；最后一列表示{B}坐标原点的位置。

② 坐标变换

齐次矩阵 ${}_B^A\boldsymbol{T}$ 代表同一点 p 在两个坐标系{A}和{B}中的描述的映射关系。${}_B^A\boldsymbol{T}$ 将 ${}^B\boldsymbol{p}$ 映射成 ${}^A\boldsymbol{p}$。其中 ${}_B^A\boldsymbol{R}$ 称为旋转矩阵，${}^A\boldsymbol{p}_{BO}$ 称为平移矢量。

③ 运动算子

齐次矩阵 $\boldsymbol{T}$ 表示在同一坐标系中，点 p 运动前后的算子关系，算子 $\boldsymbol{T}$ 作用于 ${}^A\boldsymbol{p}_1$ 得到 ${}^A\boldsymbol{p}_2$。任意算子均可以分解为平移算子和旋转算子。

4.4.1 齐次变换矩阵相乘

位姿矩阵相乘可以将多个位姿变换组合成一个单一的位姿变换，这在机器人学、计算机图形学以及航空航天领域非常有用。它可以用来将坐标从一个坐标系转换到另一个坐标系，包含了位置变换和姿态变换。

对于给定的坐标系{A}、{B}、{C}，已知{B}相对于{A}的描述为 ${}_B^A\boldsymbol{T}$，{C}相对于{B}的描述为 ${}_C^B\boldsymbol{T}$。变换矩阵 ${}_B^A\boldsymbol{T}$ 将 ${}^B\boldsymbol{p}$ 映射成 ${}^A\boldsymbol{p}$，${}_C^B\boldsymbol{T}$ 将 ${}^C\boldsymbol{p}$ 映射成 ${}^B\boldsymbol{p}$，表示为

$$ {}^A\boldsymbol{p}={}_B^A\boldsymbol{T}{}^B\boldsymbol{p}={}_B^A\boldsymbol{T}{}_C^B\boldsymbol{T}{}^C\boldsymbol{p} \tag{4.4-1} $$

将两个变换矩阵合并作为复合变换，定义为 ${}_C^A\boldsymbol{T}$，表示为

$$ {}_C^A\boldsymbol{T}={}_B^A\boldsymbol{T}{}_C^B\boldsymbol{T} \tag{4.4-2} $$

所以，${}_C^A\boldsymbol{T}$ 就是{C}相对于{A}的描述，将其展开，表示为

$$ {}_C^A\boldsymbol{T}={}_B^A\boldsymbol{T}{}_C^B\boldsymbol{T}=\begin{bmatrix} {}_B^A\boldsymbol{R}{}_C^B\boldsymbol{R} & {}_B^A\boldsymbol{R}{}^B\boldsymbol{p}_{CO}+{}^A\boldsymbol{p}_{BO} \\ \boldsymbol{0} & 1 \end{bmatrix} \tag{4.4-3} $$

由上式可以看出，变换矩阵相乘所得矩阵中，左上角的三维矩阵表示姿态变换，右上角的三维矢量表示位置变换，故式(4.4-3)为复合运算。

【例 4.4-1】将【例 4.2-3】中齐次变换矩阵 ${}_B^A\boldsymbol{T}$ 分解为算子相乘的形式。

解：

${}_B^A\boldsymbol{T}$ 可以分解为旋转矩阵和平移矩阵的形式。

$$ {}_B^A\boldsymbol{T}=\begin{bmatrix} 0 & 0 & 1 & 1 \\ 1 & 0 & 0 & -3 \\ 0 & 1 & 0 & 4 \\ 0 & 0 & 0 & 1 \end{bmatrix}=\mathrm{Trans}([1 \quad -3 \quad 4]^{\mathrm{T}})\mathrm{Rot}(\boldsymbol{k},\theta)=\begin{bmatrix} 1 & 0 & 0 & 1 \\ 0 & 1 & 0 & -3 \\ 0 & 0 & 1 & 4 \\ 0 & 0 & 0 & 1 \end{bmatrix}\begin{bmatrix} 0 & 0 & 1 & 0 \\ 1 & 0 & 0 & 0 \\ 0 & 1 & 0 & 0 \\ 0 & 0 & 0 & 1 \end{bmatrix} $$

该式可以理解为{B}经过旋转得到中间坐标系{C}，再经过平移得到坐标系{A}，因此平移算子和旋转算子分别表示为 ${}_C^A\boldsymbol{T}$ 和 ${}_B^C\boldsymbol{T}$，经过矩阵的相乘得到了{B}到{A}的齐次变换表达式 ${}_B^A\boldsymbol{T}$。

还可以对旋转算子做进一步分解。对旋转算子的分解形式有很多，经过观察，可以发现旋转算子可以分解为绕 y 轴和绕 z 轴旋转算子的乘积，表示为

$$\text{Rot}(\boldsymbol{k},\theta)=\begin{bmatrix}0&0&1&0\\1&0&0&0\\0&1&0&0\\0&0&0&1\end{bmatrix}=\begin{bmatrix}0&0&1&0\\0&1&0&0\\-1&0&0&0\\0&0&0&1\end{bmatrix}\begin{bmatrix}0&-1&0&0\\1&0&0&0\\0&0&1&0\\0&0&0&1\end{bmatrix}$$

$$=\text{Rot}(\boldsymbol{y},90^\circ)\,\text{Rot}(\boldsymbol{z},90^\circ)$$

因此,旋转算子也可以看作是两个旋转的复合。事实上,由于 $\text{Rot}(\boldsymbol{x},0^\circ)=\boldsymbol{I}_4$,因此,旋转矩阵可以看作三个旋转动作的复合,三个旋转动作的旋转轴分别是 x、y、z 轴。所以,【例 4.2-3】中的变换矩阵 ${}^A_B\boldsymbol{T}$ 可以看成四个基本变换的复合,与齐次变换矩阵每一个列矢量对应的含义相符,因此可以推测,所有的变换矩阵都可以分解为四个运动算子的乘积,其中包括三个旋转算子和一个平移算子。但是旋转矩阵有不同的分解形式,对应着不同的运动方式,相关内容在以后的章节会进行讨论。

4.4.2 齐次变换矩阵求逆

如果已知坐标系$\{B\}$相对于坐标系$\{A\}$的变换矩阵为 ${}^A_B\boldsymbol{T}$,希望得到$\{A\}$相对于$\{B\}$的描述 ${}^B_A\boldsymbol{T}$。这是一个变换矩阵求逆的问题。第一种求解方法是直接对 4×4 的变换矩阵求逆,这样计算量会比较大;第二种求解方法是利用变换矩阵的性质计算,下面介绍第二种方法。

${}^B_A\boldsymbol{T}$ 由旋转矩阵 ${}^B_A\boldsymbol{R}$ 和位置矢量 ${}^B\boldsymbol{p}_{AO}$ 构成,根据已知的 ${}^A_B\boldsymbol{R}$ 和 ${}^A\boldsymbol{p}_{BO}$ 可以得到 ${}^B_A\boldsymbol{R}$ 和 ${}^B\boldsymbol{p}_{AO}$。

由旋转矩阵的性质

$${}^B_A\boldsymbol{R}={}^A_B\boldsymbol{R}^{-1}={}^A_B\boldsymbol{R}^{\mathrm{T}} \tag{4.4-4}$$

再利用复合映射公式,写出点 ${}^A\boldsymbol{p}_{BO}$(即$\{B\}$原点)在$\{B\}$中的描述:

$${}^B({}^A\boldsymbol{p}_{BO})={}^B_A\boldsymbol{R}\,{}^A\boldsymbol{p}_{BO}+{}^B\boldsymbol{p}_{AO} \tag{4.4-5}$$

又

$${}^B({}^A\boldsymbol{p}_{BO})=\boldsymbol{0} \tag{4.4-6}$$

于是

$${}^B\boldsymbol{p}_{AO}=-{}^B_A\boldsymbol{R}\,{}^A\boldsymbol{p}_{BO}=-{}^A_B\boldsymbol{R}^{\mathrm{T}}\,{}^A\boldsymbol{p}_{BO} \tag{4.4-7}$$

由此得到 ${}^B_A\boldsymbol{T}$ 的表达式为

$${}^B_A\boldsymbol{T}=\begin{bmatrix}{}^A_B\boldsymbol{R}^{\mathrm{T}} & -{}^A_B\boldsymbol{R}^{\mathrm{T}}\,{}^A\boldsymbol{p}_{BO}\\ \boldsymbol{0} & 1\end{bmatrix} \tag{4.4-8}$$

【例 4.4-2】 有两个初始重合的坐标系$\{A\}$和$\{B\}$,坐标系$\{B\}$绕坐标系$\{A\}$的 z 轴旋转 30°,沿 x 轴平移 4 个单位,沿 y 轴平移 3 个单位,求 ${}^B_A\boldsymbol{T}$。

解:

用齐次变换矩阵 ${}^A_B\boldsymbol{T}$ 表示$\{B\}$相对于$\{A\}$的描述,有

$${}^A_B\boldsymbol{T}=\begin{bmatrix}0.866&-0.5&0&4\\0.5&0.866&0&3\\0&0&1&0\\0&0&0&1\end{bmatrix}$$

根据齐次变换矩阵逆矩阵的表达式,有

$$
{}_{A}^{B}\boldsymbol{T}=\begin{bmatrix} {}_{B}^{A}\boldsymbol{R}^{\mathrm{T}} & -{}_{B}^{A}\boldsymbol{R}^{\mathrm{T}A}\boldsymbol{p}_{BO} \\ \boldsymbol{0} & 1 \end{bmatrix}=\begin{bmatrix} 0.866 & 0.5 & 0 & -4.964 \\ -0.5 & 0.866 & 0 & -0.598 \\ 0 & 0 & 1 & 0 \\ 0 & 0 & 0 & 1 \end{bmatrix}
$$

4.4.3 变换方程

根据上节内容可知，坐标系之间可以通过变换矩阵相乘得到它们之间的映射关系，对于图 4.4-1 所示坐标系 $\{D\}$ 相对于 $\{U\}$ 的描述可以用两种不同的形式表达，即

$$
{}_{D}^{U}\boldsymbol{T}={}_{A}^{U}\boldsymbol{T}{}_{D}^{A}\boldsymbol{T} \tag{4.4-9}
$$

和

$$
{}_{D}^{U}\boldsymbol{T}={}_{B}^{U}\boldsymbol{T}{}_{C}^{B}\boldsymbol{T}{}_{D}^{C}\boldsymbol{T} \tag{4.4-10}
$$

于是，两个表达式可以构成一个变换方程，表示为

$$
{}_{A}^{U}\boldsymbol{T}{}_{D}^{A}\boldsymbol{T}={}_{B}^{U}\boldsymbol{T}{}_{C}^{B}\boldsymbol{T}{}_{D}^{C}\boldsymbol{T} \tag{4.4-11}
$$

如果需要求某一个变换矩阵，则可以通过其他已知的变换矩阵解出。

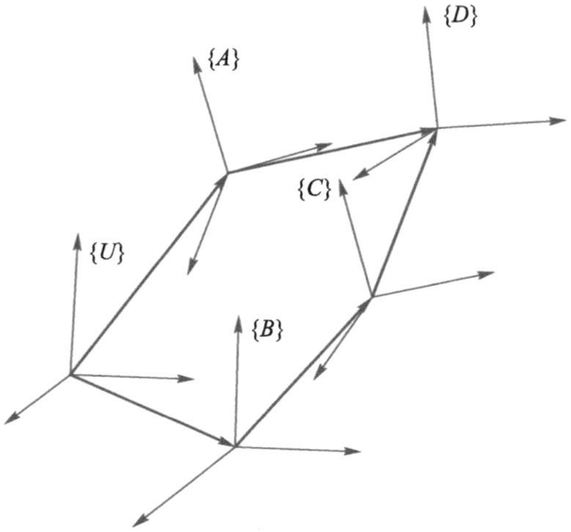

图 4.4-1 由变换方程求未知变换矩阵

4.5 RPY 角和欧拉角

前面的内容讨论了位姿描述的齐次坐标形式，并通过旋转矩阵建立了一套通用的描述方法。在表示刚体的姿态时，使用了 3×3 矩阵表示。旋转矩阵具有 9 个元素，但是其中独立的元素只有三个，所以只需要三个元素就可以完整定义刚体的姿态。那么是否存在一种简单的表达形式，只需要三个元素就可以描述刚体的姿态呢？

已知旋转矩阵 $\boldsymbol{R}$ 是正交矩阵，而行列式恒为 1，因此它还是标准的正交矩阵。根据线性代数知识：对于任意一个正交矩阵 $\boldsymbol{R}$，存在一个反对称矩阵 $\boldsymbol{S}$，满足方程

$$
\boldsymbol{R}=(\boldsymbol{I}_3-\boldsymbol{S})^{-1}(\boldsymbol{I}_3+\boldsymbol{S}) \tag{4.5-1}
$$

其中，$\boldsymbol{I}_3$ 是 3×3 的单位矩阵，反对称矩阵由三个参数决定，其形式为

$$\boldsymbol{S}=\begin{bmatrix}0 & -s_z & s_y\\ s_z & 0 & -s_x\\ -s_y & s_x & 0\end{bmatrix} \tag{4.5-2}$$

所以，可以用三个参素完整表达刚体的姿态，从数学形式上解决了这一个问题，只需要三个独立的参数就可以构造旋转矩阵。那么如何找到这三个独立的参数呢？由上一节中对旋转矩阵的分解可知，通过观察法可以将旋转矩阵分解成三个旋转算子的乘积，其旋转轴分别为 x、y、z 轴，由此便成功找到三个独立参素描述旋转矩阵。接下来要讨论的问题是，这种分解的方式是否是通用的？下面将介绍几种将旋转矩阵用 3 个独立旋转算子表示的方法。

4.5.1 RPY 角

RPY 角表示的方法如下：假设存在两个坐标系 $\{A\}$ 和 $\{B\}$，两坐标系初始时重合，将 $\{B\}$ 绕 x_A 轴旋转 γ 角（翻滚角，roll，用 R 表示），再绕 y_A 轴旋转 β 角（俯仰角，pitch，用 P 表示），最后绕 z_A 轴旋转 α 角（偏航角，yaw，用 Y 表示），如图 4.5-1 所示。每个旋转都是绕着固定参考系 $\{A\}$ 的轴，旋转轴在旋转运动中固定不变，因此称这种姿态表示方法为 x-y-z 固定坐标系法。

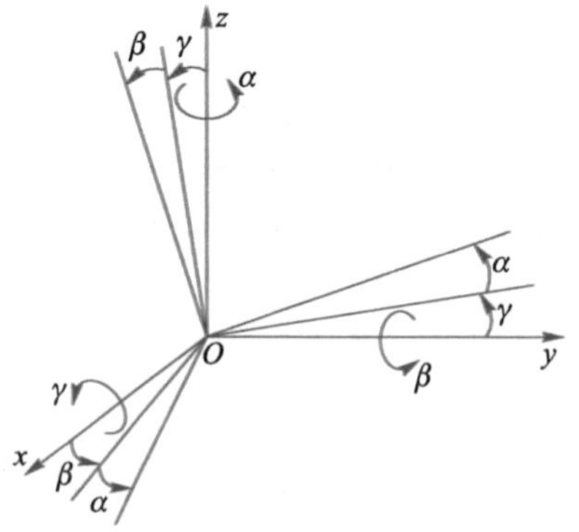

图 4.5-1 x-y-z 固定坐标系法（RPY 角）

因为两坐标系原点重合，且每次旋转都是绕坐标轴旋转，因此容易得到三个旋转算子的表达式，由三个旋转算子相乘可以得到旋转矩阵 ${}^A_B\boldsymbol{R}$。需要注意的是，矩阵相乘不满足交换律，因此结果表达式与三个旋转算子的排列顺序有关，需要根据运动的顺序排列旋转算子。此处旋转运动是绕空间中固定轴转动，因此旋转矩阵之间是左乘的关系，对应运动顺序为从右到左。

$$\begin{aligned}{}^A_B\boldsymbol{R} &= \mathrm{Rot}(\boldsymbol{z},\alpha)\,\mathrm{Rot}(\boldsymbol{y},\beta)\,\mathrm{Rot}(\boldsymbol{x},\gamma)\\ &=\begin{bmatrix}\cos\alpha & -\sin\alpha & 0\\ \sin\alpha & \cos\alpha & 0\\ 0 & 0 & 1\end{bmatrix}\begin{bmatrix}\cos\beta & 0 & \sin\beta\\ 0 & 1 & 0\\ -\sin\beta & 0 & \cos\beta\end{bmatrix}\begin{bmatrix}1 & 0 & 0\\ 0 & \cos\gamma & -\sin\gamma\\ 0 & \sin\gamma & \cos\gamma\end{bmatrix}\\ &=\begin{bmatrix}\mathrm{c}\alpha\mathrm{c}\beta & \mathrm{c}\alpha\mathrm{s}\beta\mathrm{s}\gamma-\mathrm{s}\alpha\mathrm{c}\gamma & \mathrm{c}\alpha\mathrm{s}\beta\mathrm{c}\gamma+\mathrm{s}\alpha\mathrm{s}\gamma\\ \mathrm{s}\alpha\mathrm{c}\beta & \mathrm{s}\alpha\mathrm{s}\beta\mathrm{s}\gamma+\mathrm{c}\alpha\mathrm{c}\gamma & \mathrm{s}\alpha\mathrm{s}\beta\mathrm{c}\gamma-\mathrm{c}\alpha\mathrm{s}\gamma\\ -\mathrm{s}\beta & \mathrm{c}\beta\mathrm{s}\gamma & \mathrm{c}\beta\mathrm{c}\gamma\end{bmatrix}\end{aligned} \tag{4.5-3}$$

其中，$c\alpha=\cos\alpha$，$s\alpha=\sin\alpha$，$c\beta$、$c\gamma$ 和 $s\beta$、$s\gamma$ 以此类推。

根据以上表达式，可以由旋转运动得到旋转矩阵的表达式。接下来讨论逆问题，即由旋转矩阵得到绕固定轴 x-y-z 旋转的角度。根据

$$
{}_B^A\boldsymbol{R}=\begin{bmatrix} r_{11} & r_{12} & r_{13} \\ r_{21} & r_{22} & r_{23} \\ r_{31} & r_{32} & r_{33} \end{bmatrix} \tag{4.5-4}
$$

由此可以得到由 9 个方程组成的方程组。这是一组超越方程，有 3 个未知数，9 个方程中有 6 个不独立，因此可以利用其中 3 个方程求解 3 个未知数。

首先，由 r_{11} 和 r_{21} 的平方和可以求得 $\cos\beta$。$\cos\beta$ 总有正负两个解，取其正值

$$
\cos\beta=\sqrt{r_{11}^2+r_{21}^2} \tag{4.5-5}
$$

若 $\cos\beta\neq0$，可以得到各个角的反正切表达式

$$
\begin{cases} \beta=\arctan 2(-r_{31},\sqrt{r_{11}^2+r_{21}^2}) \\ \alpha=\arctan 2(r_{21},r_{11}) \\ \gamma=\arctan 2(r_{32},r_{33}) \end{cases} \tag{4.5-6}
$$

其中，$\arctan 2(y,x)$ 是双变量反正切函数。

如果 $\cos\beta=0$，则上述的解将会退化，仅能求出 α 和 γ 的和或差，通常选择 $\alpha=0°$，从而得到两种情况：

若 $\beta=90°$，则

$$
\alpha=0,\quad \gamma=\arctan 2(r_{12},r_{22}) \tag{4.5-7}
$$

若 $\beta=-90°$，则

$$
\alpha=0,\quad \gamma=-\arctan 2(r_{12},r_{22}) \tag{4.5-8}
$$

4.5.2 欧拉角

(1) z-y-x 欧拉角

z-y-x 欧拉角表示的方法如下：假设存在两个坐标系 $\{A\}$ 和 $\{B\}$，两坐标系初始时重合，将 $\{B\}$ 绕 z_B 轴旋转 α 角，再绕 y_B 轴旋转 β 角，最后绕 x_B 轴旋转 γ 角，如图 4-5-2 所示。

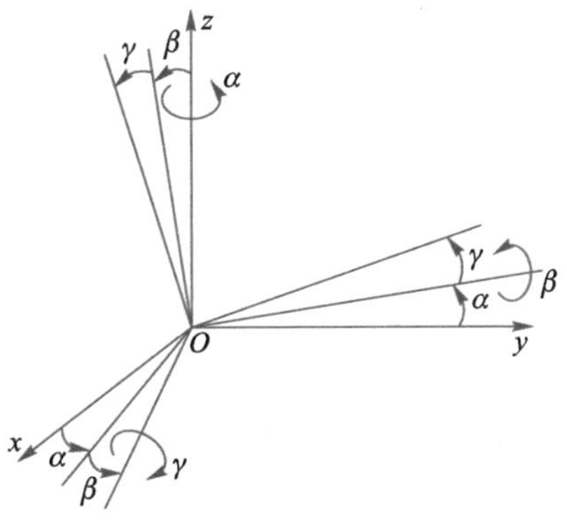

图 4.5-2 z-y-x 欧拉角

这种方法的各次转动都是相对于运动坐标系的某轴进行的，而不是相对于固定参考系{A}进行的。这样的描述方法称为欧拉角法。容易得到三个旋转算子的表达式，由三个旋转算子相乘可以得到旋转矩阵 ${}_B^A\boldsymbol{R}$。需要注意的是，此处旋转运动是绕运动轴旋转，因此旋转矩阵之间是右乘的关系，运动顺序为从左到右。

$$\begin{aligned}{}_B^A\boldsymbol{R} &= \mathrm{Rot}(\boldsymbol{z},\alpha)\,\mathrm{Rot}(\boldsymbol{y},\beta)\,\mathrm{Rot}(\boldsymbol{x},\gamma)\\ &=\begin{bmatrix}\cos\alpha & -\sin\alpha & 0\\ \sin\alpha & \cos\alpha & 0\\ 0 & 0 & 1\end{bmatrix}\begin{bmatrix}\cos\beta & 0 & \sin\beta\\ 0 & 1 & 0\\ -\sin\beta & 0 & \cos\beta\end{bmatrix}\begin{bmatrix}1 & 0 & 0\\ 0 & \cos\gamma & -\sin\gamma\\ 0 & \sin\gamma & \cos\gamma\end{bmatrix}\\ &=\begin{bmatrix}\mathrm{c}\alpha\mathrm{c}\beta & \mathrm{c}\alpha\mathrm{s}\beta\mathrm{s}\gamma-\mathrm{s}\alpha\mathrm{c}\gamma & \mathrm{c}\alpha\mathrm{s}\beta\mathrm{c}\gamma+\mathrm{s}\alpha\mathrm{s}\gamma\\ \mathrm{s}\alpha\mathrm{c}\beta & \mathrm{s}\alpha\mathrm{s}\beta\mathrm{s}\gamma+\mathrm{c}\alpha\mathrm{c}\gamma & \mathrm{s}\alpha\mathrm{s}\beta\mathrm{c}\gamma-\mathrm{c}\alpha\mathrm{s}\gamma\\ -\mathrm{s}\beta & \mathrm{c}\beta\mathrm{s}\gamma & \mathrm{c}\beta\mathrm{c}\gamma\end{bmatrix}\end{aligned} \tag{4.5-9}$$

这一结果与绕固定轴 $x-y-z$ 旋转的结果相同，但表达的含义不同，说明两个坐标系之间的运动关系可以有不同的表达形式。对于 $x-y-z$ 固定坐标系法和 $z-y-x$ 欧拉角法，两者运动顺序相反，旋转角度相同，因此可以用 $x-y-z$ 固定坐标系法求解对应的欧拉角。

（2）$z-y-z$ 欧拉角

$z-y-z$ 欧拉角表示的方法如下：假设存在两个坐标系{A}和{B}，两坐标系初始时重合。将{B}绕 z_B 轴旋转 α 角，再绕 y_B 轴旋转 β 角，最后绕 z_B 轴旋转 γ 角，如图 4.5-3 所示。

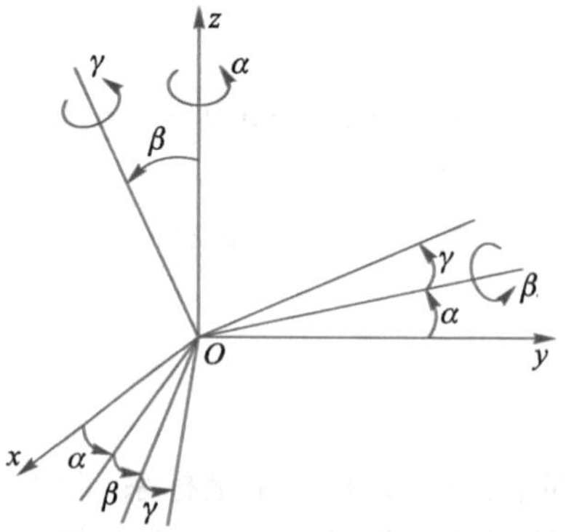

图 4.5-3 $z-y-z$ 欧拉角

转动都是相对动坐标系的某轴进行的，由旋转算子右乘可以得到旋转矩阵：

$$\begin{aligned}{}_B^A\boldsymbol{R} &= \mathrm{Rot}(\boldsymbol{z},\alpha)\,\mathrm{Rot}(\boldsymbol{y},\beta)\,\mathrm{Rot}(\boldsymbol{z},\gamma)\\ &=\begin{bmatrix}\cos\alpha & -\sin\alpha & 0\\ \sin\alpha & \cos\alpha & 0\\ 0 & 0 & 1\end{bmatrix}\begin{bmatrix}\cos\beta & 0 & \sin\beta\\ 0 & 1 & 0\\ -\sin\beta & 0 & \cos\beta\end{bmatrix}\begin{bmatrix}\cos\gamma & -\sin\gamma & 0\\ \sin\gamma & \cos\gamma & 0\\ 0 & 0 & 1\end{bmatrix}\\ &=\begin{bmatrix}\mathrm{c}\alpha\mathrm{c}\beta\mathrm{c}\gamma-\mathrm{s}\alpha\mathrm{s}\gamma & -\mathrm{c}\alpha\mathrm{c}\beta\mathrm{s}\gamma-\mathrm{s}\alpha\mathrm{c}\gamma & \mathrm{c}\alpha\mathrm{s}\beta\\ \mathrm{s}\alpha\mathrm{c}\beta\mathrm{c}\gamma+\mathrm{c}\alpha\mathrm{s}\gamma & -\mathrm{s}\alpha\mathrm{c}\beta\mathrm{s}\gamma+\mathrm{c}\alpha\mathrm{c}\gamma & \mathrm{s}\alpha\mathrm{s}\beta\\ -\mathrm{s}\beta\mathrm{c}\gamma & \mathrm{s}\beta\mathrm{s}\gamma & \mathrm{c}\beta\end{bmatrix}\end{aligned} \tag{4.5-10}$$

运用 $x-y-z$ 固定坐标系法可以解出三个欧拉角。

若 $\sin\beta\neq 0$,可以得到各个角的反正切表达式

$$\begin{cases}\beta=\text{arctac }2(\sqrt{r_{31}^2+r_{32}^2},r_{33})\\ \alpha=\arctan 2(r_{23},r_{13})\\ \gamma=\arctan 2(r_{32},-r_{31})\end{cases} \tag{4.5-11}$$

如果 $\sin\beta=0$,则上述解将会退化,仅能求出 α 和 γ 的和或差,通常选择 $\alpha=0°$,从而得到下面的结果:

若 $\beta=0°$,则

$$\beta=0°,\quad \alpha=0,\quad \gamma=\arctan 2(-r_{12},r_{11}) \tag{4.5-12}$$

若 $\beta=180°$,则

$$\beta=180°,\quad \alpha=0,\quad \gamma=-\arctan 2(-r_{12},r_{11}) \tag{4.5-13}$$

前面几节介绍了常用的三种表示姿态的方法:RPY 角、$z-y-x$ 欧拉角和 $z-y-z$ 欧拉角,每种表示方法都需要按一定的顺序绕三个旋转轴进行转动,这三种方法都可以将旋转矩阵分解为三个矩阵乘积,每个矩阵对应一个绕主轴旋转的动作。根据排列组合的方式,转动顺序有 12 种排列方式,而相同顺序下绕定轴和运动轴旋转的结果不相同,则共有 24 种表示方式。上面列举的 3 种为最常用的方式。而 RPY 角和欧拉角存在对偶情况,绕固定轴转动与以相反顺序绕运动轴转动的结果一致,因此实质上共有 12 种不同的旋转矩阵分解方式。

欧拉角和 RPY 角为人类理解和解释姿态提供了直观的方式。例如,用其来描述飞机的方向。欧拉角和 RPY 角只需三个参数就可以表示任何空间中的旋转,相较于其他表示方法(如四元数),旋转的计算成本更低。其缺点也较为明显:当俯仰角接近±90°时,偏航和翻滚会合并到同一平面,丢失一个旋转自由度,导致旋转变得不明确;欧拉角的插值和运算不是线性的,这在动画和控制系统中可能导致问题;在 0°和 360°之间存在不连续性,这可能导致计算上的问题,如在这些点附近的插值可能导致意外的旋转("翻滚");尽管直接应用旋转比较简单,但旋转的组合(即计算多个旋转的结果)需要更多的三角函数运算,可能比四元数表示法更耗时。

4.6 等效轴角

前面的内容中出现的旋转变换矩阵,都是绕坐标系主轴旋转的特殊旋转变换矩阵,在上一节中,通过三种方式对矩阵进行分解,由旋转变换矩阵得到了三个旋转算子,因此所有的旋转变换矩阵都可以由绕坐标系主轴的三次旋转得到。根据达朗贝尔-欧拉定理:刚体绕定点的任意有限次转动可以通过绕该定点的一次转动实现。因此,对于旋转变换矩阵${}_B^A\boldsymbol{R}$,必然存在过原点的转轴 $\boldsymbol{k}$ 和对应转角 θ,使得坐标系$\{A\}$绕转轴 $\boldsymbol{k}$ 转动 θ 得到坐标系$\{B\}$,相应的,转轴 $\boldsymbol{k}$ 和转角 θ 旋转满足${}_B^A\boldsymbol{R}=\text{Rot}(\boldsymbol{k},\theta)$。

4.6.1 旋转变换通式

假设存在两个坐标系$\{A\}$和$\{B\}$,初始时两坐标系重合。$\boldsymbol{k}$ 是过原点的单位矢量,令

$$\boldsymbol{k}=[k_x\quad k_y\quad k_z]^{\mathrm{T}} \tag{4.6-1}$$

坐标系{B}绕 $\boldsymbol{k}$ 旋转 θ，则{B}相对于{A}的描述为

$$ {}_B^A\boldsymbol{R}=\mathrm{Rot}(\boldsymbol{k},\theta) \tag{4.6-2}$$

再定义两个坐标系{A'}和{B'}，分别与{A}和{B}固连，但是{A'}和{B'}的 z 轴与 $\boldsymbol{k}$ 重合，且在旋转之前{A'}和{B'}重合，如图 4.6-1 所示。

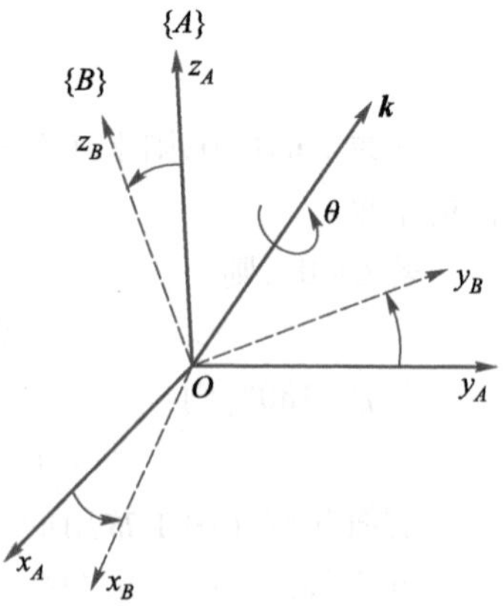

图 4.6-1 旋转变换通式

因此

$$ {}_{A'}^{A}\boldsymbol{R}={}_{B'}^{B}\boldsymbol{R}=\begin{bmatrix} n_x & o_x & a_x \\ n_y & o_y & a_y \\ n_z & o_z & a_z \end{bmatrix} \tag{4.6-3}$$

其中，$\boldsymbol{n}=[n_x\quad n_y\quad n_z]^{\mathrm{T}}$，$\boldsymbol{o}=[o_x\quad o_y\quad o_z]^{\mathrm{T}}$，$\boldsymbol{a}=[a_x\quad a_y\quad a_z]^{\mathrm{T}}$ 分别表示坐标系{B'}{A'}的 x,y,z 轴的单位矢量在坐标系{B}{A}下的矢量表达，每个矢量单位模长相等且互相垂直。

坐标系{B}相对于{A}运动，那么{B'}相对于{A'}也以同样形式运动，而{A'}和{B'}的 z 轴又与 $\boldsymbol{k}$ 重合，因此{B'}相对于{A'}的 z 轴旋转 θ。即

$$ {}_{B'}^{A'}\boldsymbol{R}=\mathrm{Rot}(z,\theta) \tag{4.6-4}$$

由变换矩阵的相乘可以得到

$$ {}_B^A\boldsymbol{R}=\mathrm{Rot}(\boldsymbol{k},\theta)={}_{A'}^{A}\boldsymbol{R}\,{}_{B'}^{A'}\boldsymbol{R}\,{}_{B}^{B'}\boldsymbol{R} \tag{4.6-5}$$

代入 ${}_{B'}^{A'}\boldsymbol{R}$，并将 ${}_{B}^{B'}\boldsymbol{R}$ 用 ${}_{B'}^{B}\boldsymbol{R}$ 表示，再代入 ${}_{A'}^{A}\boldsymbol{R}$ 和 ${}_{B'}^{B}\boldsymbol{R}$，上式表示为

$$ {}_B^A\boldsymbol{R}=\begin{bmatrix} n_x & o_x & a_x \\ n_y & o_y & a_y \\ n_z & o_z & a_z \end{bmatrix}\begin{bmatrix} \cos\theta & -\sin\theta & 0 \\ \sin\theta & \cos\theta & 0 \\ 0 & 0 & 1 \end{bmatrix}\begin{bmatrix} n_x & n_y & n_z \\ o_x & o_y & o_z \\ a_x & a_y & a_z \end{bmatrix} \tag{4.6-6}$$

展开矩阵并运用旋转矩阵的性质化简

$$\begin{cases} \boldsymbol{n}\cdot\boldsymbol{n}=\boldsymbol{o}\cdot\boldsymbol{o}=\boldsymbol{a}\cdot\boldsymbol{a}=1 \\ \boldsymbol{n}\cdot\boldsymbol{o}=\boldsymbol{o}\cdot\boldsymbol{a}=\boldsymbol{a}\cdot\boldsymbol{n}=0 \\ \boldsymbol{a}=\boldsymbol{n}\times\boldsymbol{o} \end{cases} \tag{4.6-7}$$

且由于{A'}和{B'}的 z 轴与 $\boldsymbol{k}$ 重合，于是 $\boldsymbol{a}=\boldsymbol{k}$，式(4.6-6)整理后可得

$$\mathrm{Rot}(\boldsymbol{k},\theta)=\begin{bmatrix} k_xk_x\mathrm{Vers}\,\theta+\cos\theta & k_yk_x\mathrm{Vers}\,\theta-k_z\cos\theta & k_zk_x\mathrm{Vers}\,\theta+k_y\sin\theta \\ k_xk_y\mathrm{Vers}\,\theta-k_z\cos\theta & k_yk_y\mathrm{Vers}\,\theta+\cos\theta & k_yk_z\mathrm{Vers}\,\theta-k_x\sin\theta \\ k_zk_x\mathrm{Vers}\,\theta+k_y\sin\theta & k_yk_z\mathrm{Vers}\,\theta-k_x\sin\theta & k_zk_z\mathrm{Vers}\,\theta+\cos\theta \end{bmatrix} \tag{4.6-8}$$

其中，$\mathrm{Vers}\,\theta=1-\cos\theta$，$k_x=a_x$，$k_y=a_y$，$k_z=a_z$。该式是对任意转轴 $\boldsymbol{k}$ 的旋转变换矩阵，称为旋转变换通式，概括了之前用到的各种特殊情况。

当 $k_x=1,k_y=0,k_z=0$ 时，该式变为绕 x 轴旋转的旋转矩阵。

当 $k_x=0,k_y=1,k_z=0$ 时，该式变为绕 y 轴旋转的旋转矩阵。

当 $k_x=0,k_y=0,k_z=1$ 时，该式变为绕 z 轴旋转的旋转矩阵。

【例 4.6-1】坐标系{A}和{B}初始时重合，使坐标系绕过原点的单位矢量 $\boldsymbol{k}=[0.707\quad 0.707\quad 0]^{\mathrm{T}}$ 旋转 30°，求旋转矩阵 $\mathrm{Rot}(\boldsymbol{k},30°)$。

解:

设

$$k_x=0.707,\quad k_y=0.707,\quad k_z=0$$

$$\cos\theta=0.866,\quad \sin\theta=0.5,\quad \mathrm{Vers}\,\theta=(1-\cos\theta)=0.134$$

代入旋转变换通式可得

$$\mathrm{Rot}(\boldsymbol{k},30°)=\begin{bmatrix}0.933 & 0.067 & 0.354\\ 0.067 & 0.933 & -0.354\\ -0.354 & 0.354 & 0.866\end{bmatrix}$$

基于旋转变换通式,可以得到如下表达式:

$$\mathrm{Rot}(\boldsymbol{k},\theta)\boldsymbol{k}=\begin{bmatrix}k_xk_x\mathrm{Vers}\,\theta+\cos\theta & k_yk_x\mathrm{Vers}\,\theta-k_z\cos\theta & k_zk_x\mathrm{Vers}\,\theta+k_y\sin\theta\\ k_xk_y\mathrm{Vers}\,\theta-k_z\cos\theta & k_yk_y\mathrm{Vers}\,\theta+\cos\theta & k_yk_z\mathrm{Vers}\,\theta-k_x\sin\theta\\ k_zk_x\mathrm{Vers}\,\theta+k_y\sin\theta & k_yk_z\mathrm{Vers}\,\theta-k_x\sin\theta & k_zk_z\mathrm{Vers}\,\theta+\cos\theta\end{bmatrix}\begin{bmatrix}k_x\\ k_y\\ k_z\end{bmatrix}$$

$$=(k_x^2+k_y^2+k_z^2)\begin{bmatrix}k_x\\ k_y\\ k_z\end{bmatrix}=\begin{bmatrix}k_x\\ k_y\\ k_z\end{bmatrix}=\boldsymbol{k}$$

根据以上表达式,矢量 $\boldsymbol{k}$ 绕轴 $\boldsymbol{k}$ 旋转任意角度得到的矢量仍是 $\boldsymbol{k}$。将这个结果运用到旋转算子和平移算子的计算中。齐次变换矩阵可以分解成平移算子和旋转算子相乘。旋转算子和平移算子都是矩阵形式,因为矩阵乘法不具有交换律,因此在运动方程中平移算子和旋转算子的次序一般不可以交换。但是否存在可以交换的情况?

假设对于旋转算子 $\mathrm{Rot}(\boldsymbol{k},\theta)$ 和平移算子 $\mathrm{Trans}(\boldsymbol{p})$,交换次序前后计算结果相同,为

$$\mathrm{Trans}(\boldsymbol{p})\mathrm{Rot}(\boldsymbol{k},\theta)=\mathrm{Rot}(\boldsymbol{k},\theta)\mathrm{Trans}(\boldsymbol{p})\tag{4.6-9}$$

代入表达式为

$$\begin{bmatrix}\boldsymbol{I}_{3\times3} & \boldsymbol{p}\\ \boldsymbol{0} & 1\end{bmatrix}\begin{bmatrix}\boldsymbol{R} & \boldsymbol{0}\\ \boldsymbol{0} & 1\end{bmatrix}=\begin{bmatrix}\boldsymbol{R} & \boldsymbol{0}\\ \boldsymbol{0} & 1\end{bmatrix}\begin{bmatrix}\boldsymbol{I}_{3\times3} & \boldsymbol{p}\\ \boldsymbol{0} & 1\end{bmatrix}\tag{4.6-10}$$

展开为

$$\begin{bmatrix}\boldsymbol{R} & \boldsymbol{p}\\ \boldsymbol{0} & 1\end{bmatrix}=\begin{bmatrix}\boldsymbol{R} & \boldsymbol{Rp}\\ \boldsymbol{0} & 1\end{bmatrix}\tag{4.6-11}$$

令对应元素相等,于是有

$$\boldsymbol{p}=\boldsymbol{Rp}\tag{4.6-12}$$

所以当 $\boldsymbol{p}=\boldsymbol{Rp}$ 成立时,平移算子和旋转算子可以交换,根据上面的表达式可以知道,当 $\boldsymbol{p}$ 为旋转算子 $\boldsymbol{R}$ 的旋转轴时该式成立。由此得出结论:对于空间中的一个轴 $\boldsymbol{k}$,绕该轴旋转和沿该轴平移的运动顺序可以交换。

4.6.2 等效转轴和等效转角

前面讨论了由旋转轴和转角得到旋转矩阵,接下来讨论其逆问题,由旋转矩阵得到相应的旋转轴和转角。

对于旋转矩阵 $\boldsymbol{R}$,令 $\boldsymbol{R}=\mathrm{Rot}(\boldsymbol{k},\theta)$,有

$$\begin{bmatrix} n_x & o_x & a_x \\ n_y & o_y & a_y \\ n_z & o_z & a_z \end{bmatrix} = \begin{bmatrix} k_x k_x \text{Vers}\,\theta+\cos\theta & k_y k_x \text{Vers}\,\theta-k_z\cos\theta & k_z k_x \text{Vers}\,\theta+k_y\sin\theta \\ k_x k_y \text{Vers}\,\theta-k_z\cos\theta & k_y k_y \text{Vers}\,\theta+\cos\theta & k_y k_z \text{Vers}\,\theta-k_x\sin\theta \\ k_z k_x \text{Vers}\,\theta+k_y\sin\theta & k_y k_z \text{Vers}\,\theta-k_x\sin\theta & k_z k_z \text{Vers}\,\theta+\cos\theta \end{bmatrix} \tag{4.6-13}$$

将两个相等矩阵的主对角相加，得到

$$n_x+o_y+a_z=(k_x^2+k_y^2+k_z^2)\text{Vers}\,\theta+3\cos\theta=1+2\cos\theta \tag{4.6-14}$$

可以解出 $\cos\theta$ 为

$$\cos\theta=\frac{1}{2}(n_x+o_y+a_z-1) \tag{4.6-15}$$

再把两个矩阵非对角元素相减，得到

$$\begin{cases} o_z-a_y=2k_x\sin\theta \\ a_x-n_z=2k_y\sin\theta \\ n_y-o_x=2k_z\sin\theta \end{cases} \tag{4.6-16}$$

等式两边平方相加，得

$$(o_z-a_y)^2+(a_x-n_z)^2+(n_y-o_x)^2=4\sin^2\theta \tag{4.6-17}$$

于是可以解出 $\sin\theta$ 为

$$\sin\theta=\pm\frac{1}{2}\sqrt{(o_z-a_y)^2+(a_x-n_z)^2+(n_y-o_x)^2} \tag{4.6-18}$$

根据 $\cos\theta$ 和 $\sin\theta$ 可得 $\tan\theta$ 为

$$\tan\theta=\pm\frac{\sqrt{(o_z-a_y)^2+(a_x-n_z)^2+(n_y-o_x)^2}}{n_x+o_y+a_z-1} \tag{4.6-19}$$

进一步可以解出 k_x,k_y,k_z 为

$$k_x=\frac{o_z-a_y}{2\sin\theta},\quad k_y=\frac{a_x-n_z}{2\sin\theta},\quad k_z=\frac{n_z-o_x}{2\sin\theta} \tag{4.6-20}$$

在运用上面表达式计算时，有两点需要注意。

① 多值型：$\boldsymbol{k}$ 和 θ 的值不唯一。对于求得的任一组解 $\boldsymbol{k}$ 和 θ，都有另一组解 $-\boldsymbol{k}$ 和 $-\theta$。且由于角度的周期性，$(\boldsymbol{k},\theta)\triangleq(\boldsymbol{k},\theta+n\times360°)$，因此，一般取 $0\leqslant\theta\leqslant180°$。

② 病态情况：当转角 θ 接近 0 或 180°时，由于

$$\tan\theta=\pm\frac{\sqrt{(o_z-a_y)^2+(a_x-n_z)^2+(n_y-o_x)^2}}{n_x+o_y+a_z-1} \tag{4.6-21}$$

其中的分子和分母都很小，转轴不确定，需要通过其他方法求解。

【例 4.6-2】求旋转符合矩阵 $\boldsymbol{R}=\text{Rot}(\boldsymbol{y},90°)\text{Rot}(\boldsymbol{z},90°)$ 的等效转轴和转角。

解：

首先计算旋转矩阵

$$\boldsymbol{R}=\begin{bmatrix} 0 & 0 & 1 \\ 0 & 1 & 0 \\ -1 & 0 & 0 \end{bmatrix}\begin{bmatrix} 0 & -1 & 0 \\ 1 & 0 & 0 \\ 0 & 0 & 1 \end{bmatrix}=\begin{bmatrix} 0 & 0 & 1 \\ 1 & 0 & 0 \\ 0 & 1 & 0 \end{bmatrix}$$

再确定 $\cos\theta,\sin\theta,\tan\theta$ 为

$$\cos\theta=\frac{1}{2}(0+0+0-1)=-\frac{1}{2}$$

$$\sin\theta=\frac{1}{2}\sqrt{(1-0)^2+(1-0)^2+(1-0)^2}=\frac{\sqrt{3}}{2}$$

$$\tan\theta=\frac{\frac{\sqrt{3}}{2}}{-\frac{1}{2}}=-\sqrt{3}$$

于是得到等效转角 $\theta=120°$。

进一步可以得出矢量 $\boldsymbol{k}$

$$k_x=\frac{1-0}{\sqrt{3}}=\frac{1}{\sqrt{3}}$$

$$k_y=\frac{1-0}{\sqrt{3}}=\frac{1}{\sqrt{3}}$$

$$k_z=\frac{1-0}{\sqrt{3}}=\frac{1}{\sqrt{3}}$$

$$\boldsymbol{k}=\begin{bmatrix}\frac{1}{\sqrt{3}} & \frac{1}{\sqrt{3}} & \frac{1}{\sqrt{3}}\end{bmatrix}^{\mathrm{T}}$$

4.6.3 齐次变换通式

4.6.1 节中给出了绕任意过原点的轴线 $\boldsymbol{k}$ 转 θ 角的旋转矩阵 $\mathrm{Rot}(\boldsymbol{k},\theta)$，但是可能会遇到不属于这种情况的问题，即旋转轴线不过原点。这种情况下，可以定义另外一个坐标系，使该坐标系原点在轴上，便可以解决这一个问题。并且，通过这种方法可以推广 4.6.1 节的结论，使任一齐次变换矩阵都可以转化成绕空间中某个轴旋转一定角度的旋转矩阵，不同的是，这一旋转轴不一定过原点。

假设存在两个坐标系 $\{A\}$ 和 $\{B\}$，初始时两坐标系重合。假定单位矢量 $\boldsymbol{k}$ 通过点 p，并且有

$$\boldsymbol{k}=[k_x \quad k_y \quad k_z]^{\mathrm{T}} \tag{4.6-22}$$

$$\boldsymbol{p}=[p_x \quad p_y \quad p_z]^{\mathrm{T}} \tag{4.6-23}$$

采用与 4.6.1 节类似的方法求得齐次变换矩阵 ${}^{A}_{B}\boldsymbol{T}$。再定义两个坐标系 $\{A'\}$ 和 $\{B'\}$，分别与 $\{A\}$ 和 $\{B\}$ 固连，坐标轴分别与 $\{A\}$、$\{B\}$ 的坐标轴平行，原点都在 p，且在旋转之前 $\{A'\}$ 和 $\{B'\}$ 重合，如图 4.6-1 所示。因此有变换方程

$${}^{A}_{B}\boldsymbol{T}={}^{A}_{A'}\boldsymbol{T}{}^{A'}_{B'}\boldsymbol{T}{}^{B'}_{B}\boldsymbol{T} \tag{4.6-24}$$

并且容易得到 $\{A'\}$ 和 $\{B'\}$ 分别在 $\{A\}$ 和 $\{B\}$ 的描述 ${}^{A}_{A'}\boldsymbol{T}$ 和 ${}^{B'}_{B}\boldsymbol{T}$

$${}^{A}_{A'}\boldsymbol{T}=\begin{bmatrix}\boldsymbol{I}_{3\times3} & \boldsymbol{p}\\ \boldsymbol{0} & 1\end{bmatrix}=\mathrm{Trans}(\boldsymbol{p}) \tag{4.6-25}$$

$${}^{B}_{B'}\boldsymbol{T}=\begin{bmatrix}\boldsymbol{I}_{3\times3} & \boldsymbol{p}\\ \boldsymbol{0} & 1\end{bmatrix}=\mathrm{Trans}(\boldsymbol{p}) \tag{4.6-26}$$

用 ${}^{B'}_{B}\boldsymbol{T}$ 表示 ${}^{B}_{B'}\boldsymbol{T}$，有

$$
{}_{B}^{B'}\boldsymbol{T}={}_{B'}^{B}\boldsymbol{T}^{-1}={}_{B'}^{B}\boldsymbol{T}^{\mathrm{T}}=\begin{bmatrix}\boldsymbol{I}_{3\times 3} & -\boldsymbol{p}\\ \boldsymbol{0} & 1\end{bmatrix}=\mathrm{Trans}(-\boldsymbol{p}) \tag{4.6-27}
$$

而$\{B'\}$相对于$\{A'\}$的运动与$\{B\}$相对于$\{A\}$的运动相同，应用4.6.1节绕过原点轴线旋转的公式可以得到$\{B'\}$相对于$\{A'\}$的描述${}_{B'}^{A'}\boldsymbol{T}$

$$
{}_{B'}^{A'}\boldsymbol{T}=\mathrm{Rot}(\boldsymbol{k},\theta)=\begin{bmatrix}\boldsymbol{R}(\boldsymbol{k},\theta) & \boldsymbol{0}\\ \boldsymbol{0} & 1\end{bmatrix} \tag{4.6-28}
$$

代入$\boldsymbol{R}(\boldsymbol{k},\theta)$，可得

$$
\begin{aligned}
{}_{B}^{A}\boldsymbol{T} &={}_{A'}^{A}\boldsymbol{T}{}_{B'}^{A'}\boldsymbol{T}{}_{B}^{B'}\boldsymbol{T}=\mathrm{Trans}(\boldsymbol{p})\,\mathrm{Rot}(\boldsymbol{k},\theta)\,\mathrm{Trans}(-\boldsymbol{p})\\
&=\begin{bmatrix}\boldsymbol{R}(\boldsymbol{k},\theta) & -\boldsymbol{R}(\boldsymbol{k},\theta)\boldsymbol{p}+\boldsymbol{p}\\ \boldsymbol{0} & 1\end{bmatrix}
\end{aligned} \tag{4.6-29}
$$

根据以上表达式，任意一个齐次变换矩阵都可以通过绕不过原点的轴旋转一定角度得到，将旋转变换和平移变换复合成一次旋转运动，因此将它称为旋转变换通式。

齐次变换通式的反问题求解与4.6.2节中求等效转轴与等效转角的过程类似。因为齐次变换矩阵中，其旋转矩阵就是旋转变换矩阵，因此根据4.6.2节表达式可以求解出矢量$\boldsymbol{k}$和转角θ(但旋转轴不相同，因为齐次变换中$\boldsymbol{k}$过点p，而旋转变换中$\boldsymbol{k}$过坐标系原点)。而对于旋转轴上的顶点p，则无法通过反解求出，只能求出p点所在直线，该直线就是旋转轴。

【例4.6-3】坐标系$\{A\}$和$\{B\}$初始时重合，使坐标系绕过点$\boldsymbol{p}=[1\quad 2\quad 3]^{\mathrm{T}}$的单位矢量${}^{A}\boldsymbol{k}=[0.707\quad 0.707\quad 0]^{\mathrm{T}}$旋转30°，求坐标系$\{B\}$。

解:

由【例4.6-1】的结果可得

$$
\boldsymbol{R}(\boldsymbol{k},\theta)={}_{B}^{A}\boldsymbol{R}=\mathrm{Rot}(\boldsymbol{k},30^{\circ})=\begin{bmatrix}0.933 & 0.067 & 0.354\\ 0.067 & 0.933 & -0.354\\ -0.354 & 0.354 & 0.866\end{bmatrix}
$$

$$
-\boldsymbol{R}(\boldsymbol{k},\theta)\boldsymbol{p}=-\begin{bmatrix}0.933 & 0.067 & 0.354\\ 0.067 & 0.933 & -0.354\\ -0.354 & 0.354 & 0.866\end{bmatrix}\begin{bmatrix}1\\2\\3\end{bmatrix}=-[2.129\quad 0.871\quad 2.952]^{\mathrm{T}}
$$

$$
-\boldsymbol{R}(\boldsymbol{k},\theta)\boldsymbol{p}+\boldsymbol{p}=\begin{bmatrix}-1.129\\ 1.129\\ 0.048\end{bmatrix}
$$

于是可以得到

$$
{}_{B}^{A}\boldsymbol{T}=\begin{bmatrix}0.933 & 0.067 & 0.354 & -1.129\\ 0.067 & 0.933 & -0.354 & 1.129\\ -0.354 & 0.354 & 0.866 & 0.048\\ 0 & 0 & 0 & 1\end{bmatrix}
$$

4.6.4 自由矢量的变换

本章讨论的矢量都是用来描述位置的，称为位置矢量，在后面的章节会出现表示其他内涵的矢量(如速度矢量和力矢量)，因为这些矢量的类型不同，因此变换方式也不同。

在力学中，矢量可以分为两类，这两类矢量分别称为线矢量和自由矢量，主要区别是两种矢

量约束的数量不同。对于自由矢量,其相等要求是两个矢量具有相同的维数、大小和方向。常见的自由矢量有速度和力矩。而对于线矢量,其相等的要求是两个矢量具有相同的维数、大小和方向,并且作用线相同。常见的线矢量有力矢量。简单地说,线矢量区别于自由矢量在于其有作用线。

所以,两种矢量的变换也有区别。对于自由矢量,只需要关注它的大小和方向,而不需要考虑它的作用线,因此自由矢量的变换只有旋转变换而不涉及平移变换。例如,对自由矢量速度进行描述,在坐标系{A}中速度为 ${}^{A}\boldsymbol{v}$,在{B}中描述为 ${}^{B}\boldsymbol{v}$,从 ${}^{A}\boldsymbol{v}$ 得到 ${}^{B}\boldsymbol{v}$,只需要进行旋转变换,即只需要考虑{B}相对于{A}的姿态,而不需要考虑{B}坐标原点的位置。而对于线矢量,在进行变换的时候还需要考虑平移变换。在坐标系{A}中力为 ${}^{A}\boldsymbol{F}$,在{B}中描述为 ${}^{B}\boldsymbol{F}$,从 ${}^{A}\boldsymbol{F}$ 得到 ${}^{B}\boldsymbol{F}$,需要考虑{B}相对于{A}的姿态,也要考虑{B}坐标原点的位置,因此变换的形式为一般的齐次变换。

*4.7 四元数

四元数(quaternion)最早于 1843 年由威廉·罗恩·哈密顿(William Rowan Hamilton)发明,作为复数的扩展。直到 1985 年才由休梅克(Shoemake)将四元数引入到计算机图形学中。四元数在一些方面优于欧拉角和旋转矩阵。任意一个三维空间中的姿态都可以被表示为一个绕某个特定轴的旋转。给定旋转轴及旋转角度,很容易将其他形式的旋转表示转化为四元数或者从四元数转化为其他形式。四元数可以用于稳定的、经常性的旋转插值,而这些在欧拉角中是很难实现的。

4.7.1 四元数定义

一个四元数 $\hat{\boldsymbol{q}}$ 可以定义为

$$\hat{\boldsymbol{q}}=(\boldsymbol{q}_v,q_w)=iq_x+jq_y+kq_z+q_w=\boldsymbol{q}_v+q_w \tag{4.7-1}$$

其中,$\boldsymbol{q}_v=iq_x+jq_y+kq_z=(q_x,q_y,q_z)$,$i^2=j^2=k^2=-1$,$jk=-kj=i$,$ki=-ik=j$,$ij=-ji=k$。

q_w 为四元数 $\hat{\boldsymbol{q}}$ 的实部。$\boldsymbol{q}_v$ 为虚部,i,j,k 为虚部单位。

对于虚部 $\boldsymbol{q}_v$,可以施加普通向量运算操作,如加法、缩放、点乘和叉积等。

(1) 四元数的运算

根据四元数的定义,可以推导出两个四元数 $\hat{\boldsymbol{q}}$ 和 $\hat{\boldsymbol{r}}$ 之间的乘法运算。注意,虚部单位之间的乘法不遵守交换律。

① 四元数的乘法。

$$\begin{aligned}\hat{\boldsymbol{q}}\hat{\boldsymbol{r}}&=(iq_x+jq_y+kq_z+q_w)(ir_x+jr_y+kr_z+r_w)\\&=i(q_yr_z-q_zr_y+r_wq_x+q_wr_x)\\&\quad+j(q_zr_x-q_xr_z+r_wq_y+q_wr_y)\\&\quad+k(q_xr_y-q_yr_x+r_wq_z+q_wr_z)\\&\quad+q_wr_w-q_xr_x-q_yr_y-q_zr_z\\&=(\boldsymbol{q}_v\times\boldsymbol{r}_v+r_w\boldsymbol{q}_v+q_w\boldsymbol{r}_v,q_wr_w-\boldsymbol{q}_v\cdot\boldsymbol{r}_v)\end{aligned} \tag{4.7-2}$$

② 四元数的加法。

$$\hat{\boldsymbol{q}}+\hat{\boldsymbol{r}}=(\boldsymbol{q}_v,q_w)+(\boldsymbol{r}_v,r_w)=(\boldsymbol{q}_v+\boldsymbol{r}_v,q_w+r_w) \tag{4.7-3}$$

③ 四元数的共轭运算。

$$\hat{\boldsymbol{q}}^{*}=(\boldsymbol{q}_v,q_w)^{*}=(-\boldsymbol{q}_v,q_w) \tag{4.7-4}$$

④ 四元数的模。

$$n(\hat{\boldsymbol{q}})=\sqrt{\hat{\boldsymbol{q}}\hat{\boldsymbol{q}}^{*}}=\sqrt{\hat{\boldsymbol{q}}^{*}\hat{\boldsymbol{q}}}=\sqrt{\boldsymbol{q}_v\cdot\boldsymbol{q}_v+q_w^2}=\sqrt{q_x^2+q_y^2+q_z^2+q_w^2} \tag{4.7-5}$$

⑤ 四元数的逆/倒数。

倒数必须满足$\hat{\boldsymbol{q}}^{-1}\hat{\boldsymbol{q}}=\hat{\boldsymbol{q}}\,\hat{\boldsymbol{q}}^{-1}=1$。从上面模的定义可以推导出

$$n(\hat{\boldsymbol{q}})^2=\hat{\boldsymbol{q}}\hat{\boldsymbol{q}}^{*}\Leftrightarrow\frac{\hat{\boldsymbol{q}}\hat{\boldsymbol{q}}^{*}}{n(\hat{\boldsymbol{q}})^2}=1$$

所以,四元数的逆为

$$\hat{\boldsymbol{q}}^{-1}=\frac{1}{n(\hat{\boldsymbol{q}})^2}\hat{\boldsymbol{q}}^{*} \tag{4.7-6}$$

(2) 四元数运算的共轭规则

四元数运算的共轭规则如下。

① 一个四元数共轭的共轭是该四元数本身,表示为

$$(\hat{\boldsymbol{q}}^{*})^{*}=\hat{\boldsymbol{q}} \tag{4.7-7}$$

② 两个四元数和的共轭是它们共轭的和,表示为

$$(\hat{\boldsymbol{q}}+\hat{\boldsymbol{r}})^{*}=\hat{\boldsymbol{q}}^{*}+\hat{\boldsymbol{r}}^{*} \tag{4.7-8}$$

③ 两个四元数乘积的共轭是它们共轭调换顺序后的乘积,表示为

$$(\hat{\boldsymbol{q}}\hat{\boldsymbol{r}})^{*}=\hat{\boldsymbol{r}}^{*}\hat{\boldsymbol{q}}^{*} \tag{4.7-9}$$

(3) 四元数运算的模规则

四元数运算的模规则如下。

① 一个四元数的模等于其共轭的模,表示为

$$n(\hat{\boldsymbol{q}}^{*})=n(\hat{\boldsymbol{q}}) \tag{4.7-10}$$

② 两个四元数乘积的模等于它们模的乘积,表示为

$$n(\hat{\boldsymbol{q}}\hat{\boldsymbol{r}})=n(\hat{\boldsymbol{q}})n(\hat{\boldsymbol{r}}) \tag{4.7-11}$$

四元数运算的乘法法则表示为

$$\hat{\boldsymbol{p}}(s\hat{\boldsymbol{q}}+t\hat{\boldsymbol{r}})=s\hat{\boldsymbol{p}}\hat{\boldsymbol{q}}+t\hat{\boldsymbol{p}}\hat{\boldsymbol{r}} \tag{4.7-12}$$

$$(s\hat{\boldsymbol{p}}+t\hat{\boldsymbol{q}})\hat{\boldsymbol{r}}=s\hat{\boldsymbol{p}}\hat{\boldsymbol{r}}+t\hat{\boldsymbol{q}}\hat{\boldsymbol{r}} \tag{4.7-13}$$

(4) 单位四元数

模为 1 的四元数为单位四元数(unit quaternion)。可推导出 $\hat{\boldsymbol{q}}$ 可写为

$$\hat{\boldsymbol{q}}=(\sin\phi\boldsymbol{u}_q,\cos\phi)=\sin\phi\boldsymbol{u}_q+\cos\phi$$

其中 $\boldsymbol{u}_q$ 是某个三维向量,且$\|\boldsymbol{u}_q\|=1$。因为当且仅当$\|\boldsymbol{u}_q\|=1$ 时,

$$\begin{aligned}n(\hat{\boldsymbol{q}})&=n(\sin\phi\boldsymbol{u}_q,\cos\phi)=\sqrt{\sin^2\phi(\boldsymbol{u}_q\cdot\boldsymbol{u}_q)+\cos^2\phi}\\&=\sqrt{\sin^2\phi+\cos^2\phi}=1\end{aligned} \tag{4.7-14}$$

4.7.2 四元数变换

四元数变换(quaternion transforms):单位四元数可以以简单紧凑的方式表示任何三维旋

转，如图 4.7-1 所示。

首先，把一个点或向量 $\boldsymbol{p}=[p_x \quad p_y \quad p_z \quad p_w]^{\mathrm{T}}$ 的四个坐标分别放进一个四元数 $\hat{\boldsymbol{p}}$ 的各个分量中，假设有一单位四元素 $\hat{\boldsymbol{q}}=(\sin\phi\boldsymbol{u}_q,\cos\phi)$。可以证明

$$\hat{\boldsymbol{q}}\hat{\boldsymbol{p}}\hat{\boldsymbol{q}}^{-1} \tag{4.7-15}$$

表示使 $\hat{\boldsymbol{p}}$ 绕轴 $\boldsymbol{u}_q$ 旋转 2ϕ 角度。注意因为 $\hat{\boldsymbol{q}}$ 是单位四元数，则 $\hat{\boldsymbol{q}}^{-1}=\hat{\boldsymbol{q}}^*$。

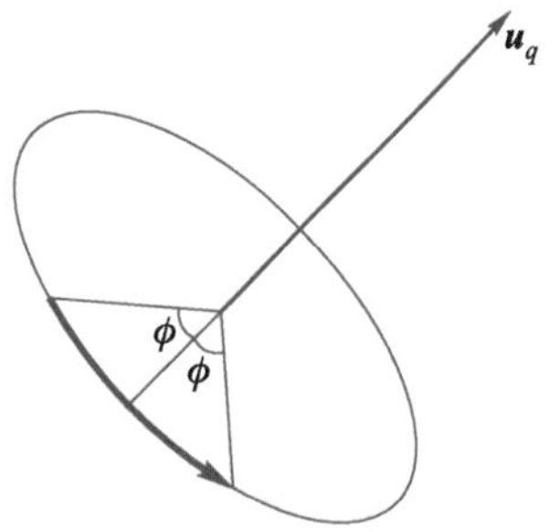

图 4.7-1 单位四元数表示的旋转

任何 $\hat{\boldsymbol{q}}$ 的非零实数倍都和 $\hat{\boldsymbol{q}}$ 表示相同的旋转变换。这意味着 $\hat{\boldsymbol{q}}$ 和 $-\hat{\boldsymbol{q}}$ 表示相同的旋转，即同时对旋转轴 $\boldsymbol{u}_q$ 取负，对实部 q_w 取负，会创建一个和原始四元数一样的旋转。这也意味着从一个矩阵中提取的四元数可能是 $\hat{\boldsymbol{q}}$ 或者 $-\hat{\boldsymbol{q}}$。

(1) 两个四元数的连接

给定两个四元数 $\hat{\boldsymbol{q}}$，$\hat{\boldsymbol{r}}$（表示两个旋转变换），要实现它们的连接，即先应用 $\hat{\boldsymbol{q}}$，然后再应用 $\hat{\boldsymbol{r}}$，四元数 $\hat{\boldsymbol{q}}$（即点 p）是被旋转对象，则对应的方程为

$$\hat{\boldsymbol{r}}(\hat{\boldsymbol{q}}\hat{\boldsymbol{p}}\hat{\boldsymbol{q}}^*)\hat{\boldsymbol{r}}^*=(\hat{\boldsymbol{r}}\hat{\boldsymbol{q}})\hat{\boldsymbol{p}}(\hat{\boldsymbol{r}}\hat{\boldsymbol{q}})^*=\hat{\boldsymbol{c}}\hat{\boldsymbol{p}}\hat{\boldsymbol{c}}^* \tag{4.7-16}$$

(2) 矩阵和四元数相互转换

由于经常需要将多个变换组合起来，而它们中大部分是矩阵形式，所以需要一种方法将式(4.7-15)转化为矩阵。

一个四元数 $\hat{\boldsymbol{q}}$ 可以被转换为一个矩阵 $\boldsymbol{M}^q$，表示为

$$\boldsymbol{M}^q=\begin{bmatrix} 1-s(q_y^2+q_z^2) & s(q_xq_y-q_zq_w) & s(q_xq_z+q_wq_y) & 0 \\ s(q_xq_y+q_zq_w) & 1-s(q_x^2+q_z^2) & s(q_yq_z-q_wq_x) & 0 \\ s(q_xq_z-q_wq_y) & s(q_yq_z+q_wq_x) & 1-s(q_x^2+q_y^2) & 0 \\ 0 & 0 & 0 & 1 \end{bmatrix} \tag{4.7-17}$$

其中，$s=2/(n(\hat{\boldsymbol{q}}))^2$。对于单位四元数，上面的方程可简化为

$$\boldsymbol{M}^q=\begin{bmatrix} 1-2(q_y^2+q_z^2) & 2(q_xq_y-q_zq_w) & 2(q_xq_z+q_yq_w) & 0 \\ 2(q_xq_y+q_zq_w) & 1-2(q_x^2+q_z^2) & 2(q_yq_z-q_xq_w) & 0 \\ 2(q_xq_z-q_yq_w) & 2(q_yq_z+q_xq_w) & 1-2(q_x^2+q_y^2) & 0 \\ 0 & 0 & 0 & 1 \end{bmatrix} \tag{4.7-18}$$

① 欧拉角到四元数的转换。

$$\boldsymbol{q}=\begin{bmatrix} x \\ y \\ z \\ w \end{bmatrix}=\begin{bmatrix} \cos\left(\frac{\varphi}{2}\right)\cos\left(\frac{\theta}{2}\right)\cos\left(\frac{\psi}{2}\right)+\sin\left(\frac{\varphi}{2}\right)\sin\left(\frac{\theta}{2}\right)\sin\left(\frac{\psi}{2}\right) \\ \sin\left(\frac{\varphi}{2}\right)\cos\left(\frac{\theta}{2}\right)\cos\left(\frac{\psi}{2}\right)-\cos\left(\frac{\varphi}{2}\right)\sin\left(\frac{\theta}{2}\right)\sin\left(\frac{\psi}{2}\right) \\ \cos\left(\frac{\varphi}{2}\right)\sin\left(\frac{\theta}{2}\right)\cos\left(\frac{\psi}{2}\right)+\sin\left(\frac{\varphi}{2}\right)\cos\left(\frac{\theta}{2}\right)\sin\left(\frac{\psi}{2}\right) \\ \cos\left(\frac{\varphi}{2}\right)\cos\left(\frac{\theta}{2}\right)\sin\left(\frac{\psi}{2}\right)-\sin\left(\frac{\varphi}{2}\right)\sin\left(\frac{\theta}{2}\right)\cos\left(\frac{\psi}{2}\right) \end{bmatrix} \tag{4.7-19}$$

② 四元数到欧拉角的转换。

$$\begin{bmatrix}\varphi\\ \theta\\ \psi\end{bmatrix}=\begin{bmatrix}\arctan\dfrac{2(wx+yz)}{1-2(x^2+y^2)}\\ \arcsin(2(wy-xz))\\ \arctan\dfrac{2(wz+xy)}{1-2(y^2+z^2)}\end{bmatrix} \tag{4.7-20}$$

其中,反三角函数的范围是$\left[-\dfrac{\pi}{2},\dfrac{\pi}{2}\right]$,这并不能覆盖所有朝向(对于$\theta\in\left[-\dfrac{\pi}{2},\dfrac{\pi}{2}\right]$的取值范围已经满足),因此需要全范围的反三角函数(arctan 2)来代替反三角函数。

$$\begin{bmatrix}\varphi\\ \theta\\ \psi\end{bmatrix}=\begin{bmatrix}\arctan 2(2(wx+yz),1-2(x^2+y^2))\\ \arcsin(2(wy-xz))\\ \arctan 2(2(wz+xy),1-2(y^2+z^2))\end{bmatrix} \tag{4.7-21}$$

③ 四元数转旋转矩阵。

仿射变换旋转矩阵:

$$\boldsymbol{R}=\begin{bmatrix}1-2y^2-2z^2 & 2xy-2wz & 2xz+2wy\\ 2xy+2wz & 1-2x^2-2z^2 & 2yz-2wx\\ 2xz-2wy & 2yz+2wx & 1-2x^2-2y^2\end{bmatrix} \tag{4.7-22}$$

齐次坐标旋转矩阵:

$$\boldsymbol{T}=\begin{bmatrix}1-2y^2-2z^2 & 2xy-2wz & 2xz+2wy & 0\\ 2xy+2wz & 1-2x^2-2z^2 & 2yz-2wx & 0\\ 2xz-2wy & 2yz+2wx & 1-2x^2-2y^2 & 0\\ 0 & 0 & 0 & 1\end{bmatrix} \tag{4.7-23}$$

④ 旋转矩阵转四元数。

对于以下仿射变换旋转矩阵或在齐次坐标下的旋转矩阵,都可以按以下方式获取四元数的四个部分:

$$Q=\begin{cases}w=\sqrt{1+R_{11}+R_{22}+R_{33}}\\ x=\dfrac{R_{32}-R_{23}}{4w}\\ y=\dfrac{R_{13}-R_{31}}{4w}\\ z=\dfrac{R_{21}-R_{12}}{4w}\end{cases} \tag{4.7-24}$$

其中,$\boldsymbol{R}=\begin{bmatrix}R_{11} & R_{12} & R_{13}\\ R_{21} & R_{22} & R_{23}\\ R_{31} & R_{32} & R_{33}\end{bmatrix}$。

4.8 计算复杂性分析

前面介绍了用齐次变换分析刚体位姿的方法，这种方法对于概念分析是很有用的，但是在工业机械臂系统中并不能直接采用，因为直接运用会耗费大量时间在 0 和 1 的计算上。因此往往需要改变形式或采用特定的计算方法，减少运算时间。

采用矩阵形式书写常用的齐次变换

$$\begin{bmatrix} {}^{A}\boldsymbol{p} \\ 1 \end{bmatrix} = \begin{bmatrix} {}^{A}_{B}\boldsymbol{R} & {}^{A}\boldsymbol{p}_{BO} \\ \boldsymbol{0} & 1 \end{bmatrix} \begin{bmatrix} {}^{B}\boldsymbol{p} \\ 1 \end{bmatrix} \tag{4.8-1}$$

方便记忆且比较直观，但由于矩阵形式存在恒等式 1=1，可以省略，因此在计算机中进行计算往往采用矢量相加的形式：

$${}^{A}\boldsymbol{p} = {}^{A}_{B}\boldsymbol{R}\,{}^{B}\boldsymbol{p} + {}^{A}\boldsymbol{p}_{BO} \tag{4.8-2}$$

又如，对于变换方程

$${}^{A}\boldsymbol{p} = {}^{A}_{B}\boldsymbol{R}\,{}^{B}_{C}\boldsymbol{R}\,{}^{C}_{D}\boldsymbol{R}\,{}^{D}\boldsymbol{p} \tag{4.8-3}$$

计算的方法有两种：

一种是首先将三个变换矩阵相乘，得到 ${}^{A}_{D}\boldsymbol{R}$，这里共进行 54 次乘法运算和 36 次加法运算，再计算 ${}^{A}\boldsymbol{p}$，还需要 9 次乘法运算和 6 次加法运算。

另一种方法是逐个矩阵计算，即

$${}^{A}\boldsymbol{p} = {}^{A}_{B}\boldsymbol{R}\,{}^{B}_{C}\boldsymbol{R}\,{}^{C}_{D}\boldsymbol{R}\,{}^{D}\boldsymbol{p}$$
$${}^{A}\boldsymbol{p} = {}^{A}_{B}\boldsymbol{R}\,{}^{B}_{C}\boldsymbol{R}\,{}^{C}\boldsymbol{p}$$
$${}^{A}\boldsymbol{p} = {}^{A}_{B}\boldsymbol{R}\,{}^{B}\boldsymbol{p}$$
$${}^{A}\boldsymbol{p} = {}^{A}\boldsymbol{p}$$

每一步包含 9 次乘法运算和 6 次加法运算，因此共需要 27 次乘法运算和 18 次加法运算。两种方法计算需要的时间相差巨大。

所以，用计算机对齐次变换进行计算时，为了减少计算时间，需要做一些预处理以减少运算次数。

4.9 小结

位姿描述和齐次变换是机器人的数学基础之一。本章描述了刚体的位姿表示方法，引出了旋转矩阵、齐次变换的重要概念。进一步介绍了坐标映射、运动算子、变换矩阵的运算方法，介绍了 RPY 角、欧拉角、等效轴角、四元数等概念，以加深对姿态描述的理解。最后介绍了计算的复杂性分析。

下一章将基于位姿描述建立机器人中最常见的机械臂的运动学。

4.10 习题

【题 4-1】用一个描述旋转与平移的变换来左乘或者右乘一个表示坐标系的变换，所得到的结果是否相同？为什么？请作图说明。

【题 4-2】矢量 ${}^{A}\boldsymbol{P}$ 绕 Z_A 轴旋转 θ 角，然后绕 X_A 轴旋转 α 角。试给出依次按上述次序完成旋转的旋转矩阵。

【题 4-3】坐标系 $\{B\}$ 的位置变化如下：初始时，坐标系 $\{A\}$ 与 $\{B\}$ 重合，让坐标系 $\{B\}$ 绕 Z_B 轴旋转 θ 角，然后再绕 X_B 轴旋转 α 角。给出将矢量 ${}^{B}\boldsymbol{P}$ 变为 ${}^{A}\boldsymbol{P}$ 的旋转矩阵。

【题 4-4】当 $\theta=30°$，$\alpha=45°$ 时，给出题 4-2 和题 4-3 中的旋转矩阵。

【题 4-5】已知矢量 $\boldsymbol{u}=3\boldsymbol{i}+2\boldsymbol{j}+2\boldsymbol{k}$ 和坐标系

$$\boldsymbol{F}=\begin{bmatrix}0 & -1 & 0 & 10\\ 1 & 0 & 0 & 20\\ 0 & 0 & 1 & 1\\ 0 & 0 & 0 & 1\end{bmatrix}$$

其中，$\boldsymbol{u}$ 为 $\boldsymbol{F}$ 所描述的一点。

① 确定表示同一点但由基坐标系描述的矢量 $\boldsymbol{v}$。

② 首先让 $\boldsymbol{F}$ 绕基坐标系的 y 轴旋转 90°，然后沿基坐标系 x 轴方向平移 20。求变换所得的新坐标系 $\boldsymbol{F}'$。

③ 确定表示同一点但由坐标系 $\boldsymbol{F}'$ 所描述的矢量 $\boldsymbol{v}'$。

④ 作图表示 $\boldsymbol{u}$，$\boldsymbol{v}$，$\boldsymbol{v}'$，$\boldsymbol{F}$ 和 $\boldsymbol{F}'$ 之间的关系。

【题 4-6】已知齐次变换矩阵

$$\boldsymbol{H}=\begin{bmatrix}0 & 1 & 0 & 0\\ 0 & 0 & -1 & 0\\ -1 & 0 & 0 & 0\\ 0 & 0 & 0 & 1\end{bmatrix}$$

要求 $\mathrm{Rot}(\boldsymbol{f},\theta)=\boldsymbol{H}$，确定 $\boldsymbol{f}$ 和 θ 的值。

【题 4-7】如图题 4-1(a) 所示，在坐标系中的两个相同的楔形物体，要求把它们重新摆放在图题 4-1(b) 所示位置。

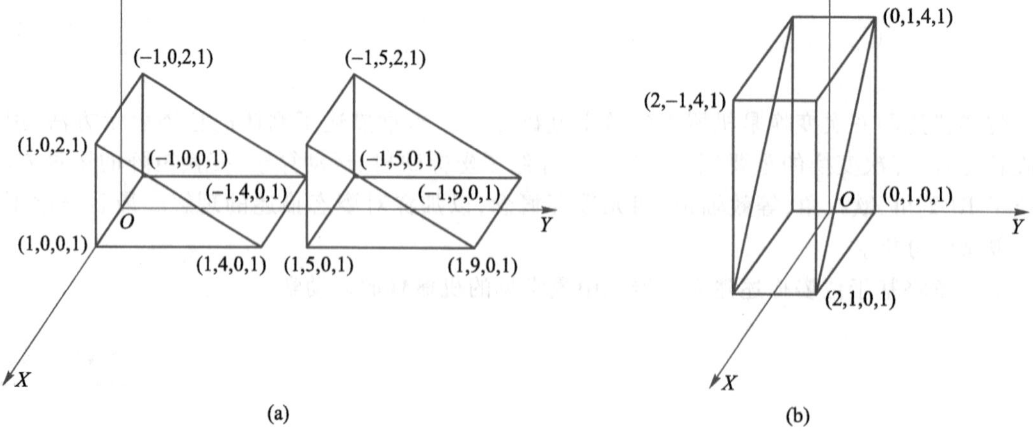

图题 4-1 楔形物体摆放示意图

① 用数值给出两个描述重新摆放的变换序列，每个变换表示沿某个轴平移或绕该轴旋转。在重置过程中，必须避免两楔形物体的碰撞。

② 作图说明每个从右至左的变换序列。

③ 作图说明每个从左至右的变换序列。

【题 4-8】$\{A\}$ 和 $\{B\}$ 两坐标系仅仅方向不同，坐标系 $\{B\}$ 是这样得到的：首先与坐标系 $\{A\}$ 重合，然后绕单位矢量 $\boldsymbol{f}$ 旋转 θ 角度，即

$$^A_B\boldsymbol{R}=\boldsymbol{R}_B(^A\boldsymbol{f},\theta)$$

求证：$^A_B\boldsymbol{R}=e^{f\theta}$，其中 $\boldsymbol{f}=\begin{bmatrix}0 & -f_x & f_y\\ f_z & 0 & -f_x\\ -f_y & f_z & 0\end{bmatrix}$。

【题 4-9】设想让矢量 $\boldsymbol{Q}$ 绕矢量 $\boldsymbol{f}$ 旋转 θ 角，以产生新矢量 $\boldsymbol{Q}'$，即 $\boldsymbol{Q}'=\mathrm{Rot}(\boldsymbol{f},\theta)\boldsymbol{Q}$。

应用基本旋转矩阵，求证：$\boldsymbol{Q}'=\boldsymbol{Q}\mathrm{c}\theta+\mathrm{s}\theta(\boldsymbol{f}\times\boldsymbol{Q})+(1-\mathrm{c}\theta)(\boldsymbol{f}\times\boldsymbol{Q})\boldsymbol{f}$。

【题 4-10】什么情况下，两个有限旋转矩阵可以交换？不需要证明。

【题 4-11】已知一个速度矢量为 $^B\boldsymbol{V}=[10\quad 20\quad 30]^{\mathrm{T}}$。

又已知

$$^A_B\boldsymbol{T}=\begin{bmatrix}0.866 & -0.5 & 0 & 11\\ 0.5 & 0.866 & 0 & -3\\ 0 & 0 & 1 & 9\\ 0 & 0 & 0 & 1\end{bmatrix}$$

计算 $^A\boldsymbol{V}$。

【题 4-12】已知下列坐标系定义：

$$^U_A\boldsymbol{T}=\begin{bmatrix}0.866 & -0.5 & 0 & 11\\ 0.5 & 0.866 & 0 & -1\\ 0 & 0 & 1 & 8\\ 0 & 0 & 0 & 1\end{bmatrix}$$

$$^B_A\boldsymbol{T}=\begin{bmatrix}1 & 0 & 0 & 0\\ 0 & 0.866 & -0.5 & 10\\ 0 & 0.5 & 0.866 & -20\\ 0 & 0 & 0 & 1\end{bmatrix}$$

$$^C_U\boldsymbol{T}=\begin{bmatrix}0.866 & -0.5 & 0 & -3\\ 0.433 & 0.75 & -0.5 & -3\\ 0.25 & 0.433 & 0.866 & 3\\ 0 & 0 & 0 & 1\end{bmatrix}$$

绘制坐标系示意图，定性地表示其坐标轴的排列，并求解 $^B_C\boldsymbol{T}$。

【题 4-13】构造一个通用方程式求 $^A_B\boldsymbol{T}$，坐标系 $\{B\}$ 最初与 $\{A\}$ 重合，坐标系 $\{B\}$ 绕 $\hat{\boldsymbol{K}}$ 旋转 θ 角，$\hat{\boldsymbol{K}}$ 经过点 $^A\boldsymbol{P}$（通常情况下不经过坐标系 $\{A\}$ 的原点）。

【题 4-14】一个矢量映射须经过三个旋转矩阵的变化，表示为 $^A\boldsymbol{P}={}^A_B\boldsymbol{R}{}^B_C\boldsymbol{R}{}^C_D\boldsymbol{R}{}^D\boldsymbol{P}$。

一种方法是首先将这三个旋转矩阵相乘，得到 ${}^A_D\boldsymbol{R}$，表示为 ${}^A\boldsymbol{P}={}^A_D\boldsymbol{R}{}^D\boldsymbol{P}$。

另一种方法是逐个通过矩阵计算进行矢量变换，即

$${}^A\boldsymbol{P}={}^A_B\boldsymbol{P}{}^B_C\boldsymbol{R}{}^C_D\boldsymbol{R}{}^D\boldsymbol{P}={}^A_B\boldsymbol{P}{}^B_C\boldsymbol{R}{}^C\boldsymbol{P}={}^A_B\boldsymbol{P}{}^B\boldsymbol{P}$$

如果 ${}^D\boldsymbol{P}$ 以 100Hz 变换，那么必须按相同的频率反复计算 ${}^A\boldsymbol{P}$。而且，这三个旋转矩阵也同样变化。假设通过一个显示系统以 30Hz 的频率对 ${}^A_B\boldsymbol{R}$，${}^B_C\boldsymbol{R}$ 和 ${}^C_D\boldsymbol{R}$ 赋以新值，那么按照哪种方法计算可使计算量（乘法运算和加法运算）最小？

【题 4-15】另一种用来描述空间一点的三维坐标系是圆柱坐标系，其中三个坐标参数的定义如图题 4-2 所示，坐标 θ 给定 xy 平面内的有向线段，r 表示沿着这个方法的径向长度，z 给定了在 xy 平面上的高度。由圆柱坐标参数 θ，r 和 z 来计算坐标系中的一点 ${}^A\boldsymbol{P}$。

【题 4-16】另一种用来描述空间一点的三维坐标系是球坐标系，其中三个坐标的定义如图题 4-3 所示。角度 α 和 β 可被看作是投射到空间的一条射线的方位角和俯仰角，$\boldsymbol{r}$ 表示沿这条射线到被描述的空间点的径向距离。由球坐标系的参数 α，β 和 r 来计算坐标系中的一点 ${}^A\boldsymbol{P}$。

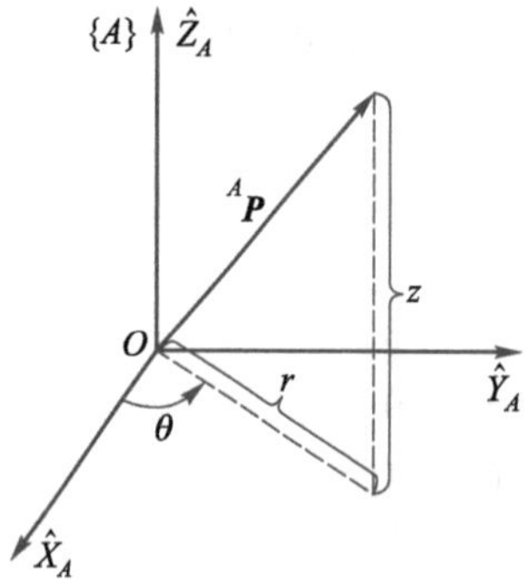

图题 4-2 圆柱坐标系

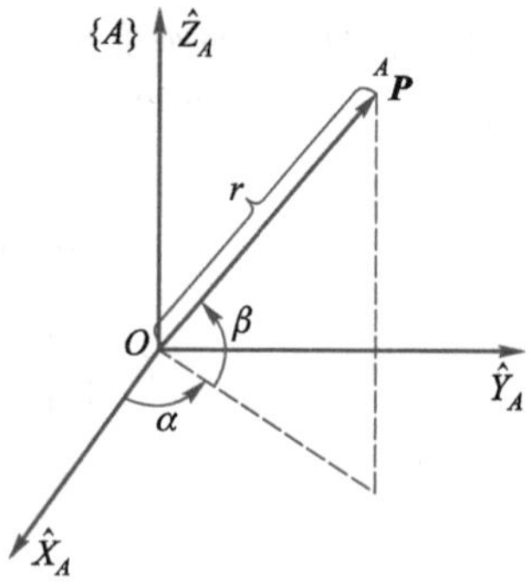

图题 4-3 球坐标系

【题 4-17】写出齐次变换矩阵 ${}^A_B\boldsymbol{T}$，它表示相对固定坐标系 {A} 做以下变换：

① 绕 Z 轴旋转 90°；

② 再绕 X 轴顺时针旋转 90°；

③ 最后移动 $[3\quad 7\quad 9]^{\mathrm{T}}$。

【题 4-18】写出齐次变换矩阵 ${}^A_B\boldsymbol{T}$，它表示相对运动坐标系 {B} 做以下变换：

① 移动 $[3\quad 7\quad 9]^{\mathrm{T}}$；

② 再绕 X 轴旋转 −90°；

③ 最后绕 Z 轴旋转 90°。

【题 4-19】如果旋转足够小，使得 $\sin\theta=\theta$，$\cos\theta=1$ 和 $\theta^2=0$ 近似成立，推导绕一般轴 $\boldsymbol{K}$ 旋转 θ 的等效旋转矩阵。

【题 4-20】证明任何旋转矩阵的行列式的值恒为 1。

【题 4-21】求下面齐次变换的逆变换 $\boldsymbol{T}^{-1}$。

$$\boldsymbol{T}=\begin{bmatrix}0 & 1 & 0 & -1\\ 0 & 0 & -1 & 2\\ -1 & 0 & 0 & 0\\ 0 & 0 & 0 & 1\end{bmatrix}$$

【题 4-22】已知矩阵

$$\begin{bmatrix} ? & 0 & -1 & 0 \\ ? & 0 & 0 & 1 \\ ? & -1 & 0 & 2 \\ ? & 0 & 0 & 1 \end{bmatrix}$$

代表齐次坐标变换,求其中的未知元素值(第一列元素)。

【题 4-23】如图题 4-4 所示的 A 类坐标系。

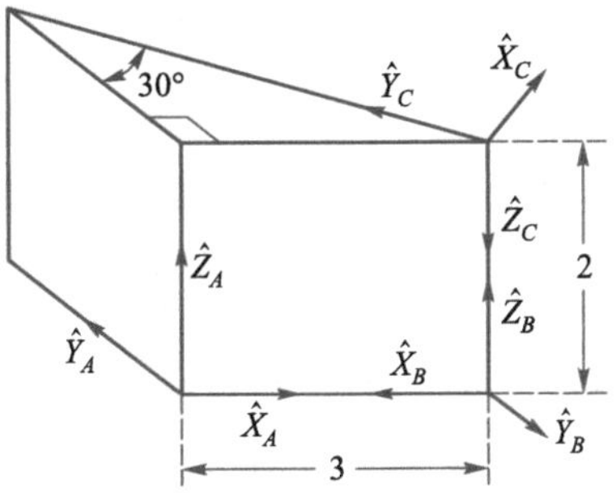

图题 4-4 A 类坐标系

求 ${}^A_B\boldsymbol{T}$、${}^A_C\boldsymbol{T}$、${}^B_C\boldsymbol{T}$ 的值。

第四章习题参考答案

第五章 机械臂的运动学

电子教案：机械臂的运动学

机械臂是典型的串联机器人，本章以机械臂为例，详细介绍串联机器人的运动学。机械臂运动学只研究机械臂的运动特性，而不考虑机械臂运动时所施加的力。在机械臂运动学中，研究的对象是机械臂的位置、速度、加速度以及位置变量的高阶导数。因此，机械臂运动学涉及所有与运动有关的几何参数和时间参数。另外，机器人运动学还可以概括为求解关节运动与末端执行器运动的关系，通过运动学模型建立关节运动和末端执行器运动的映射关系，这就是本章的研究重点。

本章内容主要关注机械臂运动学的位姿描述，介绍如何描述机械臂连杆的位置和姿态。第四章介绍了刚体位姿的描述，本章中将运用此方法，在每个连杆上固连一个直角坐标系，通过对坐标系的描述得到对连杆位姿的描述。

5.1 机械臂中的基本概念

5.1.1 默认坐标系

世界坐标系：以地球为参照建立的坐标系。

基坐标系：以机器人基座为参照建立的坐标系，即描述机器人末端位姿的参考坐标系。

5.1.2 机械臂的状态与属性

位姿：机械臂末端执行器在指定坐标系中的位置和姿态。

工作空间（workspace）：机械臂在执行任务时，其腕部轴线交点能在空间活动的范围。由机器人机构尺寸和构形决定。

自由度：机械臂构件所具有的独立运动的数目（或确定构件位置的独立参变量的数目）。自由度可完全规定所研究的物体或系统的位置和姿态。

负载：作用于机械臂末端执行器上的质量和力矩。

额定负载：机械臂在规定的性能范围内，末端机械接口处能够承受的最大负载量（包括末端执行器）。

定位精度:机械臂的手部实际制定位置与目标位置之差。

重复定位精度:机械臂重复定位其手部于同一目标位置的能力,可以用标准偏差来表示,它是衡量误差值的密集度。

5.1.3 机械臂运动学的重要性

机械臂运动学研究机械臂的关节和末端位姿之间的关系,主要分为两大类:正运动学和逆运动学。这些概念在机械臂的设计、控制和应用中起着至关重要的作用,尤其是在机器人学、自动化和高级制造领域。

正运动学(forward kinematics,FK)是根据给定的关节参数(如角度、位移等)来计算机械臂末端执行器(通常是机器人的"手")的位置和姿态。简而言之,正运动学解决的是:已知各关节的状态,求末端执行器的位置和姿态。这是一个相对直接的问题,通常通过从基座到末端执行器依次应用变换矩阵来解决。

逆运动学(inverse kinematics,IK)相对更为复杂,它是根据末端执行器的期望位置和姿态来计算达到该位姿所需的关节参数。简而言之,逆运动学解决的是:已知末端执行器的目标位置和姿态,求各关节应该处于什么状态。逆运动学通常涉及解决非线性方程组,可能存在多个解,甚至无解的情况,因此需要更复杂的算法来寻找合适的解。

在机械臂控制中,正、逆运动学的计算是实现精确位置控制和路径规划的基础。在路径规划中,通过逆运动学算法计算出机械臂移动过程中每个关节的运动轨迹;在运动控制中,利用正运动学进行实时反馈,确保机械臂按照预定轨迹移动;在任务编程中,开发者可以编写指令,通过控制软件将这些指令转化为机械臂的实际运动。因此,运动学分析不仅是机械臂设计的基础,也是控制软件和算法开发的核心。

5.2 D-H 建模方法

D-H 法(Denavit-Hartenberg 法)是一种用于描述机器人运动学的数学方法,它的历史可以追溯到 20 世纪 50 年代。该方法由美国工程学家德纳维(Jacques Denavit)和海森伯(Richard S. Hartenberg)于 1955 年首次提出。D-H 法为机器人学家和工程师提供了一种便捷的方式来描述和分析机器人的关节和连杆之间的运动关系,以便进行运动规划和轨迹生成等任务。

D-H 法的核心思想是将机器人的运动建模转化为一系列的连续旋转和平移运动,这些运动以关节为基础描述,而不是以连杆为基础描述。D-H 法根据建模的顺序不同,可以分为前置 D-H 法和后置 D-H 法。前置 D-H 法中,坐标系通常与机器人的连接关节一起固定,也就是坐标系位于关节上;而后置 D-H 法中,坐标系通常与机器人的连杆一起固定,也就是坐标系位于连杆上。本书主要采用前置 D-H 法建立模型,后续的运动学与动力学也采用前置 D-H 法。对后置 D-H 法有兴趣的读者可以查阅相关文献学习。

5.2.1 连杆参数

在机器人学中,"关节""连杆""刚体"和"约束"是描述机械系统特性的基本术语。刚体在第四章中已经介绍了,此处不再赘述。

由前面几章的介绍可以知道,机械臂是由关节和连杆组成的,常见的关节是移动关节和转动关节,因此本节主要的研究对象也是这种单自由度的移动或转动关节。而对于特殊的具有多个自由度的关节(如球副、平面副),可以采用等效的方式处理,将多自由度的关节看作多个单自由度关节的串联,但连杆长度为0。采用这样的方式便可以利用一种简单的数学方法描述机械臂。

在对连杆进行数学描述之前,需要先对连杆和关节进行编号,一般采用的编号形式都是从基座开始按连杆连接顺序编号。将基座记为连杆0,则直接与基座连接的连杆为连杆1,以此类推,最后一个连杆为连杆 n。将第 i-1 个连杆和第 i 个连杆之间的关节记为关节 i。一般刚体在空间中需要6个约束才可以确定位置和方向,因此一般的机械臂具有6个自由度,相应地,连杆数目和关节数目都为6。图5.2-1为一个典型的6自由度机械臂PUMA560,它具有6个关节和6个连杆,6个关节都是旋转关节。

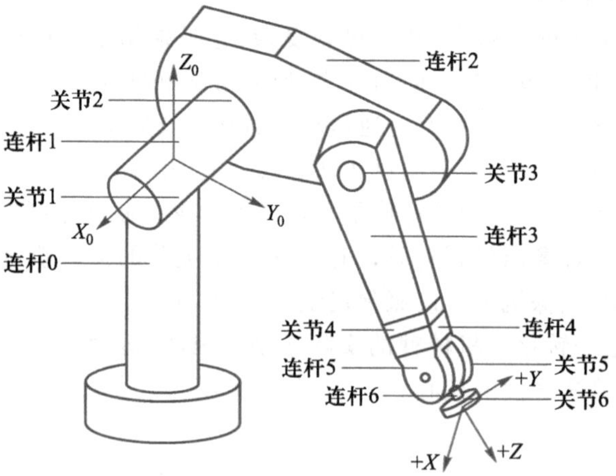

图 5.2-1 PUMA560 机械臂

接下来对连杆进行描述。连杆的运动学的功能是连接两个关节,确定两个关节的相对位置。对于一般的刚性连杆,两个关节之间的相对位置不会改变,两个关节轴之间的距离是固定的,因此可以采用关节轴之间的距离作为连杆的一个描述,称为连杆长度。连杆长度表示相邻两关节轴线的距离,首先对关节轴线进行定义。关节 i 对应的关节轴线可以用空间中的一个矢量来表示,将其称为轴 i。由于在空间中,两个关节轴之间总存在一条公法线,将相邻关节轴 i 和 i-1 之间的公法线定义为 $\boldsymbol{a}_{i-1}$,因此相邻关节轴 i 和 i-1 的长度即为 $\boldsymbol{a}_{i-1}$ 的长度,记为 a_{i-1}。公法线不仅包含距离信息,还包含方向,该方向也可以用于描述连杆的相对方向。因此公法线也可以看作一个矢量,方向沿着公法线方向由轴 i-1 指向轴 i。对于空间中的两条直线,一定可以将它们平移到同一个平面内(平移的距离即为关节轴之间的距离),在同一平面内两个关节轴之间存在一个夹角,将其称为轴的夹角,也可以称其为扭角,定义为 α_{i-1},这是描述两关节轴相对位置的第二个参数。

由此得到了描述连杆 i-1 的两个参数:连杆长度 a_{i-1} 和扭角 α_{i-1},如图5.2-2所示,需要注意下标的对应。根据上面的论述可以看出,对连杆的描述实质上是对一个连杆两端关节的关节轴线之间的描述,因此,关节轴线是确定连杆参数的关键。

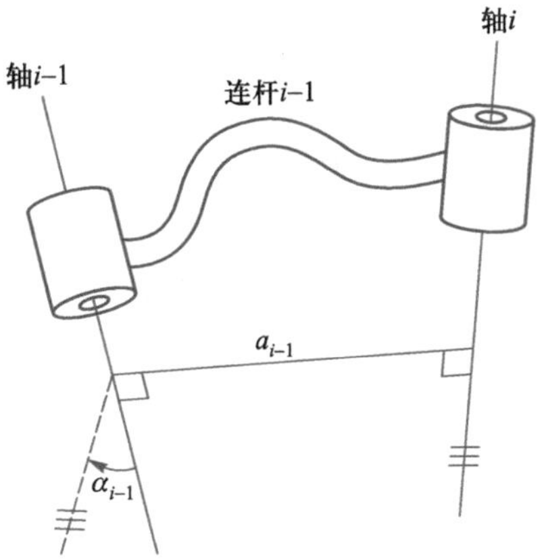

图 5.2-2 连杆

5.2.2 连杆之间连接的描述

中间连杆的描述:指描述两个相邻连杆之间的关系。两个相邻连杆之间通过关节连接,因此相邻连杆都与同一关节轴线相交。由前文所述,连杆也可以看作一个矢量,因此相邻连杆的描述与两个相邻关节轴之间的描述类似,也包含距离和角度的关系。

首先定义相邻连杆的距离,同样的也是将公法线的长度定义为距离。由于表示连杆 i-1 的矢量 $\boldsymbol{a}_{i-1}$ 垂直于轴 i,表示连杆 i 的矢量 $\boldsymbol{a}_i$ 也垂直于轴 i,因此公法线即为轴 i 所在直线,其距离记为 d_i,称为连杆的偏距。同样地,矢量 $\boldsymbol{a}_{i-1}$ 和 $\boldsymbol{a}_i$ 平移到一个平面内,用其夹角表示相连杆 i 相对连杆 i-1 绕轴 i 旋转的角度,记为 θ_i,称为两个连杆之间的关节角。用图 5.2-3 表示连杆 i-1 和连杆 i 的关系。其中,连杆之间的描述参数 d_i 和 θ_i 都有正负之分,表示偏移的方向或旋转的方向。对于移动关节 i,连杆偏距为变量,是关节变量,关节角为固定值;对于旋转关节 i,关节角为变量,是关节变量,连杆偏距为固定值。

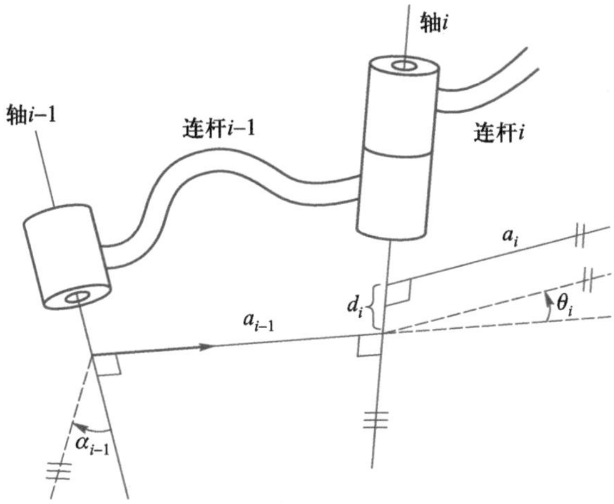

图 5.2-3 连杆的描述

5.2.3 对首尾连杆的描述

连杆长度 a_i 和扭角 α_i 取决于关节轴 i 和 $i+1$,该定义适用于 a_1 到 a_{n-1} 以及 α_1 到 α_{n-1}。而对于首尾连杆,都只和一个关节轴线相交,不能直接通过定义得到,因此需要特别给出,为了使后面的运算简单,习惯上将其参数设为 0,即 $a_0=a_n=0, \alpha_0=\alpha_n=0$.

同样,d_2 到 d_{n-1} 以及 θ_2 到 θ_{n-1} 也采用上面的方式定义。如果关节 1 为旋转关节,则 θ_1 的零位可以任意选取,并且规定 $d_1=0$。如果关节 1 为移动关节,则 d_1 的零位可以任意选取,并且规定 $\theta_1=0$。上面的规定同样适用于关节 n。

前面的内容介绍了如何描述一个机械臂中的连杆,对于一个机械臂而言,所有的连杆都可以用四个运动学参数来描述,其中两个连杆用于描述连杆本身,另外两个连杆用于描述连杆之间的连接关系。对于旋转关节,θ_i 为关节变量,其他三个连杆参数是不变的。对于移动关节,d_i 是关节变量,其他三个连杆参数也是不变的。

通过对连杆的描述,可以得到相邻连杆之间的位置和姿态关系,利用第四章中的内容,可以引入齐次变换矩阵描述连杆之间的位姿关系,建立齐次变换方程,最终实现对整个机械臂的描述。

5.2.4 连杆坐标系

为了运用齐次变换描述各连杆之间的运动和位姿关系,在每一连杆上固接一个坐标系。与基座(连杆 0)固接的称为基坐标系,与连杆 1 固接的称为坐标系{1},与连杆 i 固接的称为坐标系{i},下面结合图 5.2-4 规定坐标系的建立方法。

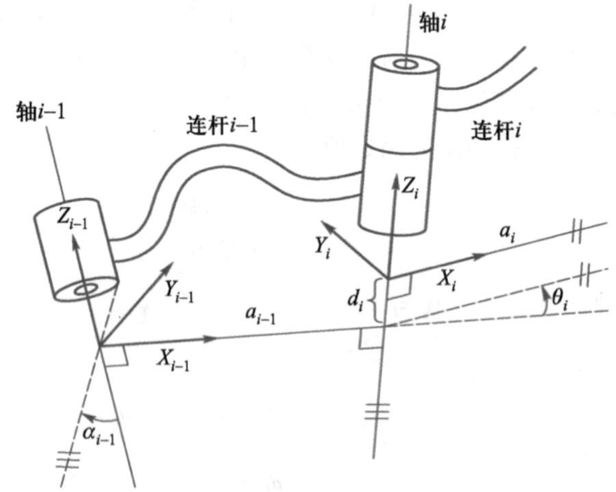

图 5.2-4 连杆坐标系

① 中间坐标系{i}

坐标系{i}的 Z 轴 Z_i,与关节轴 i 共线,指向任意规定。

坐标系{i}的 X 轴 X_i,与 a_i 重合,由关节 i 指向关节 $i+1$。当 $a_i=0$ 时,取 $X_i=\pm Z_{i+1}\times Z_i$。

坐标系{i}的 Y 轴 Y_i 按右手定则规定。

坐标系$\{i\}$的原点O_i取在X_i和Z_i的交点上，当Z_i与Z_{i+1}相交时，原点取在两轴交点上，当Z_i与Z_{i+1}平行时，原点取在使$d_{i+1}=0$之处。图中表示了连杆$i-1$的坐标系$\{i-1\}$和连杆i的坐标系$\{i\}$。

② 首端连杆和末端连杆的坐标系

坐标系$\{0\}$，即基坐标系，与机器人基座固接，固定不动，可作为参考系，用来描述机械臂与其他连杆坐标系的位姿。

基坐标系可任意规定，但是为简单起见，一般总是选择Z轴方向为沿关节轴 1 的方向，并且当关节变量 1 为零时，$\{0\}$与$\{1\}$重合。这种规定隐含了条件$a_0=0,\alpha_0=0$，且当关节 1 是旋转关节时，$d_0=0$；当关节 1 是移动关节时，$\theta_0=0$。

末端连杆（连杆n）坐标系$\{n\}$的规定与基坐标系相似。对于旋转关节n，选取X_n，使得当$\theta_n=0$时，X_n与X_{n-1}重合，坐标系$\{n\}$的原点选择使得$d_n=0$；对于移动关节n，选取$\{n\}$使$\theta_n=0$，且当$d_n=0$时，X_n与X_{n-1}重合。

5.2.5 用连杆坐标系规定连杆参数

根据以上建立的连杆坐标系，可以对连杆参数进行更明确的定义，可以让 D-H 方法的描述更简单、更规范。

a_i：从Z_i到Z_{i+1}沿X_i测量的距离；

α_i：从Z_i到Z_{i+1}沿X_i测量的角度；

d_i：从X_{i-1}到X_i沿Z_i测量的距离；

θ_i：从X_{i-1}到X_i绕Z_i旋转的角度；

通常选择$a_i \geqslant 0$，因为它代表连杆的长度，而α_i、d_i、θ_i的值可正可负。

在此规定下建立的连杆坐标并不唯一，但不影响分析。例如，虽然Z_i与关节轴i一致，但是Z_i的指向有两种选择；并且当Z_i与Z_{i+1}相交时（$a_i=0$），X_i的方向是Z_i和Z_{i+1}决定的平面法线。X_i的指向也有两种选择。建立连杆坐标系的方法有很多，只是描述不同，不同方法对连杆进行分析的结果都是一致的。

5.2.6 建立连杆坐标系的步骤

对于给定的机器人，它的各个连杆坐标系建立的步骤如下：

① 找出各个关节的轴线。

② 找出相邻两轴i和$i+1$的公垂线a_i，或两轴的交点。求出公垂线a_i与轴i的交点，令该交点为坐标系$\{i\}$的原点O_i。

③ 规定Z_i轴与关节轴i重合，各个Z_i轴的方向应统一。

④ 规定X_i轴与公垂线a_i重合，若Z_i与Z_{i+1}相交，则规定X_i是Z_i和Z_{i+1}所张成平面的法线。

⑤ 按右手定则确定Y_i轴。

⑥ 当第一个关节变量为零时，规定坐标系$\{0\}$与$\{1\}$重合。对于末端坐标系$\{n\}$，原点和X_n的方向可任意选取。但是，所选择的坐标系$\{n\}$应当使连杆参数尽可能为零。

【例 5.2-1】图 5.2-5 所示平面三杆机械臂，由三个旋转关节构成，三个旋转关节的关节轴线平行。在此机构上建立连杆坐标系并写出 D-H 参数。

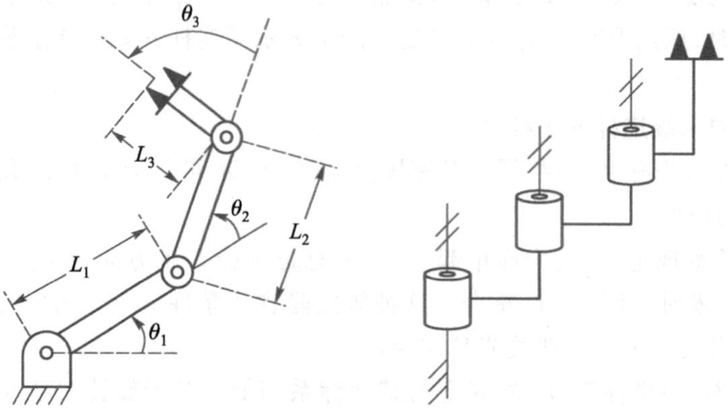

图 5.2-5 平面三杆机械臂

解：

该机构具有三个连杆和三个关节，因此共有四个坐标系。根据步骤建立连杆坐标系。

① 找出关节轴线，三个关节轴线平行，所以扭角 α_i 都为 0。

② 做出连杆轴线之间的公垂线，由于连杆互相平行，因此公法线有无数多条，长度就是相邻两个关节之间的连线，因为公法线有无数多条，因此连杆偏距取值也可以有无数多种情况，为计算简单令所有 d_i 都为 0。

③ 可以根据规则确定连杆坐标系{1}、{2}、{3}的坐标轴。

④ 最后建立参考坐标系{0}，固定在基座上。当关节变量 $\theta_1=0$ 时，坐标系{0}和坐标系{1}重合。

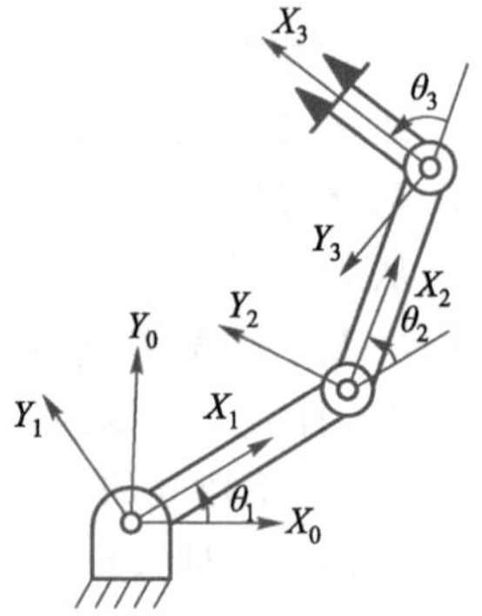

图 5.2-6 平面三杆机械臂坐标系

最终建立的连杆坐标系如图 5.2-6 所示。

可以写出连杆的 D-H 参数，如表 5.2-1 所示。

表 5.2-1 例 5.2-1 的 D-H 参数

i	α_{i-1}	a_{i-1}	d_i	θ_i
1	0	0	0	θ_1
2	0	L_1	0	θ_2
3	0	L_2	0	θ_3

可以注意到，对于最后一个连杆，坐标系的原点位于关节轴上，对于连杆 3，连杆的长度 L_3 并没有作为连杆的参数出现在 D-H 参数表中。另外，在计算连杆参数时，令所有的 d_i 为 0，看起来十分不直观，会影响连杆 3 末端位置的表达。但对于这种特殊的水平机构，实际上连杆参数是退化的，d_i 的取值会影响末端的绝对位置，但一般的讨论都集中在水平面内，对于机械臂而言，由于末端只能在一个水平面内，因此它需要操作的对象必须要在同一个水平面内，否则

就不可能对其进行操作，讨论也没有意义，所以 d_i 的取值不会影响机械臂和操作对象之间的相对关系，因此取任意值都没有影响。这个例题也同样说明，描述连杆的四个参数是对于空间机构定义的，用它分析平面机构时，有的参数可能会失去意义。

5.3 正运动学

在建立了连杆坐标系以后，可以得到连杆之间的齐次变换的表达式，进一步可以得到整个机械臂的运动学方程，于是最终得出连杆 n 相对于连杆 0 的位置和姿态。该方程含有的变量就是 D-H 参数中的关节变量，表示机械臂的位置和姿态可以由关节变量表示。

对于相邻的两个坐标系 $\{i-1\}$ 和 $\{i\}$，坐标系 $\{i\}$ 在 $\{i-1\}$ 中的描述可以用齐次变换矩阵 ${}^{i-1}_{\ i}\boldsymbol{T}$ 表示。根据第四章的内容，坐标系 $\{i-1\}$ 可以通过运动得到坐标系 $\{i\}$，连杆 i 和 $i-1$ 的关系是用四个连杆参数描述的，运用这四个连杆参数也可以得到一组由坐标系 $\{i\}$ 到 $\{i-1\}$ 的运动变换。这四个运动的顺序分别是

① 绕 X_{i-1} 轴转 α_{i-1}；

② 沿 X_{i-1} 轴移动 a_{i-1}；

③ 绕 Z_i 轴转 θ_i；

④ 沿 Z_i 轴移动 d_i。

这些运动都是绕运动坐标系的坐标轴进行的，因此变换矩阵相乘形式为右乘。

于是，可得方程

$$
{}^{i-1}_{\ i}\boldsymbol{T}=\mathrm{Rot}(\boldsymbol{x},\alpha_{i-1})\,\mathrm{Trans}(\boldsymbol{x},a_{i-1})\,\mathrm{Rot}(\boldsymbol{z},\theta_i)\,\mathrm{Trans}(\boldsymbol{z},d_i) \tag{5.3-1}
$$

由于四个变换围绕这两个坐标轴进行，根据第四章的分析，对于同一轴线，绕其旋转和沿其平移是可以交换顺序的，因此可以简化上式的表达为

$$
{}^{i-1}_{\ i}\boldsymbol{T}=\mathrm{Screw}(\boldsymbol{x},a_{i-1},\alpha_{i-1})\,\mathrm{Screw}(\boldsymbol{z},d_i,\theta_i) \tag{5.3-2}
$$

其中，$\mathrm{Screw}(\boldsymbol{L},r,\varphi)$ 表示绕轴 $\boldsymbol{L}$ 移动 r 并绕轴 $\boldsymbol{L}$ 旋转 φ。

于是，可以得到 ${}^{i-1}_{\ i}\boldsymbol{T}$ 的表达式为

$$
{}^{i-1}_{\ i}\boldsymbol{T}=\begin{bmatrix}\cos\theta_i & -\sin\theta_i & 0 & a_{i-1}\\ \sin\theta_i\cos\alpha_{i-1} & \cos\theta_i\cos\alpha_{i-1} & -\sin\alpha_{i-1} & -d_i\sin\alpha_{i-1}\\ \sin\theta_i\sin\alpha_{i-1} & \cos\theta_i\sin\alpha_{i-1} & \cos\alpha_{i-1} & d_i\cos\alpha_{i-1}\\ 0 & 0 & 0 & 1\end{bmatrix} \tag{5.3-3}
$$

其中，${}^{i-1}_{\ i}\boldsymbol{T}$ 的表达式由四个连杆参数决定，而在这四个连杆参数中，只有一个是变量，其他都是常量，所以可以把变换矩阵写成函数的形式。对于旋转关节，${}^{i-1}_{\ i}\boldsymbol{T}={}^{i-1}_{\ i}\boldsymbol{T}(\theta_i)$；对于移动关节，${}^{i-1}_{\ i}\boldsymbol{T}={}^{i-1}_{\ i}\boldsymbol{T}(d_i)$。

于是，可以建立整个机械臂的变换方程，得到坐标系 $\{n\}$ 相对于基坐标系 $\{0\}$ 的描述 ${}^0_n\boldsymbol{T}$，有

$$
{}^0_n\boldsymbol{T}={}^0_1\boldsymbol{T}\,{}^1_2\boldsymbol{T}\cdots{}^{n-1}_{\ \ n}\boldsymbol{T} \tag{5.3-4}
$$

将 ${}^0_n\boldsymbol{T}$ 称为机械臂变换矩阵，显然它是关于 n 个关节变量的函数。通过这个表达式，可以将末端连杆相对于基坐标系的位姿用 n 个关节变量来描述，因此建立了关节位置与末端执行器位姿的映射。用 λ_i 表示第 i 个关节的关节变量，可以将 ${}^0_n\boldsymbol{T}$ 写成函数的形式

$$ {}^{0}_{n}\boldsymbol{T}(\lambda_1,\lambda_2,\cdots,\lambda_n)={}^{0}_{1}\boldsymbol{T}(\lambda_1){}^{1}_{2}\boldsymbol{T}(\lambda_2)\cdots{}^{n-1}_{n}\boldsymbol{T}(\lambda_n) \tag{5.3-5} $$

所以,通过齐次变换矩阵和连杆参数,建立了描述机械臂末端姿态的正运动学方程,该方程可以计算出机械臂末端位姿在基坐标系中的描述,并且可以写成关于 n 个关节变量的函数形式。

【例 5.3-1】PUMA560 机器人是一个 6 自由度机器人(见图 5.3-1),所有关节均为转动关节。前三个关节用于确定手腕参考点的位置,后三个关节用于确定手腕的方位,且后三个关节的轴线交于一点。可以将这个交点作为手腕的参考点。

按照约定的规则,建立 PUMA 机器人的连杆坐标系。

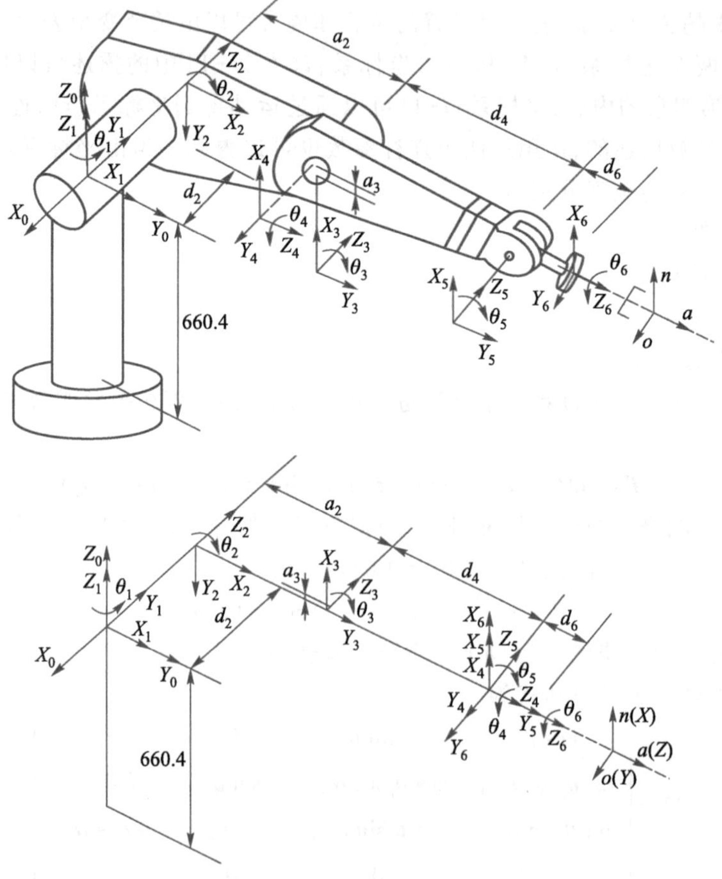

图 5.3-1 PUMA 机器人坐标系

解:

根据连杆坐标系,可以得到每一个连杆的参数,如表 5.3-1 所示。

表 5.3-1 PUMA 机器人的连杆参数

i	α_{i-1}	a_{i-1}	d_i	θ_i
1	0	0	0	θ_1
2	-90°	0	d_2	θ_2

续表

i	α_{i-1}	a_{i-1}	d_i	θ_i
3	0	a_2	0	θ_3
4	-90°	a_3	d_4	θ_4
5	90°	0	0	θ_5
6	-90°	0	0	θ_6

根据连杆参数可以写出相邻连杆之间的变换矩阵${}^{i-1}_{i}\boldsymbol{T}$为

$$
{}^{0}_{1}\boldsymbol{T}=\begin{bmatrix}\cos\theta_1 & -\sin\theta_1 & 0 & 0\\ \sin\theta_1 & \cos\theta_1 & 0 & 0\\ 0 & 0 & 1 & 0\\ 0 & 0 & 0 & 1\end{bmatrix},\quad
{}^{1}_{2}\boldsymbol{T}=\begin{bmatrix}\cos\theta_2 & -\sin\theta_2 & 0 & 0\\ 0 & 0 & 1 & d_2\\ -\sin\theta_2 & -\cos\theta_2 & 0 & 0\\ 0 & 0 & 0 & 1\end{bmatrix}
$$

$$
{}^{2}_{3}\boldsymbol{T}=\begin{bmatrix}\cos\theta_3 & -\sin\theta_3 & 0 & a_2\\ \sin\theta_3 & \cos\theta_3 & 0 & 0\\ 0 & 0 & 1 & 0\\ 0 & 0 & 0 & 1\end{bmatrix},\quad
{}^{3}_{4}\boldsymbol{T}=\begin{bmatrix}\cos\theta_4 & -\sin\theta_4 & 0 & a_3\\ 0 & 0 & 1 & d_4\\ -\sin\theta_4 & -\cos\theta_4 & 0 & 0\\ 0 & 0 & 0 & 1\end{bmatrix}
$$

$$
{}^{4}_{5}\boldsymbol{T}=\begin{bmatrix}\cos\theta_5 & -\sin\theta_5 & 0 & 0\\ 0 & 0 & -1 & 0\\ \sin\theta_5 & \cos\theta_5 & 0 & 0\\ 0 & 0 & 0 & 1\end{bmatrix},\quad
{}^{5}_{6}\boldsymbol{T}=\begin{bmatrix}\cos\theta_6 & -\sin\theta_6 & 0 & 0\\ 0 & 0 & 1 & 0\\ -\sin\theta_6 & -\cos\theta_6 & 0 & 0\\ 0 & 0 & 0 & 1\end{bmatrix}
$$

将以上变换矩阵相乘，便可以得到 PUMA560 的手臂变换矩阵。保留中间结果作为运动学逆解的依据，表示为

$$
{}^{4}_{6}\boldsymbol{T}={}^{4}_{5}\boldsymbol{T}{}^{5}_{6}\boldsymbol{T}=\begin{bmatrix}c\theta_5c\theta_6 & -c\theta_5s\theta_6 & -s\theta_5 & 0\\ s\theta_6 & c\theta_6 & 0 & 0\\ s\theta_5c\theta_6 & -s\theta_5c\theta_6 & c\theta_5 & 0\\ 0 & 0 & 0 & 1\end{bmatrix}
$$

$$
{}^{3}_{6}\boldsymbol{T}={}^{3}_{4}\boldsymbol{T}{}^{4}_{6}\boldsymbol{T}=\begin{bmatrix}c\theta_4c\theta_5c\theta_6-s\theta_4s\theta_6 & -c\theta_4c\theta_5s\theta_6-s\theta_4c\theta_6 & -c\theta_4s\theta_5 & a_3\\ s\theta_5s\theta_6 & -s\theta_5c\theta_6 & c\theta_5 & d_4\\ -s\theta_4c\theta_5c\theta_6-c\theta_4s\theta_6 & s\theta_4c\theta_5c\theta_6-c\theta_4c\theta_6 & s\theta_4s\theta_5 & 0\\ 0 & 0 & 0 & 1\end{bmatrix}.
$$

$$
{}^{1}_{3}\boldsymbol{T}={}^{1}_{2}\boldsymbol{T}{}^{2}_{3}\boldsymbol{T}=\begin{bmatrix}c\theta_{23} & -s\theta_{23} & 0 & a_2c\theta_2\\ 0 & 0 & 1 & d_2\\ -s\theta_{23} & -c\theta_{23} & 0 & -a_2s\theta_2\\ 0 & 0 & 0 & 1\end{bmatrix}
$$

其中，$c\theta_2=\cos(\theta_2)$，$s\theta_2=\sin(\theta_2)$，$c\theta_{23}=\cos(\theta_2+\theta_3)$，$s\theta_{23}=\sin(\theta_2+\theta_3)$。

将 ${}_{3}^{1}\boldsymbol{T}$ 和 ${}_{6}^{3}\boldsymbol{T}$ 相乘可以得到

$$
{}_{6}^{1}\boldsymbol{T}={}_{3}^{1}\boldsymbol{T}{}_{6}^{3}\boldsymbol{T}=\begin{bmatrix} {}^{1}n_x & {}^{1}o_x & {}^{1}a_x & {}^{1}p_x \\ {}^{1}n_y & {}^{1}o_y & {}^{1}a_y & {}^{1}p_y \\ {}^{1}n_z & {}^{1}o_z & {}^{1}a_z & {}^{1}p_z \\ 0 & 0 & 0 & 1 \end{bmatrix}
$$

其中，

$$
{}^{1}n_x=\mathrm{c}\theta_{23}(\mathrm{c}\theta_4\mathrm{c}\theta_5\mathrm{c}\theta_6-\mathrm{s}\theta_4\mathrm{s}\theta_6)-\mathrm{s}\theta_{23}\mathrm{s}\theta_5\mathrm{c}\theta_6,\quad {}^{1}n_y=-\mathrm{s}\theta_4\mathrm{c}\theta_5\mathrm{c}\theta_6-\mathrm{c}\theta_4\mathrm{s}\theta_6
$$

$$
{}^{1}n_z=-\mathrm{s}\theta_{23}(\mathrm{c}\theta_4\mathrm{c}\theta_5\mathrm{c}\theta_6-\mathrm{s}\theta_4\mathrm{s}\theta_6)-\mathrm{c}\theta_{23}\mathrm{s}\theta_5\mathrm{c}\theta_6
$$

$$
{}^{1}o_x=-\mathrm{c}\theta_{23}(\mathrm{c}\theta_4\mathrm{c}\theta_5\mathrm{s}\theta_6+\mathrm{s}\theta_4\mathrm{c}\theta_6)+\mathrm{s}\theta_{23}\mathrm{s}\theta_5\mathrm{s}\theta_6
$$

$$
{}^{1}o_y=\mathrm{s}\theta_4\mathrm{c}\theta_5\mathrm{c}\theta_6-\mathrm{c}\theta_4\mathrm{c}\theta_6,\quad {}^{1}o_z=\mathrm{s}\theta_{23}(\mathrm{c}\theta_4\mathrm{c}\theta_5\mathrm{s}\theta_6+\mathrm{s}\theta_4\mathrm{c}\theta_6)+\mathrm{c}\theta_{23}\mathrm{s}\theta_5\mathrm{c}\theta_6
$$

$$
{}^{1}a_x=-\mathrm{c}\theta_{23}\mathrm{c}\theta_4\mathrm{s}\theta_5-\mathrm{s}\theta_{23}\mathrm{c}\theta_5
$$

$$
{}^{1}a_y=\mathrm{s}\theta_4\mathrm{s}\theta_5,\quad {}^{1}a_z=\mathrm{s}\theta_{23}\mathrm{c}\theta_4\mathrm{s}\theta_5-\mathrm{c}\theta_{23}\mathrm{c}\theta_5,\quad {}^{1}p_x=a_2\mathrm{c}\theta_2+a_3\mathrm{c}\theta_{23}-d_4\mathrm{s}\theta_{23},\quad {}^{1}p_y=d_2
$$

$$
{}^{1}p_z=-a_3\mathrm{s}\theta_{23}-a_2\mathrm{s}\theta_2-d_4\mathrm{c}\theta_{23}
$$

最后，求出机械臂变换矩阵${}_{6}^{0}\boldsymbol{T}$，表示为

$$
{}_{6}^{0}\boldsymbol{T}={}_{1}^{0}\boldsymbol{T}{}_{6}^{1}\boldsymbol{T}=\begin{bmatrix} n_x & o_x & a_x & p_x \\ n_y & o_y & a_y & p_y \\ n_z & o_z & a_z & p_z \\ 0 & 0 & 0 & 1 \end{bmatrix}
$$

其中，

$$
n_x=\mathrm{c}\theta_1(\mathrm{c}\theta_{23}(\mathrm{c}\theta_4\mathrm{c}\theta_5\mathrm{c}\theta_6-\mathrm{s}\theta_4\mathrm{s}\theta_6)-\mathrm{s}\theta_{23}\mathrm{s}\theta_5\mathrm{c}\theta_6)+\mathrm{s}\theta_1(\mathrm{s}\theta_4\mathrm{c}\theta_5\mathrm{c}\theta_6+\mathrm{c}\theta_4\mathrm{s}\theta_6)
$$

$$
n_y=\mathrm{s}\theta_1(\mathrm{c}\theta_{23}(\mathrm{c}\theta_4\mathrm{c}\theta_5\mathrm{c}\theta_6-\mathrm{s}\theta_4\mathrm{s}\theta_6)-\mathrm{s}\theta_{23}\mathrm{s}\theta_5\mathrm{c}\theta_6)-\mathrm{c}\theta_1(\mathrm{s}\theta_4\mathrm{c}\theta_5\mathrm{c}\theta_6+\mathrm{c}\theta_4\mathrm{s}\theta_6)
$$

$$
n_z=-\mathrm{s}\theta_{23}(\mathrm{c}\theta_4\mathrm{c}\theta_5\mathrm{c}\theta_6-\mathrm{s}\theta_4\mathrm{s}\theta_6)-\mathrm{c}\theta_{23}\mathrm{s}\theta_5\mathrm{c}\theta_6
$$

$$
o_x=\mathrm{c}\theta_1(-\mathrm{c}\theta_{23}(\mathrm{c}\theta_4\mathrm{c}\theta_5\mathrm{s}\theta_6+\mathrm{s}\theta_4\mathrm{c}\theta_6)+\mathrm{s}\theta_{23}\mathrm{s}\theta_5\mathrm{s}\theta_6)-\mathrm{s}\theta_1(\mathrm{s}\theta_4\mathrm{c}\theta_5\mathrm{c}\theta_6-\mathrm{c}\theta_4\mathrm{c}\theta_6)
$$

$$
o_y=\mathrm{s}\theta_1(-\mathrm{c}\theta_{23}(\mathrm{c}\theta_4\mathrm{c}\theta_5\mathrm{s}\theta_6+\mathrm{s}\theta_4\mathrm{c}\theta_6)+\mathrm{s}\theta_{23}\mathrm{s}\theta_5\mathrm{s}\theta_6)+\mathrm{c}\theta_1(\mathrm{s}\theta_4\mathrm{c}\theta_5\mathrm{c}\theta_6-\mathrm{c}\theta_4\mathrm{c}\theta_6)
$$

$$
o_z=\mathrm{s}\theta_{23}(\mathrm{c}\theta_4\mathrm{c}\theta_5\mathrm{s}\theta_6+\mathrm{s}\theta_4\mathrm{c}\theta_6)+\mathrm{c}\theta_{23}\mathrm{s}\theta_5\mathrm{c}\theta_6
$$

$$
a_x=-\mathrm{c}\theta_1(\mathrm{c}\theta_{23}\mathrm{c}\theta_4\mathrm{s}\theta_5+\mathrm{s}\theta_{23}\mathrm{c}\theta_5)-\mathrm{s}\theta_1\mathrm{s}\theta_4\mathrm{s}\theta_5
$$

$$
a_y=-\mathrm{s}\theta_1(\mathrm{c}\theta_{23}\mathrm{c}\theta_4\mathrm{s}\theta_5+\mathrm{s}\theta_{23}\mathrm{c}\theta_5)+\mathrm{c}\theta_1\mathrm{s}\theta_4\mathrm{s}\theta_5,\quad a_z=\mathrm{s}\theta_{23}\mathrm{c}\theta_4\mathrm{s}\theta_5-\mathrm{c}\theta_{23}\mathrm{c}\theta_5
$$

$$
p_x=\mathrm{c}\theta_1(a_2\mathrm{c}\theta_2+a_3\mathrm{c}\theta_{23}-d_4\mathrm{s}\theta_{23})-\mathrm{s}\theta_1 d_2,\quad p_y=\mathrm{s}\theta_1(a_2\mathrm{c}\theta_2+a_3\mathrm{c}\theta_{23}-d_4\mathrm{s}\theta_{23})+\mathrm{c}\theta_1 d_2
$$

$$
p_z=-a_3\mathrm{s}\theta_{23}-a_2\mathrm{s}\theta_2-d_4\mathrm{c}\theta_{23}
$$

于是得到了 PUMA 机器人的机械臂变换矩阵${}_{6}^{0}\boldsymbol{T}$，它描述了机械臂末端相对于基坐标系的位姿，可以从变换矩阵入手研究机械臂的位置与姿态和关节角度、连杆的机械参数的关系，于是根据已知的关节角度和连杆参数，可以求出机械臂末端的位置和姿态以及机械臂末端的运动范围。

如关节位置均在初始状态下，机械臂的末端位姿矩阵可以计算为

$$
{}_6^0\boldsymbol{T}=\begin{bmatrix}0 & 1 & 0 & -d_2\\0 & 0 & 1 & a_2+d_4+d_6\\1 & 0 & 0 & 0\\0 & 0 & 0 & 1\end{bmatrix}
$$

根据机构的特点,该状态是机器人的一个极限位姿。请思考如何确定该机器人的工作范围(极限参数)。

5.4 逆运动学

机械臂运动学问题可以概括为求解关节运动和机械臂末端位姿的关系,建立机械臂关节空间和操作空间的映射关系。上一章讨论的问题是正运动学问题,推导了机械臂运动学方程,可以从机械臂关节角度得到机械臂末端的位姿。本章将要讨论逆运动学问题,即从机械臂末端的位姿求解机械臂各关节的关节角度。

机械臂逆运动学求解是一个非线性问题。由前面的讨论可以知道,机械臂末端的位姿相对于基坐标系的描述可以用一个齐次变换矩阵表示,齐次变换矩阵包含关节变量,是关于关节变量的函数,因此逆运动学问题就是通过齐次变换矩阵求解关节变量。对于具有 6 个自由度的机械臂,其关节变量有 6 个,而齐次变换矩阵具有 16 个元素,其中 4 个元素对于构造齐次变换矩阵无实际意义。由齐次变换矩阵可以建立关于关节变量的方程组,含有 12 个方程,方程数量大于未知数的数量,因此方程是冗余的。这是由于旋转矩阵中的 9 个元素只有 3 个是独立的。另外这些方程一般涉及角度的正弦与余弦函数,都是超越方程,如【例 5.3-1】中求解灵巧工作空间时遇到的方程,这些方程不存在与线性方程组类似的通用求解方法。下面对这个非线性方程组展开讨论,研究逆运动学解的存在性、多解性以及求解方法。

5.4.1 运动学的逆解特性

(1) 解的存在性

解的存在性问题完全取决于机械臂的工作空间。由于工作空间是机械臂可以达到的范围,所以对于工作空间内的点,一定存在解使末端执行器到达该点,每个关节都有对应的关节变量,这些关节变量就是运动学逆解,因此若机械臂的末端在工作空间内,解是一定存在的。

(2) 多重解问题

多重解的问题也与机械臂的工作空间紧密相关。多重解的问题是指对于一个机械臂末端的姿态,可能存在多个对应的运动学逆解,即关节变量可能存在多种合理解。对于灵巧工作空间中的点,由于机械臂可以任意方向到达,因此同一个点可以对应多个机械臂方向,每一个方向都是一组合理的运动学逆解,对应一组关节矢量,因此对于灵巧工作空间中的点存在多重解的情况。

但是在对机械臂进行实际操作和计算机计算时,总是希望解是唯一的,所以对多解的情况,需要进行进一步的分析,添加更多约束或根据一定目标函数进行优化,找到最合理的解或最优解。腕部达到同一个位置对于机械臂而言有两种可能的方向，如图 5.4-1 所示，实线表示第一种，虚线表示第二种。在没有其他约束的情况下，这两种解都是合理的。但是，如在上方存在一个障碍物，相当于多增加了一个约束，使合理的解变成唯一的解；此外，还可以引入其他约束（如路径约束、速度约束等）条件对多解问题做优化、分析。

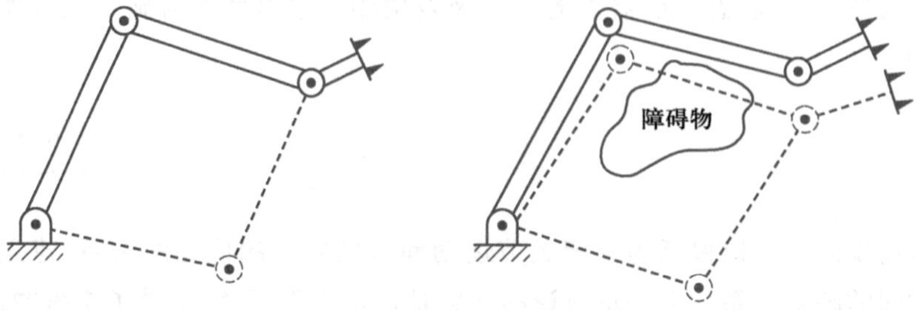

图 5.4-1 各种机械臂的多重解

5.4.2 逆运动学求解的方法

逆运动学求解本质上是求解非线性方程组，不同于线性方程组，非线性方程组没有通用的求解算法。一般求解逆运动学的方法有两大类：封闭解和数值解。封闭解又称为解析解，不通过迭代，完全求出结果的表达式。封闭解分为几何法和代数法。数值解指采用如有限元、插值、数值逼近等方法得到的解。数值解只能利用数值计算的结果，而不能随意给出自变量并求出计算值。所有包含转动和移动的串联型 6 自由度机构都是可解的，但是只有少部分可以求出解析解，对于不能通过微积分求解析解的机构只能通过数值方法求解。由于数值方法求解是迭代计算，因此不能求出计算通式，即对于每一个自变量都需要进行迭代计算才可以解出。但解析解可以给出通式，对于每一个自变量只需代入通式求得相应解。另外，数值解需要多次迭代，计算时间长，且容易存在误差，因此一般不采用数值解。在本章后面的内容中，会举例说明封闭解的两类方法并给出封闭解的存在条件，对于数值解，常用的方法有牛顿-拉弗森（Newton-Raphson）方法，感兴趣的读者可以阅读相关资料进行学习。

（1）封闭解存在的条件

对于一般的 6 自由度机器人而言，运动学求解比较复杂，且一般不存在解析解，但是对于一些特殊的机构，可以得到封闭解。封闭解存在有两个充分条件，称为 Pieper 准则，6 自由度机器人只要满足其中之一就存在封闭解。

封闭解存在的两个充分条件：

① 三个相邻关节轴线交于一点。

② 三个相邻关节轴线互相平行。

对于满足以上两个条件之一的 6 自由度机器人，存在解析解，因此可以通过解析方法求运动学逆解。

（2）代数法求解

代数法是直接求解方程组，对于一些特殊形式的超越方程，其解的形式是固定的，因此可以求出解析解。

【例 5.4-1】以【例 5.2-1】中平面三杆机械臂为例,用代数法求解其运动学逆解,建立的机械臂坐标系如图 5.4-2 所示。

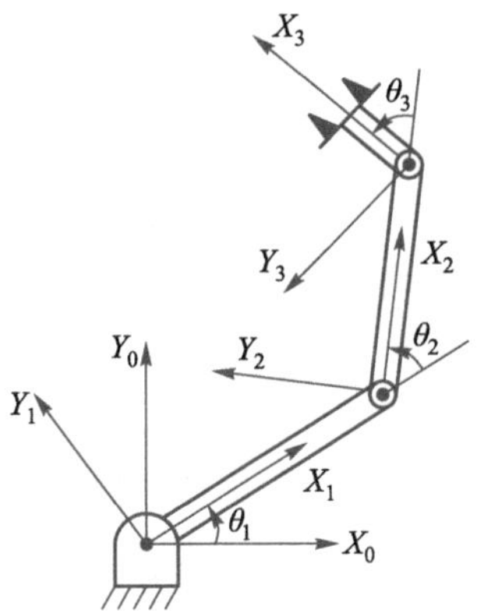

图 5.4-2 建立平面三杆机械臂坐标系

解:

平面三杆机械臂的连杆参数如表 5.4-1 所示。

表 5.4-1 三连杆的连杆参数

i	α_{i-1}	a_{i-1}	d_i	θ_i
1	0	0	0	θ_1
2	0	L_1	0	θ_2
3	0	L_2	0	θ_3

根据连杆参数,容易得到这个机械臂的运动学方程为

$$
{}_W^B\boldsymbol{T}={}_3^0\boldsymbol{T}=\begin{bmatrix} c\theta_{123} & -s\theta_{123} & 0 & l_1c\theta_1+l_2c\theta_{12} \\ s\theta_{123} & c\theta_{123} & 0 & l_1s\theta_1+l_2s\theta_{12} \\ 0 & 0 & 1 & 0 \\ 0 & 0 & 0 & 1 \end{bmatrix}
$$

其中,$c\theta_{123}=\cos(\theta_1+\theta_2+\theta_3)$,$s\theta_{123}=\sin(\theta_1+\theta_2+\theta_3)$。

假设目标点的位置已经确定,对于平面机械臂而言,需要三个变量确定其末端位姿,分别为 x,y,ϕ。末端姿态在基坐标系中可以用齐次变换矩阵描述为

$$
{}_S^B\boldsymbol{T}=\begin{bmatrix} \cos\phi & -\sin\phi & 0 & x \\ \sin\phi & \cos\phi & 0 & y \\ 0 & 0 & 1 & 0 \\ 0 & 0 & 0 & 1 \end{bmatrix}
$$

令矩阵 ${}_W^B\boldsymbol{T}$ 和 ${}_S^B\boldsymbol{T}$ 对应元素相等,便可以求得对应关节的角度,即运动学逆解。
于是有

$$\begin{cases}\cos\phi = c\theta_{123}\\ \sin\phi = s\theta_{123}\\ x = l_1 c\theta_1 + l_2 c\theta_{12}\\ y = l_1 s\theta_1 + l_2 s\theta_{12}\end{cases}$$

将上面两个方程平方相加,并利用三角函数的和角公式可得

$$x^2+y^2=l_1^2+l_2^2+2l_1l_2c_2$$

若目标位置在工作空间以内,一定有$(l_1-l_2)^2\leqslant x^2+y^2\leqslant(l_1+l_2)^2$。于是可以解出 $\cos\theta_2$ 为

$$\cos\theta_2=\frac{x^2+y^2-(l_1^2+l_2^2)}{2l_1l_2}$$

表达式右边一定是一个-1 到 1 之间的数,因此可以解出关节 2 为

$$\theta_2=\pm\arccos\frac{x^2+y^2-(l_1^2+l_2^2)}{2l_1l_2}+360°\times k$$

关于关节 2 的方程是多解的,得到的关节 2 的值可以有多个。

利用关节 2 的角度,将运动学逆解改写成只含有未知量关节 1 的方程组

$$\begin{cases}x=k_1c_1-k_2s_1\\ y=k_1s_1+k_2c_1\end{cases}$$

其中,$k_1=l_1+l_2c_2$,$k_2=l_2s_2$。

将两个方程平方相加,得到方程为

$$x^2+y^2=k_1^2+k_2^2$$

可以看出,点(x,y)落在一个圆上,所以关于关节角 1 的两个方程是关于一个圆的参数方程,圆的半径为 $r=\sqrt{k_1^2+k_2^2}$。将两式写成圆参数方程的形式,表示为

$$\begin{cases}x=k_1c_1-k_2s_1=r\cos\gamma\\ y=k_1s_1+k_2c_1=r\sin\gamma\end{cases}$$

其中,$\gamma=\arctan 2(y,x)$。

又因为 $r=\sqrt{k_1^2+k_2^2}$,所以 k_1,k_2 可以用 r 的正余弦函数表示为

$$\begin{cases}k_1=r\cos\alpha\\ k_2=r\cos\alpha\end{cases}$$

其中,$\alpha=\arctan 2(k_2,k_1)$。

于是,可以将方程简化为

$$\begin{cases}x=r\cos\alpha c_1-r\sin\alpha s_1=r\cos\gamma\\ y=r\cos\alpha s_1+r\sin\alpha c_1=r\sin\gamma\end{cases}$$

根据三角函数的和角公式容易得到 $\gamma=\alpha+\theta_1$。

可以解出关节 1 表示为

$$\theta_1=\gamma-\alpha=\arctan 2(y,x)-\arctan 2(k_2,k_1)$$

关节 1 的值和关节 2 相关,对于关节 2 的不同取值,分别有不同的关节 1 对应。

最后利用$\theta_1+\theta_2+\theta_3=\phi$求解关节 3。代入不同的关节 1 和关节 2,可以得到对应的关节 3。

【例 5.2-1】中的问题得到解决，即该平面三杆机械臂存在灵巧工作空间。由此可见，逆运动学的解的情况是与关节空间紧密联系的。

根据以上过程可以看出，代数法求解逆运动学问题的关键在于求解超越方程，对于这些由正余弦函数形式组成的超越方程，往往需要通过和角公式、倍角公式、和差化积公式等转化成可以求解的简单形式。

（3）几何法求解

几何法将机械臂的空间几何参数分解为平面几何参数，应用平面几何法求解关节角度。对于平面内的机器人，几何法求解十分便利。

【例 5.4-2】利用几何法求解平面三杆机械臂，并说明几何法的求解过程。将机械臂的连杆参数转化为几何参数，即求解关节变量转化为求解平面中的三角形。图 5.4-3 中，β 表示点(x,y)和原点连线与 x 轴的夹角，ψ 表示点(x,y)和原点连线与连杆 1 的夹角。

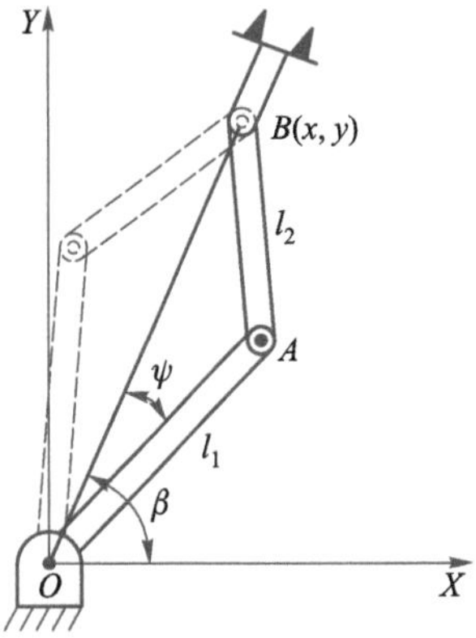

图 5.4-3 平面三杆机械臂

解：

对于实线所示三角形，根据余弦定理可得

$$x^2+y^2=l_1^2+l_2^2-2l_1l_2\cos(180°-\theta_2)$$

在操作空间内，可以得到

$$\cos\theta_2=(x^2+y^2-l_1^2-l_2^2)/2l_1l_2$$

所以可以解出关节 2。由于余弦的反三角函数有两个解，分别对应实线和虚线两种情况，两种情况下关节角度互为相反数。

求解 β 表示为 $\beta=\arctan 2(y,x)$

再次运用余弦定理求解 ψ，表示为

$$\cos\psi=\frac{x^2+y^2+l_1^2-l_2^2}{2l_1\sqrt{x^2+y^2}}$$

同样地，关节 1 也有两个解，可以得到

$$\theta_1=\beta\pm\psi=\arctan 2(y,x)\pm\arccos\frac{x^2+y^2+l_1^2-l_2^2}{2l_1\sqrt{x^2+y^2}}$$

最后，将平面内角度相加可以得到关节 3，表示为

$$\theta_1+\theta_2+\theta_3=\phi$$

代入不同的关节 1 和关节 2，可以得到对应的关节 3。

5.4.3 Paul 反变换法

由前文所述可知，在 6 自由度机器人中，若相邻三个关节轴交于一点，则一定存在解析解。下面介绍对于后三个关节轴相交的 6 自由度机器人解析解的求解方法，其中机器人的 6 个自由度都是旋转自由度。这种方法也适用于具有移动关节的机器人，感兴趣的读者可以自行查阅相关文献。

假设 6 自由度机器人的根部为基坐标系，连杆坐标系和关节角度分别表示为$\{n\}$和 $\theta_i(i=1,\cdots,6)$。三轴相交的 Paul 反变换法的基本思路是：将前面三个轴和后面三个轴分开讨论，首

先解出前三个关节角度，再解出后三个关节角度。

由于最后三个关节轴相交，故后三个连杆坐标系的原点都在该点上。那么，这个交点的坐标就是末端的位置，将该点坐标表示为基坐标系中的描述：

$$^{0}\boldsymbol{P}_{4\mathrm{ORG}}={}_{1}^{0}\boldsymbol{T}_{2}^{1}\boldsymbol{T}_{3}^{2}\boldsymbol{T}^{3}\boldsymbol{P}_{4\mathrm{ORG}}=[x\quad y\quad z\quad 1]^{\mathrm{T}} \tag{5.4-1}$$

根据第五章相邻连杆的齐次变换矩阵表达式，对于 $i=4$，齐次变换矩阵表示为

$$^{3}\boldsymbol{P}_{4\mathrm{ORG}}=[a_3\quad -d_4\sin\alpha_3\quad d_4\cos\alpha_3\quad 1]^{\mathrm{T}} \tag{5.4-2}$$

计算 ${}_{3}^{2}\boldsymbol{T}^{3}\boldsymbol{P}_{4\mathrm{ORG}}$，记为 $\boldsymbol{F}$，有

$$\begin{aligned}\boldsymbol{F}&=[f_1\quad f_2\quad f_3\quad f_4]^{\mathrm{T}}={}_{3}^{2}\boldsymbol{T}^{3}\boldsymbol{P}_{4\mathrm{ORG}}\\&=\begin{bmatrix}\cos\theta_3 & -\sin\theta_3 & 0 & a_2\\ \sin\theta_3\cos\alpha_2 & \cos\theta_3\cos\alpha_2 & -\sin\alpha_2 & -d_3\sin\alpha_2\\ \sin\theta_3\sin\alpha_2 & \cos\theta_3\sin\alpha_2 & \cos\alpha_2 & d_3\cos\alpha_2\\ 0 & 0 & 0 & 1\end{bmatrix}\begin{bmatrix}a_3\\ -d_4\sin\alpha_3\\ d_4\cos\alpha_3\\ 1\end{bmatrix}\end{aligned} \tag{5.4-3}$$

于是可以求出每个元素的表达式为

$$\begin{cases}f_1=\mathrm{c}\theta_3a_3+d_4\mathrm{s}\alpha_3\mathrm{s}\theta_3+a_2\\ f_2=a_3\mathrm{c}\alpha_2\mathrm{s}\theta_3-d_4\mathrm{s}\alpha_3\mathrm{c}\alpha_2\mathrm{c}\theta_3-d_4\mathrm{s}\alpha_2\mathrm{c}\alpha_3-d_3\mathrm{s}\alpha_2\\ f_3=a_3\mathrm{s}\alpha_2\mathrm{s}\theta_3-d_4\mathrm{s}\alpha_3\mathrm{s}\alpha_2\mathrm{c}\theta_3+d_4\mathrm{c}\alpha_2\mathrm{c}\alpha_3+d_3\mathrm{c}\alpha_2\end{cases} \tag{5.4-4}$$

计算 ${}_{1}^{0}\boldsymbol{T}_{2}^{1}\boldsymbol{T}$，表示为

$${}_{1}^{0}\boldsymbol{T}_{2}^{1}\boldsymbol{T}=\begin{bmatrix}\mathrm{c}\theta_1\mathrm{c}\theta_2-\mathrm{s}\theta_1\mathrm{s}\theta_2\mathrm{c}\alpha_1 & \mathrm{c}\theta_1\mathrm{s}\theta_2-\mathrm{s}\theta_1\mathrm{c}\theta_2\mathrm{c}\alpha_1 & \mathrm{s}\theta_1\mathrm{s}\alpha_1 & \mathrm{c}\theta_1a_1+\mathrm{s}\theta_1\mathrm{s}\alpha_1d_2\\ \mathrm{s}\theta_1\mathrm{c}\theta_2-\mathrm{c}\theta_1\mathrm{s}\theta_2\mathrm{c}\alpha_1 & -\mathrm{s}\theta_1\mathrm{s}\theta_2+\mathrm{c}\theta_1\mathrm{c}\theta_2\mathrm{c}\alpha_1 & -\mathrm{c}\theta_1\mathrm{s}\theta_1 & \mathrm{s}\theta_1a_1-\mathrm{c}\theta_1\mathrm{s}\alpha_1d_2\\ \mathrm{s}\theta_2\mathrm{s}\alpha_1 & \mathrm{c}\theta_2\mathrm{s}\alpha_1 & \mathrm{c}\alpha_1 & d_2\mathrm{c}\alpha_1\\ 0 & 0 & 0 & 1\end{bmatrix} \tag{5.4-5}$$

于是可以得到

$$\begin{aligned}{}^{0}\boldsymbol{P}_{4\mathrm{ORG}}&={}_{1}^{0}\boldsymbol{T}_{2}^{1}\boldsymbol{T}_{3}^{2}\boldsymbol{T}^{3}\boldsymbol{P}_{4\mathrm{ORG}}\\&=\begin{bmatrix}\mathrm{c}\theta_1\mathrm{c}\theta_2-\mathrm{s}\theta_1\mathrm{s}\theta_2\mathrm{c}\alpha_1 & \mathrm{c}\theta_1\mathrm{s}\theta_2-\mathrm{s}\theta_1\mathrm{c}\theta_2\mathrm{c}\alpha_1 & \mathrm{s}\theta_1\mathrm{s}\alpha_1 & \mathrm{c}\theta_1a_1+\mathrm{s}\theta_1\mathrm{s}\alpha_1d_2\\ \mathrm{s}\theta_1\mathrm{c}\theta_2-\mathrm{c}\theta_1\mathrm{s}\theta_2\mathrm{c}\alpha_1 & -\mathrm{s}\theta_1\mathrm{s}\theta_2+\mathrm{c}\theta_1\mathrm{c}\theta_2\mathrm{c}\alpha_1 & -\mathrm{c}\theta_1\mathrm{s}\alpha_1 & \mathrm{s}\theta_1a_1-\mathrm{c}\theta_1\mathrm{s}\alpha_1d_2\\ \mathrm{s}\theta_2\mathrm{s}\alpha_1 & \mathrm{c}\theta_2\mathrm{s}\alpha_1 & \mathrm{c}\alpha_1 & d_2\mathrm{c}\alpha_1\\ 0 & 0 & 0 & 1\end{bmatrix}\begin{bmatrix}f_1\\ f_2\\ f_3\\ f_4\end{bmatrix}\\&=\begin{bmatrix}g_1\\ g_2\\ g_3\\ 1\end{bmatrix}\end{aligned} \tag{5.4-6}$$

其中，

$$g_1=(\mathrm{c}\theta_1\mathrm{c}\theta_2-\mathrm{s}\theta_1\mathrm{s}\theta_2\mathrm{c}\alpha_1)f_1+(\mathrm{c}\theta_1\mathrm{s}\theta_2-\mathrm{s}\theta_1\mathrm{c}\theta_2\mathrm{c}\alpha_1)f_2+\mathrm{s}\theta_1\mathrm{s}\alpha_1f_3+\mathrm{c}\theta_1a_1+\mathrm{s}\theta_1\mathrm{s}\alpha_1d_2$$

$$g_2=(\mathrm{s}\theta_1\mathrm{c}\theta_2-\mathrm{c}\theta_1\mathrm{s}\theta_2\mathrm{c}\alpha_1)f_1+(-\mathrm{s}\theta_1\mathrm{s}\theta_2+\mathrm{c}\theta_1\mathrm{c}\theta_2\mathrm{c}\alpha_1)f_2-\mathrm{c}\theta_1\mathrm{s}\alpha_1f_3+\mathrm{s}\theta_1a_1-\mathrm{c}\theta_1\mathrm{s}\alpha_1d_2$$

$$g_3=\mathrm{s}\theta_2\mathrm{s}\alpha_1f_1+\mathrm{c}\theta_2\mathrm{s}\alpha_1f_2+\mathrm{c}\alpha_1f_3+d_2\mathrm{c}\alpha_1$$

取位置矢量 ${}^{0}\boldsymbol{P}_{4ORG}$ 的二范数的平方，可表示为

$$r=x^2+y^2+z^2=g_1^2+g_2^2+g_3^2 \tag{5.4-7}$$

代入计算可得

$$r=f_1^2+f_2^2+f_3^2+a_1^2+d_2^2+2d_2f_3+2a_1(\mathrm{c}\theta_2f_1-\mathrm{s}\theta_2f_2) \tag{5.4-8}$$

通过观察可以发现，g_3 和 r 表达式中不含有关节 1 的角度，只含有关节 2 和 3 的角度。将不含有关节 2 角度的部分用参数 k_i 替代，可以将 g_3 和 r 改写，改写后方便对关节 2 的角度进行消元。于是得到了关于关节 2 和 3 角度的二元超越方程组为

$$\begin{cases} r=k_3+2a_1(\mathrm{c}\theta_2k_1+\mathrm{s}\theta_2k_2) \\ g_3=\mathrm{s}\theta_2\mathrm{s}\alpha_1k_1-\mathrm{c}\theta_2\mathrm{s}\alpha_1k_2+k_4=(k_1\mathrm{s}\theta_2-k_2\mathrm{c}\theta_2)\mathrm{s}\alpha_1+k_4 \end{cases} \tag{5.4-9}$$

其中，$k_1=f_1$，$k_2=-f_2$，$k_3=f_1^2+f_2^2+f_3^2+a_1^2+d_2^2+2d_2f_3$，$k_4=\mathrm{c}\alpha_1f_3+d_2\mathrm{c}\alpha_1$。

下面讨论不同情况下关节 3 的求解。

① 若 $a_1=0$，则 $r=k_3$。此时 r 是已知的，因此得到了关于关节 3 的方程

$$r=k_3=f_1^2+f_2^2+f_3^2+a_1^2+d_2^2+2d_2f_3 \tag{5.4-10}$$

上式是关于关节 3 角度的方程，但含有关节 3 角度的正弦和余弦，不容易求解，可以利用三角函数中的换元公式将其转化为中间变量的方程。

令 $u=\tan\dfrac{\theta_3}{2}$，可得 $\cos\theta_3=\dfrac{1-u^2}{1+u^2}$，$\sin\theta_3=\dfrac{2u}{1+u^2}$。所以方程转化为关于 u 的一元二次方程，容易解出关节 3 的角度。

② 若 $\mathrm{s}\alpha_1=0$，则 $z=k_4$。此时 z 是已知的，同样得到关于关节 3 角度的方程，但含有 $\sin\theta_3$ 和 $\cos\theta_3$。同样地，利用换元公式将其转化为一元二次方程，解出关节 3。

③ 若 $a_1\neq0$ 且 $\mathrm{s}\alpha_1\neq0$，此时不能对方程组降次，但运用换元公式并通过消元可将方程组转化为关于 u 的四元一次方程组

$$\frac{(r-k)^2}{4a_1^2}+\frac{(z-k_4)^2}{\mathrm{s}^2\alpha_1}=k_1^2+k_2^2 \tag{5.4-11}$$

通过解这一方程组便可以解出关节 3。

解出了关节 3 以后，代入原方程组可以得到关节 2。再将关节 2 和 3 代入 g_1 或 g_2 可以解得关节 1。

在解得关节 1、2 和 3 后，对关节 4、5 和 6 进行求解。因为关节 1、2 和 3 已知，可以得到关节 4 角度为零时坐标系{4}的方位为 ${}^{0}_{4}\boldsymbol{R}\big|_{\theta_4=0}$，它与 ${}^{0}_{3}\boldsymbol{R}$ 相等。而末端姿态已知，为 ${}^{0}_{6}\boldsymbol{R}$，可以通过以下表达式得到最后三个关节的关节角度

$${}^{3}_{6}\boldsymbol{R}={}^{0}_{3}\boldsymbol{R}^{-1}\,{}^{0}_{6}\boldsymbol{R} \tag{5.4-12}$$

得到了 ${}^{3}_{6}\boldsymbol{R}$，根据第四章的内容，运用 RPY 角或欧拉角的方法可以得到最后三个关节相应的关节角度。

【例 5.4-3】PUMA 机器人逆运动学求解。

解：

根据前文内容，对于 6 自由度机器人，满足特定条件时存在解析解，上一节内容也对其中相邻三关节轴线交于一点的情况展开了讨论。PUMA 机器人是满足相邻三轴线相交条件的一

种 6 自由度机器人,必然存在解析解。

首先对 a_1 和 $s\alpha_1$ 进行判断,$a_1\neq 0$ 且 $s\alpha_1\neq 0$,所以运用上面的方法求解需要求解一元四次方程,求解过程十分复杂。因此采用另一种方法进行求解。求解的思路是一步一步分离变量,不断解出新的未知量并做进一步的分离处理。

求解的方程形式为

$$ {}_6^0\boldsymbol{T}=\begin{bmatrix} n_x & o_x & a_x & p_x \\ n_y & o_y & a_y & p_y \\ n_z & o_z & a_z & p_z \\ 0 & 0 & 0 & 1 \end{bmatrix}={}_1^0\boldsymbol{T}(\theta_1){}_2^1\boldsymbol{T}(\theta_2){}_3^2\boldsymbol{T}(\theta_3){}_4^3\boldsymbol{T}(\theta_4){}_5^4\boldsymbol{T}(\theta_5){}_6^5\boldsymbol{T}(\theta_6) $$

其中,${}_6^0\boldsymbol{T}$ 为已知的,θ_i 是需要求解的变量。

对上式,将 ${}_1^0\boldsymbol{T}(\theta_1)$ 移到等式的左边,可以获得

$$ {}_1^0\boldsymbol{T}(\theta_1)^{-1}{}_6^0\boldsymbol{T}={}_2^1\boldsymbol{T}(\theta_2){}_3^2\boldsymbol{T}(\theta_3){}_4^3\boldsymbol{T}(\theta_4){}_5^4\boldsymbol{T}(\theta_5){}_6^5\boldsymbol{T}(\theta_6)={}_6^1\boldsymbol{T} $$

代入 ${}_1^0\boldsymbol{T}(\theta_1)$ 可得

$$ \begin{bmatrix} \cos\theta_1 & \sin\theta_1 & 0 & 0 \\ -\sin\theta_1 & \cos\theta_1 & 0 & 0 \\ 0 & 0 & 1 & 0 \\ 0 & 0 & 0 & 1 \end{bmatrix}\begin{bmatrix} n_x & o_x & a_x & p_x \\ n_y & o_y & a_y & p_y \\ n_z & o_z & a_z & p_z \\ 0 & 0 & 0 & 1 \end{bmatrix}={}_6^1\boldsymbol{T} $$

根据 5.3 节中得到的中间矩阵表达式

$$ {}_6^1\boldsymbol{T}=\begin{bmatrix} {}^1n_x & {}^1o_x & {}^1a_x & {}^1p_x \\ {}^1n_y & {}^1o_y & {}^1a_y & {}^1p_y \\ {}^1n_z & {}^1o_z & {}^1a_z & {}^1p_z \\ 0 & 0 & 0 & 1 \end{bmatrix} $$

对应元素相等,可得

$$ -\sin\theta_1 p_x+\cos\theta_1 p_y={}^1p_y=d_2 $$

利用三角恒等变换进行换元

$$ \begin{cases} p_x=\rho\cos\phi \\ p_y=\rho\sin\phi \end{cases} $$

其中,$\rho=\sqrt{p_x^2+p_y^2}$,$\phi=\arctan 2(p_y,p_x)$。

于是可以得到

$$ -\sin\theta_1\rho\cos\phi+\cos\theta_1\rho\sin\phi=d_2 $$

根据和角公式可得

$$ \sin(\phi-\theta_1)=\frac{d_2}{\rho} $$

于是可以得到关节 1 为

$$ \theta_1=\phi-\arcsin\frac{d_2}{\rho}=\arctan 2(p_y,p_x)-\arcsin\left(\frac{d_2}{\sqrt{p_x^2+p_y^2}}\right) $$

由于反正弦函数在(-180°,180°)之间对应两个值,因此关节 1 有两个解。解得关节 1 后,对于改写后的机械臂运动学方程,等式左边为已知,令对应元素(1,4)和(3,4)相等,可得

$$\begin{cases}\cos\theta_1 p_x+\sin\theta_1 p_y=a_3\cos(\theta_2+\theta_3)-d_4\sin(\theta_2+\theta_3)+a_2\cos\theta_2\\ -p_z=a_3\sin(\theta_2+\theta_3)+d_4\cos(\theta_2+\theta_3)+a_2\sin\theta_2\end{cases}$$

对上面的两方程求平方和,可得

$$a_3\cos\theta_3-d_4\sin\theta_3=k$$

其中,$k=\dfrac{p_x^2+p_y^2+p_z^2-a_2^2-a_3^2-d_2^2-d_4^2}{2a_2}$。

得到了只含有关节 3 的方程,根据上面的方法容易解出关节 3 为

$$\theta_3=\arctan 2(a_3,d_4)-\arctan 2(k,\pm\sqrt{a_3^2+d_4^2-k^2})$$

同样,关节 3 的解也有两个。得到了关节 1 和 3 后,可以求解关节 2。

再对原机械臂方程做变换,有

$$\begin{aligned}&{}_3^2\boldsymbol{T}(\theta_3)^{-1}\,{}_2^1\boldsymbol{T}(\theta_2)^{-1}\,{}_1^0\boldsymbol{T}(\theta_1)^{-1}\,{}_6^0\boldsymbol{T}\\ &={}_3^0\boldsymbol{T}^{-1}(\theta_1,\theta_2,\theta_3)\,{}_6^0\boldsymbol{T}\\ &={}_4^3\boldsymbol{T}(\theta_4)\,{}_5^4\boldsymbol{T}(\theta_5)\,{}_6^5\boldsymbol{T}(\theta_6)\\ &={}_6^3\boldsymbol{T}\end{aligned}$$

对 PUMA 机器人进行计算,代入各变换矩阵

$${}_6^3\boldsymbol{T}=\begin{bmatrix}c\theta_1c\theta_{23} & s\theta_1c\theta_{23} & -s\theta_{23} & -a_2c\theta_3\\ -c\theta_1s\theta_{23} & -s\theta_1s\theta_{23} & -c\theta_{23} & a_2s\theta_3\\ -s\theta_1 & c\theta_1 & 0 & -d_2\\ 0 & 0 & 0 & 1\end{bmatrix}\begin{bmatrix}n_x & o_x & a_x & p_x\\ n_y & o_y & a_y & p_y\\ n_z & o_z & a_z & p_z\\ 0 & 0 & 0 & 1\end{bmatrix}$$

$$=\begin{bmatrix}c\theta_4c\theta_5c\theta_6-s\theta_4s\theta_6 & -c\theta_4c\theta_5s\theta_6-s\theta_4c\theta_5 & c\theta_4s\theta_5 & a_3\\ s\theta_5s\theta_6 & -s\theta_5c\theta_6 & c\theta_5 & d_4\\ -s\theta_4s\theta_5c\theta_6-c\theta_4s\theta_6 & s\theta_4c\theta_5c\theta_6-c\theta_4c\theta_6 & s\theta_4s\theta_5 & 0\\ 0 & 0 & 0 & 1\end{bmatrix}$$

令对应元素(1,4)和(2,4)相等,得到关于关节 2 的方程组为

$$\begin{cases}c\theta_1c\theta_{23}p_x+s\theta_1c\theta_{23}p_y-s\theta_{23}p_z-a_2c\theta_3=a_3\\ -c\theta_1s\theta_{23}p_x-s\theta_1s\theta_{23}p_y-c\theta_{23}p_z+a_2s\theta_3=d_4\end{cases}$$

联立求解可以求出

$$\begin{cases}s\theta_{23}=\dfrac{(-a_3-a_2c\theta_3)p_z+(c\theta_1p_x+s\theta_1p_y)(a_2s\theta_3-d_4)}{p_z^2+(c\theta_1p_x+s\theta_1p_y)^2}\\[2ex] c\theta_{23}=\dfrac{(-d_4+a_2s\theta_3)p_z+(c\theta_1p_x+s\theta_1p_y)(a_2c\theta_3+a_3)}{p_z^2+(c\theta_1p_x+s\theta_1p_y)^2}\end{cases}$$

根据反三角函数,解出 $\theta_2+\theta_3$。

上式代入关节 1 和 3 便可以解出关节 2。由于关节 1 和 3 分别有两个解,因此有四个组合,对应关节 2 有四个解。

再对变换后的机械臂方程进行分析，表示为

$$\begin{cases} a_x c\theta_1 c\theta_{23} + a_y s\theta_1 c\theta_{23} - a_z s\theta_{23} = -c\theta_4 s\theta_5 \\ -a_x s\theta_1 + a_y c\theta_1 = s\theta_4 s\theta_5 \end{cases}$$

① 当 $s\theta_5 \neq 0$ 时可以解出关节 4 为

$$\theta_4 = \arctan 2(-a_x s\theta_1 + a_y c\theta_1, -a_x s\theta_1 + a_y c\theta_1, a_x c\theta_1 c\theta_{23} + a_y s\theta_1 c\theta_{23} - a_z s\theta_{23})$$

② 当 $s\theta_5 = 0$ 时，关节轴 4 和 6 重合，只能解出关节轴 4 和 6 的和或差。根据解出的关节 4，可以进一步求解关节 5。

再对机械臂方程做变换，表示为

$$\begin{aligned} & {}^3_4\boldsymbol{T}(\theta_4)^{-1}\, {}^2_3\boldsymbol{T}(\theta_3)^{-1}\, {}^1_2\boldsymbol{T}(\theta_2)^{-1}\, {}^0_1\boldsymbol{T}(\theta_1)^{-1}\, {}^0_6\boldsymbol{T} \\ &= {}^0_1\boldsymbol{T}(\theta_1, \theta_2, \theta_3, \theta_4)^{\mathrm{T}}\, {}^0_6\boldsymbol{T} \\ &= {}^4_5\boldsymbol{T}(\theta_5)\, {}^5_6\boldsymbol{T}(\theta_6) \\ &= {}^4_6\boldsymbol{T} \end{aligned}$$

对 PUMA 机器人进行计算，代入各变换矩阵，为

$${}^4_6\boldsymbol{T} = \begin{bmatrix} c\theta_1 c\theta_{23} c\theta_4 + s\theta_1 s\theta_4 & s\theta_1 c\theta_{23} c\theta_4 - c\theta_1 s\theta_4 & -s\theta_{23} c\theta_4 & -a_2 c\theta_3 c\theta_4 + d_2 s\theta_4 - a_3 c\theta_4 \\ -c\theta_1 c\theta_{23} s\theta_4 + s\theta_1 c\theta_4 & -s\theta_1 c\theta_{23} s\theta_4 - c\theta_1 c\theta_4 & s\theta_{23} s\theta_4 & -a_2 c\theta_3 c\theta_4 + d_2 c\theta_4 + a_3 s\theta_4 \\ -c\theta_1 s\theta_{23} & -s\theta_1 s\theta_{23} & -c\theta_{23} & a_2 s\theta_3 - d_4 \\ 0 & 0 & 0 & 1 \end{bmatrix}$$

$$\begin{bmatrix} n_x & o_x & a_x & p_x \\ n_y & o_y & a_y & p_y \\ n_z & o_z & a_z & p_z \\ 0 & 0 & 0 & 1 \end{bmatrix} = \begin{bmatrix} c\theta_5 c\theta_6 & -c\theta_5 s\theta_6 & -s\theta_5 & 0 \\ s\theta_6 & c\theta_6 & 0 & 0 \\ s\theta_5 c\theta_6 & -s\theta_5 c\theta_6 & c\theta_5 & 0 \\ 0 & 0 & 0 & 1 \end{bmatrix}$$

令对应元素相等，可得关于关节 5 的方程组为

$$\begin{cases} a_x(c\theta_1 c\theta_{23} c\theta_4 + s\theta_1 s\theta_4) + a_y(s\theta_1 c\theta_{23} c\theta_4 - c\theta_1 s\theta_4) - a_z(s\theta_{23} c\theta_4) = -s\theta_5 \\ a_x(-c\theta_1 s\theta_{23}) + a_y(-s\theta_1 s\theta_{23}) - a_z(c\theta_{23}) = c\theta_5 \end{cases}$$

因此可以解得

$$\begin{aligned} \theta_5 = \arctan 2(& -a_x(c\theta_1 c\theta_{23} c\theta_4 + s\theta_1 s\theta_4) - a_y(s\theta_1 c\theta_{23} c\theta_4 - c\theta_1 s\theta_4) + \\ & a_z(s\theta_{23} c\theta_4), a_x(-c\theta_1 s\theta_{23}) + a_y(-s\theta_1 s\theta_{23}) - a_z(c\theta_{23})) \end{aligned}$$

在解得以上关节角度后，再次利用同样的方法求解关节 6。对方程做进一步变换，得到

$$\begin{aligned} & {}^4_5\boldsymbol{T}(\theta_5)^{-1}\, {}^3_4\boldsymbol{T}(\theta_4)^{-1}\, {}^2_3\boldsymbol{T}(\theta_3)^{-1}\, {}^1_2\boldsymbol{T}(\theta_2)^{-1}\, {}^0_1\boldsymbol{T}(\theta_1)^{-1}\, {}^0_6\boldsymbol{T} \\ &= {}^0_5\boldsymbol{T}^{-1}(\theta_1, \theta_2, \theta_3, \theta_4, \theta_5)\, {}^0_6\boldsymbol{T} \\ &= {}^5_6\boldsymbol{T} \end{aligned}$$

令对应元素相等，得

$$\begin{aligned} s\theta_6 &= -n_x(c\theta_1 c\theta_{23} c\theta_4 - s\theta_1 c\theta_4) - n_y(s\theta_1 c\theta_{23} s\theta_4 + c\theta_1 c\theta_4) + n_z(s\theta_{23} c\theta_4) \\ c\theta_6 &= -n_x((c\theta_1 c\theta_{23} c\theta_4 + s\theta_1 c\theta_4) c\theta_5 - c\theta_1 s\theta_{23} s\theta_5) + \\ & \quad n_y((s\theta_1 c\theta_{23} c\theta_4 - c\theta_1 s\theta_4) c\theta_5 - s\theta_1 s\theta_{23} s\theta_5) - n_z(s\theta_{23} c\theta_4 c\theta_5 + c\theta_{23} c\theta_5) \end{aligned}$$

根据以上表达式容易得到关节 6。

以上便是PUMA机器人逆运动学求解的过程，可以发现，关节1和3都有两个可行解，关节2有四个可行解。而对于腕部而言，腕部翻转可以得出另一组可行解，如图5.4-4所示，所以对于关节4、5和6有两组解。最终求得PUMA机器人有八组解，但由于机构运动范围限制，有些解可能在实际中不能到达。图5.4-5是前3个关节四组解的示意图。

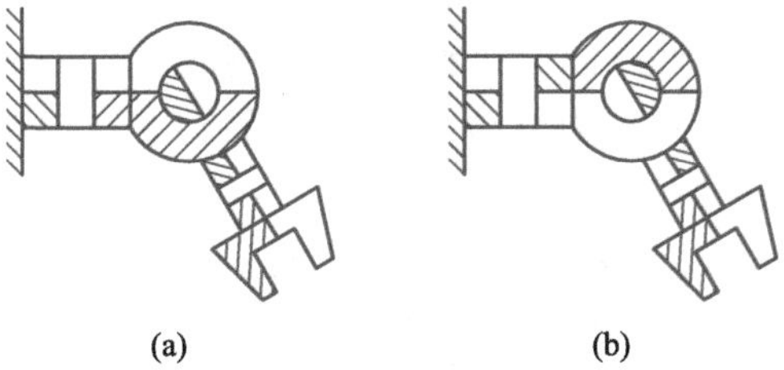

图5.4-4 PUMA机械臂手腕翻转对应的两组解

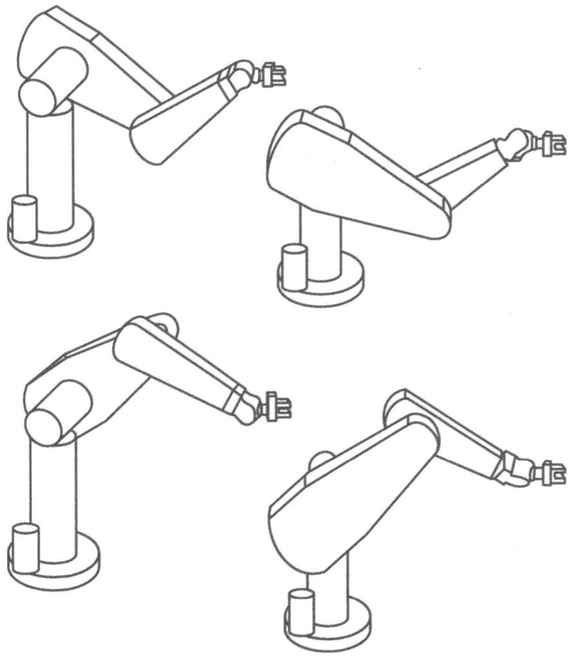

图5.4-5 PUMA机械臂前3个关节四组解的示意图

5.5 关节空间与操作空间

5.5.1 关节空间与操作空间的关系

关节空间：如果机器人由 n 个连杆通过 n 个关节连接而成，此时机器人各连杆的位姿取决于 n 个关节变量的值，这 n 个关节变量统称为关节矢量。所有关节矢量构成的空间称为关节空间。

操作空间:机械臂末端作业点可达的空间称为操作空间,一般情况下是在空间相互正交的轴上测量,其姿态是以 RPY 角或欧拉角测量时,称这个空间为笛卡儿空间,也称为工作空间。空间中的机械臂末端具有 6 个自由度,因此可以用一个 6×1 的矢量表示机械臂的操作空间。

驱动空间:一般默认机械臂运动关节是直接由驱动器驱动的,但是对于某些机械臂,运动关节不由驱动器直接驱动,中间经过减速器或者连杆机构等,此时驱动器变量与关节变量存在一个关系,因此关节变量也可以表示为驱动器变量的函数,在这种情况下,把驱动器变量对应的矢量构成的空间称为驱动空间。

机械臂的运动学问题,可以概括为求解关节空间与操作空间的关系。本章介绍的机械臂变换矩阵,建立了机械臂末端位姿和关节变量的关系,同时也建立了从关节空间到操作空间的映射,属于运动学正解问题。运动学逆解问题,首要内容是建立从机械臂操作空间到关节空间的映射,其次是在运动过程中各个杆件位姿与操作物体之间可能存在的干涉及小空间灵巧操作问题,对机器人运动的规划有时候不仅需要考虑操作空间,也需要考虑关节空间。在考虑驱动器空间的情况下,驱动空间、关节空间和笛卡儿空间的关系如图 5.5-1 所示。

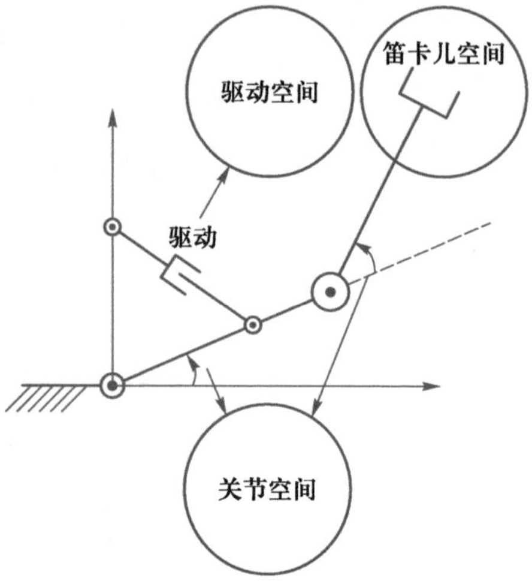

图 5.5-1 三个关节空间的关系

5.5.2 操作空间的表示和求解方法

操作空间可以表示为

$$W_{n-(j+1)}(\boldsymbol{P}_n)=\mathrm{Rot}(z_{n-j},\theta_{n-j})\,[\,W_{n-j}(\boldsymbol{P}_n)\,] \tag{5.5-1}$$

其中,$\boldsymbol{P}_n$ 表示末端的参考点;$\boldsymbol{W}(*)$表示参考点占据的工作空间。

机械臂的末端只能在其操作空间内运动,因此需要对其操作空间的大小和形状进行分析。操作空间可以分为灵巧操作空间和可达操作空间两类。灵巧操作空间是指机械臂可以任意姿态到达的操作空间,可达操作空间是指机械臂至少存在一种姿态可达的操作空间。显然,可达操作空间包含了灵巧操作空间。求解机器人操作空间的方法有两种:图解法和解析法。

图解法:图解法运用图形方法求解运动空间,可以分为计算机绘图法和手工作图法。计算机绘图法由计算机根据运动学方程求解位姿点集,例如蒙特卡罗方法。手工作图法用于简单的情况,可以手工绘出工作空间,常用于确定工作空间的边界。

解析法:根据操作空间的表达式,操作空间 $\boldsymbol{W}_0(\boldsymbol{P}_n)$ 的界限曲面 $\sum \boldsymbol{W}_0(\boldsymbol{P}_n)$ 可以看作是末端参考点绕各关节运动形成的曲线族或曲面族的包络。多次运用单参数曲面族的包络公式能够求得工作空间的界限曲面。

以下通过例题说明求解工作空间的过程。

【例 5.5-1】求解【例 5.2-1】中平面三杆机械臂的操作空间,其中各关节的运动范围都是 360°,如图 5.5-2 所示。

解：

由操作空间生成的公式 $\boldsymbol{W}_{n-(j+1)}(\boldsymbol{P}_n)=\mathrm{Rot}(\boldsymbol{z}_{n-j},\theta_{n-j})\boldsymbol{W}_{n-j}(\boldsymbol{P}_n)$，逐步求解关节的操作空间。

将机械臂末端手部中心点作为参考点，记为 $\boldsymbol{P}_3$，则 $\boldsymbol{W}_3(\boldsymbol{P}_3)$ 表示点 $\boldsymbol{P}_3$。$\boldsymbol{W}_3(\boldsymbol{P}_3)$ 绕关节轴 3 旋转一周得到 $\boldsymbol{W}_2(\boldsymbol{P}_3)$，如图 5.5-3 所示，$\boldsymbol{W}_2(\boldsymbol{P}_3)$ 表示的区域是一个圆的边界。

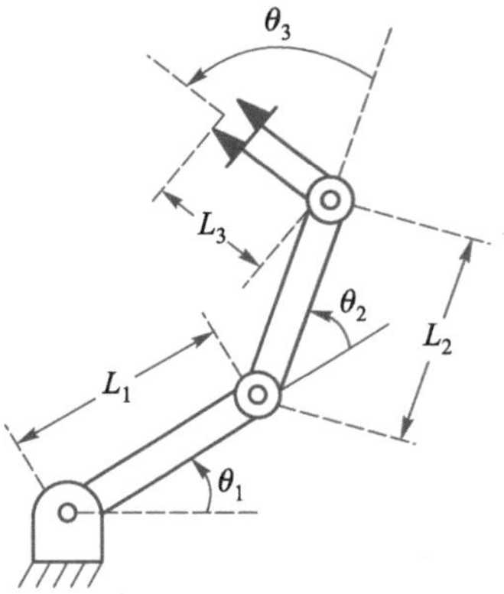

图 5.5-2 平面三杆机械臂

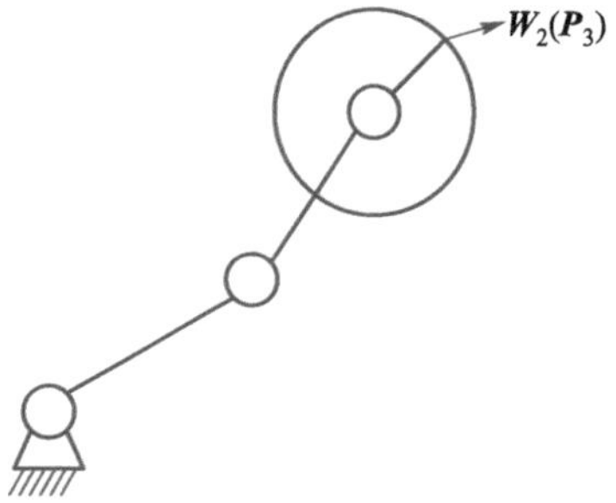

图 5.5-3 $\boldsymbol{W}_2(\boldsymbol{P}_3)$ 表示的区域

将 $\boldsymbol{W}_2(\boldsymbol{P}_3)$ 绕关节轴 2 旋转一周得到 $\boldsymbol{W}_1(\boldsymbol{P}_3)$，如图 5.5-4 所示。根据连杆长度 L_3 和 L_2 的关系，$\boldsymbol{W}_1(\boldsymbol{P}_3)$ 可能是无重合的圆区域、圆环区域以及有重合的圆区域。假设 $L_3<L_2$，此时 $\boldsymbol{W}_1(\boldsymbol{P}_3)$ 为圆环区域，外边界与内边界分别与表示 $\boldsymbol{W}_2(\boldsymbol{P}_3)$ 区域的圆周相切。

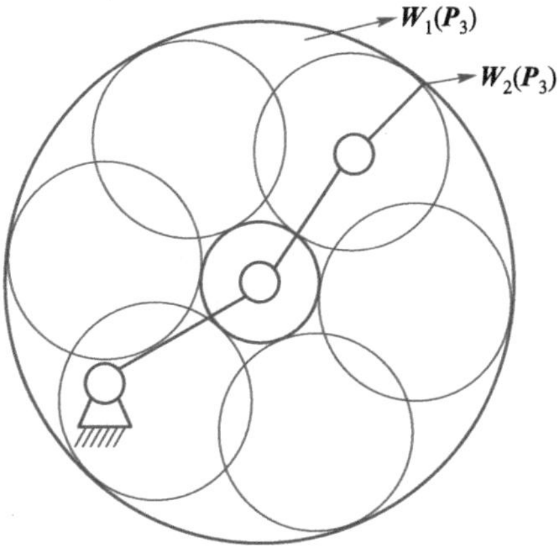

图 5.5-4 $\boldsymbol{W}_1(\boldsymbol{P}_3)$ 和 $\boldsymbol{W}_2(\boldsymbol{P}_3)$ 表示的区域

将 $\boldsymbol{W}_1(\boldsymbol{P}_3)$ 绕关节轴 1 旋转一周得到 $\boldsymbol{W}_0(\boldsymbol{P}_3)$，如图 5.5-5 所示。根据连杆长度 L_3、L_2 和 L_1 的关系，$\boldsymbol{W}_0(\boldsymbol{P}_3)$ 也有多种区域形式，假设 $L_3<L_2$ 且 $L_2-L_3<L_1<L_2+L_3$，此时 $\boldsymbol{W}_0(\boldsymbol{P}_3)$ 表示的区域为一个有重叠部分的圆。

由此，得到了该平面三杆机械臂的操作空间，是一个直径为 $L_1+L_2+L_3$ 的圆，这个圆表示的区域也是三杆机械臂的可达操作空间。这是通过手工作图法求解关节空间，实际上得到的是操作空间的边界，需要对边界分割的各个区域进行分析，才能确定操作空间，并进一步得到灵巧操作空间。显然，图形没有包含的区域，即直径为 $L_1+L_2+L_3$ 的圆外，是不可达区域。图形中

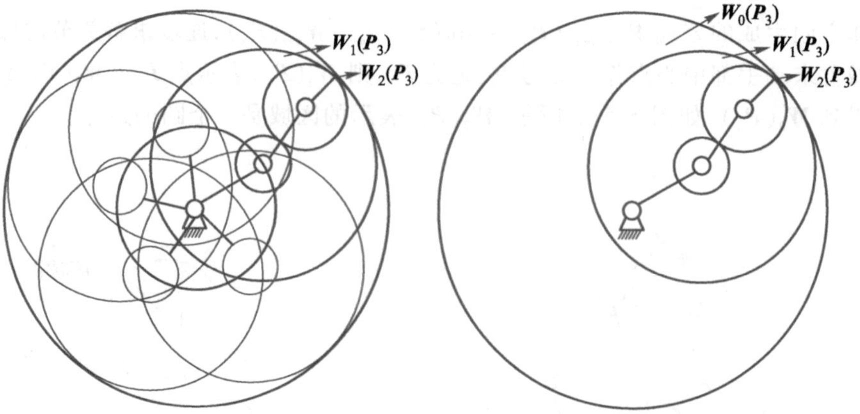

图 5.5-5 平面三杆机械臂操作空间

没有重叠的部分,是操作空间,但只存在唯一的到达姿态。图形中重叠的部分并不表示灵巧操作区域,因为作图分析时只对末端位置进行分析,因此重叠的部分仅表示机械臂末端位置相同,但姿态不一定相同,因此不能简单地通过重叠部分得到灵巧操作空间。

为了求解灵巧操作空间,对于关节运动范围为 360°的三杆机械臂,可以去除最后一个连杆的约束,分析前两个连杆的位置。如果前两个连杆可以在两种状态下到达同一个位置,此时第三个关节无论关节角度如何,两种状态下机械臂末端的位置和姿态都重合,因此这个位置一定是灵巧操作空间。所以问题简化为求解两连杆机构的位置问题。根据前面的分析,只需采用手工作图法对两连杆机构进行分析,圆环区域(或圆区域)中重叠的部分就是可以多于一种状态达到的位置,对于三连杆机构而言,这个位置就是灵巧操作空间。

以上是对于平面三杆机械臂操作空间以及灵巧操作空间的图解法求解过程。

对于本题中的平面三杆机械臂,还可以用解析法进行求解。

首先假设每个关节的关节变量分别为 $\theta_1,\theta_2,\theta_3$。连杆 1 末端为点 A,坐标为(x_A,y_A),连杆 2 末端为点 B,坐标为(x_B,y_B),连杆 3 末端为点 C,坐标为(x_C,y_C)。

$\boldsymbol{W}_3(\boldsymbol{P}_3)$为点 C。$\boldsymbol{W}_3(\boldsymbol{P}_3)$绕关节轴 3 旋转得到 $\boldsymbol{W}_2(\boldsymbol{P}_3)$,因此可以得到 $\boldsymbol{W}_3(\boldsymbol{P}_3)$为以 B 为圆心、直径为 L_3 的圆的边界,表达式为$\sqrt{(x_B-x_C)^2+(y_B-y_C)^2}=L_3$。

用参数方程的形式表示为

$$\begin{cases}x_C=x_B+L_3\times\cos\theta_3\\y_C=y_B+L_3\times\sin\theta_3\end{cases}$$

$\boldsymbol{W}_2(\boldsymbol{P}_3)$绕关节轴 2 旋转得到 $\boldsymbol{W}_1(\boldsymbol{P}_3)$,因此可以得到 B 位置的方程,同样写成参数方程的形式为

$$\begin{cases}x_B=x_A+L_2\times\cos\theta_2\\y_B=y_A+L_2\times\sin\theta_2\end{cases}$$

最后,$\boldsymbol{W}_1(\boldsymbol{P}_3)$绕关节轴 1 旋转得到 $\boldsymbol{W}_0(\boldsymbol{P}_3)$,因此可以得到 A 位置的方程为

$$\begin{cases}x_A=L_1\times\cos\theta_1\\y_A=L_1\times\sin\theta_1\end{cases}$$

于是最终得到的 $\boldsymbol{W}_0(\boldsymbol{P}_3)$ 的表达式为

$$\begin{cases}x_C = L_1\times\cos\theta_1 + L_2\times\cos\theta_2 + L_3\times\cos\theta_3\\ y_C = L_1\times\sin\theta_1 + L_2\times\sin\theta_2 + L_3\times\sin\theta_3\end{cases}$$

同样地，假设 $L_3<L_2$ 且 $L_2-L_3<L_1<L_2+L_3$，因此必然存在 α 使以下等式成立：

$$\begin{cases}x_C = L_1\times\cos\theta_1 + L_2\times\cos\theta_2 + L_3\times\cos\theta_3 \leqslant L_1+L_2+L_3\cos\alpha\\ y_C = L_1\times\sin\theta_1 + L_2\times\sin\theta_2 + L_3\times\sin\theta_3 \leqslant L_1+L_2+L_3\sin\alpha\end{cases}。$$

于是，约束可表达为 $x_C^2+y_C^2\leqslant(L_1+L_2+L_3)^2$，即点 C 在半径为 $L_1+L_2+L_3$ 的圆内，这个圆就是机械臂的操作空间。进一步地，还可以求解灵巧操作空间。对于灵巧操作空间中的两个状态，点 C 的位置和姿态都相同，因此 (x_C,y_C) 和 θ_3 相等，代入上面的表达式，必有 (x_B,y_B) 相同。同样地，对于每一组 (x_B,y_B)，任意给定 θ_3，(x_C,y_C) 都相同，所以问题转化为求解 (x_B,y_B) 相同的情况。

可以写出 (x_B,y_B) 的方程表示为

$$\begin{cases}x_B = L_1\times\cos\theta_1 + L_2\times\cos\theta_2\\ y_B = L_1\times\sin\theta_1 + L_2\times\sin\theta_2\end{cases}$$

问题变为假设 x_B、y_B 已知，将方程转变为关于 θ_1 和 θ_2 的方程，若方程存在多组解，则可以找到 (x_B,y_B) 相同的情况，对应存在灵巧操作空间；相反，若解不存在或只有一组，则 (x_B,y_B) 相同的情况不存在，灵巧操作空间也不存在。可以发现，问题到这里变成根据连杆坐标求解关节坐标。这是本章讨论的问题的逆问题，也称为逆运动学问题，相关内容会在下一章详细介绍。

以上给出了解析法求解操作空间的过程。对比可以发现，几何法和解析法的求解思路类似，最终得到的操作空间的结果也是相同的。在求解灵巧操作空间时，经过转化后最终需要求解的内容也是相同的，只是在表现形式上有区别。

5.5.3 坐标系的规定与标准命名

为了表达规范与方便，需要给机械臂和工作空间专门命名以及规定标准的坐标系。

基坐标系 $\{B\}$：基坐标系位于机械臂的基座上，同坐标系 $\{0\}$，与机械臂静止的部位相连。

工作台坐标系 $\{S\}$：工作台坐标系的位置与任务有关，对于机器人系统的用户来说，工作台坐标系是一个通用坐标系，机器人所有的运动都是相对于它执行的，有时候称为任务坐标系。工作台坐标系一般是根据基坐标系确定的。

腕部坐标系 $\{W\}$：腕部坐标系附于机械臂的末端连杆，同坐标系 $\{n\}$。一般情况下腕部坐标系原点位于机械臂手腕上。

工具坐标系 $\{T\}$：工具坐标系附于机械臂所夹持工具的末端。当手部没有夹持工具时，工具坐标系原点位于指端之间。工具坐标系通常根据腕部坐标系来确定。

目标坐标系 $\{G\}$：目标坐标系是机械臂移动工具时对工具目标位置的描述。在机器人正确运动到目标位姿时，工具坐标系应与目标坐标系重合。目标坐标系通常根据工作台坐标系来确定。

5.6 小结

机械臂运动学在机器人运动学中占据重要地位，并发挥着关键的作用。机械臂运动学涉及研究和描述机器人机械臂的运动、位置和姿态，以及与此相关的关节角度、连杆长度和其他机械参数。它为机器人的运动规划、控制、定位和操作提供了重要的数学工具和理论基础，是实现机械臂在各种应用领域中高效、准确运动的关键因素。

下一章介绍机械臂运动学的雅可比矩阵，即关节和笛卡儿空间的速度关系。

5.7 习题

【题 5-1】机械臂的 D-H 建模法分为哪两种形式，区别是什么？

【题 5-2】图题 5-1 所示具有三旋转关节的 3R 空间机械臂，关节 1 的轴线与关节 2、3 垂直。写出各连杆 D-H 参数和运动学方程 ${}^{B}_{W}\boldsymbol{T}$，不考虑 l_3。

【题 5-3】图题 5-2 和表题 5-1 表示 PUMA560 的机构参数和坐标系配置。今另有一台工业机器人，除关节 3 为棱柱型关节外，其他关节情况与 PUMA560 相同。设关节 3 沿着 1 的方向滑动，其位移为 d。可提出任何必要的附加假设。试求其运动方程式。

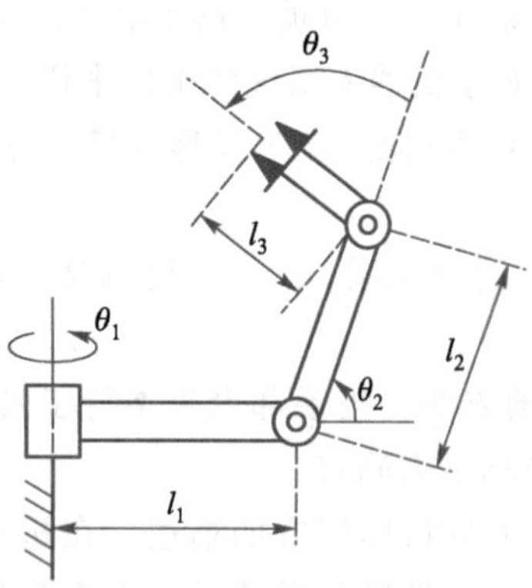

图题 5-1 3R 空间机械臂

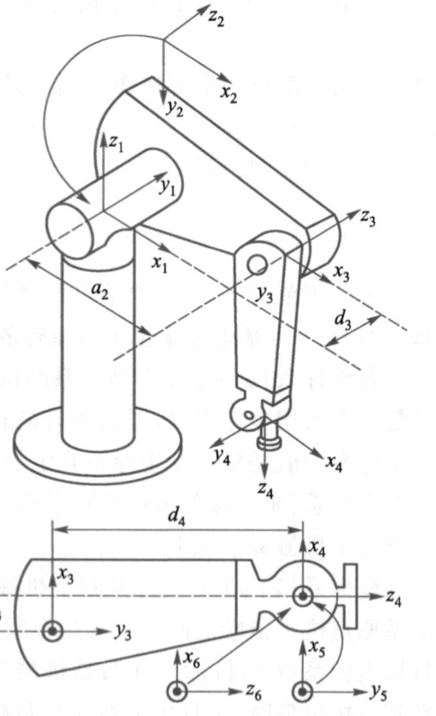

图题 5-2 PUMA560 的机构参数与坐标系配置

表题 5-1 PUMA560 的连杆参数

连杆	α	a	d	θ
1	0°	0	0	θ
2	-90°	0	0	θ
3	0°	a_2	d_3	θ
4	-90°	a_3	d_4	θ
5	90°	0	0	θ
6	-90°	0	0	θ

【题 5-4】图题 5-3 所示 3 自由度机械臂,其关节 1 与 2 相交,而关节 2 与关节 3 平行。图中所有关节均处于零位。各关节转角的正向均由箭头示出。指定本机械臂各连杆的坐标系,然后求各变换矩阵 $\boldsymbol{T}_1$、$\boldsymbol{T}_2$、$\boldsymbol{T}_3$。

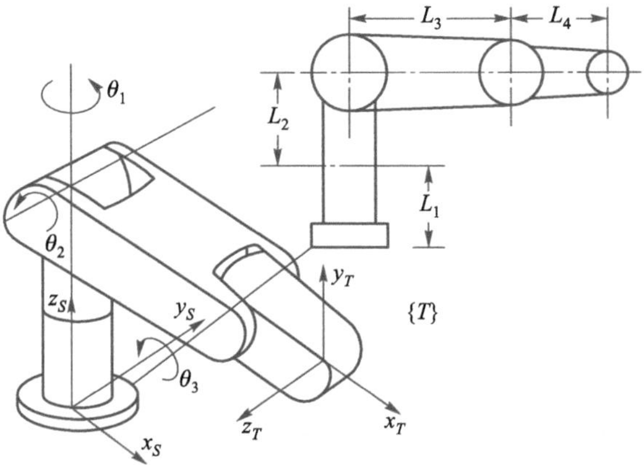

图题 5-3 3 自由度机械臂

【题 5-5】图题 5-4 所示为平面内的两旋转关节机械臂,已知机器人末端的坐标值$\{x,y\}$,试求其关节旋转角度。

【题 5-6】图题 5-5 所示的 3 自由度机械臂(两个旋转关节加一个平移关节,简称 RPR 机械臂),求末端机械臂运动学方程。

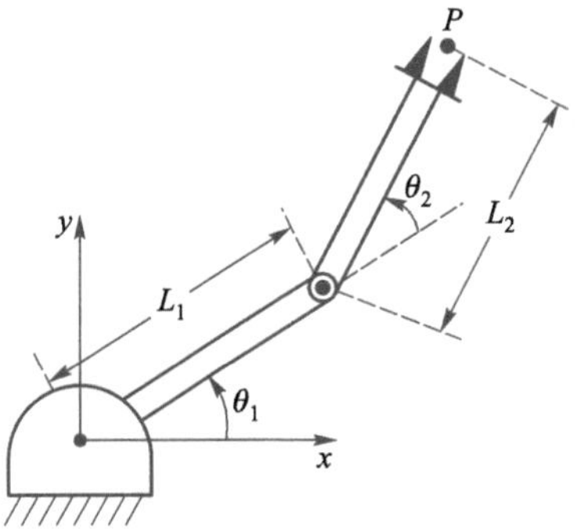

图题 5-4 平面 2R 机械臂

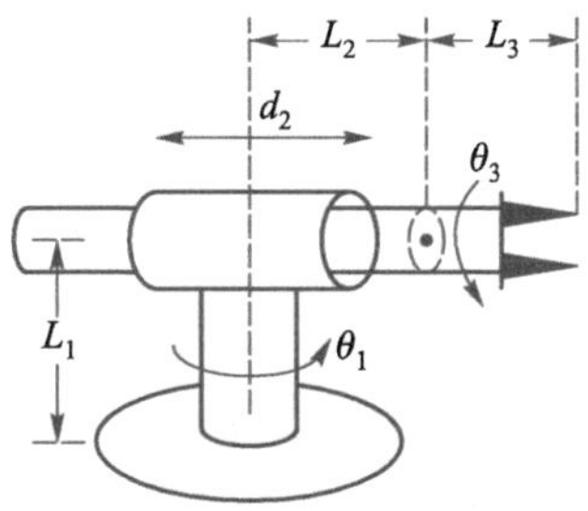

图题 5-5 RPR 机械臂

【题 5-7】4R 机械臂示意图如图题 5-6 所示。非零连杆参数为 $\alpha_1=-90°$，$d_2=1$，$\alpha_2=45°$，$d_3=1$ 和 $a_3=1$，机构图示为对应于 $\boldsymbol{\Theta}=[0° \quad 0° \quad -90° \quad 0°]^{\mathrm{T}}$ 的配置。每个接头的极限为 ±180°。找出关节 3 的所有值，使得 ${}^0\boldsymbol{P}_{4ORG}=[0 \quad 1 \quad 1.414]^{\mathrm{T}}$。

【题 5-8】机器人正运动学问题是什么？

【题 5-9】机器人逆运动学问题可用以求取什么空间？

【题 5-10】绘制图题 5-7 所示的 3R 机械臂的工作空间，其中 $l_1=15$，$l_2=10$，$l_3=3$，并且导出它们的运动学反解。

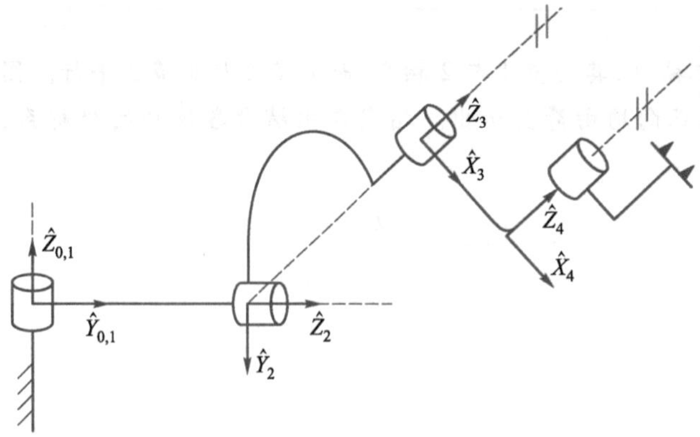

图题 5-6 4R 机械臂

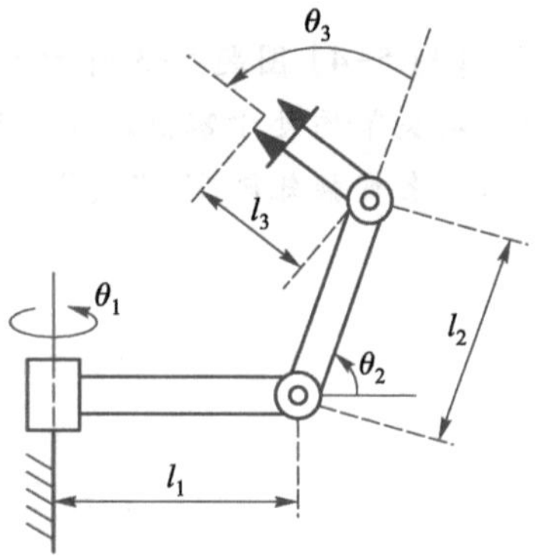

图题 5-7 3R 机械臂

【题 5-11】图题 5-8 中展示了一种 3R 非正交机器人的零位。写出求解逆运动学的数值求解过程。

【题 5-12】用解析法求解图题 5-9 中的 3R 机械臂的逆运动学。

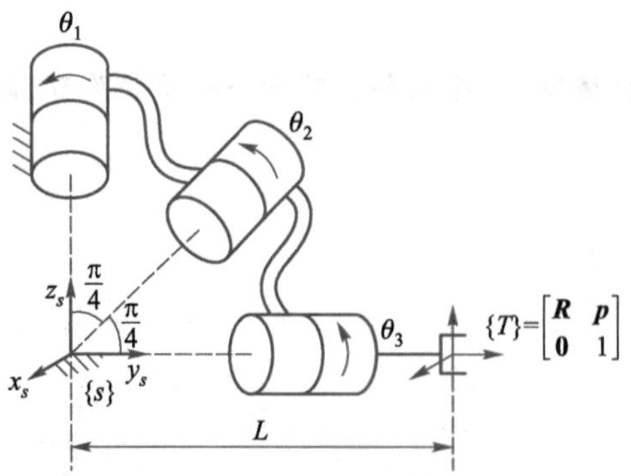

图题 5-8 一种 3R 非正交机械臂

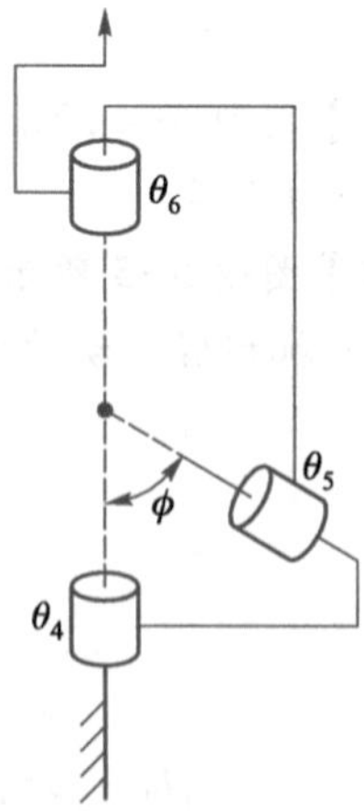

图题 5-9 3R 机械臂

【题 5-13】用解析法求解图题 5-10 中的 RPR 机械臂的逆运动学。

【题 5-14】图题 5-11 所示为 2R 机械臂，两个连杆长度均为 1m，试建立各杆件坐标系，求出 ${}^1_0\boldsymbol{T}$、${}^2_1\boldsymbol{T}$ 以及该机械臂的运动学逆解。

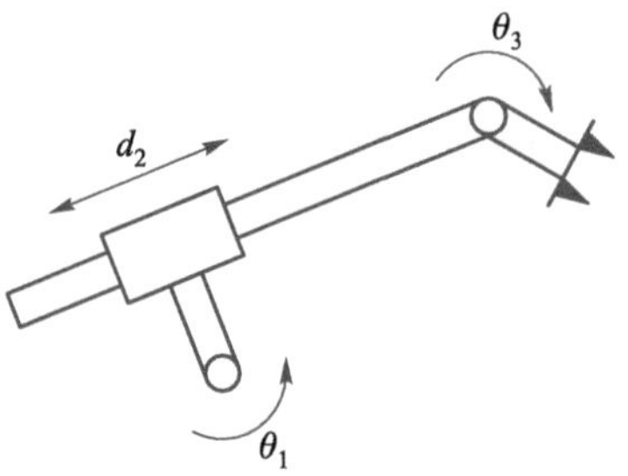

图题 5-10 RPR 机械臂

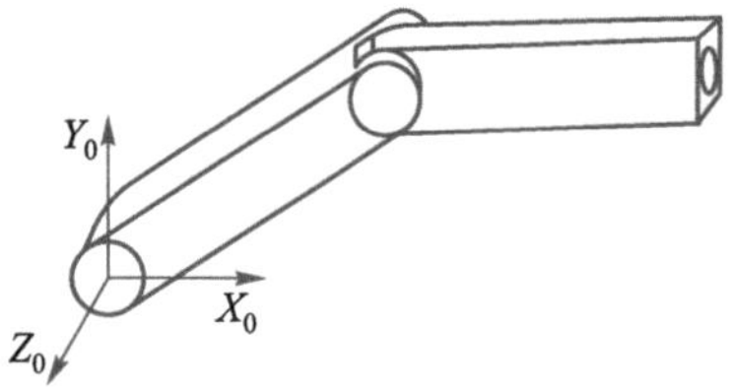

图题 5-11 2R 机械臂

【题 5-15】3R 机械臂如图题 5-12 所示，臂长为 l_1、l_2，手部中心离腕中心距离为 H，转角为 θ_1、θ_2、θ_3，试着建立杆件坐标系，并推导该机械臂的正运动学方程和逆运动学方程。

【题 5-16】图题 5-13 所示 3R 机械臂，其手部握有焊接工具，若已知各个关节的瞬时角度以及瞬时角速度，求焊接工具末端 A 的线速度 v_x、v_y。

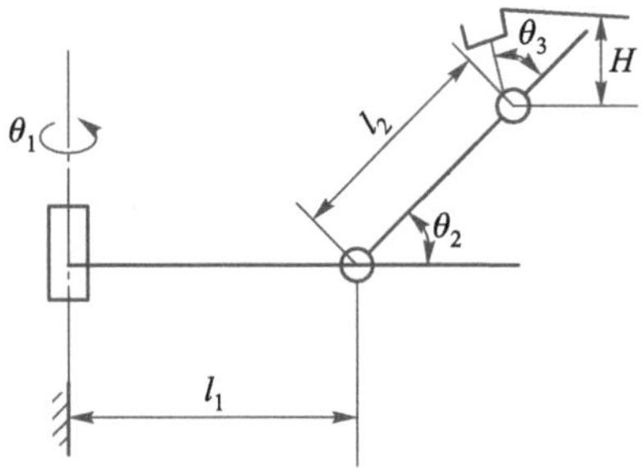

图题 5-12 3R 机械臂

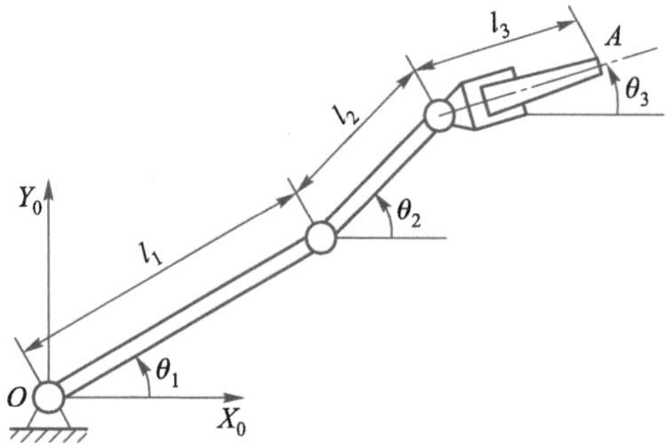

图题 5-13 3R 机械臂

【题 5-17】求 3R 机器人末端变换的位置和姿态矩阵 $\boldsymbol{A}$，并求出关节从初始零位的转换角度。

$$\boldsymbol{A}=\begin{bmatrix}0 & -1 & 0 & 0.25\\1 & 0 & 0 & 0.93\\0 & 0 & 1 & 0\\0 & 0 & 0 & 0\end{bmatrix}$$

【题 5-18】图题 5-14 所示的 3R 机械臂，用解析法求该机械臂的逆运动学。

【题 5-19】（判断）机器人运动学用以建立末端位姿与关节变量之间的关系。（　　）

【题 5-20】（判断）运动学正问题是已知机器人末端位姿求各关节运动变量。（　　）

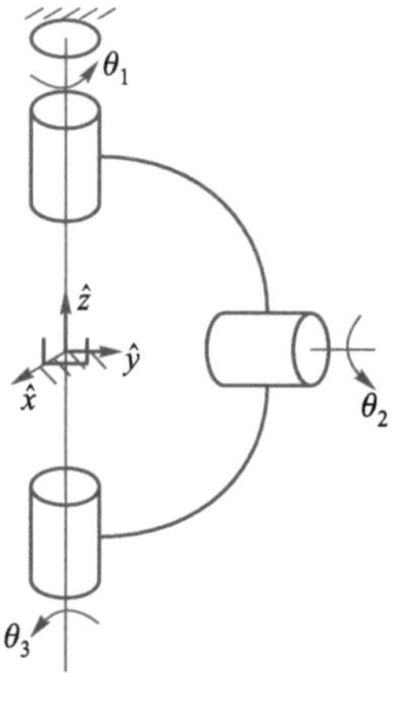

图题 5-14 3R 机械臂

【题 5-21】对一给定的机器人，已知杆件几何参数和关节角矢量，求机器人末端执行器相对于参考坐标系的位置和姿态。这属于机器人________问题。

【题 5-22】对一给定的机器人，已知各执行器的驱动力或力矩，求解机器人关节变量在关节变量空间的轨迹(位移、速度、加速度)或末端执行器在笛卡儿空间的轨迹。这属于机器人________问题。

【题 5-23】一个两关节机器人,关节 1、2 的齐次变换矩阵分别为 $\boldsymbol{A}_1$、$\boldsymbol{A}_2$. 试求该机器人的坐标变换矩阵。

$$\boldsymbol{A}_1=\begin{bmatrix} c\theta_1 & 0 & -s\theta_1 & 0 \\ s\theta_1 & 0 & c\theta_1 & 0 \\ 0 & -1 & 0 & 0 \\ 0 & 0 & 0 & 1 \end{bmatrix} \quad \boldsymbol{A}_2=\begin{bmatrix} c\theta_2 & 0 & s\theta_2 & 0 \\ s\theta_2 & 0 & -c\theta_2 & 0 \\ 0 & -1 & 0 & d_2 \\ 0 & 0 & 0 & 1 \end{bmatrix}$$

【题 5-24】图题 5-15 所示 2R 机械臂具有单手臂和手腕。已知手部起始位姿矩阵为

$$\boldsymbol{G}_1=\begin{bmatrix} 0 & 1 & 0 & 2 \\ 1 & 0 & 0 & 6 \\ 0 & 0 & -1 & 2 \\ 0 & 0 & 0 & 1 \end{bmatrix}$$

若手臂绕着 Z_0 轴旋转+90°,则手部到达 G_2;若手臂不动,仅手部绕手腕 Z_1 轴旋转+90°,则手部到达 G_3。试写出手部坐标系的矩阵表达式 $\boldsymbol{G}_2$、$\boldsymbol{G}_3$。

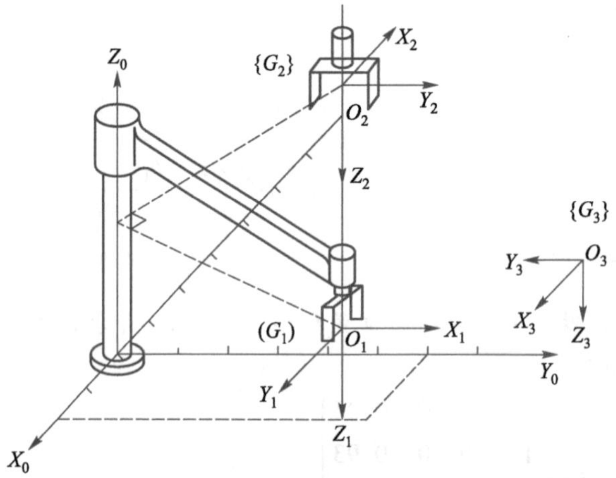

图题 5-15 2R 机械臂

第五章习题参考答案

第六章 机械臂的雅可比矩阵

第五章对机器人机械臂进行了运动学分析，主要考虑的是机械臂的关节运动。建立了机械臂关节空间与操作空间之间的映射关系，探讨了正运动学和逆运动学的求解。运动过程指的是一个物体位置随时间的变化过程。简单地说，当一个物体从一个地方移动到另一个地方时，它就经历了一个运动过程。运动过程可以是直线运动，也可以是曲线运动，还可以是更复杂的随机运动或者是由多种运动组合而成的，但它一定是一个连续过程，其位置随时间的变化是连续的。速度描述了物体位置随时间的变化快慢，是运动的快慢度量。速度不仅有大小，还有方向，因此是一个矢量。在日常生活中，速度一般指的是速率，即速度的大小，如汽车以 60km/h 的速度行驶，这里的“60km/h”是速率，表示每小时行驶的距离。

电子教案：机械臂的雅可比矩阵

本章将在机械臂位姿分析的基础上进行机械臂的速度分析，研究末端操作速度和关节速度之间的关系、操作力和关节力之间的关系，建立机械臂末端与关节之间速度和力的新映射关系。

6.1 雅可比矩阵的定义

下面将通过一个简单的例题引出雅可比矩阵的定义。

【例 6.1-1】图 6.1-1 所示的平面 RP 机械臂，有一个旋转关节和一个移动关节。设旋转关节的关节变量为 θ，移动关节的关节变量为 r，可以建立其末端位置的方程为

$$\begin{cases} x = r\cos\theta \\ y = r\sin\theta \end{cases}$$

解：

两边对时间 t 求导，可以得到末端速度和关节速度的关系为

$$\begin{cases} \dot{x} = -\dot{\theta} r\sin\theta + \dot{r}\cos\theta \\ \dot{y} = \dot{\theta} r\cos\theta + \dot{\theta}\sin\theta \end{cases}$$

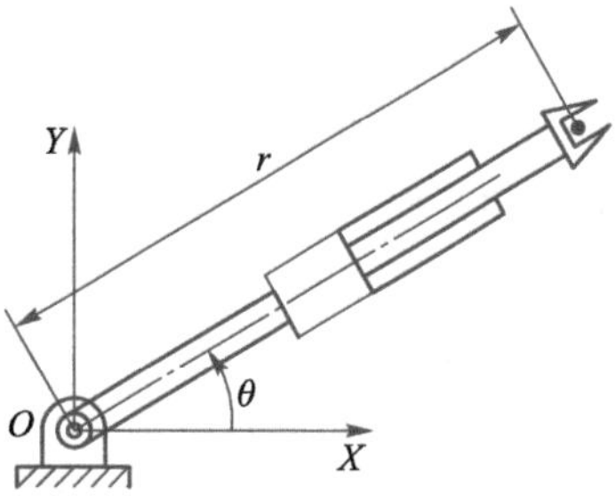

图 6.1-1 平面 RP 机械手

将末端速度和关节速度写成矢量的形式，并将上面的方程写成矩阵乘法的形式为

$$\dot{\boldsymbol{x}}=\begin{bmatrix}-r\sin\theta & \cos\theta\\ r\cos\theta & \sin\theta\end{bmatrix}\dot{\boldsymbol{q}}=\boldsymbol{J}(\boldsymbol{q})\dot{\boldsymbol{q}}$$

其中 $\dot{\boldsymbol{x}}=[\dot{x}\quad \dot{y}]^{\mathrm{T}}$,表示机械臂末端的速度,称为速度矢量;$\dot{\boldsymbol{q}}=[\dot{r}\quad \dot{\theta}]^{\mathrm{T}}$,表示关节速度,称为关节速度矢量。$\boldsymbol{J}(\boldsymbol{q})$ 称为雅可比矩阵(Jacobian matrix),表示从关节速度矢量 $\dot{\boldsymbol{q}}$ 到机械臂末端速度的映射。

根据雅可比矩阵,可以由关节速度得到机械臂末端的速度。同样地,对这个问题的逆问题进行分析,即如何由机械臂末端速度得到关节速度。对上面的矩阵形式方程做变换,得到

$$\boldsymbol{J}(\boldsymbol{q})^{-1}\dot{\boldsymbol{x}}=\dot{\boldsymbol{q}}$$

从上式可以发现,雅可比矩阵的逆矩阵可以用来表示机械臂末端速度到关节速度的映射,但前提是雅可比矩阵的逆矩阵存在。在本例中,容易得到

$$\boldsymbol{J}^{-1}(\boldsymbol{q})=\begin{bmatrix}-\dfrac{y}{r^2} & \dfrac{x}{r^2}\\[2ex] \dfrac{x}{r} & \dfrac{y}{r}\end{bmatrix}$$

若 $r=0$,则 $\boldsymbol{J}^{-1}(\boldsymbol{q})$ 不存在。当 r 很小时,$\boldsymbol{J}^{-1}(\boldsymbol{q})$ 为病态矩阵,$\dot{\boldsymbol{x}}$ 细微的偏差就会导致 $\dot{\boldsymbol{q}}$ 产生巨大的偏差。

由上面的例题可知,雅可比矩阵就是描述关节速度和机械臂末端速度关系的矩阵。因此,机械臂的雅可比矩阵定义为:机械臂末端速度与关节速度的线性变换。由前面章节的描述可知,机械臂末端位置可以写成关节变量的函数,用 $\boldsymbol{x}$ 表示机械臂位姿矢量,用 $\boldsymbol{q}$ 表示关节变量矢量,那么 $\boldsymbol{x}$ 可以写成关于 $\boldsymbol{q}$ 的函数

$$\boldsymbol{x}=\boldsymbol{x}(\boldsymbol{q}) \tag{6.1-1}$$

两边对时间 t 求导得

$$\dot{\boldsymbol{x}}=\dot{\boldsymbol{x}}(\boldsymbol{q})=\boldsymbol{J}(\boldsymbol{q})\dot{\boldsymbol{q}} \tag{6.1-2}$$

其中,$\dot{\boldsymbol{x}}$ 表示机械臂末端的速度,称为操作速度,$\dot{\boldsymbol{q}}$ 为关节速度。机械臂末端的位姿空间等效为一个刚体,则其机械臂末端的速度称为广义速度(generalized velocity),它可分为线速度(linear velocity)和角速度(angular velocity)两个部分。对于三维空间中具有 n 个关节的机械臂,$\boldsymbol{J}(\boldsymbol{q})$ 是 $6\times n$ 的偏导数矩阵,称为雅可比矩阵。根据定义可以写出雅可比矩阵中每个元素为

$$\boldsymbol{J}_{ij}=\frac{\partial x_i(\boldsymbol{q})}{\partial t},\quad i=1,2,3,\cdots,6;\quad j=1,2,3,\cdots,n \tag{6.1-3}$$

雅可比矩阵是从关节空间速度向操作空间速度映射的线性变换。可以将雅可比矩阵理解为广义的传动比,描述了从关节到末端速度之间的传动关系。表达式中的 $\boldsymbol{x}(\boldsymbol{q})$ 就是机械臂的运动学方程。雅可比矩阵是一个变化的矩阵,和机器人当前位形相关,即 $\boldsymbol{J}(\boldsymbol{q})$ 依赖于 $\boldsymbol{q}$。

雅可比矩阵的行数等于机械臂末端速度的维数,而列数等于机器人的关节数,且雅可比矩阵的列数一定大于或等于行数。对于平面内的机械臂,雅可比矩阵行数为 3;对于空间内的机械臂,雅可比矩阵行数为 6。具有六个关节的空间机械臂,行数和列数都为 6,因此雅可比矩阵是一个方阵。此外,雅可比矩阵的行与末端速度的维度相关,根据定义式,雅可比矩阵中的第 i 行,体现了关节变量对末端操作速度矢量第 i 个元素的影响。雅可比矩阵的列则与关节相关,雅可比矩阵的第 j 列,体现了第 j 个关节变量对末端速度的影响。

对于空间中的机器人,其操作速度是由线速度矢量和角速度矢量构成的。若空间机器人的自由度为6,有 n 个关节,则线速度和角速度都是一个三维列向量,分别用 $\boldsymbol{v}$ 和 $\boldsymbol{\omega}$ 表示。那么,$\dot{\boldsymbol{x}}=[\boldsymbol{v} \quad \boldsymbol{\omega}]^{\mathrm{T}}$。由于机器人关节数为 n,雅可比矩阵是 $6\times n$ 的矩阵。其中前三行代表末端线速度的传动比,后三行代表末端角速度的传动比。因此,可以将雅可比矩阵 $\boldsymbol{J}(\boldsymbol{q})$ 写成分块形式:

$$\dot{\boldsymbol{x}}=\begin{bmatrix}\boldsymbol{v}\\ \boldsymbol{\omega}\end{bmatrix}=\begin{bmatrix}\boldsymbol{J}_{l1} & \boldsymbol{J}_{l2} & \cdots & \boldsymbol{J}_{ln}\\ \boldsymbol{J}_{a1} & \boldsymbol{J}_{a2} & \cdots & \boldsymbol{J}_{an}\end{bmatrix}\begin{bmatrix}\dot{q}_1\\ \dot{q}_2\\ \vdots\\ \dot{q}_n\end{bmatrix} \tag{6.1-4}$$

将其展开,可以得到机械臂末端线速度和角速度关于关节速度 $\dot{\boldsymbol{q}}$ 的表达式,为

$$\begin{cases}\boldsymbol{v}=\boldsymbol{J}_{l1}\dot{q}_1+\boldsymbol{J}_{l2}\dot{q}_2+\cdots+\boldsymbol{J}_{ln}\dot{q}_n=\sum\limits_{i=1}^{n}\boldsymbol{J}_{li}\dot{q}_i\\ \boldsymbol{\omega}=\boldsymbol{J}_{a1}\dot{q}_1+\boldsymbol{J}_{a2}\dot{q}_2+\cdots+\boldsymbol{J}_{an}\dot{q}_n=\sum\limits_{i=1}^{n}\boldsymbol{J}_{ai}\dot{q}_i\end{cases} \tag{6.1-5}$$

其中,$\boldsymbol{J}_{li}$ 和 $\boldsymbol{J}_{ai}$ 分别表示关节 i 的单位关节速度所引起的末端执行器的线速度和角速度,可以根据雅可比矩阵得到。

由此可见,通过雅可比矩阵可得到关节速度和末端运动速度的关系,其中雅可比矩阵依赖于机械臂的位置和姿态,由机械臂的运动学方程求导得到。然而,对于一般的6自由度机械臂,其运动学方程形式比较复杂,其求导计算量比较大,例如 PUMA 6 自由度机器人。因此,为了简化运算,可通过构造的方法求解雅可比矩阵。

6.2 微分运动与微分变换

为了通过构造的方法实现雅可比矩阵求解,本节讨论刚体或坐标系的微分运动和广义速度,通过微分运动可以将雅可比矩阵求解的过程分解到每个关节中,再通过乘法运算得到雅可比矩阵,让求导过程变简单。

6.2.1 微分运动

刚体的微分运动(differential motion)矢量包含微分移动矢量 $\boldsymbol{d}$ 和微分转动矢量 $\boldsymbol{\delta}$。前者可以分解为沿三个坐标轴的微分运动,后者根据 RPY 角和欧拉角也可以分解为绕三个坐标轴的转动过程的复合。微分移动矢量可以表示为

$$\boldsymbol{d}=d_x\boldsymbol{i}+d_y\boldsymbol{j}+d_z\boldsymbol{k} \tag{6.2-1}$$

下面讨论刚体绕坐标轴旋转的微分形式。假设在微小时间 Δt 内,刚体绕 x、y、z 轴进行的微小转动为 $\delta_x,\delta_y,\delta_z$。根据第四章的内容,可以得到对应旋转矩阵为

$$\boldsymbol{R}(\boldsymbol{x},\delta_x)=\begin{bmatrix}1 & 0 & 0\\ 0 & 1 & -\delta_x\\ 0 & \delta_x & 1\end{bmatrix} \tag{6.2-2}$$

$$\boldsymbol{R}(y,\delta_y)=\begin{bmatrix}1&0&\delta_y\\0&1&0\\-\delta_y&0&1\end{bmatrix} \tag{6.2-3}$$

$$\boldsymbol{R}(z,\delta_z)=\begin{bmatrix}1&-\delta_z&0\\\delta_z&1&0\\0&0&1\end{bmatrix} \tag{6.2-4}$$

运用三角函数无穷小,其等价形式为

$$\begin{cases}\lim\limits_{\delta\to 0}\sin\delta=\delta\\\lim\limits_{\delta\to 0}\cos\delta=1\end{cases} \tag{6.2-5}$$

假设刚体的转动是绕定轴旋转,转动顺序分别为绕 x 轴、绕 y 轴、绕 z 轴,于是可以得到复合转动的旋转变换矩阵,并且可以将这个复合旋转变换矩阵写成绕一个轴 $\boldsymbol{k}$ 旋转角度 $\boldsymbol{\delta}$ 的旋转变换矩阵

$$\begin{aligned}\boldsymbol{R}(\boldsymbol{k},\boldsymbol{\delta})&=\boldsymbol{R}(\boldsymbol{x},\delta_x)\boldsymbol{R}(\boldsymbol{y},\delta_y)\boldsymbol{R}(z,\delta_z)\\&=\begin{bmatrix}1&0&0\\0&1&-\delta_x\\0&\delta_x&1\end{bmatrix}\begin{bmatrix}1&0&\delta_y\\0&1&0\\-\delta_y&0&1\end{bmatrix}\begin{bmatrix}1&-\delta_z&0\\\delta_z&1&0\\0&0&1\end{bmatrix}=\begin{bmatrix}1&-\delta_z&\delta_y\\\delta_z&1&-\delta_x\\-\delta_y&\delta_x&1\end{bmatrix}\end{aligned} \tag{6.2-6}$$

其中,方程忽略了二阶和三阶小量。根据旋转变换矩阵 $\boldsymbol{R}(\boldsymbol{k},\boldsymbol{\delta})$ 的对称性质容易发现,无论绕轴旋转的顺序如何,绕 x、y、z 轴进行的微小转动为 $\delta_x,\delta_y,\delta_z$ 的复合结果相同,由此对于微小转动,不需要区分顺序。由此可以得到旋转轴 $\boldsymbol{k}=(k_x,k_y,k_z)$ 和旋转角度 δ_k 的表达式为

$$\delta_x=k_x\delta_k,\quad \delta_y=k_y\delta_k,\quad \delta_z=k_z\delta_k \tag{6.2-7}$$

$$\delta_k=\sqrt{\delta_x^2+\delta_y^2+\delta_z^2} \tag{6.2-8}$$

$$\boldsymbol{k}=\left(\frac{\delta_x}{\sqrt{\delta_x^2+\delta_y^2+\delta_z^2}},\frac{\delta_y}{\sqrt{\delta_x^2+\delta_y^2+\delta_z^2}},\frac{\delta_z}{\sqrt{\delta_x^2+\delta_y^2+\delta_z^2}}\right) \tag{6.2-9}$$

可以用一个矢量来表示这个微分转动,记为 $\boldsymbol{\delta}$,有

$$\boldsymbol{\delta}=(\delta_x,\delta_y,\delta_z)=\boldsymbol{k}\delta_k \tag{6.2-10}$$

$\boldsymbol{\delta}$ 的方向即为 $\boldsymbol{k}$ 的方向。$\boldsymbol{k}$ 是单位矢量,每个分量分别表示在 x、y、z 轴上的投影。其大小就是 δ_k。因此,对于微分转动,也可以像微分移动一样进行分解:

$$\boldsymbol{\delta}=\delta_x\boldsymbol{i}+\delta_y\boldsymbol{j}+\delta_z\boldsymbol{k} \tag{6.2-11}$$

将微分移动矢量和微分转动矢量合并为矩阵,称为微分运动。记为 $\boldsymbol{D}$。其表达式为

$$\boldsymbol{D}=\begin{bmatrix}\boldsymbol{d}\\\boldsymbol{\delta}\end{bmatrix} \tag{6.2-12}$$

对微分运动求导得到刚体的速度矢量为

$$\boldsymbol{V}=\begin{bmatrix}\boldsymbol{v}\\\boldsymbol{\omega}\end{bmatrix}=\lim_{\Delta t\to 0}\boldsymbol{D}=\lim_{\Delta t\to 0}\begin{bmatrix}\boldsymbol{d}\\\boldsymbol{\delta}\end{bmatrix} \tag{6.2-13}$$

微分运动 $\boldsymbol{D}$ 和广义速度 $\boldsymbol{V}$ 都是相对某一个坐标系而言的,在不同坐标系中的描述不同,为

了利用各个关节的微分运动和速度得到机械臂末端的微分运动和速度，还需要得到微分运动的传递关系。

6.2.2 微分运动算子

为了计算末端执行器位姿的微分变换，计算不同坐标系下微分运动之间的关系，对齐次变换矩阵 $\boldsymbol{T}$ 求微分和导数，得到

$$\dot{\boldsymbol{T}}=\lim_{\Delta t\to 0}\frac{\boldsymbol{T}(t+\Delta t)-\boldsymbol{T}(t)}{\Delta t}=\lim_{\Delta t\to 0}\frac{\Delta \boldsymbol{T}(t)}{\Delta t} \tag{6.2-14}$$

其中，$\boldsymbol{T}(t+\Delta t)$ 是 $\boldsymbol{T}(t)$ 经过微分运动（微分运动记为 $\boldsymbol{D}$），由微分移动 $\boldsymbol{d}$ 和微分转动 $\boldsymbol{\delta}$ 组成的结果，可以写成

$$\boldsymbol{T}(t+\Delta t)=\mathrm{Trans}(d_x,d_y,d_z)\,\mathrm{Rot}(\boldsymbol{k},\delta_k)\,\boldsymbol{T}(t) \tag{6.2-15}$$

其中，$\mathrm{Trans}(d_x,d_y,d_z)$ 表示微分移动变换，$\mathrm{Rot}(\boldsymbol{k},\delta_k)$ 表示微分转动变换，根据微分运动矢量，容易得到这两个变换矩阵的表达式为

$$\mathrm{Trans}(d_x,d_y,d_z)=\begin{bmatrix}1&0&0&d_x\\0&1&0&d_y\\0&0&1&d_z\\0&0&0&1\end{bmatrix} \tag{6.2-16}$$

$$\mathrm{Rot}(\boldsymbol{k},\delta_k)=\begin{bmatrix}1&-\delta_z&\delta_y&0\\\delta_z&1&-\delta_x&0\\-\delta_y&\delta_x&1&0\\0&0&0&1\end{bmatrix} \tag{6.2-17}$$

上式中，微分移动变量和微分转动变量都是相对于参考坐标系的，所以变换矩阵也是相对于参考坐标系的变换矩阵。$\boldsymbol{T}(t+\Delta t)$ 是 $\boldsymbol{T}(t)$ 相对于参考坐标系经过微分转动和微分移动得到的，同样地，$\boldsymbol{T}(t)$ 相对于运动坐标系进行微分运动 ${}^{T}\boldsymbol{D}$ 也可以得到 $\boldsymbol{T}(t+\Delta t)$，这时的微分移动记为 ${}^{T}\boldsymbol{d}=({}^{T}d_x,{}^{T}d_y,{}^{T}d_z)$，微分转动记为 ${}^{T}\boldsymbol{\delta}_{\boldsymbol{k}}=({}^{T}\delta_x,{}^{T}\delta_y,{}^{T}\delta_z)$，所以也可以得到相应的变换矩阵。由于是相对前一个运动以后的坐标系运动，所以变换矩阵是右乘的关系。

$$\boldsymbol{T}(t+\Delta t)=\boldsymbol{T}(t)\,\mathrm{Trans}({}^{T}d_x,{}^{T}d_y,{}^{T}d_z)\,\mathrm{Rot}({}^{T}\boldsymbol{k},{}^{T}\delta_k) \tag{6.2-18}$$

于是可以得到微分 $\mathrm{d}\boldsymbol{T}=\boldsymbol{T}(t+\Delta t)-\boldsymbol{T}(t)$ 的两个表达式为

$$\mathrm{d}\boldsymbol{T}=(\mathrm{Trans}(d_x,d_y,d_z)\,\mathrm{Rot}(\boldsymbol{k},\delta_k)-\boldsymbol{I}_4)\,\boldsymbol{T}(\mathrm{t})=\boldsymbol{\Delta}\boldsymbol{T}(t) \tag{6.2-19}$$

$$\mathrm{d}\boldsymbol{T}=\boldsymbol{T}(t)\,(\mathrm{Trans}({}^{T}d_x,{}^{T}d_y,{}^{T}d_z)\,\mathrm{Rot}({}^{T}\boldsymbol{k},{}^{T}\delta_k)-\boldsymbol{I}_4)=\boldsymbol{T}(t)\,{}^{T}\boldsymbol{\Delta} \tag{6.2-20}$$

其中，$\boldsymbol{\Delta}$ 和 ${}^{T}\boldsymbol{\Delta}$ 称为微分运动算子，可以通过微分转动和微分移动矩阵得到

$$\boldsymbol{\Delta}=(\mathrm{Trans}(d_x,d_y,d_z)\,\mathrm{Rot}(\boldsymbol{k},\delta_k)-\boldsymbol{I}_4)=\begin{bmatrix}0&-\delta_z&\delta_y&d_x\\\delta_z&0&-\delta_x&d_y\\-\delta_y&\delta_x&0&d_z\\0&0&0&0\end{bmatrix} \tag{6.2-21}$$

利用微分运动算子 $\boldsymbol{\Delta}$，可以对不同坐标系中的微分运动进行坐标变换，得到相邻坐标系广义速度的关系。

6.2.3 微分运动的变换

微分运动矢量 $\boldsymbol{D}$ 在不同坐标系中的表达式是不同的。故而,得到微分运动在不同坐标系中的变换关系,就可以建立机械臂末端运动和关节运动的关系。根据齐次变换矩阵的两个微分表达式,可以得到以下方程:

$$\Delta \boldsymbol{T}(t)=\boldsymbol{T}(t)\,{}^{T}\boldsymbol{\Delta} \tag{6.2-22}$$

$\boldsymbol{T}(t)$ 可以进一步写成

$$\boldsymbol{T}(t)=\begin{bmatrix}\boldsymbol{R} & \boldsymbol{p}\\ \boldsymbol{0} & 1\end{bmatrix} \tag{6.2-23}$$

其中,$\boldsymbol{R}=\begin{bmatrix}n_x & o_x & a_x\\ n_y & o_y & a_y\\ n_z & o_z & a_z\end{bmatrix}$,$\boldsymbol{p}=\begin{bmatrix}p_x\\ p_y\\ p_z\end{bmatrix}$。

根据第四章的内容,可以得到 $\boldsymbol{T}(t)$ 的逆矩阵 $\boldsymbol{T}^{-1}(t)$ 为

$$\boldsymbol{T}^{-1}(t)=\begin{bmatrix}\boldsymbol{R}^{\mathrm{T}} & -\boldsymbol{R}^{\mathrm{T}}\boldsymbol{p}\\ \boldsymbol{0} & 1\end{bmatrix} \tag{6.2-24}$$

于是得到

$$\begin{aligned}{}^{T}\boldsymbol{\Delta} &=\boldsymbol{T}^{-1}(t)\Delta \boldsymbol{T}(t)\\ &=\begin{bmatrix}\boldsymbol{n}\cdot(\boldsymbol{\delta}\times\boldsymbol{n})_x & \boldsymbol{n}\cdot(\boldsymbol{\delta}\times\boldsymbol{o})_x & \boldsymbol{n}\cdot(\boldsymbol{\delta}\times\boldsymbol{a})_x & \boldsymbol{n}\cdot((\boldsymbol{\delta}\times\boldsymbol{p})+\boldsymbol{d})\\ \boldsymbol{o}\cdot(\boldsymbol{\delta}\times\boldsymbol{n})_y & \boldsymbol{o}\cdot(\boldsymbol{\delta}\times\boldsymbol{o})_y & \boldsymbol{o}\cdot(\boldsymbol{\delta}\times\boldsymbol{a})_y & \boldsymbol{o}\cdot((\boldsymbol{\delta}\times\boldsymbol{p})+\boldsymbol{d})\\ \boldsymbol{a}\cdot(\boldsymbol{\delta}\times\boldsymbol{n})_z & \boldsymbol{a}\cdot(\boldsymbol{\delta}\times\boldsymbol{o})_z & \boldsymbol{a}\cdot(\boldsymbol{\delta}\times\boldsymbol{a})_z & \boldsymbol{a}\cdot((\boldsymbol{\delta}\times\boldsymbol{p})+\boldsymbol{d})\\ 0 & 0 & 0 & 0\end{bmatrix}\end{aligned} \tag{6.2-25}$$

运用矢量相乘的性质

$$\begin{cases}\boldsymbol{a}\cdot(\boldsymbol{b}\times\boldsymbol{c})=-\boldsymbol{b}\cdot(\boldsymbol{a}\times\boldsymbol{c})=\boldsymbol{b}\cdot(\boldsymbol{c}\times\boldsymbol{a})\\ \boldsymbol{a}\cdot(\boldsymbol{a}\times\boldsymbol{c})=0\\ \boldsymbol{n}\times\boldsymbol{o}=\boldsymbol{a},\boldsymbol{o}\times\boldsymbol{a}=\boldsymbol{n},\boldsymbol{a}\times\boldsymbol{n}=\boldsymbol{o}\end{cases} \tag{6.2-26}$$

简化得到

$${}^{T}\boldsymbol{\Delta}=\begin{bmatrix}0 & -\boldsymbol{\delta}\cdot\boldsymbol{a} & \boldsymbol{\delta}\cdot\boldsymbol{o} & \boldsymbol{\delta}\cdot(\boldsymbol{p}\times\boldsymbol{n})+\boldsymbol{d}\cdot\boldsymbol{n}\\ \boldsymbol{\delta}\cdot\boldsymbol{a} & 0 & -\boldsymbol{\delta}\cdot\boldsymbol{n} & \boldsymbol{\delta}\cdot(\boldsymbol{p}\times\boldsymbol{o})+\boldsymbol{d}\cdot\boldsymbol{o}\\ -\boldsymbol{\delta}\cdot\boldsymbol{o} & \boldsymbol{\delta}\cdot\boldsymbol{n} & 0 & \boldsymbol{\delta}\cdot(\boldsymbol{p}\times\boldsymbol{a})+\boldsymbol{d}\cdot\boldsymbol{a}\\ 0 & 0 & 0 & 0\end{bmatrix} \tag{6.2-27}$$

由前文可知,${}^{T}\boldsymbol{\Delta}$ 可以由微分运动的平移算子和旋转算子求得

$$\begin{aligned}{}^{T}\boldsymbol{\Delta} &=(\mathrm{Trans}({}^{T}d_x,{}^{T}d_y,{}^{T}d_z)\,\mathrm{Rot}({}^{T}\boldsymbol{k},{}^{T}\delta_k)-\boldsymbol{I}_4)\\ &=\begin{bmatrix}0 & -{}^{T}\delta_z & {}^{T}\delta_y & {}^{T}d_x\\ {}^{T}\delta_z & 0 & -{}^{T}\delta_x & {}^{T}d_y\\ -{}^{T}\delta_y & {}^{T}\delta_x & 0 & {}^{T}d_z\\ 0 & 0 & 0 & 0\end{bmatrix}\end{aligned} \tag{6.2-28}$$

令对应元素相等，可以得到微分运动 $\boldsymbol{D}$ 和 ${}^T\boldsymbol{D}$ 的对应元素的关系为

$$
\begin{aligned}
&{}^T\delta_x=\boldsymbol{\delta}\cdot\boldsymbol{n}=(\delta_x,\delta_y,\delta_z)\cdot(n_x,n_y,n_z)=\delta_x o_x+\delta_y o_y+\delta_z o_z\\
&{}^T\delta_y=\boldsymbol{\delta}\cdot\boldsymbol{o}=(\delta_x,\delta_y,\delta_z)\cdot(o_x,o_y,o_z)=\delta_x o_x+\delta_y o_y+\delta_z o_z\\
&{}^T\delta_z=\boldsymbol{\delta}\cdot\boldsymbol{a}=(\delta_x,\delta_y,\delta_z)\cdot(a_x,a_y,a_z)=\delta_x a_x+\delta_y a_y+\delta_z a_z\\
&{}^T d_x=\boldsymbol{\delta}\cdot(\boldsymbol{p}\times\boldsymbol{n})+\boldsymbol{d}\cdot\boldsymbol{n}\\
&\quad=(\delta_x,\delta_y,\delta_z)\cdot[(p_x,p_y,p_z)\times(n_x,n_y,n_z)]+(d_x,d_y,d_z)\cdot(n_x,n_y,n_z)\\
&\quad=(\delta_x,\delta_y,\delta_z)\cdot(p_y n_z-n_y p_z,p_z n_x-n_z p_x,p_x n_y-n_y p_x)+(d_x,d_y,d_z)\cdot(n_x,n_y,n_z)\\
&\quad=\delta_x(p_y n_z-n_y p_z)+\delta_y(p_z n_x-n_z p_x)+\delta_z(p_x n_y-n_y p_x)+d_x n_x+d_y n_y+d_z n_z\\
&{}^T d_y=\delta_x(p_y o_z-o_y p_z)+\delta_y(p_z o_x-o_z p_x)+\delta_z(p_x o_y-o_y p_x)+d_x o_x+d_y o_y+d_z o_z\\
&{}^T d_z=\delta_x(p_y a_z-a_y p_z)+\delta_y(p_z a_x-a_z p_x)+\delta_z(p_x a_y-a_y p_x)+d_x a_x+d_y a_y+d_z a_z
\end{aligned}
$$

引入记号 $(\boldsymbol{p}\times\boldsymbol{n})_x$ 表示矢量积在某一个坐标轴上的投影，则 $(\boldsymbol{p}\times\boldsymbol{n})_x=p_x n_y-p_y n_x$。并且可以把上面的表达式写成矩阵形式，建立 $\boldsymbol{D}$ 和 ${}^T\boldsymbol{D}$ 的变换关系为

$$
{}^T\boldsymbol{D}=[{}^T d_x\quad {}^T d_y\quad {}^T d_z\quad {}^T\delta_x\quad {}^T\delta_y\quad {}^T\delta_z]^{\mathrm{T}}
$$

$$
=\begin{bmatrix}
n_x & n_y & n_z & (\boldsymbol{p}\times\boldsymbol{n})_x & (\boldsymbol{p}\times\boldsymbol{n})_y & (\boldsymbol{p}\times\boldsymbol{n})_z\\
o_x & o_y & o_z & (\boldsymbol{p}\times\boldsymbol{o})_x & (\boldsymbol{p}\times\boldsymbol{o})_y & (\boldsymbol{p}\times\boldsymbol{o})_z\\
a_x & a_y & a_z & (\boldsymbol{p}\times\boldsymbol{a})_x & (\boldsymbol{p}\times\boldsymbol{a})_y & (\boldsymbol{p}\times\boldsymbol{a})_z\\
0 & 0 & 0 & n_x & n_y & n_z\\
0 & 0 & 0 & o_x & o_y & o_z\\
0 & 0 & 0 & a_x & a_y & a_z
\end{bmatrix}
\begin{bmatrix} d_x\\ d_y\\ d_z\\ \delta_x\\ \delta_y\\ \delta_z\end{bmatrix}=\boldsymbol{MD}
\tag{6.2-29}
$$

可以把中间的矩阵 $\boldsymbol{M}$ 写成分块矩阵的形式：

$$
\boldsymbol{M}=\begin{bmatrix}\boldsymbol{R}^{\mathrm{T}} & -\boldsymbol{R}^{\mathrm{T}}\hat{\boldsymbol{p}}\\ \boldsymbol{0} & \boldsymbol{R}^{\mathrm{T}}\end{bmatrix}
\tag{6.2-30}
$$

其中，$\hat{\boldsymbol{p}}$ 表示 $\boldsymbol{p}$ 构成的反对称矩阵。

$$
\hat{\boldsymbol{p}}=\begin{bmatrix}0 & -p_z & p_y\\ p_z & 0 & -p_x\\ -p_y & p_x & 0\end{bmatrix}
\tag{6.2-31}
$$

上述过程建立了两个微分运动之间的变换关系。其中，微分运动 $\boldsymbol{D}$ 是机械臂中基坐标系中的运动；而微分运动 ${}^T\boldsymbol{D}$ 则是相对于物体坐标系的运动，也就是相对于运动坐标系 $\{T\}$ 的运动。两个微分运动之间变换的矩阵可以通过齐次变换矩阵 $\boldsymbol{T}$ 得到，说明变换的关系依赖于坐标系 $\{T\}$ 的位姿。通过对矩阵求逆，可以得到 ${}^T\boldsymbol{D}$ 到 $\boldsymbol{D}$ 的变换 $\boldsymbol{M}^{-1}$。因此，可以根据基坐标系或 $\{T\}$ 坐标系中的微分运动，得到另一个坐标系中的微分运动。

$$
\boldsymbol{M}^{-1}=\begin{bmatrix}\boldsymbol{R} & \hat{\boldsymbol{p}}\boldsymbol{R}\\ \boldsymbol{0} & \boldsymbol{R}\end{bmatrix}
\tag{6.2-32}
$$

【例 6.2-1】假设机器人末端姿态矩阵为

$\boldsymbol{T}=\begin{bmatrix}0&0&1&5\\1&0&0&15\\0&1&0&0\\0&0&0&1\end{bmatrix}$，基坐标系下的微分运动为 $\boldsymbol{D}=\begin{bmatrix}d_x\\d_y\\d_z\\\delta_x\\\delta_y\\\delta_z\end{bmatrix}=\begin{bmatrix}1\\0\\0.5\\0.1\\0\\0\end{bmatrix}$。求 $\{T\}$ 坐标系下的微分运动 ${}^{T}\boldsymbol{D}$。

解：

根据定义可以获得

$$\hat{\boldsymbol{p}}=\begin{bmatrix}0&0&15\\0&0&-5\\-15&5&0\end{bmatrix},\quad \boldsymbol{R}^{\mathrm{T}}=\begin{bmatrix}0&1&0\\0&0&1\\1&0&0\end{bmatrix}$$

所以，可得

$$-\boldsymbol{R}^{\mathrm{T}}\hat{\boldsymbol{p}}=-\begin{bmatrix}0&1&0\\0&0&1\\1&0&0\end{bmatrix}\begin{bmatrix}0&0&15\\0&0&-5\\-15&5&0\end{bmatrix}=\begin{bmatrix}0&0&5\\15&-5&0\\0&0&-15\end{bmatrix}$$

则有

$${}^{T}\boldsymbol{D}=\begin{bmatrix}0&1&0&0&0&5\\0&0&1&15&-5&0\\1&0&0&0&0&-15\\0&0&0&0&1&0\\0&0&0&0&0&1\\0&0&0&1&0&0\end{bmatrix}\begin{bmatrix}1\\0\\0.5\\0.1\\0\\0\end{bmatrix}=\begin{bmatrix}0\\2\\1\\0\\0\\0.1\end{bmatrix}$$

基坐标系下的微分运动与 $\{T\}$ 坐标系下的微分运动在物理上是一个运动，只是在不同坐标系下进行表示，就如同两个人分别站在旋转圆盘的中心和边缘一样，虽然两个位置的线速度不同，但都是在同一个刚体上的运动。

6.2.4 广义速度的变换

在得到了微分运动的变换之后，根据广义速度和微分运动的关系，很容易可得到广义速度的变换。刚体的广义速度 $\boldsymbol{V}$ 由线速度 $\boldsymbol{v}$ 和角速度 $\boldsymbol{\omega}$ 组成，与微分运动 $\boldsymbol{D}$ 同为六维列矢量，两者之间的差别是具有一个时间系数。

$$\boldsymbol{V}=\begin{bmatrix}\boldsymbol{v}\\\boldsymbol{\omega}\end{bmatrix}=\lim_{\Delta t\to 0}\frac{1}{\Delta t}\begin{bmatrix}\boldsymbol{d}\\\boldsymbol{\delta}\end{bmatrix}=\lim_{\Delta t\to 0}\frac{1}{\Delta t}\boldsymbol{D} \tag{6.2-33}$$

同样地，对于广义速度，也存在基坐标系和物体坐标系的变换，这个变换的变换矩阵和微分运动的变换矩阵是相同的，即

$${}^{T}\boldsymbol{V}=\begin{bmatrix}{}^{T}\boldsymbol{v}\\{}^{T}\boldsymbol{w}\end{bmatrix}=\begin{bmatrix}\boldsymbol{R}^{\mathrm{T}}&-\boldsymbol{R}^{\mathrm{T}}\hat{\boldsymbol{p}}\\\boldsymbol{0}&\boldsymbol{R}^{\mathrm{T}}\end{bmatrix}\begin{bmatrix}\boldsymbol{v}\\\boldsymbol{w}\end{bmatrix}=\begin{bmatrix}\boldsymbol{R}^{\mathrm{T}}&-\boldsymbol{R}^{\mathrm{T}}\hat{\boldsymbol{p}}\\\boldsymbol{0}&\boldsymbol{R}^{\mathrm{T}}\end{bmatrix}\boldsymbol{V} \tag{6.2-34}$$

6.3 刚体的速度变换

雅可比矩阵是对物体广义速度与关节速度进行变换的矩阵，为了构造雅可比矩阵，需要建立不同坐标系中刚体广义速度的关系。刚体速度可以用位置和姿态矢量对时间的导数表示，这是一般刚体速度的定义。但在不同坐标系中，刚体的位姿表达不同，其导数也不相同，因而刚体的速度在不同坐标系中也有不同的形式，本节将对刚体在不同坐标系下的速度进行研究。

6.3.1 刚体速度在不同坐标系下的变换

在研究机械臂机器人时，需要在不同坐标系下对刚体位姿进行描述，最终得到刚体的齐次变换矩阵，用于建立末端机械臂的位置在其坐标系中的描述。同样地，对于刚体的速度，也需要建立不同坐标系下的变换。而刚体的广义速度分为线速度和角速度，需要对两个速度分别进行讨论。

(1) 刚体线速度在不同坐标系下的变换关系

假设存在两个坐标系$\{A\}$和$\{B\}$，$\{B\}$在$\{A\}$中的描述可以用齐次变换矩阵${}_B^A\boldsymbol{T}$表示，${}_B^A\boldsymbol{T}=\begin{bmatrix}{}_B^A\boldsymbol{R} & {}^A\boldsymbol{p}_B\\ \boldsymbol{0} & 1\end{bmatrix}$。在$\{B\}$中有一个位置矢量$\boldsymbol{p}_B(t)$，$\boldsymbol{p}_B(t)$在$\{B\}$中的速度记为${}^B\boldsymbol{v}_p$，在$\{A\}$中的速度记为${}^A\boldsymbol{v}_p$。

根据速度的定义

$$
{}^B\boldsymbol{v}_p=\frac{\mathrm{d}\boldsymbol{p}(t)}{\mathrm{d}t} \tag{6.3-1}
$$

位置矢量$\boldsymbol{p}$在$\{A\}$中的描述为

$$
{}^A\boldsymbol{p}={}_B^A\boldsymbol{R}\,{}^B\boldsymbol{p}(t)+{}^A\boldsymbol{p}_B \tag{6.3-2}
$$

等式两边对时间t进行求导

$$
{}^A\boldsymbol{v}_p={}_B^A\boldsymbol{R}\,{}^B\boldsymbol{v}_p \tag{6.3-3}
$$

该公式体现了刚体线速度在不同坐标系下的变换关系，由于两坐标系相对位置和方位不变，因此两坐标系之间的速度描述只与旋转变换矩阵有关，即刚体的线速度在不同坐标系中大小相同，只是方向有所不同。

(2) 刚体角速度在不同坐标系下的变换关系

刚体运动的角速度可定义为姿态变化对时间的导数

$$
\boldsymbol{\omega}=\lim_{\Delta t\to 0}\frac{\boldsymbol{\delta}}{\Delta t} \tag{6.3-4}
$$

其中$\boldsymbol{\delta}$表示微分转动，可以用转轴$\boldsymbol{k}$和转角δ_k表示，即$\boldsymbol{\delta}=\boldsymbol{k}\delta_k$。

对多个转轴进行的多次旋转运动总可以看成对一个转轴进行的旋转运动，并且绕各轴的转动没有顺序之分。因此，对于一个微小时间Δt内发生的角度变化，总可找到转轴$\boldsymbol{k}$和δ_k，在这个微小时间内，认为旋转轴不发生变化，所以转轴$\boldsymbol{k}$的方向就是角速度矢量$\boldsymbol{\omega}$的方向。

假设存在两个坐标系$\{A\}$和$\{B\}$，$\{B\}$在$\{A\}$中的描述可以用齐次变换矩阵${}_B^A\boldsymbol{T}$表示，${}_B^A\boldsymbol{T}=$

$\begin{bmatrix} {}^A_B\boldsymbol{R} & {}^A\boldsymbol{p}_B \\ \boldsymbol{0} & 1 \end{bmatrix}$。在 $\{B\}$ 中有一个刚体 p，其姿态可以用旋转矩阵 ${}^A_B\boldsymbol{R}$ 描述。$\boldsymbol{p}_B(t)$ 在 $\{B\}$ 中的角速度记为 ${}^B\boldsymbol{\omega}_p$，在 $\{A\}$ 中的速度记为 ${}^A\boldsymbol{\omega}_p$。

可以用一个微分转动 $\boldsymbol{\delta}$ 对应的旋转变换矩阵表示 p 的位姿，对其微分求导可得到角速度。对 $\{B\}$ 中的旋转矩阵求导有

$$
\begin{aligned}
{}^B\dot{\boldsymbol{R}}_p &= \lim_{\Delta t\to 0}\frac{\mathrm{d}^B\boldsymbol{R}_p}{\Delta t}=\lim_{\Delta t\to 0}\frac{{}^B\mathrm{Rot}(\boldsymbol{k}_B,\delta_k)}{\Delta t} \\
&= \lim_{\Delta t\to 0}\frac{\begin{bmatrix} 1 & -\delta_z & \delta_y \\ \delta_z & 1 & -\delta_x \\ -\delta_y & \delta_x & 1 \end{bmatrix}}{\Delta t}=\begin{bmatrix} 0 & -\omega_z & \omega_y \\ \omega_z & 0 & -\omega_x \\ -\omega_y & \omega_x & 0 \end{bmatrix}={}^B\hat{\boldsymbol{\omega}}
\end{aligned}
\tag{6.3-5}
$$

其中，${}^B\boldsymbol{\omega}=[\omega_x \quad \omega_y \quad \omega_z]^{\mathrm{T}}$，$\omega_x=\lim\limits_{\Delta t\to 0}\dfrac{\delta_x}{\Delta t}$，$\omega_y=\lim\limits_{\Delta t\to 0}\dfrac{\delta_y}{\Delta t}$，$\omega_z=\lim\limits_{\Delta t\to 0}\dfrac{\delta_z}{\Delta t}$，${}^B\hat{\boldsymbol{\omega}}$ 表示角速度矢量 ${}^B\boldsymbol{\omega}$ 生成的反对称矩阵。

对旋转矩阵求导可得到相应角速度矢量生成的反对称矩阵。进一步可从反对称矩阵中得到对应的角速度。

在坐标系 $\{A\}$ 中，刚体 p 的姿态为

$$
{}^A\boldsymbol{R}_p={}^A_B\boldsymbol{R}\,{}^B\boldsymbol{R}_p \tag{6.3-6}
$$

对等式两边求导可得

$$
{}^A\hat{\boldsymbol{\omega}}_p={}^A\dot{\boldsymbol{R}}_p=\lim_{\Delta t\to 0}\frac{{}^A_B\boldsymbol{R}\,{}^B\boldsymbol{R}_p}{\Delta t}={}^A_B\boldsymbol{R}\lim_{\Delta t\to 0}\frac{{}^B\boldsymbol{R}_p}{\Delta t}={}^A_B\boldsymbol{R}\,{}^B\hat{\boldsymbol{\omega}}_p \tag{6.3-7}
$$

也可以写成

$$
{}^A\boldsymbol{\omega}_p={}^A_B\boldsymbol{R}\,{}^B\boldsymbol{\omega}_p \tag{6.3-8}
$$

因此，可以得到与线速度一致的结论：刚体的角速度在不同坐标系中的变换只与旋转变换矩阵有关，刚体的角速度在不同坐标系中，大小相同，只是转轴不同。

(3) 刚体广义速度在不同坐标系下的变换关系

综合线速度和角速度的变换，可以得到以下广义速度在两个坐标系中的变换。

$$
{}^A\boldsymbol{V}=\begin{bmatrix} {}^A\boldsymbol{v} \\ {}^A\boldsymbol{\omega} \end{bmatrix}=\begin{bmatrix} {}^A_B\boldsymbol{R} & \boldsymbol{0} \\ \boldsymbol{0} & {}^A_B\boldsymbol{R} \end{bmatrix}\begin{bmatrix} {}^B\boldsymbol{v} \\ {}^B\boldsymbol{\omega} \end{bmatrix}=\begin{bmatrix} {}^A_B\boldsymbol{R} & \boldsymbol{0} \\ \boldsymbol{0} & {}^A_B\boldsymbol{R} \end{bmatrix}{}^B\boldsymbol{V} \tag{6.3-9}
$$

而广义速度又可以写成雅可比矩阵和关节速度矢量的乘积，在一个操作臂机器人中，关节速度矢量总是相等的，于是广义速度的变换也是雅可比矩阵的变换。

$$
{}^A\boldsymbol{J}=\begin{bmatrix} {}^A_B\boldsymbol{R} & \boldsymbol{0} \\ \boldsymbol{0} & {}^A_B\boldsymbol{R} \end{bmatrix}{}^B\boldsymbol{J} \tag{6.3-10}
$$

6.3.2 刚体的物体和空间速度

由刚体速度变换可知，刚体线速度的定义是刚体的位置矢量对时间的导数，角速度的定义

是旋转变换矩阵对时间的导数。为了得到更一般的速度变换，用齐次变换矩阵 ${}_B^A\boldsymbol{T}$ 描述坐标系 $\{A\}$ 与 $\{B\}$ 之间的相对位姿，${}_B^A\boldsymbol{T}=\begin{bmatrix}{}_B^A\boldsymbol{R} & {}^A\boldsymbol{p}_B\\ \boldsymbol{0} & 1\end{bmatrix}$。刚体 M 在坐标系 $\{B\}$ 的位姿描述为 ${}^B\boldsymbol{T}_M$，在 $\{A\}$ 中的位姿描述为 ${}^A\boldsymbol{T}_M$，且两者关系如下：

$$ {}^A\boldsymbol{T}_M={}_B^A\boldsymbol{T}\,{}^B\boldsymbol{T}_M \tag{6.3-11} $$

等式两边对时间求导

$$ \frac{\mathrm{d}^A\boldsymbol{T}_M}{\mathrm{d}t}=\frac{\mathrm{d}_B^A\boldsymbol{T}}{\mathrm{d}t}{}^B\boldsymbol{T}_M+{}_B^A\boldsymbol{T}\frac{\mathrm{d}^B\boldsymbol{T}_M}{\mathrm{d}t} \tag{6.3-12} $$

其中，

$$ \frac{\mathrm{d}^A\boldsymbol{T}_M}{\mathrm{d}t}=\frac{\mathrm{d}\begin{bmatrix}{}^A\boldsymbol{R}_M & {}^A\boldsymbol{p}_M\\ \boldsymbol{0} & 1\end{bmatrix}}{\mathrm{d}t}=\begin{bmatrix}{}^A\hat{\boldsymbol{\omega}}_M & {}^A\boldsymbol{v}_M\\ \boldsymbol{0} & 0\end{bmatrix} $$

$$ \frac{\mathrm{d}^B\boldsymbol{T}_M}{\mathrm{d}t}=\frac{\mathrm{d}\begin{bmatrix}{}^B\boldsymbol{R}_M & {}^B\boldsymbol{p}_M\\ \boldsymbol{0} & 1\end{bmatrix}}{\mathrm{d}t}=\begin{bmatrix}{}^B\hat{\boldsymbol{\omega}}_M & {}^B\boldsymbol{v}_M\\ \boldsymbol{0} & 0\end{bmatrix} $$

令 ${}^A\boldsymbol{V}_M=\frac{\mathrm{d}^A\boldsymbol{T}_M}{\mathrm{d}t}$ 和 ${}^B\boldsymbol{V}_M=\frac{\mathrm{d}^B\boldsymbol{T}_M}{\mathrm{d}t}$ 分别表示刚体在 $\{A\}$、$\{B\}$ 坐标系中的速度。当 $\frac{\mathrm{d}_B^A\boldsymbol{T}}{\mathrm{d}t}\neq 0$ 时，可以将坐标系 $\{B\}$ 视为一个相对于坐标系 $\{A\}$ 运动的刚体，于是 $\frac{\mathrm{d}_B^A\boldsymbol{T}}{\mathrm{d}t}$ 表示坐标系 $\{B\}$ 相对于坐标系 $\{A\}$ 的速度，记作 ${}^A\boldsymbol{V}_B$。

$$ \frac{\mathrm{d}_B^A\boldsymbol{T}_M}{\mathrm{d}t}=\frac{\mathrm{d}\begin{bmatrix}{}^A\boldsymbol{R}_B & {}^A\boldsymbol{p}_B\\ \boldsymbol{0} & 1\end{bmatrix}}{\mathrm{d}t}=\begin{bmatrix}{}^A\hat{\boldsymbol{\omega}}_B & {}^A\boldsymbol{v}_B\\ \boldsymbol{0} & 0\end{bmatrix} \tag{6.3-13} $$

最终得到的表达式为

$$ {}^A\boldsymbol{V}_M={}^A\boldsymbol{V}_B\,{}^B\boldsymbol{T}_M+{}_B^A\boldsymbol{T}\,{}^B\boldsymbol{V}_M \tag{6.3-14} $$

将其展开可以得到

$$ \begin{aligned}\begin{bmatrix}{}^A\hat{\boldsymbol{\omega}}_M & {}^A\boldsymbol{v}_M\\ \boldsymbol{0} & 0\end{bmatrix}&=\begin{bmatrix}{}^A\hat{\boldsymbol{\omega}}_B & {}^A\boldsymbol{v}_B\\ \boldsymbol{0} & 0\end{bmatrix}\begin{bmatrix}{}^B\boldsymbol{R}_M & {}^B\boldsymbol{p}_M\\ \boldsymbol{0} & 1\end{bmatrix}+\begin{bmatrix}{}_B^A\boldsymbol{R} & {}^A\boldsymbol{p}_B\\ \boldsymbol{0} & 1\end{bmatrix}\begin{bmatrix}{}^B\hat{\boldsymbol{\omega}}_M & {}^B\boldsymbol{v}_M\\ \boldsymbol{0} & 0\end{bmatrix}\\ &=\begin{bmatrix}{}^A\hat{\boldsymbol{\omega}}_B\,{}^B\boldsymbol{R}_M+{}_B^A\boldsymbol{R}\,{}^B\hat{\boldsymbol{\omega}}_M & {}^A\hat{\boldsymbol{\omega}}_B\,{}^B\boldsymbol{p}_M+{}^A\boldsymbol{v}_B+{}_B^A\boldsymbol{R}\,{}^B\boldsymbol{v}_M\\ \boldsymbol{0} & 1\end{bmatrix}\end{aligned} \tag{6.3-15} $$

式(6.3-15)就是速度变换的完整表达式，它描述了一个刚体在两个相对运动的坐标系之间的速度变换，前面的线速度和角速度变换表达式都包含在其中。

如果 $\frac{\mathrm{d}_B^A\boldsymbol{T}}{\mathrm{d}t}=\boldsymbol{0}$ 时，可以得到

$$ \begin{bmatrix}{}^A\hat{\boldsymbol{\omega}}_M & {}^A\boldsymbol{v}_M\\ \boldsymbol{0} & 0\end{bmatrix}=\begin{bmatrix}{}_B^A\boldsymbol{R} & {}^A\boldsymbol{p}_B\\ \boldsymbol{0} & 1\end{bmatrix}\begin{bmatrix}{}^B\hat{\boldsymbol{\omega}}_M & {}^B\boldsymbol{v}_M\\ \boldsymbol{0} & 0\end{bmatrix} \tag{6.3-16} $$

将其展开便可得到 6.3.2 节中关于广义速度的变换表达式，为 ${}^{A}\boldsymbol{V}=\begin{bmatrix}{}^{A}_{B}\boldsymbol{R} & 0\\ 0 & {}^{A}_{B}\boldsymbol{R}\end{bmatrix}{}^{B}\boldsymbol{V}$，这一变换描述的是同一刚体在两个相对静止的坐标系间的变换。

(1) 刚体的空间速度

再考虑 6.2 节中的速度变换 ${}^{T}\boldsymbol{V}=\begin{bmatrix}{}^{T}\boldsymbol{v}\\ {}^{T}\boldsymbol{w}\end{bmatrix}=\begin{bmatrix}\boldsymbol{R}^{\mathrm{T}} & -\boldsymbol{R}^{\mathrm{T}}\hat{\boldsymbol{p}}\\ \boldsymbol{0} & \boldsymbol{R}^{\mathrm{T}}\end{bmatrix}\begin{bmatrix}\boldsymbol{v}\\ \boldsymbol{w}\end{bmatrix}=\begin{bmatrix}\boldsymbol{R}^{\mathrm{T}} & -\boldsymbol{R}^{\mathrm{T}}\hat{\boldsymbol{p}}\\ \boldsymbol{0} & \boldsymbol{R}^{\mathrm{T}}\end{bmatrix}\boldsymbol{V}$。刚体用坐标系 $\{B\}$ 表示，在 $\{A\}$ 中的位姿为 ${}^{A}_{B}\boldsymbol{T}=\begin{bmatrix}{}^{A}_{B}\boldsymbol{R} & {}^{A}\boldsymbol{p}_{B}\\ \boldsymbol{0} & 1\end{bmatrix}$。将 ${}^{A}_{B}\boldsymbol{T}$ 对时间求导，有

$$\begin{aligned}{}^{A}_{B}\dot{\boldsymbol{T}}&=\lim_{\Delta t\to 0}\frac{{}^{A}_{B}\boldsymbol{T}(t+\Delta t)-{}^{A}_{B}\boldsymbol{T}(t)}{\Delta t}=\lim_{\Delta t\to 0}\frac{\Delta^{A}_{B}\boldsymbol{T}}{\Delta t}=\lim_{\Delta t\to 0}\frac{\Delta}{\Delta t}{}^{A}_{B}\boldsymbol{T}\\&={}^{s}\hat{\boldsymbol{V}}{}^{A}_{B}\boldsymbol{T}=\begin{bmatrix}{}^{s}\hat{\boldsymbol{\omega}} & {}^{s}\boldsymbol{v}\\ \boldsymbol{0} & 1\end{bmatrix}{}^{A}_{B}\boldsymbol{T}\end{aligned}\tag{6.3-17}$$

其中，$\boldsymbol{\Delta}$ 表示微分运动算子，由微分转动 $\boldsymbol{\delta}$ 和微分移动 $\boldsymbol{d}$ 构成，$\boldsymbol{\Delta}=\begin{bmatrix}\hat{\boldsymbol{\delta}} & \boldsymbol{d}\\ \boldsymbol{0} & 1\end{bmatrix}$，$\lim\limits_{\Delta t\to 0}\dfrac{\boldsymbol{\Delta}}{\Delta t}={}^{s}\hat{\boldsymbol{V}}=\begin{bmatrix}{}^{s}\hat{\boldsymbol{\omega}} & {}^{s}\boldsymbol{v}\\ \boldsymbol{0} & 1\end{bmatrix}$ 表示刚体的速度，称为刚体的空间广义速度。由刚体的空间角速度 ${}^{s}\boldsymbol{\omega}$ 和空间线速度 ${}^{s}\boldsymbol{v}$ 构成。

于是

$${}^{s}\hat{\boldsymbol{V}}={}^{A}_{B}\dot{\boldsymbol{T}}{}^{A}_{B}\boldsymbol{T}^{-1}\tag{6.3-18}$$

将其展开

$$\begin{aligned}\begin{bmatrix}{}^{s}\hat{\boldsymbol{\omega}} & {}^{s}\boldsymbol{v}\\ \boldsymbol{0} & 1\end{bmatrix}&=\begin{bmatrix}{}^{A}_{B}\dot{\boldsymbol{R}} & {}^{A}\dot{\boldsymbol{p}}_{B}\\ \boldsymbol{0} & 1\end{bmatrix}\begin{bmatrix}{}^{A}_{B}\boldsymbol{R}^{\mathrm{T}} & -{}^{A}_{B}\boldsymbol{R}^{\mathrm{T}A}\boldsymbol{p}_{B}\\ \boldsymbol{0} & 1\end{bmatrix}\\&=\begin{bmatrix}{}^{A}_{B}\dot{\boldsymbol{R}}{}^{A}_{B}\boldsymbol{R}^{\mathrm{T}} & -{}^{A}_{B}\dot{\boldsymbol{R}}{}^{A}_{B}\boldsymbol{R}^{\mathrm{T}A}\boldsymbol{p}_{B}+{}^{A}\dot{\boldsymbol{p}}_{B}\\ \boldsymbol{0} & 1\end{bmatrix}\end{aligned}\tag{6.3-19}$$

刚体空间速度的概念有时候不直观。前面讨论的刚体的线速度，是由位置矢量求导得到的，一般选择刚体坐标系的原点作为位置矢量的一端点，但在刚体的空间速度中，线速度分量不是刚体原点的速度，其包含两项，一项是刚体本身的线速度，另一项是由于刚体的旋转产生的线速度，且该线速度是 $\{A\}$ 坐标系原点处的速度。因此，空间线速度具体是指刚体上一点在某一时刻经过坐标原点时的速度。而刚体的空间角速度分量则与刚体的角速度分量概念相同。

(2) 刚体的物体速度

刚体在自身坐标系中的速度也称为刚体的物体广义速度。需要注意的是，刚体速度在自身坐标系中的表示不同于刚体在自身坐标系中的速度，后者总是为零。

根据 6.2 节中的速度变换，可以写出刚体坐标系中的速度为

$${}^{b}\hat{\boldsymbol{V}}=\begin{bmatrix}{}^{b}\hat{\boldsymbol{\omega}} & {}^{b}\boldsymbol{v}\\ \boldsymbol{0} & 1\end{bmatrix}=\begin{bmatrix}{}^{A}_{B}\boldsymbol{R}^{\mathrm{T}} & -\boldsymbol{R}^{\mathrm{T}}\hat{\boldsymbol{p}}\\ \boldsymbol{0} & \boldsymbol{R}^{\mathrm{T}}\end{bmatrix}{}^{s}\hat{\boldsymbol{V}}=\begin{bmatrix}{}^{A}_{B}\boldsymbol{R}^{\mathrm{T}}{}^{A}_{B}\dot{\boldsymbol{R}} & {}^{A}_{B}\boldsymbol{R}^{\mathrm{T}A}\dot{\boldsymbol{p}}_{B}\\ \boldsymbol{0} & 1\end{bmatrix}\tag{6.3-20}$$

因此，6.2 节中的速度变换描述的是刚体的速度和某一跟随刚体运动的点的速度，而式

(6.3-20)中的速度变换,描述的是刚体的物体速度在不同坐标系中的表达。两者只在线速度上有区别,它反映了因为刚体旋转运动而产生的附加的线速度,实际上是由于旋转轴不相同产生的速度。

总之,空间速度的概念不太常见,只在分析特定问题(如研究每个关节对末端速度的影响)时,才需要考虑末端因为每一个关节的转动产生的线速度。

6.4 构造雅可比矩阵的方法

6.4.1 微分变换法

利用微分运动的变换关系,结合机械臂的连杆坐标系和连杆参数,根据连杆变换矩阵 ${}^{i-1}_{i}\boldsymbol{T}$ 和 ${}^{i}_{n}\boldsymbol{T}$ 可以构造雅可比矩阵。机械臂末端的位姿可以用齐次变换矩阵表示,并且可以写成多个齐次变换矩阵的乘积。例如,对于 6 关节的串联机械臂,${}^{0}_{6}\boldsymbol{T}={}^{0}_{1}\boldsymbol{T}{}^{1}_{2}\boldsymbol{T}{}^{2}_{3}\boldsymbol{T}{}^{3}_{4}\boldsymbol{T}{}^{4}_{5}\boldsymbol{T}{}^{5}_{6}\boldsymbol{T}$。其中,每一个齐次变换矩阵 ${}^{i-1}_{i}\boldsymbol{T}$ 都可以写成第 i 个关节的关节变量的函数,其反映了每一个关节变量的变化对末端的位姿的影响。由雅可比矩阵的定义可以知道,雅可比矩阵第 i 列的元素为 $J_{ji}=\dfrac{\partial x_j(\boldsymbol{q})}{\partial q_j}$,$j=1,2,\cdots,6$,反映了第 i 个关节对末端速度的影响,并且根据雅可比矩阵的齐次性,这种影响是独立的、可叠加的。下面单独讨论第 i 个关节的微运动对末端位姿的影响。

对于旋转关节 i,连杆 i 相对于连杆 $i-1$ 绕坐标系$\{i\}$的 z_i 轴做微分转动,转动量为 $\mathrm{d}\theta_i$,因此,连杆 i 相对于连杆 $i-1$ 的微分运动矢量可以写成

$$\boldsymbol{D}=\begin{bmatrix}\boldsymbol{d}\\ \boldsymbol{\delta}\end{bmatrix}=[0\quad 0\quad 0\quad 0\quad 0\quad \mathrm{d}\theta_i]^{\mathrm{T}} \tag{6.4-1}$$

根据微分运动变换的公式,可以得到第 i 个关节运动在末端产生的速度为

$${}^{T}\boldsymbol{D}=\begin{bmatrix}{}^{T}\boldsymbol{d}\\ {}^{T}\boldsymbol{\delta}\end{bmatrix}=[(\boldsymbol{p}\times\boldsymbol{n})_z\quad (\boldsymbol{p}\times\boldsymbol{o})_z\quad (\boldsymbol{p}\times\boldsymbol{a})_z\quad n_z\quad o_z\quad a_z]^{\mathrm{T}}\mathrm{d}\theta_i \tag{6.4-2}$$

同理,对于移动关节 i,连杆 i 沿 z_i 轴相对连杆 $i-1$ 做微分移动,移动量为 $\mathrm{d}a_i$,对应的微分运动为

$$\boldsymbol{D}=\begin{bmatrix}\boldsymbol{d}\\ \boldsymbol{\delta}\end{bmatrix}=[0\quad 0\quad a_i\quad 0\quad 0\quad 0]^{\mathrm{T}} \tag{6.4-3}$$

根据微分运动变换的公式,可得到第 i 个关节运动对末端产生的微分运动为

$${}^{T}\boldsymbol{D}=\begin{bmatrix}{}^{T}\boldsymbol{d}\\ {}^{T}\boldsymbol{\delta}\end{bmatrix}=[n_z\quad o_z\quad a_z\quad 0\quad 0\quad 0]^{\mathrm{T}}\mathrm{d}a_i \tag{6.4-4}$$

这样,可以得到雅可比矩阵第 i 列的元素。

对于旋转关节,雅可比矩阵可以表示为

$${}^{T}\boldsymbol{J}_{li}=\begin{bmatrix}(\boldsymbol{p}\times\boldsymbol{n})_z\\ (\boldsymbol{p}\times\boldsymbol{o})_z\\ (\boldsymbol{p}\times\boldsymbol{a})_z\end{bmatrix},\quad {}^{T}\boldsymbol{J}_{ai}=\begin{bmatrix}n_z\\ o_z\\ a_z\end{bmatrix} \tag{6.4-5}$$

对于移动关节,雅可比矩阵可以表示为

$$^{T}\boldsymbol{J}_{li}=\begin{bmatrix} n_z \\ o_z \\ a_z \end{bmatrix},\quad ^{T}\boldsymbol{J}_{ai}=\begin{bmatrix} 0 \\ 0 \\ 0 \end{bmatrix} \tag{6.4-6}$$

其中,$\boldsymbol{n},\boldsymbol{o},\boldsymbol{a},\boldsymbol{p}$ 是齐次变换矩阵 ${}^{i}_{n}\boldsymbol{T}$ 的 4 个列矢量,因此,不需要求导,只通过齐次变换矩阵就可以得到雅可比矩阵的一列元素。由此可见,这个求解方法是构造性的。由齐次变换矩阵生成雅可比矩阵的具体步骤如下:

① 计算各连杆变换矩阵 ${}^{i-1}_{i}\boldsymbol{T}$。

② 计算末端连杆至各连杆的变换矩阵,采用迭代公式为

$${}^{n-1}_{n}\boldsymbol{T}={}^{n-1}_{n}\boldsymbol{T},\cdots,{}^{i-1}_{n}\boldsymbol{T}={}^{i-1}_{i}\boldsymbol{T}\,{}^{i}_{n}\boldsymbol{T}(i=1,\cdots,n) \tag{6.4-7}$$

③ 计算 ${}^{T}\boldsymbol{J}(\boldsymbol{q})$ 的各列元素,第 i 列元素 ${}^{T}\boldsymbol{J}_i$ 由 ${}^{i}_{n}\boldsymbol{T}$ 决定。

经过这三个步骤,就完成了雅可比矩阵的构造。

下面通过构造 PUMA 机器人的雅可比矩阵说明微分变换法的具体实现步骤。

【例 6.4-1】 用微分变换法构造 PUMA 机器人的雅可比矩阵。

解:

PUMA 机器人 6 个关节都是旋转关节,所以可以写出雅可比矩阵中第 i 列元素的表达式

$${}^{T}\boldsymbol{J}_i=[(\boldsymbol{p}\times\boldsymbol{n})_z\quad(\boldsymbol{p}\times\boldsymbol{o})_z\quad(\boldsymbol{p}\times\boldsymbol{a})_z\quad n_z\quad o_z\quad a_z]^{\mathrm{T}}$$

根据前面章节的内容,已经计算出各连杆变换矩阵 ${}^{i-1}_{i}\boldsymbol{T}$。然后求解 ${}^{T}\boldsymbol{J}(\boldsymbol{q})$。第 6 列 ${}^{T}\boldsymbol{J}_6(\boldsymbol{q})$ 对应的变换矩阵是 ${}^{6}_{6}\boldsymbol{T}$,可写为

$${}^{6}_{6}\boldsymbol{T}=\begin{bmatrix} 1 & 0 & 0 & 0 \\ 0 & 1 & 0 & 0 \\ 0 & 0 & 1 & 0 \\ 0 & 0 & 0 & 1 \end{bmatrix}$$

于是 ${}^{T}\boldsymbol{J}_6=[0\quad 0\quad 0\quad 0\quad 0\quad 1]^{\mathrm{T}}$。

${}^{T}\boldsymbol{J}_5(\boldsymbol{q})$ 对应的变换矩阵是

$${}^{5}_{6}\boldsymbol{T}=\begin{bmatrix} \mathrm{c}\theta_5 & \mathrm{s}\theta_5 & 0 & 0 \\ 0 & 0 & 1 & 0 \\ -\mathrm{s}\theta_5 & \mathrm{c}\theta_5 & 0 & 0 \\ 0 & 0 & 0 & 1 \end{bmatrix}$$

可得 ${}^{T}\boldsymbol{J}_5=[0\quad 0\quad 0\quad -\mathrm{s}\theta_5\quad -\mathrm{c}\theta_5\quad 0]^{\mathrm{T}}$。

${}^{T}\boldsymbol{J}_4(\boldsymbol{q})$ 对应的变换矩阵是

$${}^{4}_{6}\boldsymbol{T}=\begin{bmatrix} \mathrm{c}\theta_5\mathrm{c}\theta_6 & -\mathrm{c}\theta_5\mathrm{s}\theta_6 & -\mathrm{s}\theta_5 & 0 \\ \mathrm{s}\theta_6 & \mathrm{c}\theta_6 & 0 & 0 \\ \mathrm{s}\theta_5\mathrm{s}\theta_6 & -\mathrm{s}\theta_5\mathrm{s}\theta_6 & \mathrm{c}\theta_5 & 0 \\ 0 & 0 & 0 & 1 \end{bmatrix}$$

可得 ${}^{T}\boldsymbol{J}_4=[0\quad 0\quad 0\quad \mathrm{s}\theta_5\mathrm{s}\theta_6\quad -\mathrm{s}\theta_5\mathrm{c}\theta_6\quad \mathrm{c}\theta_5]^{\mathrm{T}}$。

以此类推，通过微分变换方法，由齐次变换矩阵构造雅可比矩阵，将原来的求导运算转化为乘法运算，运算量减小，并且可以通过计算机进行计算。需要注意的是，通过微分变换的方法得到的雅可比矩阵 ${}^{T}\boldsymbol{J}(\boldsymbol{q})$ 是相对于机械臂工具坐标系描述的。

6.4.2 矢量积方法

基于运动坐标系的概念，惠特尼（Whitney）于 1972 年提出求雅可比矩阵的矢量积方法，如图 6.4-1 所示：末端执行器的微分移动和微分转动分别用 $\boldsymbol{d}$ 和 $\boldsymbol{\delta}$ 表示。线速度和角速度分别用 $\boldsymbol{v}$ 和 $\boldsymbol{\omega}$ 表示，$\boldsymbol{v}$ 和 $\boldsymbol{\omega}$ 可以用关节变量 $\dot{q}_i$ 表示。

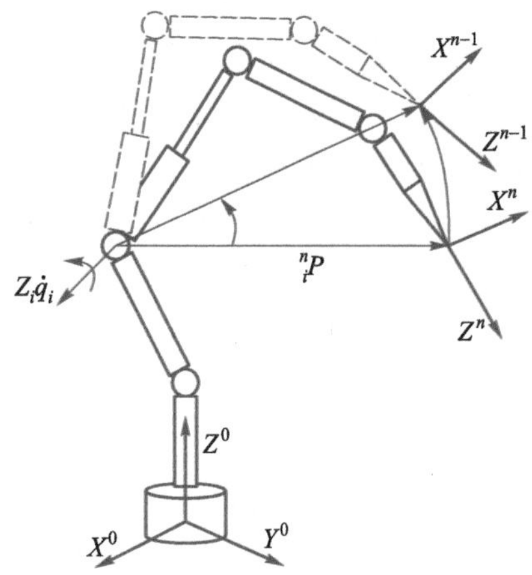

图 6.4-1　末端执行器的微分移动和微分转动

① 对于移动关节 i，在末端执行器上速度与关节 i 的 z 轴线速度 $\boldsymbol{v}$ 相同

$$\begin{bmatrix}\boldsymbol{v}\\ \boldsymbol{\omega}\end{bmatrix}=\begin{bmatrix}\boldsymbol{z}_i\\ \boldsymbol{0}\end{bmatrix}\dot{q}_i,\quad \boldsymbol{J}_i=\begin{bmatrix}\boldsymbol{z}_i\\ \boldsymbol{0}\end{bmatrix} \tag{6.4-8}$$

② 对于转动关节 i，在末端执行器上角速度 ω 为

$$\boldsymbol{\omega}=\boldsymbol{z}_i\dot{q}_i \tag{6.4-9}$$

对应的线速度可以由矢量积计算得到

$$\boldsymbol{v}=(\boldsymbol{z}_i\times{}^{i}\boldsymbol{p}_n^0)\dot{q}_i \tag{6.4-10}$$

因此对应的雅可比矩阵的第 i 列为

$$\boldsymbol{J}_i=\begin{bmatrix}\boldsymbol{z}_i\times{}^{i}\boldsymbol{p}_n^0\\ \boldsymbol{z}_i\end{bmatrix}=\begin{bmatrix}\boldsymbol{z}_i\times({}^0_i\boldsymbol{R}\,{}^{i}\boldsymbol{p}_n)\\ \boldsymbol{z}_i\end{bmatrix} \tag{6.4-11}$$

其中，${}^{i}\boldsymbol{p}_n^0$ 表示末端执行器坐标原点相对于坐标系 $\{i\}$ 的位置矢量在基座坐标系 $\{0\}$ 中的表达式。$\boldsymbol{z}_i$ 是坐标系 $\{i\}$ 的 z 轴的单位矢量。

根据以上的矢量积方法，同样可以由每一个关节的齐次变换矩阵得到雅可比矩阵的每一列，对操作臂机器人中的所有关节进行计算，就可以得到雅可比矩阵的所有元素。需要注意的是，矢量积方法得到的雅可比矩阵是相对于基坐标系 $\{0\}$ 的，即参考坐标系，对于微分变换法得到的雅可比矩阵 ${}^{T}\boldsymbol{J}(\boldsymbol{q})$ 和矢量积方法得到的雅可比矩阵 $\boldsymbol{J}(\boldsymbol{q})$，存在以下变换关系：

$$\begin{bmatrix}{}^{n}\boldsymbol{v}\\ {}^{n}\boldsymbol{\omega}\end{bmatrix}=\begin{bmatrix}{}^0_n\boldsymbol{R}^{\mathrm{T}} & \boldsymbol{0}\\ \boldsymbol{0} & {}^0_n\boldsymbol{R}^{\mathrm{T}}\end{bmatrix}\begin{bmatrix}\boldsymbol{v}\\ \boldsymbol{\omega}\end{bmatrix}=\begin{bmatrix}{}^0_n\boldsymbol{R}^{\mathrm{T}} & \boldsymbol{0}\\ \boldsymbol{0} & {}^0_n\boldsymbol{R}^{\mathrm{T}}\end{bmatrix}{}^{T}\boldsymbol{J}(\boldsymbol{q})\dot{\boldsymbol{q}} \tag{6.4-12}$$

即

$$\boldsymbol{J}(\boldsymbol{q})=\begin{bmatrix}{}^0_n\boldsymbol{R}^{\mathrm{T}} & \boldsymbol{0}\\ \boldsymbol{0} & {}^0_n\boldsymbol{R}^{\mathrm{T}}\end{bmatrix}{}^{T}\boldsymbol{J}(\boldsymbol{q}) \tag{6.4-13}$$

其中，$\boldsymbol{J}(\boldsymbol{q})$ 是在基坐标系中描述的雅可比矩阵，称为空间雅可比矩阵，${}^{T}\boldsymbol{J}(\boldsymbol{q})$ 是在物体坐标系中描述的雅可比矩阵，称为物体雅可比矩阵。

*6.4.3 旋量法

这里简单介绍一种构建雅可比矩阵的新颖方法——旋量法。根据旋量理论，任何一种刚体运动都可以转化成一个螺旋运动。速度旋量（twist）是一种在机器人学和运动学中常用的数学工具,用于描述刚体在三维空间中的运动状态,包括线速度和角速度。速度旋量提供了一种统一的方式来表示这两种类型的速度,使得运动的分析和控制更加简洁和直观。速度旋量通常表示为一个六维向量,由两部分组成:角速度向量($\boldsymbol{\omega}$)是一个三维向量,表示刚体绕其质心旋转的速度。向量的方向沿着旋转轴,根据右手定则确定,其大小等于旋转速度。线速度矢量($\boldsymbol{v}$)是一个三维向量,表示刚体质心的线速度。速度旋量可以表示为

$$\boldsymbol{\xi}=\begin{bmatrix}\boldsymbol{\omega}\\ \boldsymbol{v}\end{bmatrix} \tag{6.4-14}$$

速度旋量的物理意义在于它能够同时描述刚体的旋转和平移运动,这对于分析和控制机器人或任何刚体的动态行为非常有用。例如,在机械臂的运动规划中,速度旋量可以用来描述末端执行器的速度状态,从而指导机械臂的运动来达到期望的位置和姿态。速度旋量在机器人学、计算机视觉、仿真和许多工程领域中有广泛应用。它们特别适用于那些需要同时考虑旋转和平移运动的场景。

将一个构型下的关节运动在末端执行器上的广义速度用关节运动的单位瞬时旋量和关节广义速度表示为

$$\boldsymbol{V}_i^B=\dot{q}_i\,\boldsymbol{\xi}_i^B \tag{6.4-15}$$

其中,$\boldsymbol{V}_i^B$ 表示末端执行器由第 i 个关节所产生的广义速度,$\dot{q}_i$ 表示第 i 个关节的广义速度,$\boldsymbol{\xi}_i^B$ 表示在当前构型下第 i 个关节相对于末端执行器坐标系的瞬时旋量。

末端执行器的速度可以表示为

$$\boldsymbol{V}^B=\boldsymbol{J}_i^B(\boldsymbol{q})\dot{\boldsymbol{q}}=\dot{q}_1\boldsymbol{\xi}_1^B+\cdots+\dot{q}_i\boldsymbol{\xi}_i^B \tag{6.4-16}$$

其中,$\boldsymbol{V}^B$ 表示末端执行器的广义速度,$\boldsymbol{J}_i^B(\boldsymbol{q})$为当前构型下末端执行器坐标系相对于关节的雅可比矩阵。关于旋量的构建方法,有兴趣的读者可以查询相关资料学习。

6.5 逆雅可比矩阵和奇异性

6.5.1 逆雅可比矩阵

由雅可比矩阵的定义可知,雅可比矩阵总是存在的,可以通过直接求导或通过构造的方法得到雅可比矩阵。在对机械臂的控制中,实际目标是机械臂末端的速度,而控制的对象则是关节的速度。因此需要考虑从末端速度到关节速度的映射关系,这个过程也称为速度的反解。根据雅可比矩阵的定义,很容易得到

$$\boldsymbol{J}^{-1}(\boldsymbol{q})\dot{x}=\dot{\boldsymbol{q}}(t) \tag{6.5-1}$$

即用雅可比矩阵的逆矩阵描述末端速度到关节速度的映射。因此,速度反解转化为求解雅可比矩阵逆矩阵的问题。雅可比矩阵 $\boldsymbol{J}(\boldsymbol{q})$对于所有关节变量 $\boldsymbol{q}$ 都是存在并有意义的吗?

矩阵的逆矩阵只有在矩阵为方阵时才存在,因此只有行数和列数相同的雅可比矩阵才存在逆矩阵。对于机械臂而言,只有自由度数目等于关节数目时,雅可比矩阵才是方阵,此时的机器人也称为满自由度机器人。对雅可比矩阵逆矩阵的讨论都是对满自由度机器人进行的。对于雅可比矩阵不为方阵的情况,可以利用线性代数中伪逆矩阵代替其逆矩阵,进行分析,常

用 $\boldsymbol{J}^{-}(\boldsymbol{q})$ 和 $\boldsymbol{J}^{+}(\boldsymbol{q})$ 表示雅可比矩阵的伪逆矩阵。

当雅可比矩阵的逆矩阵存在时，逆雅可比矩阵也是关节变量的函数。某些位形下雅可比矩阵可能出现奇异，雅可比矩阵的逆矩阵不存在，即无法通过末端速度反解得到关节的速度，这些状态下的位置就称为机构的奇异位形(singularity configuration)或简称为奇异状态。所有机械臂在工作空间的边界都存在奇异位形，并且大多数机械臂在其工作空间内也存在奇异位形。当关节处于奇异位形时，它会失去一个或多个自由度(在操作空间中描述)，即奇异位形时，存在一个关节，无论其如何运动，都不会影响末端的运动。而求解奇异位形的方法，就是求解满足雅可比矩阵行列式为 0 的关节变量的值，只需令 $\det(\boldsymbol{J}(\boldsymbol{q}))=0$，方程的解 $\boldsymbol{q}$ 对应的位置即为奇异位形。

6.5.2 机构奇异性对运动的影响

【例 6.5-1】平面 2R 机械臂(如图 6.5-1 所示)的奇异位形分析。

解：

对于图示的平面 2R 机械臂，可得到它的末端位置表达式为

$$\begin{bmatrix} x \\ y \end{bmatrix} = \begin{bmatrix} L_1\cos\theta_1+L_2\cos\theta_2 \\ L_1\sin\theta_1+L_2\sin\theta_2 \end{bmatrix}$$

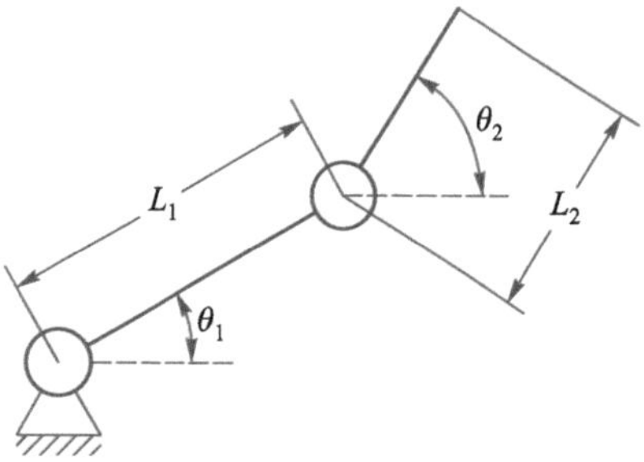

图 6.5-1 平面 2R 机械臂

两边求导可以得到末端速度和关节速度关系为

$$\begin{bmatrix} \dot{x} \\ \dot{y} \end{bmatrix} = \begin{bmatrix} -\dot{\theta}_1L_1\sin\theta_1-\dot{\theta}_2L_2\sin\theta_2 \\ \dot{\theta}_1L_1\cos\theta_1+\dot{\theta}_2L_2\cos\theta_2 \end{bmatrix} = \begin{bmatrix} -L_1\sin\theta_1 & -L_2\sin\theta_2 \\ L_1\cos\theta_1 & L_2\cos\theta_2 \end{bmatrix}\begin{bmatrix} \dot{\theta}_1 \\ \dot{\theta}_2 \end{bmatrix}$$

显然，当 θ_1 和 θ_2 相等时，雅可比矩阵出现奇异，此时，连杆 1 和连杆 2 共线，在这种状态下，连杆末端的运动总是垂直于连杆的，因此机构只有一个自由度，其中一个自由度退化了。

【例 6.5-2】平面 RP 机械臂的奇异位形分析。

解：

对于【例 6.5-1】的机构，已知其雅可比矩阵为

$$\boldsymbol{J} = \begin{bmatrix} -r\sin\theta & \cos\theta \\ r\cos\theta & \sin\theta \end{bmatrix}$$

计算其行列式为

$$\det(\boldsymbol{J}(\boldsymbol{q})) = -r\sin^2\theta - r\cos^2\theta = -r$$

因此，当 $r=0$ 时，机构处于奇异位形，此时机构旋转自由度退化，旋转关节的运动对机构末端的运动不产生影响。通过计算雅可比矩阵的行列数，得到了奇异位置。

对于雅可比矩阵不奇异的情况，则需计算其逆雅可比矩阵。平面 RP 机械臂的逆雅可比矩阵为

$$\boldsymbol{J}^{-1} = \begin{bmatrix} -\dfrac{y}{r^2} & \dfrac{x}{r^2} \\ \dfrac{x}{r} & \dfrac{y}{r} \end{bmatrix}$$

于是得到了末端速度和关节速度的关系为

$$\begin{bmatrix}\dot{r}\\ \dot{\theta}\end{bmatrix}=\begin{bmatrix}-\dfrac{y}{r^2} & \dfrac{x}{r^2}\\ \dfrac{x}{r} & \dfrac{y}{r}\end{bmatrix}\begin{bmatrix}\dot{x}\\ \dot{y}\end{bmatrix}=\begin{bmatrix}-\dfrac{y}{r^2}\dot{x}+\dfrac{x}{r^2}\dot{y}\\ \dfrac{x}{r}\dot{x}+\dfrac{y}{r}\dot{y}\end{bmatrix}$$

由前面的计算可以知道，当 $r=0$ 时机构处于奇异状态；当机构接近奇异位形时，即 r 接近 0 时，$\dot{x}$ 和 $\dot{y}$ 的系数是一个很大的数，因此关节速度将会变得很大。

经过上面的描述，机器人处于奇异位形的机构会失去部分自由度，当机构接近奇异位形时，为了达到指定的末端速度，关节速度将会很大，因此，一般避开机械臂的奇异位形。

6.5.3 机械臂的灵巧性

自由度和关节数量相等的机器人，称为满自由度机器人。在机器人执行操作任务时，其工作空间中往往存在着奇异区域。在奇异区域附近，机器人为获得给定的末端运动所需的输入关节速度相当大，这时，表现为改变末端某一或某些方向的运动变得十分困难，也就是说，机器人的运动灵巧性不高。为了衡量机器人的灵巧性，提出了一些度量指标，下面介绍其中的一种。

机器人的灵巧性与其是否处于奇异区域有关，即与机器人的雅可比矩阵的奇异值有关。根据矩阵的奇异值分解理论，可将机器人在任意位形的雅可比矩阵 $\boldsymbol{J}(\boldsymbol{q})$ 分解成

$$\boldsymbol{J}(\boldsymbol{q})=\boldsymbol{U}\boldsymbol{\Sigma}\boldsymbol{V} \tag{6.5-2}$$

其中，雅可比矩阵 $\boldsymbol{J}(\boldsymbol{q})$ 是 $m\times n$ 的矩阵，$\boldsymbol{U}$ 是 m 维方阵，$\boldsymbol{V}$ 是 n 维方阵，$\boldsymbol{\Sigma}$ 是 $m\times n$ 维矩阵，且表达式为

$$\boldsymbol{\Sigma}=\begin{bmatrix}\sigma_1 & 0 & \cdots & 0 & 0\\ 0 & \sigma_2 & \cdots & 0 & 0\\ \vdots & \vdots & & \vdots & \vdots\\ 0 & 0 & \cdots & \sigma_m & 0\end{bmatrix} \tag{6.5-3}$$

其中，$\sigma_1,\sigma_2,\cdots,\sigma_m$ 是雅可比矩阵的 m 个奇异值。其中最大值为 σ_1，最小值为 σ_{m}。

根据线性代数的知识，矩阵 $\boldsymbol{\Sigma}$ 和雅可比矩阵 $\boldsymbol{J}(\boldsymbol{q})$ 具有相同的秩，记为

$$\operatorname{rank}(\boldsymbol{\Sigma})=\operatorname{rank}(\boldsymbol{J}(\boldsymbol{q}))=r \tag{6.5-4}$$

当 $r<m$ 时，$\boldsymbol{\Sigma}$ 可以写成

$$\boldsymbol{\Sigma}=\begin{bmatrix}\sigma_1 & 0 & \cdots & 0 & \cdots & 0 & 0\\ 0 & \sigma_2 & \cdots & 0 & \cdots & 0 & 0\\ \vdots & \vdots & & \vdots & & \vdots & \vdots\\ 0 & 0 & \cdots & \sigma_r & \cdots & 0 & 0\\ \vdots & \vdots & & \vdots & & \vdots & \vdots\\ 0 & 0 & \cdots & 0 & \cdots & 0 & 0\end{bmatrix} \tag{6.5-5}$$

其中，σ_1 为最大奇异值，σ_r 为最小奇异值。可以通过雅可比矩阵和奇异值描述机械臂的灵巧性（dexterity）。

（1）条件数

线性代数中，条件数（condition number）用于衡量矩阵的病态与否，表示矩阵对于误差的敏

感性。索尔兹伯里(Salisbury)和克雷格(Craig)利用雅可比矩阵的条件数作为评定一些手爪的尺寸优化准则。条件数的定义如下：

$$k(\boldsymbol{J})=\begin{cases}\|\boldsymbol{J}(\boldsymbol{q})\|\|\boldsymbol{J}^{-}(\boldsymbol{q})\|, & m=n\\ \|\boldsymbol{J}(\boldsymbol{q})\|\|\boldsymbol{J}^{+}(\boldsymbol{q})\|, & m<n\end{cases} \tag{6.5-6}$$

其中,$\boldsymbol{J}^{-}(\boldsymbol{q})$和$\boldsymbol{J}^{+}(\boldsymbol{q})$表示雅可比矩阵的伪逆矩阵,是由雅可比矩阵方程$\dot{\boldsymbol{x}}=\boldsymbol{J}(\boldsymbol{q})\dot{\boldsymbol{q}}$反解得到的。$\|\cdot\|$称为矩阵的范数,线性代数中用于衡量矩阵大小的值,常取欧式范数。可以证明,条件数与奇异值存在以下关系：

$$k(\boldsymbol{J})=\frac{\sigma_1}{\sigma_r} \tag{6.5-7}$$

这里定义的条件数对于非方阵也适用,显然矩阵条件数的取值范围是$k\in[1,\infty)$。

条件数可以用于描述机械臂的灵巧性,对于线性方程$\dot{\boldsymbol{x}}=\boldsymbol{J}(\boldsymbol{q})\dot{\boldsymbol{q}}$,条件数越小,反映雅可比矩阵的病态程度越低,解$\dot{\boldsymbol{x}}$对$\dot{\boldsymbol{q}}$误差的敏感程度,即关节处的运动误差对末端运动的影响越小。因此,在进行设计时,应尽量使其条件数为1,这时机械臂的灵巧性也最高,各奇异值相等,此时将机械臂所处的位形称为各向同性位形。

(2) 最小奇异值

雅可比矩阵$\boldsymbol{J}(\boldsymbol{q})$的最小奇异值是用来控制关节速度上限的指标。

$$\|\dot{\boldsymbol{q}}\|<\left(\frac{1}{\sigma_r}\right)\|\dot{\boldsymbol{x}}\| \tag{6.5-8}$$

在奇异值附近,$\sigma_r\to 0$,对于给定的机械臂末端的速度$\|\dot{\boldsymbol{x}}\|$,对应的关节速度$\|\dot{\boldsymbol{q}}\|$非常大,因此,最小奇异值越大,机械臂末端速度对应的关节速度越小,相应地,机械臂末端对关节速度的响应也更快,机械臂灵巧性更好。

6.6 力雅可比矩阵

6.6.1 机械臂上的静力

本节主要讨论静力在不同连杆之间的变换。对于机械臂静力的研究方法是:首先锁定所有关节以使机械臂的结构固定;然后对结构中的连杆进行受力分析,写出力和力矩在不同坐标系下的平衡关系;最后计算各关节轴需要多大的静力矩以保持机械臂的平衡。这样就可以得到提供末端负载能力各关节所需要的力矩。另外,在对机械臂的静力进行讨论时,不考虑关节摩擦力,且关节的静力和静力矩是由施加在最后一个连杆上的静力或静力矩引起的,即由负载引起的。

为了便于关节受力分析,相邻连杆所施加的力和力矩定义如下：

${}^{i}\boldsymbol{f}_{i+1}$:连杆 $i+1$ 施加在连杆 i 上的力；

${}^{i}\boldsymbol{m}_{i+1}$:连杆 $i+1$ 施加在连杆 i 上的力矩。

按照约定建立连杆坐标系。对于连杆 i,在平衡时,力和力矩分别平衡,其平衡方程为

$${}^{i}\boldsymbol{f}-{}^{i}\boldsymbol{f}_{i+1}=\boldsymbol{0} \tag{6.6-1}$$

$$^{i}\boldsymbol{m}_i-{}^{i}\boldsymbol{m}_{i+1}-{}^{i}\boldsymbol{p}_{i+1}\times{}^{i}\boldsymbol{f}_{i+1}=\boldsymbol{0} \tag{6.6-2}$$

如果从施加于手部的力和力矩的描述开始,从末端连杆到基座进行计算就可以计算出作用于每一个连杆上的力和力矩,整理上面的表达式为

$$^{i}\boldsymbol{f}={}^{i}\boldsymbol{f}_{i+1} \tag{6.6-3}$$

$$^{i}\boldsymbol{m}_i={}^{i}\boldsymbol{m}_{i+1}+{}^{i}\boldsymbol{p}_{i+1}\times{}^{i}\boldsymbol{f}_{i+1} \tag{6.6-4}$$

为了得到连杆本体坐标系中的力和力矩的表达式,用坐标系$\{i+1\}$相对于坐标系$\{i\}$描述的旋转矩阵进行变换,得到了连杆之间静力的变换表达式,也可以看成是连杆之间静力“传递”的表达式,为

$$^{i}\boldsymbol{f}_i={}_{i+1}^{\ \ i}\boldsymbol{R}^{i+1}\boldsymbol{f}_{i+1} \tag{6.6-5}$$

$$^{i}\boldsymbol{m}_i={}_{i+1}^{\ \ i}\boldsymbol{R}^{i+1}\boldsymbol{m}_{i+1}+{}^{i}\boldsymbol{p}_{i+1}\times{}^{i}\boldsymbol{f}_{i+1} \tag{6.6-6}$$

除了绕关节轴的力矩和沿关节轴的力,力和力矩矢量所有分量都可以由机械臂机构本身来平衡,绕关节轴的力矩和沿关节轴的力由关节提供,即由关节处的驱动提供。可以通过矢量的点积计算需要的力和力矩。

对于移动关节,驱动可以提供沿关节轴的力为

$$\boldsymbol{\tau}_i={}^{i}\boldsymbol{f}_i^{\mathrm{T}}\,{}^{i}\boldsymbol{Z}_i \tag{6.6-7}$$

其中$^{i}\boldsymbol{Z}_i$为坐标系$\{i\}$的z轴单位矢量。

对于转动关节,驱动可以提供绕关节轴的力矩为

$$\boldsymbol{\tau}_i={}^{i}\boldsymbol{m}_i^{\mathrm{T}}\,{}^{i}\boldsymbol{Z}_i \tag{6.6-8}$$

6.6.2 力域中的雅可比矩阵

可以用一个六维矢量$\boldsymbol{F}_n$表示机械臂末端作用于对象的力$\boldsymbol{f}_n$和力矩$\boldsymbol{m}_n$,表达式为

$$\boldsymbol{F}_n=\begin{bmatrix}\boldsymbol{f}_n\\ \boldsymbol{m}_n\end{bmatrix}=[f_x\quad f_y\quad f_z\quad m_x\quad m_y\quad m_z]^{\mathrm{T}} \tag{6.6-9}$$

其中,矢量$\boldsymbol{F}_n$称为广义力(generalized force)矢量,为机械臂输出力矢量。操作对象作用于机械臂末端的力为末端广义力矢量的反作用力矢量,表示为$-\boldsymbol{F}_n$。

机械臂中n个关节的力或力矩也可以用一个n维矢量$\boldsymbol{\tau}_n$表示,为

$$\boldsymbol{\tau}_n=[\tau_1\quad \tau_2\quad \cdots\quad \tau_n]^{\mathrm{T}} \tag{6.6-10}$$

其中,矢量$\boldsymbol{\tau}_n$称为关节力矩矢量,是机械臂的输入矢量。

根据虚位移和虚功原理,在静态下,在关节处关节力和力矩与外部的力和力矩平衡,当力作用在机构上时,机构若有位移,力就做了功。对于静止的状态,可以假设机构有无穷小的位移,称为虚位移,对应做的功称为虚功。由于功是一个标量,在不同坐标系下的描述都是相同的,利用虚功相同就可以建立不同坐标系下力的关系。

假设各关节的虚位移为δq_i,对应机械臂末端的虚位移为

$$\boldsymbol{D}=[d_x\quad d_y\quad d_z\quad \delta_x\quad \delta_y\quad \delta_z]^{\mathrm{T}} \tag{6.6-11}$$

这时各关节驱动力产生的虚功为

$$w_1=\boldsymbol{\tau}_n^{\mathrm{T}}\delta\boldsymbol{q}=\sum_{i=1}^{n}\tau_i\delta q_i \tag{6.6-12}$$

作用在末端机械臂上的力 $-\boldsymbol{F}$ 所做的虚功为

$$w_2=-\boldsymbol{F}_n^{\mathrm{T}}\boldsymbol{D}=-f_x d_x-f_y d_y-f_z d_z-m_x\delta_x-m_y\delta_y-m_z\delta_z \tag{6.6-13}$$

根据虚功原理(principle of virtual work),所有力所做的虚功之和为零,于是

$$w_1+w_2=\boldsymbol{\tau}_n^{\mathrm{T}}\delta\boldsymbol{q}-\boldsymbol{F}_n^{\mathrm{T}}\boldsymbol{D}=0 \tag{6.6-14}$$

通过雅可比矩阵可以建立关节处微小位移和末端微小位移的关系:

$$\boldsymbol{J}_n(\boldsymbol{q})\delta\boldsymbol{q}=\boldsymbol{D}$$

代入式(6.6-14)计算可以得到

$$\boldsymbol{\tau}_n^{\mathrm{T}}=\boldsymbol{F}_n^{\mathrm{T}}\boldsymbol{J}_n(\boldsymbol{q}) \tag{6.6-15}$$

两边转置可得

$$\boldsymbol{\tau}_n=\boldsymbol{J}_n^{\mathrm{T}}(\boldsymbol{q})\boldsymbol{F}_n \tag{6.6-16}$$

上式建立了机械臂末端力和关节力的变换。矩阵 $\boldsymbol{J}_n^{\mathrm{T}}(\boldsymbol{q})$ 称为力雅可比矩阵。在不考虑关节摩擦并且机械臂处于静止时,关节处驱动力可以通过末端机械臂的广义力计算得到。雅可比矩阵和力雅可比矩阵是互为转置关系的。当雅可比矩阵不满秩时,由前面的内容知道,某些自由度会退化,对于速度而言,该关节的运动不再对末端运动有影响;对于力而言,则是末端处广义力不再影响关节的驱动力。

6.6.3 静力的变换

式(6.6-5)和(6.6-6)得到了两个坐标系中力和力矩变换的"传递"表达式。将这两个坐标系用坐标系 $\{A\}$ 和坐标系 $\{B\}$ 代替,假设 $\{B\}$ 和 $\{A\}$ 的关系可以用齐次变换矩阵 ${}_B^A\boldsymbol{T}$ 表示,${}_B^A\boldsymbol{T}=\begin{bmatrix}{}_B^A\boldsymbol{R} & {}^A\boldsymbol{p}_B\\ \boldsymbol{0} & 1\end{bmatrix}$。将力和力矩写成广义力形式,可以得到广义力的变换为

$$\boldsymbol{F}_A=\begin{bmatrix}\boldsymbol{f}_A\\ \boldsymbol{m}_A\end{bmatrix}=\begin{bmatrix}{}_B^A\boldsymbol{R} & \boldsymbol{0}\\ {}^A\hat{\boldsymbol{p}}_{B}{}_B^A\boldsymbol{R} & {}_B^A\boldsymbol{R}\end{bmatrix}\begin{bmatrix}\boldsymbol{f}_B\\ \boldsymbol{m}_B\end{bmatrix}=\begin{bmatrix}{}_B^A\boldsymbol{R} & \boldsymbol{0}\\ {}^A\hat{\boldsymbol{p}}_{B}{}_B^A\boldsymbol{R} & {}_B^A\boldsymbol{R}\end{bmatrix}\boldsymbol{F}_B={}_B^A\boldsymbol{T}_F\boldsymbol{F}_B \tag{6.6-17}$$

其中,${}^A\hat{\boldsymbol{p}}_B$ 表示 ${}^A\boldsymbol{p}_B$ 生成的反对称矩阵,${}_B^A\boldsymbol{T}_F$ 表示 $\{A\}$ 和 $\{B\}$ 的力-力矩变换矩阵。

这个表达式与刚体空间速度和物体速度的变换表达式类似,坐标系 $\{B\}$ 相对于坐标系 $\{A\}$ 运动的广义速度记为 ${}^A\boldsymbol{V}_B$,$\{B\}$ 相对于自身坐标系运动的广义速度记为 ${}^B\boldsymbol{V}_B$,于是 ${}^B\boldsymbol{V}_B$ 是坐标系的物体速度,${}^A\boldsymbol{V}_B$ 是空间速度。变换关系可以写成

$$\begin{aligned}{}^A\boldsymbol{V}_B&=\begin{bmatrix}{}^A\boldsymbol{v}_B\\ {}^A\boldsymbol{\omega}_B\end{bmatrix}=\begin{bmatrix}{}_B^A\boldsymbol{R} & {}^A\hat{\boldsymbol{p}}_{B}{}_B^A\boldsymbol{R}\\ \boldsymbol{0} & {}_B^A\boldsymbol{R}\end{bmatrix}\begin{bmatrix}{}^B\boldsymbol{v}_B\\ {}^B\boldsymbol{\omega}_B\end{bmatrix}\\ &=\begin{bmatrix}{}_B^A\boldsymbol{R} & {}^A\hat{\boldsymbol{p}}_{B}{}_B^A\boldsymbol{R}\\ \boldsymbol{0} & {}_B^A\boldsymbol{R}\end{bmatrix}{}^B\boldsymbol{V}_B={}_B^A\boldsymbol{T}_V{}^B\boldsymbol{V}_B\end{aligned} \tag{6.6-18}$$

其中,${}_B^A\boldsymbol{T}_V$ 表示 $\{A\}$ 和 $\{B\}$ 的速度变换矩阵。

所以,力-力矩变换矩阵和速度变换矩阵十分相近。根据这种相似性,可以将广义力矢量定义为空间广义力和物体广义力矢量。物体广义力定义为在物体坐标系下描述的力,因为空间中的广义力总可以合成为一个力和一个力偶,因此在这个力的作用点处建立坐标系,在该坐标系下描述的力就是物体广义力。而空间广义力是这个力在另一个坐标系 $\{A\}$ 的原点上的作

用效果，因此产生了附加力矩 ${}^{i}\boldsymbol{p}_{i+1}\times{}^{i}\boldsymbol{f}_{i+1}$。实际上，广义力的变换是指在空间中不同位置同一个广义力的作用效果的变换，这是由于力矢量是一个线矢量而不是自由矢量，作用效果因为作用点不同而不同，所以变换的实质是关于作用效果的变换。同样地，刚体的广义速度其实也是线矢量，跟随刚体旋转的一点的角速度和这一点相对于刚体的位置有关，即与角速度的作用位置有关，因此对刚体广义速度的变换形式与力的变换具有对偶的形式。

【例 6.6-1】如图 6.6-1 所示 2R 平面机器人，已知末端力矢量 ${}^{3}\boldsymbol{f}_3$ 以及当前位形的关节角，求关节力矩

解法一（递推法）：建立各连杆坐标系。写出从末端到基座各坐标系间的旋转矩阵、坐标原点矢量、负载矢量为

$$
{}_{1}^{0}\boldsymbol{R}=\begin{bmatrix} c\theta_1 & -s\theta_1 & 0 \\ s\theta_1 & c\theta_1 & 0 \\ 0 & 0 & 1 \end{bmatrix},\quad {}_{2}^{1}\boldsymbol{R}=\begin{bmatrix} c\theta_2 & -s\theta_2 & 0 \\ s\theta_2 & c\theta_2 & 0 \\ 0 & 0 & 1 \end{bmatrix},\quad {}_{3}^{2}\boldsymbol{R}=\begin{bmatrix} 1 & 0 & 0 \\ 0 & 1 & 0 \\ 0 & 0 & 1 \end{bmatrix}
$$

$$
{}^{0}\boldsymbol{p}_1=\begin{bmatrix} 0 \\ 0 \\ 0 \end{bmatrix},\quad {}^{1}\boldsymbol{p}_2=\begin{bmatrix} l_1 \\ 0 \\ 0 \end{bmatrix},{}^{2}\boldsymbol{p}_3=\begin{bmatrix} l_2 \\ 0 \\ 0 \end{bmatrix}
$$

$$
{}^{3}\boldsymbol{f}_3=\begin{bmatrix} f_x \\ f_y \\ 0 \end{bmatrix},\quad {}^{3}\boldsymbol{n}_3=\begin{bmatrix} 0 \\ 0 \\ 0 \end{bmatrix}
$$

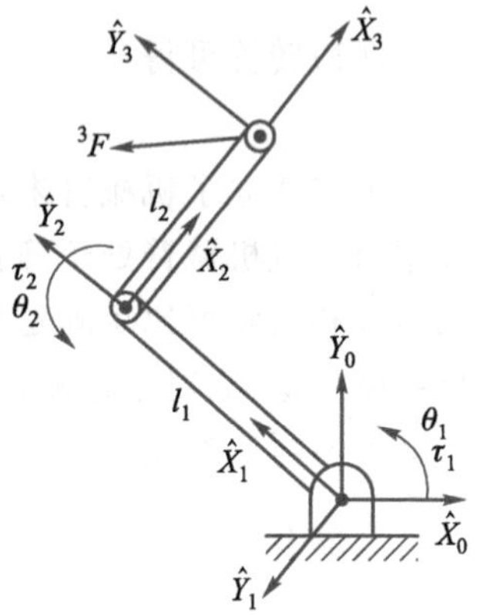

图 6.6-1 2R 平面机器人

将上述已知量从末端到基座，逐次代入下式，计算关节转矩为

$$
{}^{i}\boldsymbol{f}_i={}_{i+1}^{i}\boldsymbol{R}^{i+1}\boldsymbol{f}_{i+1}
$$

$$
{}^{i}\boldsymbol{m}_i={}_{i+1}^{i}\boldsymbol{R}^{i+1}\boldsymbol{m}_{i+1}+{}^{i}\boldsymbol{p}_{i+1}\times{}^{i}\boldsymbol{f}_i
$$

$$
\tau_i={}^{i}\boldsymbol{m}_i^{\mathrm{T}}\,{}^{i}\boldsymbol{Z}_i
$$

对于关节 2，已知

$$
{}^{3}\boldsymbol{f}_3=\begin{bmatrix} f_x \\ f_y \\ 0 \end{bmatrix},\quad {}^{3}\boldsymbol{m}_3=\begin{bmatrix} 0 \\ 0 \\ 0 \end{bmatrix},\quad {}_{3}^{2}\boldsymbol{R}=\begin{bmatrix} 1 & 0 & 0 \\ 0 & 1 & 0 \\ 0 & 0 & 1 \end{bmatrix},\quad {}^{2}\boldsymbol{p}_3=\begin{bmatrix} l_2 \\ 0 \\ 0 \end{bmatrix}
$$

则

$$
{}^{2}\boldsymbol{f}_2=\begin{bmatrix} 1 & 0 & 0 \\ 0 & 1 & 0 \\ 0 & 0 & 1 \end{bmatrix}\begin{bmatrix} f_x \\ f_y \\ 0 \end{bmatrix}=\begin{bmatrix} f_x \\ f_y \\ 0 \end{bmatrix}
$$

$$
{}^{2}\boldsymbol{m}_2=\begin{bmatrix} 1 & 0 & 0 \\ 0 & 1 & 0 \\ 0 & 0 & 1 \end{bmatrix}\begin{bmatrix} 0 \\ 0 \\ 0 \end{bmatrix}+\begin{bmatrix} l_2 \\ 0 \\ 0 \end{bmatrix}\times\begin{bmatrix} f_x \\ f_y \\ 0 \end{bmatrix}=\begin{bmatrix} 0 \\ 0 \\ l_2 f_y \end{bmatrix}
$$

$$
\tau_2=\begin{bmatrix} 0 \\ 0 \\ l_2 f_y \end{bmatrix}^{\mathrm{T}}\begin{bmatrix} 0 \\ 0 \\ 1 \end{bmatrix}=l_2 f_y
$$

对于关节 1,已知

$$
{}^{2}\boldsymbol{f}_2=\begin{bmatrix} f_x \\ f_y \\ 0 \end{bmatrix},\quad {}^{2}\boldsymbol{m}_2=\begin{bmatrix} 0 \\ 0 \\ l_2 f_y \end{bmatrix},\quad {}^{1}_{2}\boldsymbol{R}=\begin{bmatrix} c\theta_2 & -s\theta_2 & 0 \\ s\theta_2 & c\theta_2 & 0 \\ 0 & 0 & 1 \end{bmatrix},\quad {}^{1}\boldsymbol{p}_2=\begin{bmatrix} l_1 \\ 0 \\ 0 \end{bmatrix}
$$

则

$$
{}^{1}\boldsymbol{f}_1=\begin{bmatrix} c\theta_2 & -s\theta_2 & 0 \\ s\theta_2 & c\theta_2 & 0 \\ 0 & 0 & 1 \end{bmatrix}\begin{bmatrix} f_x \\ f_y \\ 0 \end{bmatrix}=\begin{bmatrix} c\theta_2 f_x-s\theta_2 f_y \\ s\theta_2 f_x+c\theta_2 f_y \\ 0 \end{bmatrix}
$$

$$
{}^{2}\boldsymbol{m}_2=\begin{bmatrix} c\theta_2 & -s\theta_2 & 0 \\ s\theta_2 & c\theta_2 & 0 \\ 0 & 0 & 1 \end{bmatrix}\begin{bmatrix} 0 \\ 0 \\ l_2 f_y \end{bmatrix}+\begin{bmatrix} l_1 \\ 0 \\ 0 \end{bmatrix}\times\begin{bmatrix} c\theta_2 f_x-s\theta_2 f_y \\ s\theta_2 f_x+c\theta_2 f_y \\ 0 \end{bmatrix}=\begin{bmatrix} 0 \\ 0 \\ l_1 s\theta_2 f_x+l_1 c\theta_2 f_y+l_2 f_y \end{bmatrix}
$$

$$
\tau_1=\begin{bmatrix} 0 \\ 0 \\ l_1 s\theta_2 f_x+l_1 c\theta_2 f_y+l_2 f_y \end{bmatrix}^{\mathrm{T}}\begin{bmatrix} 0 \\ 0 \\ 1 \end{bmatrix}=l_1 s\theta_2 f_x+l_1 c\theta_2 f_y+l_2 f_y
$$

最终,得到

$$
\tau_1=l_1 s\theta_2 f_x+(l_1 c\theta_2+l_2)f_y
$$

$$
\tau_2=l_2 f_y
$$

写成矩阵形式

$$
\begin{bmatrix} \tau_1 \\ \tau_2 \end{bmatrix}=\begin{bmatrix} l_1 s\theta_2 & l_2+l_1 c\theta_2 \\ 0 & l_2 \end{bmatrix}\begin{bmatrix} f_x \\ f_y \end{bmatrix}
$$

解法二(雅可比矩阵法):对于平面 2R 机械臂,可得到它的末端位置表达式

$$
\begin{bmatrix} x \\ y \end{bmatrix}=\begin{bmatrix} l_1 c\theta_1+l_2 c\theta_2 \\ l_1 s\theta_1+l_2 s\theta_2 \end{bmatrix}
$$

两边求导可以得到雅可比矩阵为

$$
\boldsymbol{J}=\begin{bmatrix} -l_1 s\theta_1-l_2 s\theta_{12} & -l_2 s\theta_{12} \\ l_1 c\theta_1+l_2 c\theta_{12} & l_2 c\theta_{12} \end{bmatrix}
$$

则力雅可比矩阵为

$$
\boldsymbol{J}^{\mathrm{T}}=\begin{bmatrix} -l_1 s\theta_1-l_2 s\theta_{12} & l_1 c\theta_1+l_2 c\theta_{12} \\ -l_2 s\theta_{12} & l_2 c\theta_{12} \end{bmatrix}
$$

各个关节的平衡驱动力矩为

$$
\begin{aligned}
\boldsymbol{\tau} &= \boldsymbol{J}^{\mathrm{T}}\boldsymbol{F} \\
&=\begin{bmatrix} -l_1 s\theta_1-l_2 s\theta_{12} & l_1 c\theta_1+l_2 c\theta_{12} \\ -l_2 s\theta_{12} & l_2 c\theta_{12} \end{bmatrix}\boldsymbol{F} \\
&=\begin{bmatrix} l_1 s\theta_2 & l_2+l_1 c\theta_2 \\ 0 & l_2 \end{bmatrix}\begin{bmatrix} f_x \\ f_y \end{bmatrix}
\end{aligned}
$$

从两种计算结果可知,无论采用哪一种方法,关节与力雅可比矩阵的关系是唯一的。

6.7 小结

本章详细介绍了雅可比矩阵的概念,以及微分变换、矢量积、旋量三种构造方法,建立了机器人末端速度与关节速度的映射关系。通过逆雅可比矩阵的奇异性,分析机器人的奇异位形。此外,介绍了力雅可比矩阵,对机器人进行静力学分析,用于解析机器人的运动和控制,从而帮助机器人执行各种任务,包括精确定位、避障、路径规划和任务执行。

第五、六章介绍了机械臂的运动学及其雅可比矩阵,第七章将介绍移动机器人的运动学。

6.8 习题

【题 6-1】什么是机械臂的雅可比矩阵?

【题 6-2】机械臂的速度雅可比矩阵和静力雅可比矩阵有什么关系?

【题 6-3】构造机械臂雅可比矩阵的方法有哪些?各自有什么特点?

【题 6-4】机械臂的灵巧性是什么?如何计算?

【题 6-5】图题 6-1 所示平面 RR 机械臂在如图位置时,$\theta_1=0$,$\theta_2=\pi/2$,生成手爪力 $\boldsymbol{F}_A=[f_x \quad 0]^{\mathrm{T}}$ 或 $\boldsymbol{F}_B=[0 \quad f_y]^{\mathrm{T}}$。求对应的驱动力 τ_1 和 τ_2。

【题 6-6】图题 6-2 所示平面 RR 机械臂,手部沿 x 轴正向以 1.0m/s 的速度移动,杆长 $l_1=l_2=0.5$m。设在某时刻 $\theta_1=30°$,$\theta_2=-60°$,求该时刻的关节速度。已知平面 RR 机械臂速度雅可比矩阵为

$$\boldsymbol{J}=\begin{bmatrix} -l_1 s\theta_1-l_2 s\theta_{12} & -l_2 s\theta_{12} \\ l_1 c\theta_1+l_2 c\theta_{12} & l_2 c\theta_{12} \end{bmatrix}$$

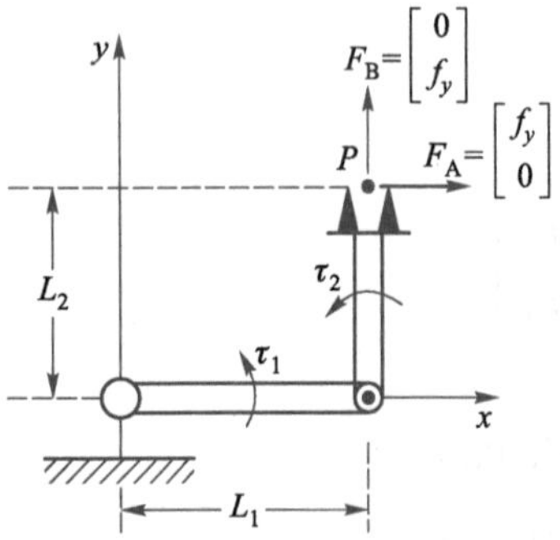

图题 6-1 平面 RR 机械臂

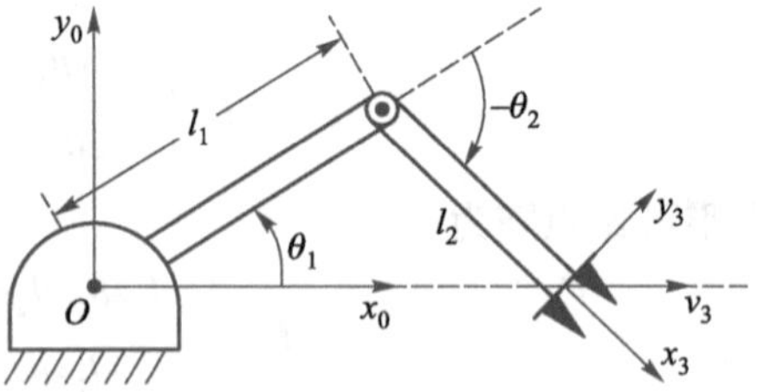

图题 6-2 平面 RR 机械臂速度分析

【题 6-7】已知斯坦福机器人各关节变量 $\theta_1=0°$,$\theta_2=90°$,$d_3=20$mm,$\theta_4=0°$,$\theta_5=90°$,$\theta_6=-90°$及它们的微分量,末端执行器位姿为 $\boldsymbol{T}=\begin{bmatrix} 0 & 1 & 0 & 2 \\ 1 & 0 & 0 & 6 \\ 0 & 0 & -1 & 0 \\ 0 & 0 & 0 & 1 \end{bmatrix}$。试决定雅可比矩阵的各元素

值,并计算其微分运动量 $\boldsymbol{D}$。

【题 6-8】若 $\boldsymbol{p}={}^0\boldsymbol{J}(\boldsymbol{q})^{\mathrm{T}}\boldsymbol{F}_n$ 成立,试证 $\boldsymbol{p}=\boldsymbol{J}(\boldsymbol{q})^{\mathrm{T}}\tilde{\boldsymbol{F}}_n$,式中 $\boldsymbol{p}$ 为平衡力及平衡力矩矢量,$\boldsymbol{F}_n$ 为绝对坐标系描述的作用在 n 号杆件上的静负载,$\tilde{\boldsymbol{F}}_n$ 为 $\{n\}$ 坐标系描述的负载。

【题 6-9】某个双连杆操纵器具有以下雅可比矩阵:

$$
{}^0\boldsymbol{J}(\theta)=\begin{bmatrix} -l_1\mathrm{s}\theta_1-l_2\mathrm{s}\theta_{12} & -l_2\mathrm{s}\theta_{12} \\ l_1\mathrm{c}\theta^1+l_2\mathrm{c}\theta_{12} & l_2\mathrm{c}\theta_{12} \end{bmatrix}
$$

忽略重力,操纵器将应用静态力矢量 ${}^0\boldsymbol{F}=10\boldsymbol{X}_0$,所需的关节扭矩是多少?

【题 6-10】计算图题 6-3 中 SCARA 机械臂的雅可比矩阵。

【题 6-11】计算图题 6-4 中圆柱坐标系机械臂的雅可比矩阵。

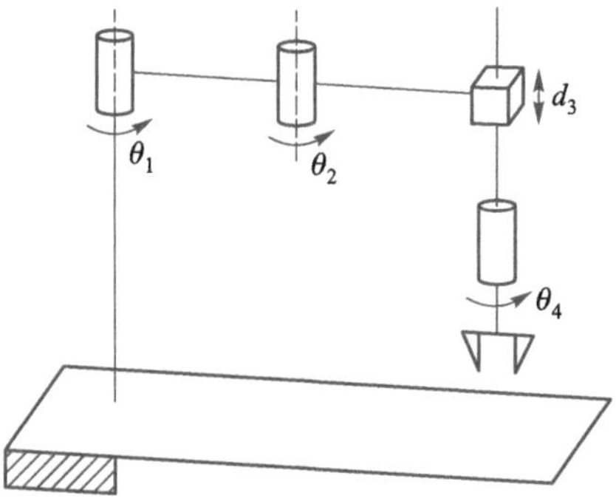

图题 6-3 SCARA 机械臂

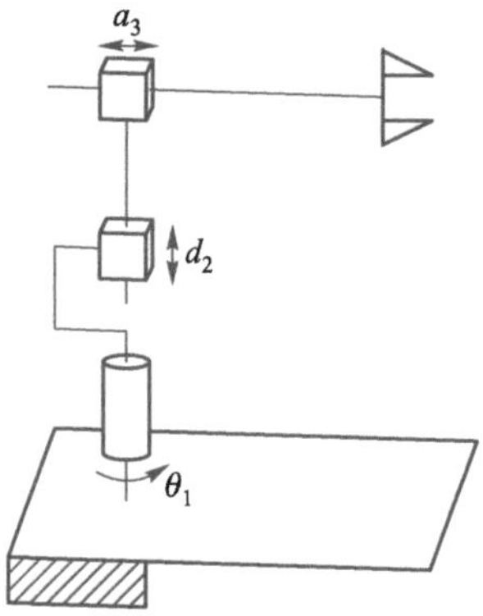

图题 6-4 圆柱坐标系机械臂

【题 6-12】已知

$$
{}^A\boldsymbol{T}_B=\begin{bmatrix} 0.866 & -0.5 & 0 & 10 \\ 0.5 & 0.866 & 0 & 0 \\ 0 & 0 & 1 & 5 \\ 0 & 0 & 0 & 1 \end{bmatrix}
$$

如果坐标系 $\{A\}$ 原点的速度矢量为 ${}^A\boldsymbol{u}=[0 \quad 2 \quad -3 \quad 1.14 \quad 1.414 \quad 0]^{\mathrm{T}}$,试求参考点在坐标系 $\{B\}$ 原点的 6×1 速度矢量。

【题 6-13】如图题 6-5 所示的 2 自由度平面机器人末端对外施加的作用力为 F_3,求各关节驱动力矩。

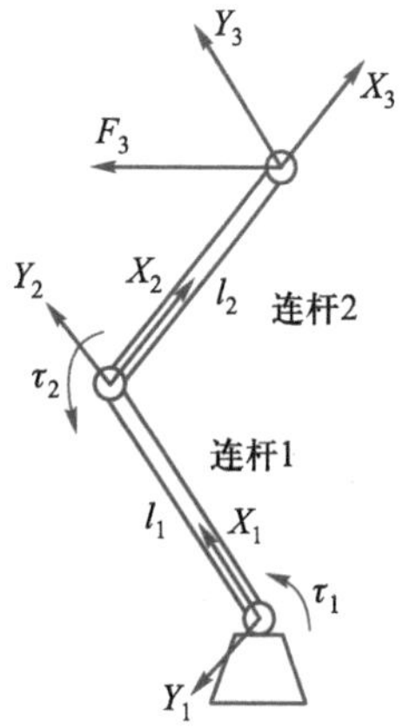

图题 6-5 2 自由度平面机器人

【题 6-14】分析如图题 6-6 所示平面 3R 机器人的奇异位置。

【题 6-15】分析如图题 6-7 所示平面球坐标系机器人的奇异位置。

【题 6-16】为了实现图题 6-8 所示平面 2R 机械手末端沿着 X_0 轴以 1m/s 的速度运动,求响应的关节速度 $\dot{\boldsymbol{q}}=[\dot{\theta}_1 \quad \dot{\theta}_2]^{\mathrm{T}}$。

【题 6-17】图题 6-9 所示平面三自由度机械臂,其手部握有焊接工具,若已知各个关节瞬时角速度以及瞬时角度,求焊接工具末端 A 的线速度。

【题 6-18】图题 6-10 所示平面二自由度机械臂,求出该机械臂的雅可比矩阵。不计重力,求出使得机械臂产生静力矢量 $\boldsymbol{F}=10\boldsymbol{X}_0$ 的关节力矩。

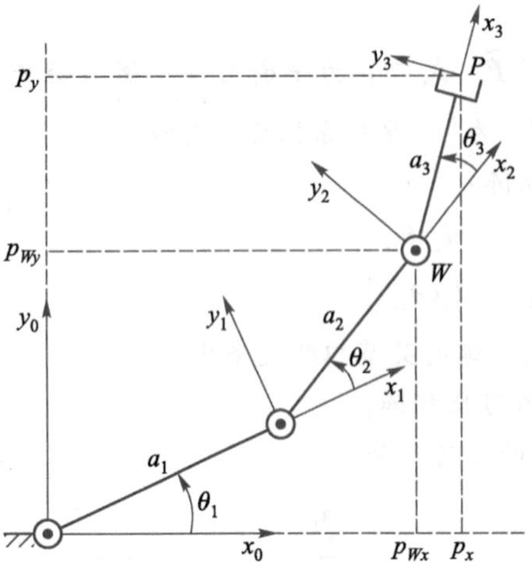

图题 6-6 平面 3R 机器人

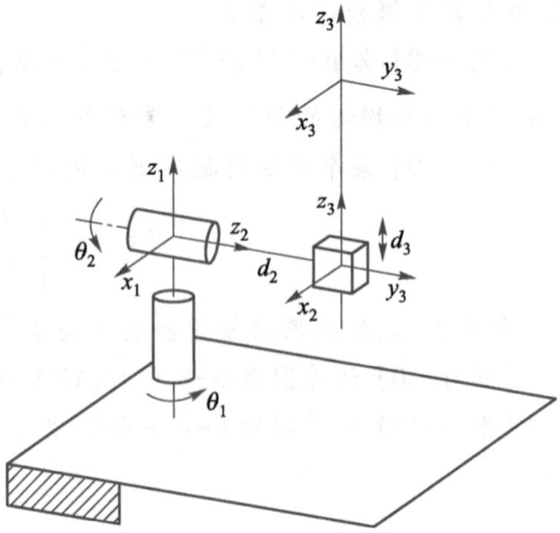

图题 6-7 平面球坐标系机器人

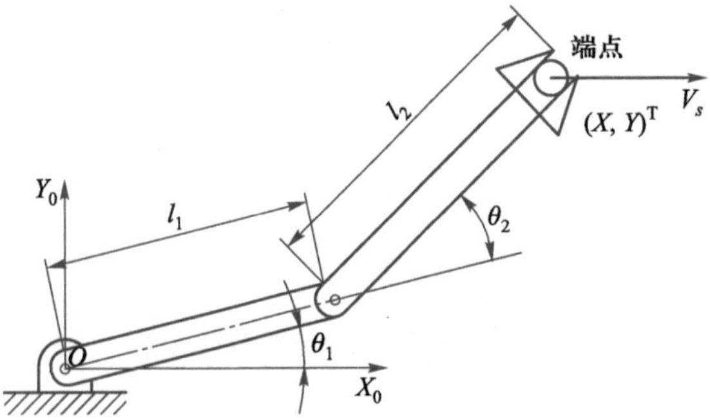

图题 6-8 平面 2R 机械手

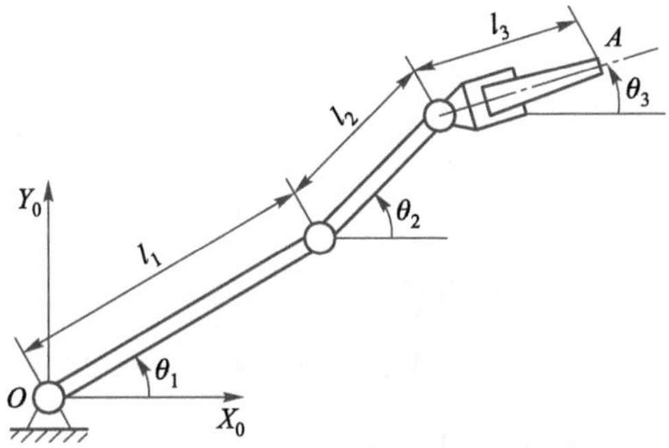

图题 6-9 平面三自由度机械臂

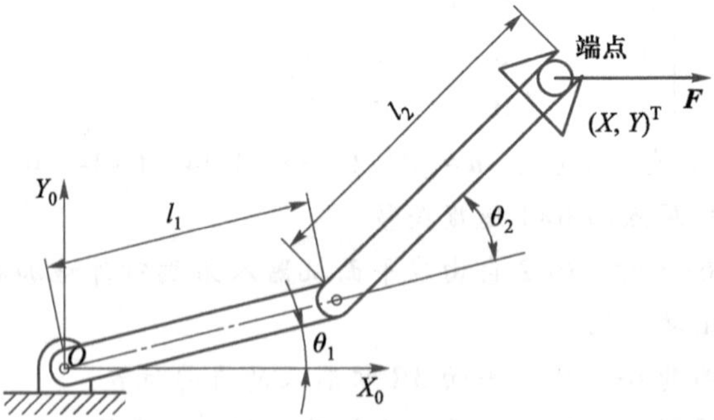

图题 6-10 平面二自由度机械臂

第六章习题参考答案

第七章 移动机器人的运动学

移动机器人是一种能够在物理空间中移动和执行任务的自主、半自主或遥控机器人系统。它们通常配备了传感器、计算能力和执行器,以便感知周围环境、做出决策并执行动作。移动机器人可以应用于各种领域,包括工业自动化、医疗保健、军事、物流、农业和家庭服务等。

电子教案:
移动机器人
的运动学

本章主要介绍常见的地面移动机器人的运动学,包括轮式移动机器人和足式移动机器人。地面移动机器人的运动学是研究机器人在地面上运动的数学模型和原理。运动学关注机器人在不考虑力和动力学的情况下,如何在空间中进行运动和定位,它通常涉及机器人的位姿(位置和姿态)和速度描述。

7.1 轮式移动机器人的运动学

作为自主移动机器人系统的重要组成部分,轮式移动机器人通过轮子或轮轴实现地面上的移动,具有高效的移动能力和广泛的应用范围。这些机器人因其独特的设计和高度的灵活性,已成为自动化和机器人技术领域的研究热点。我国作为世界上第三个成功登陆月球和第二个成功登陆火星的国家,自主研制的“玉兔号”“玉兔二号”月球车与“祝融号”火星车都是轮式移动机器人。

轮式移动机器人在设计上的多样性使其能够适应各种环境条件,如从平坦的室内地面到不平坦的室外地形。这种适应能力使它们在工业、农业、军事、医疗、服务行业以及探索任务中发挥了关键作用。

轮式移动机器人轮子的构造和摆放方式,直接影响机器人的移动性和操控性。

全向轮式移动机器人,包括采用全向轮(omniwheel)和麦克纳姆轮(Mecanum wheel)的设计,能够实现360°的无限制移动,这使它们在需要高度灵活性和精确定位的应用中非常有用,例如用于仓库物流和精密制造环境中。

非完整轮式移动机器人更常见,它们的设计受到轮子约束的限制,使得机器人的运动路径具有一定的非完整性。这种类型的机器人根据轮子的数量和配置可以进一步细分,例如单轮、双轮、三轮、四轮(类似于普通汽车)和多轮设计。这些不同的设计选择反映了机器人在稳定性、操控性和载重能力方面的不同权衡。例如,四轮机器人通常在稳定性方面优于三轮设计,但在灵活性方面略有不足。表7.1-1展示了常见轮式机器人的轮子布局方式及各种类型轮子的图标。

表 7.1-1 常见轮式机器人的轮子布局方式及各种类型轮子的图标

轮子数目	布局方式	描述	典型例子
2	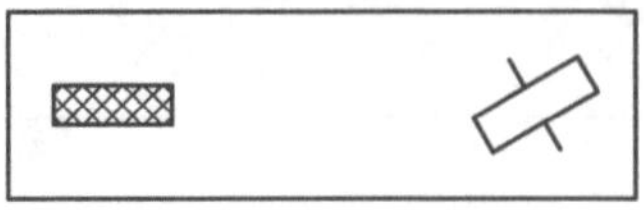	前端一个操纵轮，后端一个牵引轮	自行车，摩托车
	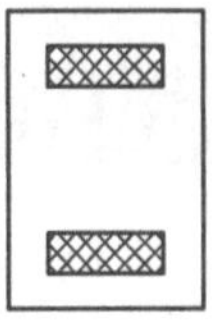	两轮差动驱动，质心在转轴下面	平衡车
3	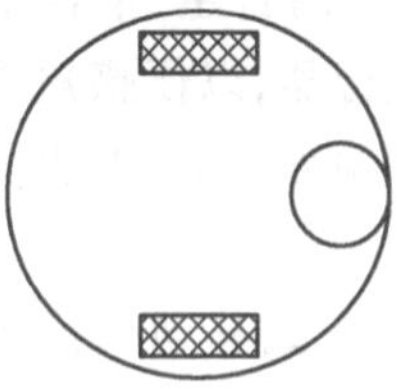	一端有两个独立驱动的差动轮，另一端有一个全向无动力轮	扫地机器人
	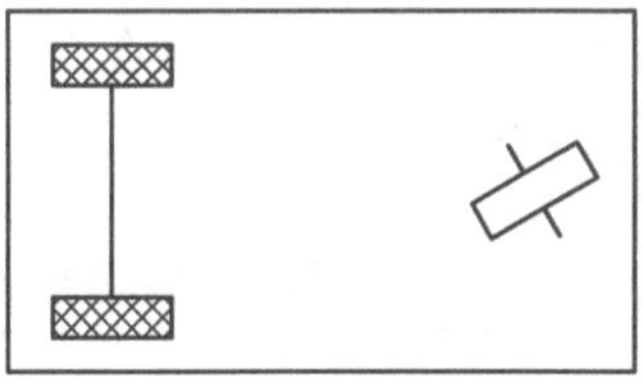	后端有两个相连的牵引轮，前端有一个可操纵的自由轮	三轮车
	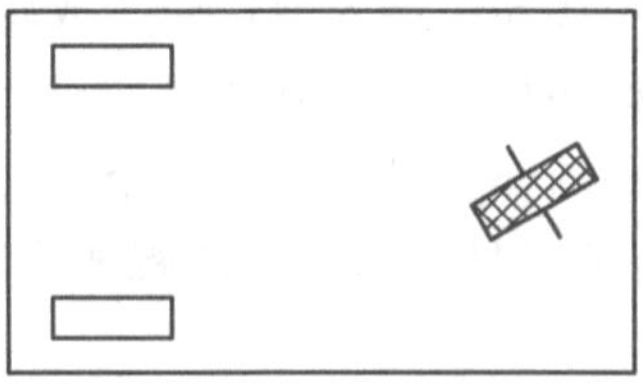	后端有两个自由轮，前端有一个可操纵的牵引轮	卡内基梅隆大学“Neptune”机器人
	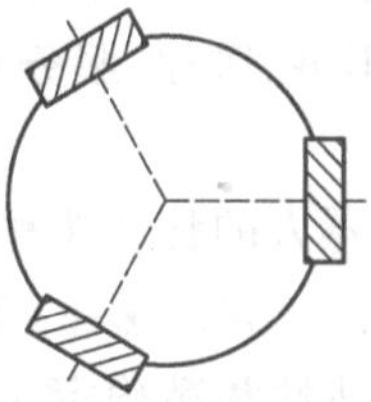	三个动力全向轮，排列成三角形，可以全向移动	“Tribolo”机器人（斯坦福大学）
	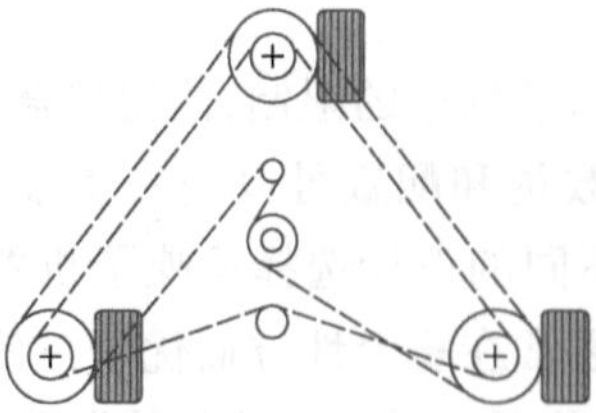	三个同步的动力可操纵轮	佐治亚理工学院“Denning MRV-2”机器人

续表

轮子数目	布局方式	描述	典型例子
4	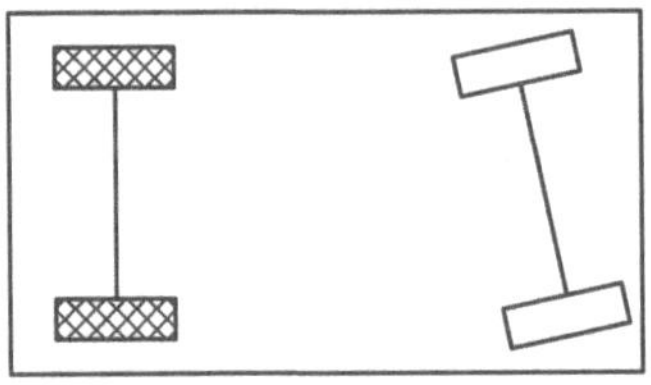	后端两个动力轮，前端两个可操纵轮	后驱汽车
	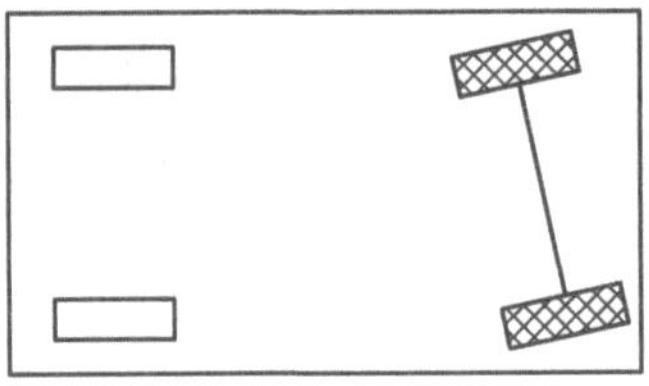	前端有两个可操纵动力轮，后端两个自由轮	前驱汽车
	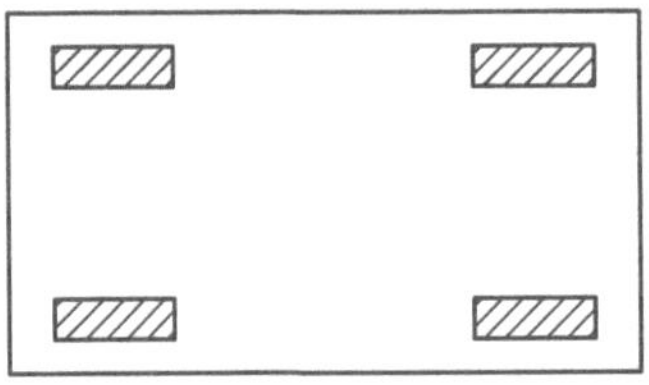	四个麦克纳姆轮	大疆“RoboMaster S1”
	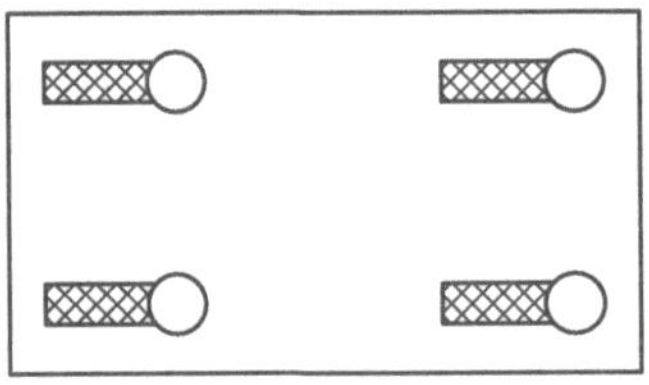	四个可操纵动力小脚轮	卡内基梅隆大学“Nomad XR4000”机器人
各种类型轮子的图标			
	无动力球形轮		动力全向轮或麦克纳姆轮
	无动力标准轮		动力标准轮
	可操纵动力小脚轮	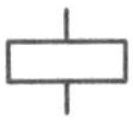	可操纵标准轮
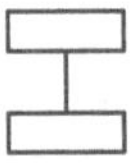	连接轮		

总之，轮式移动机器人在现代科技和工业应用中扮演着越来越重要的角色。从简单的自动化运输到复杂的探索任务，它们的设计和功能正不断发展，以满足日益增长的多样化需求。

7.1.1 独轮车的运动学

最简单的轮式移动机器人是单个直立的滚轮或独轮车(monocycle)。令 r 为车轮半径，将车轮的位姿写为 $\boldsymbol{q}=(\phi,x,y,\theta)$，其中 (x,y) 是车轮与地面的接触点，ϕ 是前进方向，θ 是车轮的滚动角(如图 7.1-1 所示)。

机器人底盘(比如独轮车的座椅)的位形是(φ,x,y)。运动学方程为

$$\dot{\boldsymbol{q}}=\begin{bmatrix}\dot{\phi}\\ \dot{x}\\ \dot{y}\\ \dot{\theta}\end{bmatrix}=\begin{bmatrix}0 & 1\\ r\cos\phi & 0\\ r\sin\phi & 0\\ 1 & 0\end{bmatrix}\begin{bmatrix}u_1\\ u_2\end{bmatrix}=\boldsymbol{G}(q)\boldsymbol{u}=\boldsymbol{g}_1(\boldsymbol{q})u_1+\boldsymbol{g}_2(\boldsymbol{q})u_2 \tag{7.1-1}$$

控制输入为 $\boldsymbol{u}=(u_1,u_2)$,其中 u_1 为车轮前后行驶时的速度,u_2 为前进方向的转速。控制受到约束 $-u_{1,\max}\leqslant u_1\leqslant u_{1,\max}$ 和 $-u_{2,\max}\leqslant u_2\leqslant u_{2,\max}$ 的限制。

向量值函数 $\boldsymbol{g}_i(\boldsymbol{q})$ 是矩阵 $\boldsymbol{G}(\boldsymbol{q})$ 的列,它们被称为与 $\boldsymbol{q}$ 相关的切向向量场,也称为控制向量场,其对应的控制为 $u_i=1$。在特定位形 $\boldsymbol{q}$ 处的值 $g_i(\boldsymbol{q})$ 是切向量场的切向量(或速度向量)。图 7.1-2 中给出了 $\mathbf{R}^2$ 中的一个向量场示例。

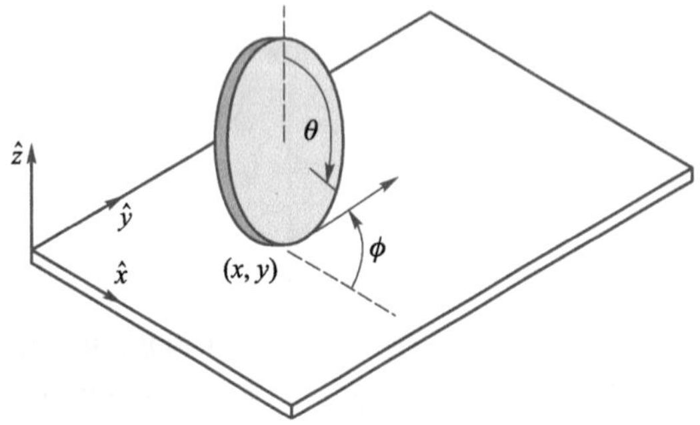

图 7.1-1 一个在平面上做纯滚动的轮子

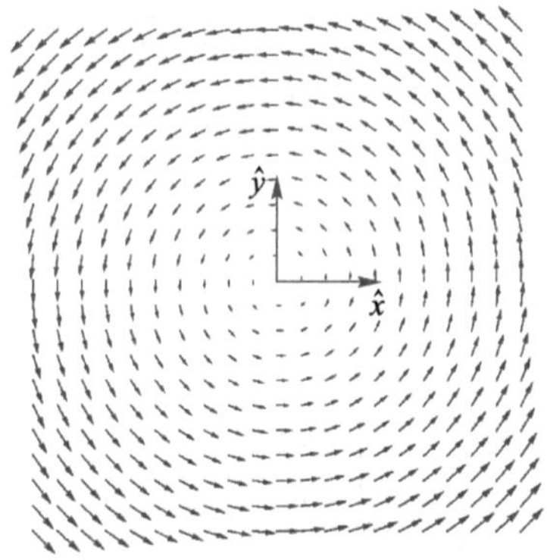

图 7.1-2 向量场 $(\dot{x},\dot{y})=(-y,x)$

关于非完整移动机器人的所有运动模型都有 $\dot{\boldsymbol{q}}=\boldsymbol{G}(\boldsymbol{q})\boldsymbol{u}$ 的形式。关于该模型需要注意以下 3 点:

① 不存在漂移,零控制意味着零速度;

② 向量场 $\boldsymbol{g}_i(\boldsymbol{q})$ 一般是关于位形 $\boldsymbol{q}$ 的函数;

③ $\dot{\boldsymbol{q}}$ 是控制的线性函数。

由于通常不关注车辆的滚动角度,因此可以去掉公式的第四行,获得简化的运动学方程为

$$\dot{\boldsymbol{q}}=\begin{bmatrix}\dot{\phi}\\ \dot{x}\\ \dot{y}\end{bmatrix}=\begin{bmatrix}0 & 1\\ r\cos\phi & 0\\ r\sin\phi & 0\end{bmatrix}\begin{bmatrix}u_1\\ u_2\end{bmatrix} \tag{7.1-2}$$

7.1.2 差速驱动机器人的运动学

差速驱动机器人(differential-drive robot)是最简单的轮式移动机器人架构。差速驱动机器人由两个独立的半径为 r 的轮子组成,它们围绕同一轴线旋转,还有一个或者多个脚轮、球形轮或使机器人保持水平的低摩擦滑块。令驱动轮之间的距离为 $2d$,并选择轮子中间的(x,y)点为参考点(如图 7.1-3 所示)。将位形写为 $\boldsymbol{q}=(\phi,x,y,\theta_L,\theta_R)$,其中 θ_L 与 θ_R 分别为左轮与右

轮的旋转角度，运动学方程为

$$\dot{\boldsymbol{q}}=\begin{bmatrix}\dot{\phi}\\\dot{x}\\\dot{y}\\\dot{\theta}_{\mathrm{L}}\\\dot{\theta}_{\mathrm{R}}\end{bmatrix}=\begin{bmatrix}-r/2d & r/2d\\\dfrac{r}{2}\cos\phi & \dfrac{r}{2}\cos\phi\\\dfrac{r}{2}\sin\phi & \dfrac{r}{2}\sin\phi\\1 & 0\\0 & 1\end{bmatrix}\begin{bmatrix}u_{\mathrm{L}}\\u_{\mathrm{R}}\end{bmatrix} \tag{7.1-3}$$

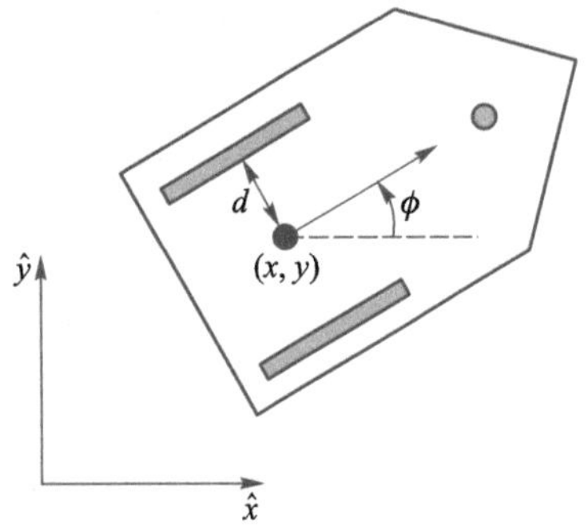

图 7.1-3 由两个典型车轮和一个球形轮组成的差速驱动机器人

其中，u_{L} 为左轮的角速度，u_{R} 为右轮的角速度。每个车轮的正角速度对应于该车轮的前向运动。每个车轮的控制值取自区间$[-u_{\max},u_{\max}]$。

由于通常不关心两个车轮的滚动角度，可以去掉上式中的最后两行，以获得简化的运动学方程为

$$\dot{\boldsymbol{q}}=\begin{bmatrix}\dot{\phi}\\\dot{x}\\\dot{y}\end{bmatrix}=\begin{bmatrix}-r/2d & r/2d\\\dfrac{r}{2}\cos\phi & \dfrac{r}{2}\cos\phi\\\dfrac{r}{2}\sin\phi & \dfrac{r}{2}\sin\phi\end{bmatrix}\begin{bmatrix}u_{\mathrm{L}}\\u_{\mathrm{R}}\end{bmatrix} \tag{7.1-4}$$

差速驱动机器人的两个优点是：

① 简便性，通常电机直接连接到每个车轮轴上。

② 高机动性，机器人可按相反方向转动车轮来实现原地转向。然而，脚轮通常不适合户外使用。

7.1.3 四轮机器人（车型）的运动学

人们最熟悉的轮式机器人是汽车，它带有两个可以转向的前轮和两个朝向固定的后轮。为防止前轮滑动，汽车采用阿克曼转向系统进行转向，如图 7.1-4 所示。汽车底盘的旋转中心位于穿过后轮的线与前轮垂直平分线的交叉处。

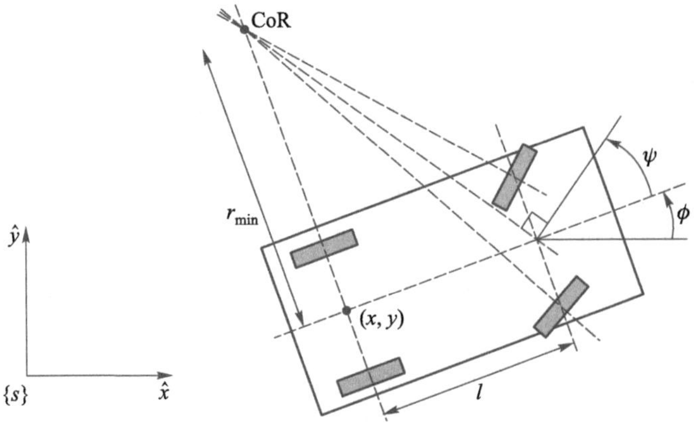

图 7.1-4 使用阿克曼转向系统的汽车

为了定义汽车的位形，忽略 4 个车轮的角度，将位形写为 $\boldsymbol{q}=(\phi,x,y,\psi)$，其中 (x,y) 为两个后轮中点的位置，ϕ 是汽车的前进方向，ψ 是汽车的转向角，该角度定义在前轮中点的虚拟车轮处。控制的是汽车在其参考点处的前进速度 v 和转向角速度 ω。汽车的运动学方程为

$$\dot{\boldsymbol{q}}=\begin{bmatrix}\dot{\phi}\\ \dot{x}\\ \dot{y}\\ \dot{\psi}\end{bmatrix}=\begin{bmatrix}(\tan\psi)/l & 0\\ \cos\phi & 0\\ \sin\phi & 0\\ 0 & 1\end{bmatrix}\begin{bmatrix}v\\ w\end{bmatrix} \tag{7.1-5}$$

其中，l 是前轮和后轮之间的轴距，控制 v 限于区间 $[-\psi_{\max},\psi_{\max}]$，其中 $\psi_{\max}>0$。

如果转向控制的实际上只是转向角 ψ 而非速率 ω，则可以简化运动学。如果转向速率 $\omega_{\max}$ 足够高，使得转向角几乎可以由下位机控制器瞬间改变，则该假设是合理的。在这种情况下，ψ 作为状态量被消除，汽车的位形为 $\boldsymbol{q}=(\phi,x,y)$。使用控制输入 (v,ω)，其中 v 仍然是汽车的前进速度，而 ω 是汽车的旋转速度。(v,ω) 可以通过式(7.1-6)变换为 (v,ψ)

$$v=v,\quad \psi=\tan^{-1}\left(\frac{l\omega}{v}\right) \tag{7.1-6}$$

由于对 (v,ψ) 的约束而引起的对控制 (v,ω) 的约束，可采用一种稍复杂的形式。现在可以写出简化的汽车运动学方程，即

$$\dot{\boldsymbol{q}}=\begin{bmatrix}\dot{\phi}\\ \dot{x}\\ \dot{y}\end{bmatrix}=\boldsymbol{G}(\boldsymbol{q})\boldsymbol{u}=\begin{bmatrix}0 & 1\\ \cos\phi & 0\\ \sin\phi & 0\end{bmatrix}\begin{bmatrix}v\\ \omega\end{bmatrix} \tag{7.1-7}$$

上式所包含的非完整约束可以用约束中的一个方程导出

$$\begin{cases}\dot{x}=v\cos\phi\\ \dot{y}=v\sin\phi\end{cases} \tag{7.1-8}$$

求解 v，然后将结果代入另一个方程得约束方程为

$$\boldsymbol{A}(\boldsymbol{q})\dot{\boldsymbol{q}}=[0\quad \sin\phi-\cos\phi]\dot{\boldsymbol{q}}=\dot{x}\sin\phi-\dot{y}\cos\phi=0 \tag{7.1-9}$$

7.1.4 全向移动机器人的运动学

全向移动机器人至少有 3 个轮子，才能生成任意的三维底盘速度 $\dot{\boldsymbol{q}}=(\dot{\phi},\dot{x},\dot{y})$，这是因为每个车轮只有一个电机驱动(控制其前后速度)。图 7.1-5 给出了两个全向移动机器人，其中一个机器人安装有 3 个全向轮，另一个机器人上则安装有 4 个麦克纳姆轮，图中给出了通过驱动车轮电机而得到的车轮运动以及由于圆周滚子而引起的自由滑动。

下面给出了运动学建模中的两个重要问题。

① 车轮必须以什么速度行驶，才能达到给定的期望的底盘速度 $\dot{\boldsymbol{q}}$?

② 考虑到各个车轮行驶速度的极限，底盘速度的极限是多少?

要回答这些问题，需要了解图 7.1-6 中的车轮运动。在车轮中心处的坐标系 x_w-y_w 中，车轮中心的线速度可以写为 $\boldsymbol{v}=(v_x,v_y)$，它满足方程

$$\begin{bmatrix}v_x\\ v_y\end{bmatrix}=v_{\text{drive}}\begin{bmatrix}1\\ 0\end{bmatrix}+v_{\text{slide}}\begin{bmatrix}-\sin\gamma\\ \cos\gamma\end{bmatrix} \tag{7.1-10}$$

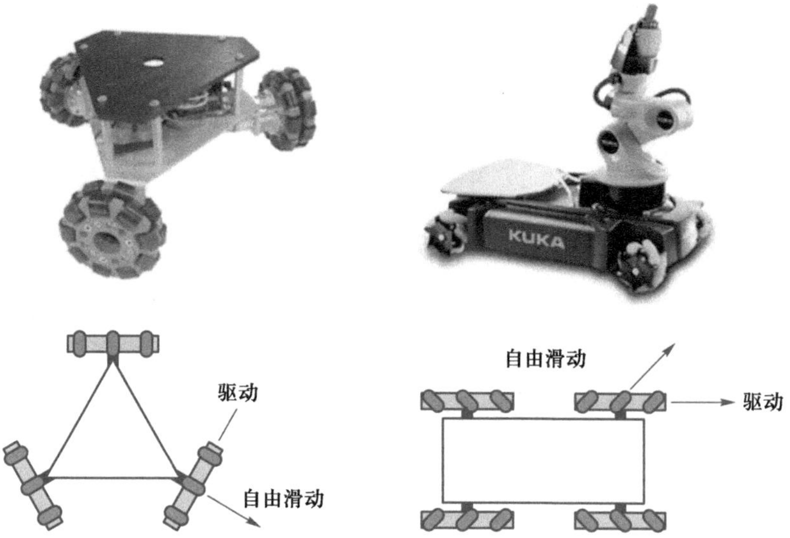

图 7.1-5 全向移动机器人示意图

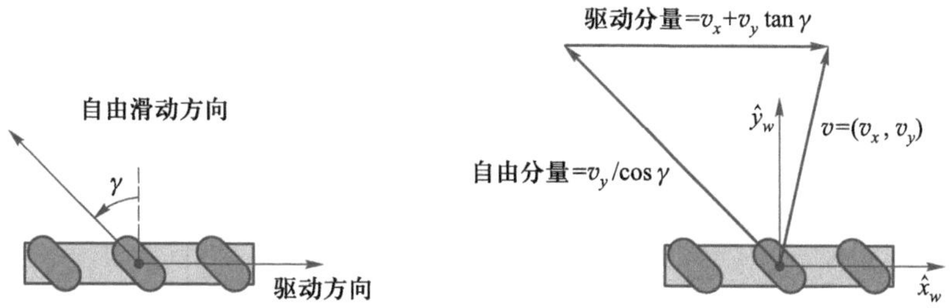

图 7.1-6 全向移动机器人的车轮运动

其中,γ 表示发生自由滑动时的角度(车轮圆周上的被动滚子所允许的)。v_{drive} 是驱动速度,v_{slide} 是滑动速度。对于全向轮,$\gamma=0$;对于麦克纳姆轮,通常有 $\gamma=\pm45°$。公式化简得到方程为

$$\begin{aligned} v_{\text{drive}} &= v_x+v_y\tan\gamma \\ v_{\text{slide}} &= v_y/\cos\gamma \end{aligned} \tag{7.1-11}$$

令 r 为轮子的半径,u 为轮子的驱动角速度,有

$$u=\frac{v_{\text{drive}}}{r}=\frac{1}{r}(v_x+v_y\tan\gamma) \tag{7.1-12}$$

为了推导从底盘速度 $\dot{\boldsymbol{q}}=(\dot{\phi},\dot{x},\dot{y})$ 到车轮 i 的驱动角速度 u_i 的完整变换,参考图 7.1-7 中的符号,底盘坐标系$\{b\}$位于固定空间坐标系$\{s\}$中的 $\boldsymbol{q}=(\phi,x,y)$ 处。车轮中心及其驱动方向由在$\{b\}$坐标系中的(β_i,x_i,y_i)给出,车轮半径为 r_i,车轮的滑动方向由 γ_i 给出,那么全向轮驱动的角速度 $\boldsymbol{u}_i$ 与 $\dot{\boldsymbol{q}}$ 的关系为

$$\boldsymbol{u}_i=\boldsymbol{h}_i(\phi)\dot{\boldsymbol{q}}=\begin{bmatrix}\frac{1}{r_i} & \frac{\tan\gamma_i}{r_i}\end{bmatrix}\begin{bmatrix}\cos\beta_i & \sin\beta_i\\ -\sin\beta_i & \cos\beta_i\end{bmatrix}\begin{bmatrix}-y_i & 1 & 0\\ x_i & 0 & 1\end{bmatrix}\begin{bmatrix}1 & 0 & 0\\ 0 & \cos\phi & \sin\phi\\ 0 & -\sin\phi & \cos\phi\end{bmatrix}\begin{bmatrix}\dot{\phi}\\ \dot{x}\\ \dot{y}\end{bmatrix} \tag{7.1-13}$$

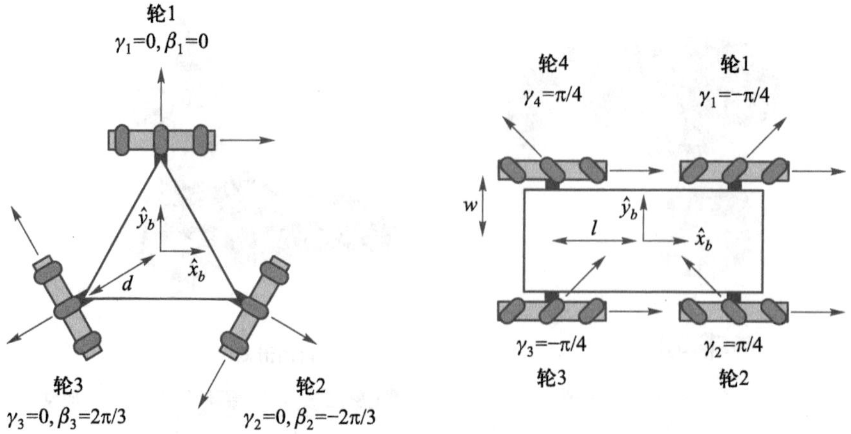

图 7.1-7 全向移动机器人运动模型

按从右到左顺序：

第一个变换将 $\dot{\boldsymbol{q}}$ 表示为 $\boldsymbol{\nu}_b$；

第二个变换生成车轮在$\{b\}$内的线速度；

第三个变换将该线速度表示在车轮坐标系 x_w-y_w 中；最后的变换计算驱动的角速度。

计算上式中的 $\boldsymbol{h}_i(\phi)$，可以得到

$$\boldsymbol{h}_i(\phi)=\frac{1}{r_i\cos\gamma_i}\begin{bmatrix} x_i\sin(\beta_i+\gamma_i)-y_i\cos(\beta_i+\gamma_i) \\ \cos(\beta_i+\gamma_i+\phi) \\ \sin(\beta_i+\gamma_i+\phi)\end{bmatrix}^{\mathrm{T}} \tag{7.1-14}$$

对于一个全向机器人，其车轮数目 $m\geqslant 3$，将期望底盘速度 $\dot{\boldsymbol{q}}$ 映射到车轮驱动速度的矩阵 $\boldsymbol{H}(\phi)$，可以通过将 m 个 $\boldsymbol{h}_i(\phi)$ 叠加在一起得到。全向轮的运动学方程为

$$\boldsymbol{u}=\boldsymbol{H}(\phi)\dot{\boldsymbol{q}}=\begin{bmatrix}\boldsymbol{h}_1(\phi)\\ \boldsymbol{h}_2(\phi)\\ \vdots \\ \boldsymbol{h}_m(\phi)\end{bmatrix}\begin{bmatrix}\dot{\phi}\\ \dot{x}\\ \dot{y}\end{bmatrix} \tag{7.1-15}$$

其中，$\boldsymbol{u}$ 和车体运动旋量 $\boldsymbol{V}_b$ 间的关系并不依赖于底盘的方向 ϕ，其表示为

$$\boldsymbol{u}=\boldsymbol{H}(0)\boldsymbol{V}_b=\begin{bmatrix}\boldsymbol{h}_1(0)\\ \boldsymbol{h}_2(0)\\ \vdots \\ \boldsymbol{h}_m(0)\end{bmatrix}\begin{bmatrix}\omega_{bz}\\ v_{bx}\\ v_{by}\end{bmatrix} \tag{7.1-16}$$

必须合理选择车轮在$\{b\}$坐标系中的位置和朝向(β_i, x_i, y_i)，以及它们的自由滑动方向 γ_i，使得 $\boldsymbol{H}(0)$的秩为 3。例如，如果构造一个装有全向轮的移动机器人，其驱动方向和滑动方向全部对齐，$\boldsymbol{H}(0)$的秩为 2，并且无法在滑动方向上可控制地生成平移运动。

在 $m>3$ 的情况下，对于图 7.1-5 中的四轮机器人，选择 u 使得对于任何 V_b 都无法满足式(7.1-16)，意味着车轮必须在其驱动方向上打滑。

使用图 7.1-7 中的符号，带有 3 个全向轮的移动机器人的运动学方程为

$$\boldsymbol{u}=\begin{bmatrix}u_1\\u_2\\u_3\end{bmatrix}=\boldsymbol{H}(0)\boldsymbol{V}_b=\frac{1}{r}\begin{bmatrix}-d & 1 & 0\\-d & -1/2 & -\sin(\pi/3)\\-d & -1/2 & \sin(\pi/3)\end{bmatrix}\begin{bmatrix}\omega_{bz}\\v_{bx}\\v_{by}\end{bmatrix} \tag{7.1-17}$$

带有 4 个麦克纳姆轮的移动机器人的运动方程为

$$\boldsymbol{u}=\begin{bmatrix}u_1\\u_2\\u_3\\u_4\end{bmatrix}=\boldsymbol{H}(0)\boldsymbol{V}_b=\frac{1}{r}\begin{bmatrix}-l-w & 1 & -1\\l+w & 1 & 1\\l+w & 1 & -1\\-l-w & 1 & 1\end{bmatrix}\begin{bmatrix}\omega_{bz}\\v_{bx}\\v_{by}\end{bmatrix} \tag{7.1-18}$$

对于麦克纳姆轮机器人，要向$+x_b$ 方向移动，所有的车轮都要以相同的速度向前行驶；要向$+y_b$ 方向移动，轮 1 和轮 3 向后驱动，轮 2 和轮 4 以相同的速度向前驱动；要使机器人逆时针方向旋转，轮 1 和轮 4 向后驱动，轮 2 和轮 3 以相同的速度向前驱动。注意机器人底盘在前向和侧向方向上具有相同的速度。

如果第 i 个车轮的驱动角速度受到最大驱动角速度的限制，即$-u_{i,\max}\leqslant \boldsymbol{u}_i=\boldsymbol{h}_i(0)\boldsymbol{V}_b\leqslant u_{i,\max}$，其中 $u_{i,\max}$ 表示第 i 个车轮的最大驱动角速度。那么，车体速度的三维空间中会生成由$-u_{i,\max}=\boldsymbol{h}_i(0)\boldsymbol{V}_b$ 和 $u_{i,\max}=\boldsymbol{h}_i(0)\boldsymbol{V}_b$ 定义的两个平行约束平面。这两个平面之间的任何 v_b 都不违反车轮 i 的最大驱动速度约束，而该区间外的任何 v_b 对于车轮而言都过快。约束平面的法线方向为 $\boldsymbol{h}_i^{\mathrm{T}}(0)$，平面上距离原点最近的点为$-u_{i,\max}\boldsymbol{h}_i^{\mathrm{T}}(0)/\|\boldsymbol{h}_i(0)\|^2$ 和 $u_{i,\max}\boldsymbol{h}_i^{\mathrm{T}}(0)/\|\boldsymbol{h}_i(0)\|^2$。

如果机器人有 m 个轮子，那么体运动旋量的可行域 $\boldsymbol{V}$ 由 m 对平行约束平面来界定。因此，区域 $\boldsymbol{V}$ 是三维凸多面体。多面体有 $2m$ 个面，原点（对应于零旋量）位于其中心。图 7.1-8 给出了图 7.1-7 中三轮模型和四轮模型所对应的六面和八面区域 $\boldsymbol{V}$ 的可视化。

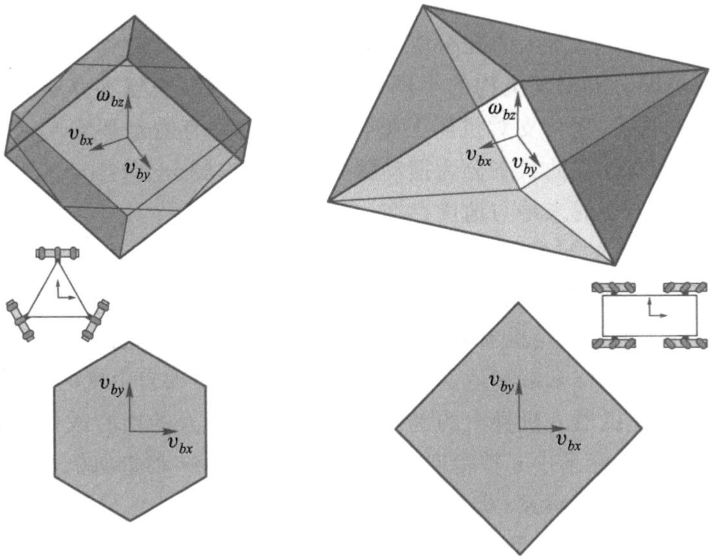

图 7.1-8 三轮模型和四轮模型所对应的六面和八面区域 $\boldsymbol{V}$ 的可视化

7.2 足式移动机器人的运动学

足式机器人是一种地面移动机器人，其运动模仿了生物的足部运动方式，通常模拟哺乳动物、爬行动物或昆虫的行走方式。这些机器人通过具有多个关节的机械足部以及相应的控制算法，可以在复杂的环境中行走、爬行或移动。相对于轮式机器人，足式机器人的设计和控制非常复杂，但它们具有适应不同环境和任务的潜力，因此在未来的机器人应用中可能扮演重要角色。足式机器人领域的研究和发展将有助于推动机器人技术的进步。

足式机器人的运动学研究的是机器人足部运动的数学模型和原理。它关注机器人的足部姿态和运动轨迹，以及如何通过控制关节角度和关节速度来实现所需的足部运动。

7.2.1 足式移动机器人的基本概念

在足式机器人设计中，建立一个合适的坐标系是至关重要的，因为它允许我们以数学的方式描述机器人的位置、姿态和速度。这个坐标系通常需要能够描述机器人相对于环境的位置（全局坐标系）以及机器人身体各部分相对于机器人本身的位置（局部坐标系）。在模仿动物运动时，这样的坐标系可帮助工程师理解和模拟动物四肢的运动方式，进而设计出能够进行类似运动的机器人。足式机器人的设计强调稳定性和适应不同地形的能力。多足机器人的协调规划是研究如何有效地控制每一条腿以保持平衡，同时实现高效地前进、转向或者攀爬。

足式机器人的运动学和机械臂的运动学有很多相似之处，如果把机身当成固定基座，那每个足相对于机身的运动就可以看作一个机械臂，在通过每个腿分支的运动学把机身和大地之间的运动描述出来。

机身（body）：足式机器人的机身是机器人的主体部分，通常包含电子设备、传感器、驱动器等关键组件。机身的设计和配置对机器人的重量和稳定性有较大影响。

腿分支（branch）：足式机器人的腿分支为机器人移动的驱动结构，其通常固定在机身上，末端为接触地面的足端。根据其机构的不同，腿分支可分为串联腿和并联腿，根据布局不同，也可分为昆虫式和哺乳式，腿分支对机器人整体的移动性能有着重要影响。按腿分支末端与地面是否接触，可以将腿分支的状态分为摆动腿分支和支撑腿分支，摆动腿分支的末端与地面没有相互作用，支撑腿分支的末端与地面存在一定的约束。

足（foot）：足式机器人的足端是机器人与地面接触的部分，常见的足端形式有圆柱形、球形、平面型或仿生型等，不同的足端设计对机器人的抓地力等移动性能有重要影响。其中，经典的球形足在常见的四足和六足机器人中应用广泛。当足式机器人的球形足与地面的接触是一个三维位置约束时，即分支末端和地面可以看作具有三个转动自由度的球副。

机身坐标系：固定在机器人机身上的坐标系，通常以机器人的质心或机身几何形状的中心作为原点。常用的机身坐标系中 x 轴指向机器人的前进方向，y 轴指向机器人左侧，z 轴指向机器人的上方，如图 7.2-1 中坐标系 $\{B\}$ 所示。

绝对坐标系：即世界坐标系，是固连在地面的坐标系，通常作为移动机器人的坐标原点，与机器人初始方向相同，如图 7.2-1 中坐标系 $\{S\}$ 所示。

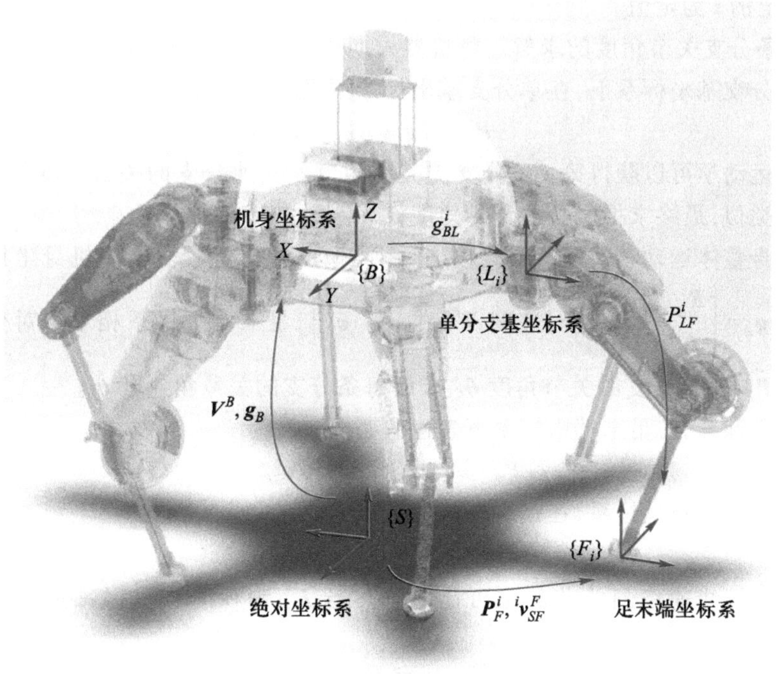

图 7.2-1 足式机器人的坐标系分布

足端坐标系:固连在足端的坐标系,通常以接触点或机器人足端几何形状的中心为原点,如图 7.2-1 中坐标系{F_i}所示。

单腿运动学:单腿运动学是对单独腿分支的关节空间和足端运动空间关系的分析。

机身整体运动学:机身整体运动学是对机器人足端、腿分支、机身整体运动关系的描述。

7.2.2 机身整体运动学

对于足式机器人而言,正向运动学问题涉及确定在给定各腿关节参数(如角度)的情况下,机器人机身的确切位置和朝向。这是一个从已知关节参数出发,计算机身位姿的过程。正向运动学对于预测机器人在执行特定关节运动序列后的最终位姿至关重要。逆向运动学问题更为复杂,它需要根据机器人机身期望的最终位置和朝向,反推出实现这一位姿所需的各腿关节的运动参数。对于足式机器人来说,这通常涉及一个高度非线性的问题,因为相同的机身位姿可以通过不同的腿部配置来实现,特别是在多腿机器人中。

机身整体运动学主要描述机器人足端坐标系到机身坐标系的运动学关系,可以直接以机身为基座进行计算,也可以通过单独腿分支的坐标系进行两次变换求解。

对于单腿来说,单分支基坐标系和足末端坐标系的运动学关系更容易求解,而单分支基坐标系和机身坐标系为固连在机身上的两个坐标系。一般将机身作为刚体考虑,则机身坐标系和单分支基坐标系的关系是固定的。

已知相对绝对坐标系{S}的期望机身位姿轨迹 $\boldsymbol{g}_B$,绝对坐标系的期望足末端位置轨迹 $\boldsymbol{P}_F^i$,求解每条分支的关节角度 $\boldsymbol{\theta}_i(i=1,2,\cdots,6)$。单分支基坐标系{$L_i$}相对机身坐标系{$B$}静止,

故 $\boldsymbol{g}_{BL}^{i}$ 对于确定的 i 为定值。

考虑第 i 条分支关节角度的求解。将机器人期望的机身位姿轨迹和足末端位置轨迹映射到基于各自单分支基坐标系下，在单分支基坐标系下足末端的位置表示为

$$\boldsymbol{P}_{LF}^{i}=(\boldsymbol{g}_{B}\boldsymbol{g}_{BL}^{i})^{-1}\boldsymbol{P}_{F}^{i} \tag{7.2-1}$$

根据单腿运动学可以获得第 i 条分支的关节角度。其他分支的关节角度与第 i 条分支的关节角度求法类似，最终求得所有关节的角度 $\boldsymbol{\theta}_i$。

当求解机身整体运动学的速度问题时，采用类似的分析过程。已知机身坐标系相对绝对坐标系的位姿 $\boldsymbol{g}_B=\begin{bmatrix}\boldsymbol{R}_B & \boldsymbol{t}_B\\ \boldsymbol{0} & 1\end{bmatrix}$、绝对速度 $\boldsymbol{V}^B=[\boldsymbol{\omega}^B \quad \boldsymbol{v}^B]$，足末端坐标系相对绝对坐标系的期望位置 $\boldsymbol{P}_F^i$、速度 $\dot{\boldsymbol{P}}_F^i$，每条分支的关节角度 $\boldsymbol{\theta}_i$，求解每条分支的关节角速度 $\dot{\boldsymbol{\theta}}_i$。

相对绝对坐标系，在足末端坐标系下表达的期望速度为

$$\dot{\boldsymbol{P}}_F^i=\boldsymbol{v}^B+\boldsymbol{\omega}^B\times\boldsymbol{P}_F^i+\boldsymbol{R}_B{}^{i}\boldsymbol{v}_{BF}^{F} \tag{7.2-2}$$

可以求得相对机身坐标系，在足末端坐标系描述的速度为

$${}^{i}\boldsymbol{v}_{BF}^{F}={}^{i}\boldsymbol{v}_{LF}^{F}=\boldsymbol{J}_{LF}^{F}\dot{\boldsymbol{\theta}}_i \tag{7.2-3}$$

其中，$\boldsymbol{J}_{LF}^{F}$ 表示末端线速度到关节的雅可比矩阵。当 $\boldsymbol{J}_{LF}^{F}$ 满秩时可求得每条分支的关节角速度为

$$\dot{\boldsymbol{\theta}}_i=(\boldsymbol{J}_{LF}^{F})^{-1}\,{}^{i}\boldsymbol{v}_{BF}^{F} \tag{7.2-4}$$

足式机器人的运动学在步态设计、运动规划、稳定行走控制等方面起到了十分重要的作用。

*7.2.3 常见足式机器人单腿运动学

足式机器人单独的腿分支可以等同于基座在单分支基坐标系的机械臂，因此也可以采用常用的运动学求解方法。在关节自由度较少的情况下，可以简单地通过几何法计算单腿的正逆运动学，以下给出两种常见足式机器人单腿构型的几何法求解过程。

(1) 昆虫式布局的单腿运动学

首先给出昆虫式(insect)布局的单腿运动学位置层求解方法。单分支基坐标系下足末端的位置表示为 $\boldsymbol{P}_{LF}$，各个关节角度为 $\theta_i(i=1,2,3)$。

从图 7.2-2 中可以看出，s_2、L_2 和 L_3 构成三角形，而第一关节对足端的高度没有影响。因此通过简单的几何计算可知，正运动学可表示为

$$\boldsymbol{P}_{LF}=\begin{bmatrix}c\theta_1(L_1+L_2c\theta_2+L_3c(\theta_2+\theta_3))\\ s\theta_1(L_1+L_2c\theta_2+L_3c(\theta_2+\theta_3))\\ -L_2s\theta_2-L_3s(\theta_2+\theta_3)\end{bmatrix} \tag{7.2-5}$$

单分支的位置运动学逆解同样可以用几何法求解，单分支一般位形如图 7.2-2 所示，假设在单分支坐标系下当前足末端的位置为 $\boldsymbol{P}_{LF}=[x_f \quad y_f \quad z_f]^{\mathrm{T}}$。

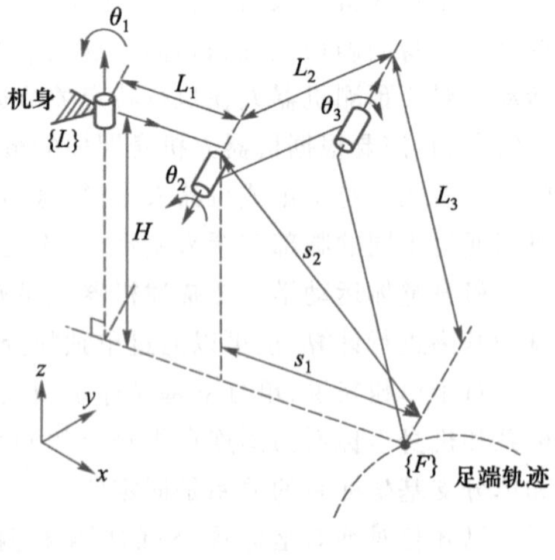

图 7.2-2 单分支一般位形

当 $x_f<0$ 时，可知 $s_1=\sqrt{x_f^2+y_f^2}-L_1$，$s_2=\sqrt{s_1^2+z_f^2}$，由几何法可解出各个关节的角度为

$$\begin{cases}\theta_1=\arctan(y_f/x_f)\\ \theta_2=-\arctan(z_f/s_2)+\arccos((s_2^2+L_2^2-L_3^2)/2s_2L_2)\\ \theta_3=\pi-\arccos((L_2^2+L_3^2-s_2^2)/2L_2L_3)\end{cases} \tag{7.2-6}$$

当 $x_f>0$ 时，可知 $s_1=\sqrt{x_f^2+y_f^2}-L_1$，$s_2=\sqrt{s_1^2+z_f^2}$，由几何法可解出各个关节的角度为

$$\begin{cases}\theta_1=\arctan(y_f/x_f)\\ \theta_2=-\arctan(z_f/s_1)-\arccos((s_2^2+L_2^2-L_3^2)/2s_2L_2)\\ \theta_3=\pi+\arccos((L_2^2+L_3^2-s_2^2)/2L_2L_3)\end{cases} \tag{7.2-7}$$

速度层级的问题描述：已知关节角度 $\boldsymbol{\theta}$、足末端坐标系 $\{F\}$ 相对单分支基坐标系 $\{L\}$ 的线速度 $\boldsymbol{v}_{LF}^F$，求解各个关节角速度 $\dot{\boldsymbol{\theta}}$。

关节角速度和足末端线速度的映射关系为

$$\dot{\boldsymbol{\theta}}=(\boldsymbol{J}_{LF}^F)^{-1}\boldsymbol{v}_{LF}^F \tag{7.2-8}$$

(2) 哺乳式布局的单腿运动学

对于哺乳式(mammalian)布局的单腿(如图 7.2-3 所示)，可以使用类似的方法进行计算，其主要差别在于第一关节对足端到基座的距离 s_2 没有影响。正运动学表示为

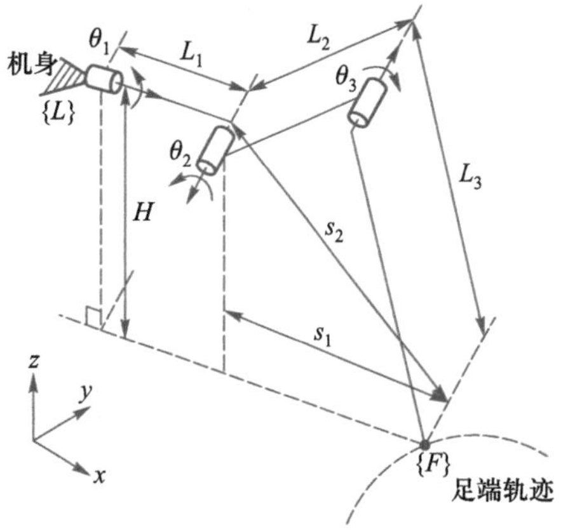

图 7.2-3 哺乳式布局的单腿

$$\boldsymbol{P}_{LF}=\begin{bmatrix}L_1+L_2\cos\theta_2+L_3\cos(\theta_2+\theta_3)\\ \sin\theta_1(L_2\sin\theta_2+L_3\sin(\theta_2+\theta_3))\\ -\cos\theta_2(L_2\sin\theta_2+L_3\sin(\theta_2+\theta_3))\end{bmatrix} \tag{7.2-9}$$

对于哺乳式布局的逆运动学，同样有膝关节角度不同的两种情况，在此不再分类讨论。

$$\begin{cases}\theta_1=\arctan(y_f/z_f)\\ \theta_2=-\operatorname{arccot}(s_1/s_2)\mp\arccos((s_2^2+L_2^2-L_1^2)/2s_2L_2)\\ \theta_3=\pi\mp\arccos((L_2^2+L_1^2-s_2^2)/2L_2L_1)\end{cases} \tag{7.2-10}$$

7.3 小结

移动机器人的运动学是机器人学中的一个重要分支，它涉及对移动机器人运动特性和能力的研究。在机器人学中，运动学主要关注机器人的运动本身，而不是导致这些运动的力或动力，为移动机器人的路径规划奠定基础。

下一章将介绍并联机器人的运动学。

7.4 习题

【题 7-1】写出独轮车的简化运动学方程。

【题 7-2】写出差速驱动机器人运动学的约束方程。

【题 7-3】全向轮分为哪两种类型？各自有什么特点？

【题 7-4】写出带有 3 个全向轮的移动机器人的运动学方程。

【题 7-5】写出中心对称的 4 个全向轮的移动机器人运动学方程。

【题 7-6】写出带有 4 个麦克纳姆轮的移动机器人的运动方程。

【题 7-7】用 $\gamma=\pm60°$ 的轮子代替图 7.1-7 中右侧机器人的轮子。推导出 $\boldsymbol{u}=\boldsymbol{H}(0)\boldsymbol{V}_b$ 关系中的矩阵 $\boldsymbol{H}(0)$。该矩阵的秩是 3 吗？如果有必要，可以假设 l 和 ω 的取值。

【题 7-8】用 $\gamma=\pm45°$ 的麦克纳姆轮替代图 7.1-7 中左侧机器人的全向轮，它仍是一个构造合理的全向移动机器人吗？换言之，在 $\boldsymbol{u}=\boldsymbol{H}(0)\boldsymbol{V}_b$ 这个关系式中，$\boldsymbol{H}(0)$ 的秩是 3 吗？

【题 7-9】一个带有 3 个麦克纳姆轮的移动机器人，3 个车轮分别位于等边三角形的顶点处，$\gamma=\pm45°$。底盘坐标系$\{b\}$位于三角形中心。所有 3 个轮子的驱动方式相同（例如，沿着车体的 x_b 轴），其中两个轮子的自由滑动方向为 $\gamma=45°$，另一个轮子的自由滑动方向为 $\gamma=-45°$。这是一个构造合理的全方位移动机器人吗？换言之，在 $\boldsymbol{u}=\boldsymbol{H}(0)\boldsymbol{V}_b$ 这个关系式中，$\boldsymbol{H}(0)$ 的秩是 3 吗？

【题 7-10】一个四轮全方向移动机器人，车轮位于正方形的顶点处。底盘坐标系$\{b\}$位于正方形中心，并且每个车轮的驱动方向位于从$\{b\}$坐标系原点到车轮的向量逆时针旋转 90°的方向上。假设正方形的边长为 2，求解矩阵 $\boldsymbol{H}(0)$，该矩阵的秩为 3 吗？

【题 7-11】足式移动机器人运动学的建立需要哪些坐标系？

【题 7-12】足式移动机器人运动学的计算量和腿分支数量有关吗？解释原因。

【题 7-13】用机器人 CKG 自由度计算公式，计算哺乳式布局的四足移动机器人分别有 3 个支撑腿和 4 个支撑腿时的自由度。

【题 7-14】将所有腿分支均在站立状态的昆虫式布局的六足移动机器人看作一个并联机器人，利用并联机器人方法求解其自由度。

【题 7-15】采用机械臂运动学的 D-H 法求解足式移动机器人昆虫式布局的单腿运动学。

【题 7-16】采用机械臂运动学的旋量法求解足式移动机器人单腿运动学。

第七章习题参考答案

第八章　并联机器人运动学基础

20 世纪中叶后，机器人从串联向并联发展。早在 80 年代初，国际上仅有以亨特（Hunt）为代表的十多人研究并联机器人，燕山大学黄真教授是我国最早从事并联机器人研究的学者，他积极推动了我国并联机器人在国际上的影响力。并联机器人是一种特殊类型的机器人，它的运动是通过多个臂（称为支链）同时工作来实现的，这些支链通常都固定在一个共同的底座上，并且直接连接到机器人的末端执行器或工具上。并联机器人与传统的串联机器人（其关节顺序连接，形成一个链条）相比，具有一系列独特的优势和应用场景，这些优势是它们被广泛使用的主要原因：高速度和高加速度、高精度、高负载能力、良好的刚性和稳定性、紧凑的结构。并联机器人因为这些特性，被广泛应用于许多工业和研究领域，如电子制造业的自动化装配线中，需要高精度和高速度；食品加工业中的快速打包和分拣；航天和航空制造领域中，高精度和重复性是必需的；动态模拟器和虚拟现实设备。

电子教案：
并联机器人
运动学基础

本章将探讨并联机器人的特点，包括其结构、建模方法和运动学性质，以及如何识别和解决其运动过程中可能出现的奇异性问题。此外，还将深入讨论工作空间的概念，帮助读者更好地理解并联机器人在各种应用中的运动范围和灵活性。

8.1　并联机器人的机构特性

8.1.1　并联机构的定义和组成

并联机构（parallel mechanism，PM），可以定义为动平台（moving platform）和静平台/定平台（base platform）通过至少两个独立的运动链或者分支相连，一般具有两个以上的自由度，且以并联方式驱动的一种多闭环机构。因此，并联机构的三要素为（如图 8.1-1 所示）：动平台、静平台和若干个运动链。运动链之间、运动链和动平台、静平台都是通过一系列的关节（运动副）活动连接而成的。其中常用的关节主要包括：旋转关节（revolute joint，用字母 R 表示），移动关节（prismatic joint，用字母 P 表示），万向节（universal joint，用字母 U 表示）及球关节

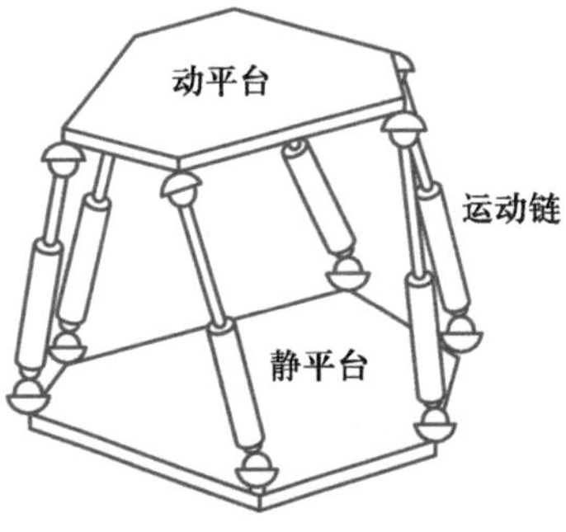

图 8.1-1　并联机构三要素

(spherical joint,用字母 S 表示)。

并联机构的特点有:结构紧凑,刚度高,承载能力大;无累计误差,精度高;占用空间小;速度快,运动性能佳;部件磨损小,寿命长。

并联机构被广泛应用于空间机构、医疗器械、运动模拟器、机床、焊接定位、激光测量等装备。

8.1.2 并联机构分类

(1) 根据动平台自由度数目分类

并联机构一般都是以动平台作为输出,而空间中输出构件需要实现任意的运动至少需要 6 个自由度(3 个转动自由度和 3 个平移自由度),把这种具有 6 个自由度的并联机构称为"满自由度并联机构"。对于机构自由度少于 6 的并联机构,则称为"少自由度并联机构",如 2 自由度并联机构、3 自由度并联机构、4 自由度并联机构及 5 自由度并联机构。这种仿照串联机器人机构的分类方法,虽然能够反映出运动平台所能实现的运动情况,但并不能反映并联机构本身运动特征的复杂程度。

(2) 根据支链特征分类

为了进一步描述并联机构的组成特征,还可以通过支链的连接关系(支链的运动副类型与支链的数目)来进行分类。并联机构的支链由一系列连杆和关节组成,在一些并联机构的衍生机构中,支链的形式可以是串联、并联以及复杂混联的,本节主要讨论串联形式。对于串联形式的支链,可以用连杆的连接关系描述。

如果并联机构支链类型相同,则采用支链数目与支链符号组合的命名方式。例如,图 8.1-2(a) 所示并联机构可命名为 3-RRR 并联机构。如果支链类型不同,采用支链 1 数目-支链 1 类型 &

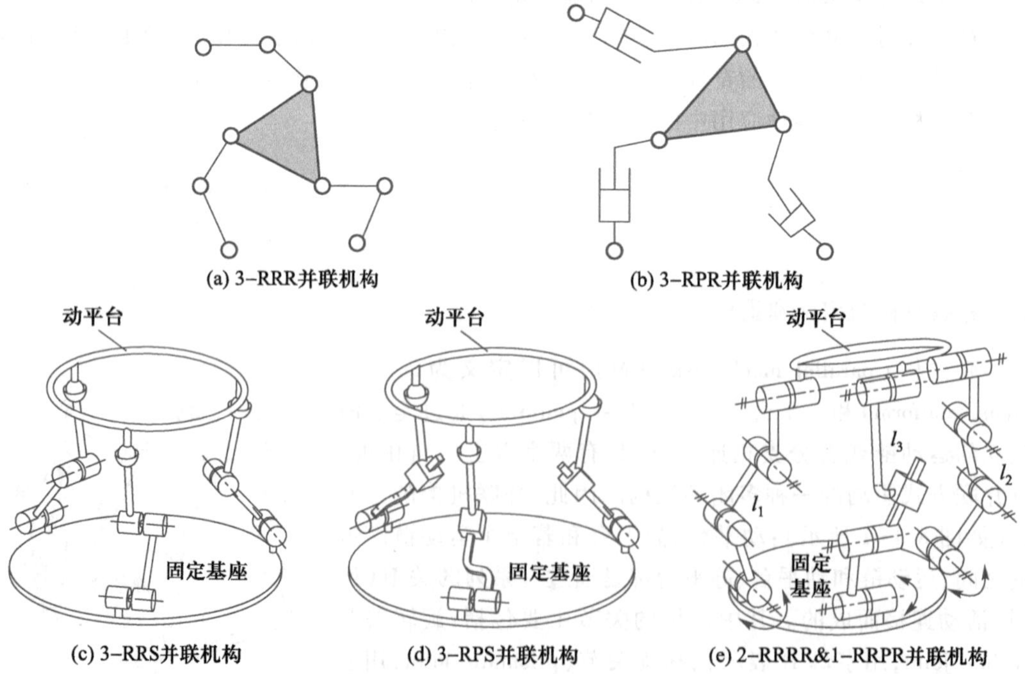

图 8.1-2 并联机构命名实例

支链2数目-支链2类型的命名方式。例如,图8.1-2(e)所示并联机构可命名为2-RRRR&1-RRPR并联机构。

(3) 根据动平台自由度类型分类

为进一步反映动平台的运动特征,可根据动平台在空间运动的类型对并联机构进行分类。假设动平台具有一个自由度的运动(可以是1维的转动,或1维的平移),则可用1R或1T表示该1维的运动。同理,对于一个2自由度的并联机构,其自由度类型可以分为2R、2T和1R1T。通过这种方法既确定动平台的自由度数目,也能清楚表示运动特征,是并联机构设计和综合中常用的一种分类方法。表8.1-1列举了所有动平台自由度的类型。

表8.1-1 所有动平台自由度的类型

自由度数	类型	自由度特征	典型机构实例
1	1R	1维转动	
	1T	1维移动	Sarrus机构
2	2R	2维球面转动,且2个转动自由度轴线相交	PantoScope机构
		2维球面滚动,且2个滚动自由度轴线相交	Omni wrist Ⅲ
	2T	2维移动	Part2机构
	1R1T	2维圆柱运动(转轴与移动方向平行)	
		1维转动+1维移动,且转轴与移动方向垂直	
3	3R	3维球面转动	球面3-RRR机构
	3T	空间3维移动	Delta机构
	2R1T	2维转动+1维移动,移动方向与转轴所在平面垂直	3-RPS机构
	2T1R	平面2维移动+1维转动,且转轴与移动平面垂直	平面3-RRR机构
4	3R1T	3维球面转动+1维移动	4-RRS机构
	3T1R	3维移动+1维转动	H4机器人
5	3R2T	空间3维球面转动+2维移动	5-RRRRR机构
	3T2R	空间3维移动+2维球面转动	5-RPUR机构
6	3R3T	3维转动+3维移动	Stewart平台

此外,根据并联机构的运动空间,并联机构还可分为平面并联机构、球面并联机构等。综上所述,根据描述的目的,选择合适的分类方式,对并联机构进行分类。

8.1.3 并联机构的运动学特性

串联机器人的运动学分析是研究机构关节空间和末端执行器操作空间的映射关系,并联机器人的运动学分析也是研究并联机构各支链关节坐标和动平台末端坐标的映射关系(如图8.1-3所示)。同样地,并联机器人的运动学问题也分为正运动学和逆运动学问题。正向运动学问题是指在并联机构关节坐标已知的情况下求解所对应的末端执行器坐标,即并联机构动平台在工作空间中的位置和姿态。并联机构逆运动学问题则是已知动平台的位姿,求解各支链的关节坐标。但由于并联机构中存在封闭约束，其逆运动学求解一般比较容易，可以得到解析的表达式；但正运动学求解比较困难。这个特点刚好与串联机构的运动学问题相反，形成一个“对偶关系”。

	串联机器人	并联机器人
机构类型	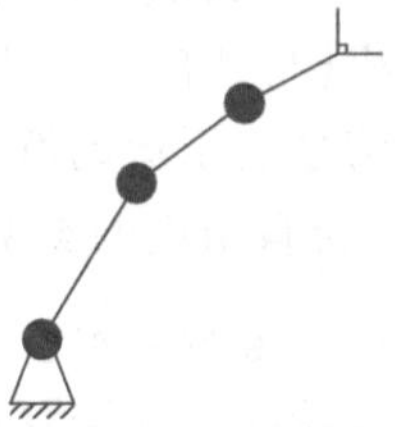	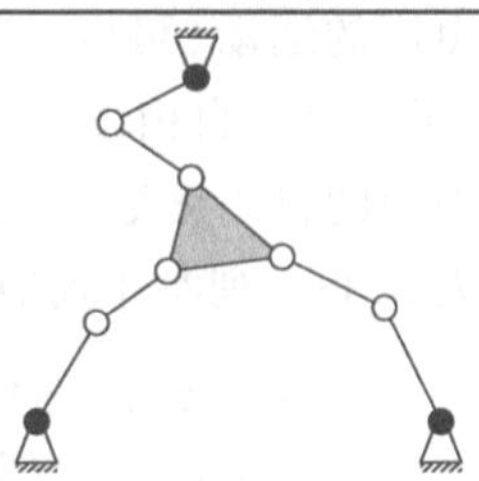
输入	机械臂各个关节 $(\theta_1, \theta_2, \theta_3)$	各个支链驱动关节 $(\theta_1, \theta_2, \theta_3)$
输出	末端执行器位姿	动平台位姿

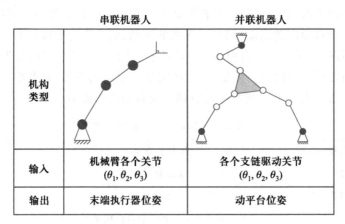

图 8.1-3 串联和并联机构正运动学

8.2 并联机构的运动学建模

8.2.1 并联机构的连杆参数

可以运用串联机器人中的 D-H 参数对并联机构的连杆进行描述，对并联机构进行建模。并联机构是由动平台、静平台和运动链组成的，对于动平台和静平台，都可以视作连杆，不同的是连杆上可能连接多个关节，因此对于动平台和静平台，坐标系的原点往往选在中心。对于运动链，若是简单的串联形式，则可以按照串联机器人建立坐标系，在运动链的两端再经过一次齐次变换就可以得到动平台和静平台的中心位置。

8.2.2 并联机构中关节的等价形式

在串联机器人的运动学建模分析中，由于常见的关节是转动和移动关节，因此分析的关节都是转动和移动关节，最终的运动方程也是关于转动和移动变量的函数。而在并联机器人中，常见的关节除了转动和移动关节，还有其他复杂的关节，为了能利用串联机器人的 D-H 方法建立运动学模型，需要将这些复杂的关节转化为转动和移动关节。

螺旋副：螺旋副是单自由度关节，允许相邻两连杆绕轴线旋转和沿轴线移动，但两个运动是耦合的，因此自由度仍然是 1。将螺纹螺距记为 p，移动距离和关节旋转角度的关系记为 $d=p\theta$。将这个关系代入齐次变换矩阵 ${}^{i-1}_{\ i}\boldsymbol{T}$ 表达式就可以得到相邻连杆的齐次变换矩阵。

$$
{}^{i-1}_{\ i}\boldsymbol{T}=\begin{bmatrix} \cos\theta_i & -\sin\theta_i & 0 & a_{i-1} \\ \sin\theta_i\cos\alpha_{i-1} & \cos\theta_i\cos\alpha_{i-1} & -\sin\alpha_{i-1} & -d_i\sin\alpha_{i-1} \\ \sin\theta_i\sin\alpha_{i-1} & \cos\theta_i\sin\alpha_{i-1} & \cos\alpha_{i-1} & d_i\cos\alpha_{i-1} \\ 0 & 0 & 0 & 1 \end{bmatrix} \tag{8.2-1}
$$

圆柱副:圆柱副是 2 自由度关节,如图 8.2-1 所示,允许相邻两连杆绕轴线旋转和沿轴线移动,且这两个运动是解耦的。对于双自由度关节,可以将其看作两个单自由度关节相连,其连杆的长度为 0;圆柱副的转动轴和移动轴相同,可以将 d 和 θ 视作关节变量,代入 ${}^{i-1}_{i}\boldsymbol{T}$ 也可以得到相应的变换矩阵。

$$
{}^{i-1}_{i}\boldsymbol{T}=\begin{bmatrix}\cos\theta_i & -\sin\theta_i & 0 & a_{i-1}\\ \sin\theta_i\cos\alpha_{i-1} & \cos\theta_i\cos\alpha_{i-1} & -\sin\alpha_{i-1} & -d_i\sin\alpha_{i-1}\\ \sin\theta_i\sin\alpha_{i-1} & \cos\theta_i\sin\alpha_{i-1} & \cos\alpha_{i-1} & d_i\cos\alpha_{i-1}\\ 0 & 0 & 0 & 1\end{bmatrix} \tag{8.2-2}
$$

球面副:球面副是 3 自由度关节,如图 8.2-2 所示,允许相邻两连杆任意地转动。同样地,也可以将球面副看作三个旋转关节相连,三个旋转关节轴线不共面但交于一点,可以经过三次变换得到齐次变换矩阵。另外,若两连杆是以球面副形式连接的,两连杆在空间中必然相交。两个连杆的相对位置可以通过三个欧拉角得到,根据欧拉角可以得到旋转变换矩阵 ${}^{i-1}_{i}\boldsymbol{R}$,再沿杆长方向平移就可以得到相应的齐次变换矩阵 ${}^{i-1}_{i}\boldsymbol{T}$。

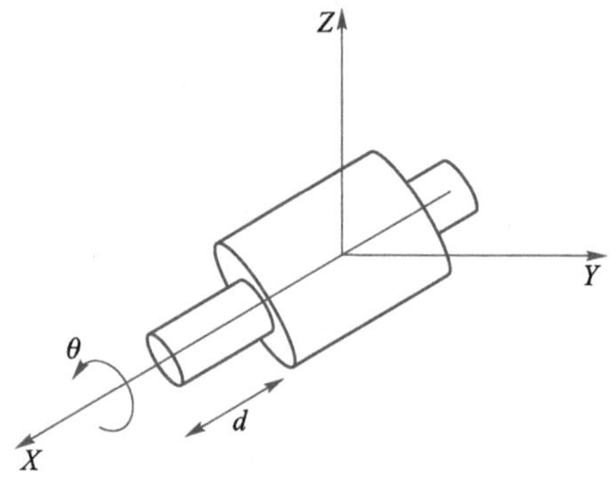

图 8.2-1 圆柱副

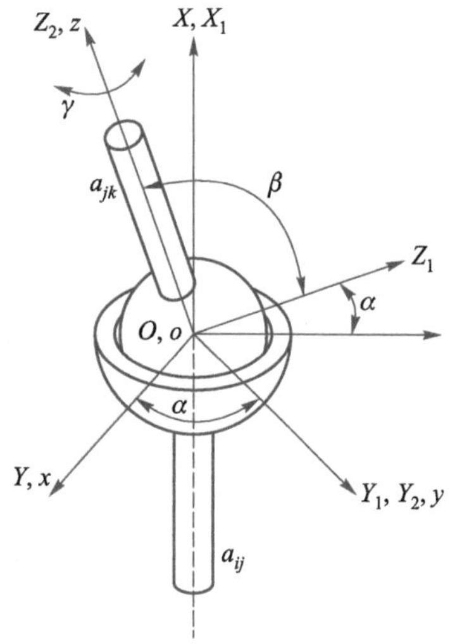

图 8.2-2 球面副

虎克铰:虎克铰也称为万向铰,如图 8.2-3 所示,允许相邻两构件有两个相对转动自由度。与球面副的等价形式相似,不同的地方在于旋转的自由度少了一个。

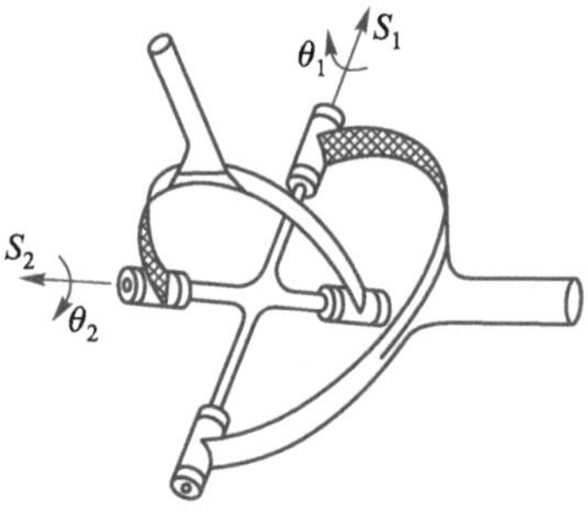

图 8.2-3 虎克铰

8.2.3 并联机构中的运动学方程

假设并联机构以静平台为参考坐标系$\{B\}$,动平台坐标系表示为$\{A\}$。若并联机构中每个运动链都是串联形式的,就可以运用串联机器人的建模方法,对每个运动链建立运动学方程,可以得到每个运动链末端相对于静止坐标系的位姿。对于 n 条运动链,则有 n 个末端位姿,进一步根据这 n 个位姿,可以解算出动平台的位姿。

(1) 并联机构正运动学问题

并联机构正运动学问题可以表述为:已知各支链驱动关节的状态,求解动平台的位姿。

对于并联机构求解的正运动学问题,根据每个运动链可以写出一个支链的运动学方程,记为 ${}_0^n\boldsymbol{T}_i$,于是每一个运动链都可以得到动平台相对于静平台的描述 ${}_B^A\boldsymbol{T}$,对于具有 m 个运动链的并联机构可以得到

$$ {}_B^A\boldsymbol{T}={}_0^n\boldsymbol{T}_i,\quad i=1,2,\cdots,m \tag{8.2-3}$$

每一个 ${}_0^n\boldsymbol{T}_i$ 都可以写成该运动链中各关节变量的函数,因此,式(8.2-3)可以写成

$$ {}_B^A\boldsymbol{T}={}_0^n\boldsymbol{T}_i={}_0^n\boldsymbol{T}(\boldsymbol{q}_i),\quad i=1,2,\cdots,m \tag{8.2-4}$$

其中,$\boldsymbol{q}_i$ 表示第 i 条运动链中的关节变量矢量。上式称为并联机构的结构方程,表示并联机构中各关节变量之间的约束,由于这些约束的存在,并联机构中,自由度数目不同于关节数目,在前面计算自由度的部分也有所体现。因此,各关节变量之间存在耦合,关节变量的值不是任意取的。

如果可以得到并联机构中所有的关节变量,那么很容易就可以得到动平台的位姿,但在实际的 n 自由度机构中,驱动数目必为 n,只有 n 个关节变量是输入量,其他的关节变量都是约束的变量,因此并联机器人的正运动学求解实际上是根据并联机构中的约束求解各关节变量之间的关系,由于并联机构中关节数目较多,因此求解比较困难。

(2) 并联机构逆运动学问题

并联机构逆运动学问题可以表述为:已知动平台的位姿,求解各支链驱动关节的状态。

对于并联机构的逆运动学求解问题,根据末端的位姿可以得到每一个运动链末端的位姿,再根据每一个运动链末端的位姿求解各个关节的位置。这实际上是运动链的逆运动学问题。但是在并联机构中,往往运动链形式相同,且连杆数目较少,若连杆数目多,则每一个支链都是复杂的串联机器人,那么并联机构就失去了控制容易和精度高的特点。对于支链数目少的串联机器人,其逆运动学求解较为容易,可以得到解析解。

解析法:根据机构的结构组成特征建立约束方程组,采用多种方法(包括矢量代数法、几何法、矩阵法和四元数法等)从约束方程组中消去中间参数,得到单参数多项式后再求解。优点是可以得到全部解;缺点是难度较大,只存在方法上的通用性,但是个例均须结合具体情况进行分析和处理,通过该方法求出的解称为解析解。

数值法:采用的方法是直接求解约束方程组。数值法可以较快地求得任何机构的实数解,但是一般不能得到全部解,初值选取及搜索算法对收敛性及精度影响较大,计算速度慢,不具有实时性。数值法的优点是数学建模简单,并且省去了烦琐的数学推导,通过该方法求出的解称为数值解。

8.3 并联机器人的正运动学

并联机器人正运动学问题是指在并联机构的关节坐标已知的情况下,求解对应的末端执行器的坐标,即并联机构末端执行器在空间中的位姿。由于并联机器人关节数目多于驱动的数目,因此只能获得驱动关节的关节角度,其他关节角度需要通过机构的约束解出。下面将以 6 自由度 Stewart 平台为例,进行其正运动学分析。

【例 8.3-1】如图 8.3-1 所示,6 自由度 Stewart 平台,已知驱动分支的行程 $L_i(i=1,2,\cdots,6)$,求动平台的中心位置和动平台的姿态。

解:

机构参数为已知,动平台半径为 R,固定平台半径为 R_0,动平台分支夹角为 α,静平台分支夹角为 β。动平台的位姿可以用矢量 $\boldsymbol{P}=(P_x,P_y,P_z,\theta_x,\theta_y,\theta_z)$ 表示。两点间距离公式表示为

$$L_i=\sqrt{(b_{ix}-B_{ix})^2+(b_{iy}-B_{iy})^2+(b_{iz}-B_{iz})^2}$$

每一条支链都可以建立一个关于矢量 $\boldsymbol{P}$ 的方程为

$$f_i=f(\boldsymbol{P})_i,\quad i=1,2,\cdots,6$$

六个方程构成了一个多元非线性方程组,根据方程组可以解得矢量 $\boldsymbol{P}$。但 f_i 的表达式非常复杂,每个方程含有的项的数目都是十几个,因此求解困难,很难找到直接解法。

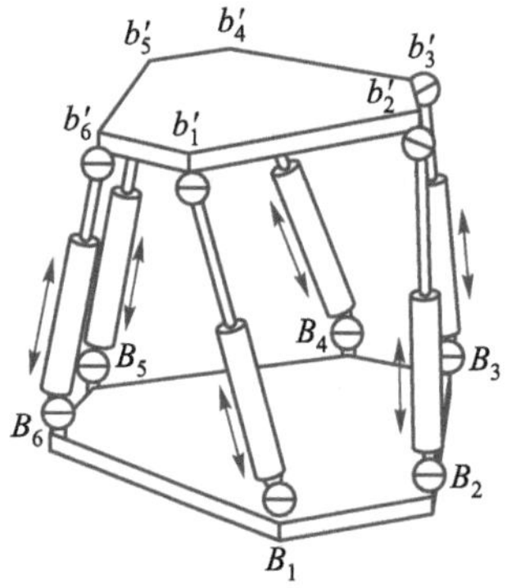

图 8.3-1 6-SPS 并联机器人正运动学

并联机器人的正运动学求解是求解多元非线性方程组,对于非线性方程组没有通用的解法,而对并联机器人进行正运动学求解的方法有两种,数值法和解析法。数值法运用数值方法进行迭代计算求解非线性方程组,可以得到与输入位移对应的动平台的位姿。数值法求解的数学模型简单,对于任意的并联机器人都适用,但是不能求得所有解,且计算速度慢,不能得到解的解析表达式,对于不同的输入需要再次进行迭代计算。解析法求解也称为封闭解法,通过代数、几何的方法解出末端姿态与关节输入变量的解析表达式,可以得到所有的解,并且对于所有的关节输入变量,可以用同样的表达式得到解。但由于并联机构的复杂性,不是所有的并联机构都能得到解析解,对于常见的 6-SPS 平台还不能得到其解析解,而对于其衍生的一些并联机构,则存在解析解。

8.3.1 数值法求解

数值法使用数值分析中求解非线性方程组的方法,求解并联机构的运动学方程组,由于并联机构具有一些几何约束,因此还有一些解法是利用机构的几何约束,从几何角度进行迭代计算。

常见的数值法如下。

三维搜索法:将并联机器人的运动学方程组简化为三个方程的方程组,通过三维搜索可以得到方程组的所有解。

预测校正算法:利用并联机构的几何约束,用三维搜索法从纯几何角度求实数解。

多边形系统形式:由拉加万(Raghavan)等人提出的解法,在复数域内得到了 40 个解,得到了解的上限。

下面通过 Stewart 并联机器人介绍三维搜索法求解正运动学的过程。

【例 8.3-2】三维搜索法求解 6 自由度 Stewart 平台正运动学。

解:

首先,运动链的驱动长度可以写为

$$L_i=\sqrt{(b_{ix}-B_{ix})^2+(b_{iy}-B_{iy})^2+(b_{iz}-B_{iz})^2}$$

设 l_i 为搜索的对象，通过最小二乘法建立目标函数为

$$F(\boldsymbol{P})=\sum_{i=1}^{6}(l_i-L_i)^2$$

显然，当目标函数处于最小值时，$l_i=L_i$。因此，目标函数取最小值的条件对应的动平台位置就是所求的动平台位置，对应了6个关于 l_i 的方程，若对这个方程组进行搜索，那么计算量比较大。根据对称性，可以消元，将方程组未知量数目变成3。

动平台的位置还可以用一个齐次变换矩阵描述为

$$\boldsymbol{T}=\begin{bmatrix}\boldsymbol{R} & \boldsymbol{P}\\ \boldsymbol{0} & 1\end{bmatrix}$$

其中，$\boldsymbol{R}=\begin{bmatrix}d_{11} & d_{12} & d_{13}\\ d_{21} & d_{22} & d_{23}\\ d_{31} & d_{32} & d_{33}\end{bmatrix}$，$\boldsymbol{P}=\begin{bmatrix}P_x\\ P_y\\ P_z\end{bmatrix}$。

在动、静平台各自的坐标系中，根据对称性，各点的坐标有以下变换关系：

$$\boldsymbol{b}'_{i+4}=\boldsymbol{S}\boldsymbol{b}'_{3-i},\quad i=1,2,3$$

$$\boldsymbol{B}_{i+4}=\boldsymbol{S}\boldsymbol{B}_{3-i},\quad i=1,2,3$$

其中，$\boldsymbol{S}=\begin{bmatrix}-1 & 0 & 0\\ 0 & 1 & 0\\ 0 & 0 & 1\end{bmatrix}$。

再利用齐次变换矩阵中元素的性质以及几何关系，可得

$$\begin{cases}d_{11}^2+d_{21}^2+d_{31}^2=1\\ d_{12}^2+d_{22}^2+d_{32}^2=1\\ d_{11}d_{12}+d_{21}d_{22}+d_{31}d_{32}=0\\ (b'_{ix})+(b'_{iy})^2=R^2\\ B_{ix}^2+B_{iy}^2=R_0^2\end{cases}$$

可以进行化简，得到 $a\sim f$ 六个方程为

$$a:\frac{l_1^2+l_6^2}{2}=R^2+R_0^2+W-2P_yB_{1y}-2(d_{11}b'_{1x}B_{1x}+d_{22}b'_{1y}B_{1y})+2b'_{1y}(\boldsymbol{D}_2\cdot\boldsymbol{P})$$

$$b:\frac{l_1^2-l_6^2}{4}=-P_xB_{1x}-d_{21}b'_{1x}B_{1y}-d_{12}b'_{1y}B_{1x}+b'_{1x}(\boldsymbol{D}_1\cdot\boldsymbol{P})$$

$$c:\frac{l_2^2+l_5^2}{2}=R^2+R_0^2+W-2P_yB_{2y}-2(d_{11}b'_{2x}B_{2x}+d_{22}b'_{2y}B_{2y})+2b'_{2y}(\boldsymbol{D}_2\cdot\boldsymbol{P})$$

$$d:\frac{l_2^2-l_5^2}{4}=-P_xB_{2x}-d_{21}b'_{2x}B_{2y}-d_{12}b'_{2y}B_{2x}+b'_{2x}(\boldsymbol{D}_1\cdot\boldsymbol{P})$$

$$e:\frac{l_3^2+l_4^2}{2}=R^2+R_0^2+W-2P_yB_{3y}-2(d_{11}b'_{3x}B_{3x}+d_{22}b'_{3y}B_{3y})+2b'_{3y}(\boldsymbol{D}_2\cdot\boldsymbol{P})$$

$$f:\frac{l_3^2-l_4^2}{4}=-P_xB_{3x}-d_{21}b'_{3x}B_{3y}-d_{12}b'_{3y}B_{3x}+b'_{3x}(\boldsymbol{D}_1\cdot\boldsymbol{P})$$

其中，$\boldsymbol{D}_1=[d_{11}\quad d_{21}\quad d_{31}]^{\mathrm{T}}$，$\boldsymbol{D}_2=[d_{12}\quad d_{22}\quad d_{32}]^{\mathrm{T}}$，$W=P_x^2+P_y^2+P_z^2$。

再利用以下关系式：

$$\begin{cases}b'_{1x}+b'_{3x}=b'_{2x}\\ B'_{1x}+B'_{3x}=B'_{2x}\end{cases}\quad \begin{cases}b'_{1y}+b'_{3y}=b'_{2y}\\ B'_{1y}+B'_{3y}=B'_{2y}\end{cases}$$

对于 b、d、f 三个方程，进行代数运算 $b-d-f$ 得到

$$E_{11}d_{21}+E_{12}d_{12}=E_{13}P_x+E_{14}$$

代入 $b\times(b'_{2x})-d\times(b'_{1x})$ 得到

$$E_{21}d_{21}+E_{22}d_{12}=E_{23}P_x+E_{24}$$

对于 a、c、e 三个方程，进行代数运算 $a+c+e$ 得到

$$E_{31}d_{11}+E_{32}d_{22}=E_{33}P_y+E_{34}W+E_{35}$$

代入 $a\times(b'_{2x})-c\times(b'_{1x})$ 得到

$$E_{41}d_{11}+E_{42}d_{22}=E_{43}P_y+E_{44}W+E_{45}$$

其中，$E_{ij}(i=1,2,3,4;j=1,2,3,4,5)$ 是只与机构尺寸参数和输入量有关的参数，而与机构的输出位置和姿态无关，具体表示为

$$E_{11}=b'_{1x}B_{1y}-b'_{2x}B_{2y}+b'_{3x}B_{3y},E_{12}=b'_{1y}B_{1x}-b'_{2y}B_{2x}+b'_{3y}B_{3x}$$

$$E_{13}=0,E_{14}=0.25(l_2^2+l_4^2+l_6^2-l_1^2-l_3^2-l_5^2)$$

$$E_{21}=b'_{1x}B_{1y}b'_{2x}-b'_{2x}B_{2y}b'_{1x},E_{22}=b'_{1y}B_{1x}b'_{2x}-b'_{2y}B_{2x}b'_{1x}$$

$$E_{23}=B_{2x}b'_{1x}-B_{1x}b'_{2x},E_{24}=0.25|(l_2^2+l_5^2)b'_{1x}-(l_1^2-l_6^2)b'_{2x}|$$

$$E_{31}=2\times(b'_{1x}B_{1x}+b'_{2x}B_{2x}+b'_{3x}B_{3x}),E_{32}=2\times(b'_{1y}B_{1y}+b'_{2y}B_{2y}+b'_{3y}B_{3y})$$

$$E_{33}=0,E_{34}=3,E_{35}=3(R^2+R_0^2)-0.5\sum_{i=1}^{6}l_i^2$$

$$E_{41}=2\times(b'_{1x}B_{1x}b'_{2y}-b'_{2x}B_{2x}b'_{1y}),E_{42}=2\times(b'_{1y}B_{1y}b'_{2y}-b'_{2y}B_{2y}b'_{1y})$$

$$E_{43}=2(B_{2y}b'_{1y}-B_{1y}b'_{2y}),E_{44}=b'_{2y}-b'_{1y}$$

$$E_{45}=(R^2+R_0^2)(b'_{2y}-b'_{1y})-0.5[(l_1^2+l_6^2)b'_{2y}-(l_2^2+l_5^2)b'_{1y}]$$

将上面得到的四个方程组成两个新方程组，分别为

$$\begin{cases}E_{11}d_{21}+E_{12}d_{12}=E_{13}P_x+E_{14}\\ E_{21}d_{21}+E_{22}d_{12}=E_{23}P_x+E_{24}\end{cases}$$

$$\begin{cases}E_{31}d_{11}+E_{32}d_{22}=E_{33}P_y+E_{34}W+E_{35}\\ E_{41}d_{11}+E_{42}d_{22}=E_{43}P_y+E_{44}W+E_{45}\end{cases}$$

由于 E_{ij} 和 W 已知，只有 P_x 和 P_y 未知，所以上面的两个方程组可以得到 d_{21} 和 d_{12} 以及 d_{11} 和 d_{22} 分别关于 P_x 和 P_y 的表达式：

$$\begin{cases}d_{21}=N_1P_x+K_1\\ d_{12}=N_2P_x+K_2\\ d_{11}=L_1P_y+K_3W+J_1\\ d_{22}=L_2P_y+K_4W+J_2\end{cases}$$

其中，N_i、K_i、L_i、J_i 都是与机构参数和输入参数有关的量，是关于输入变量的一元函数。

最后根据六个方程中的 c 与 f 和旋转矩阵中元素之间的约束，可以得到以下的方程组：

$$\begin{cases} F_1=\dfrac{l_2^2+l_5^2}{2}=R^2+R_0^2+W-2P_yB_{2y}-2(d_{11}b'_{2x}B_{2x}+d_{22}b'_{2y}B_{2y})+2b'_{2y}(\boldsymbol{D}_2\cdot\boldsymbol{P}) \\ F_2=\dfrac{l_3^2-l_4^2}{4}=-P_xB_{3x}-d_{21}b'_{3x}B_{3y}-d_{12}b'_{3y}B_{3x}+b'_{3x}(\boldsymbol{D}_1\cdot\boldsymbol{P}) \\ F_3=d_{11}d_{12}+d_{21}d_{22}+d_{31}d_{32}=0 \end{cases}$$

这是一个关于 P_x、P_y、P_z 的非线性方程组，利用数值方法求解，求解的速度会比原来对六个方程求解快很多。同样地，也可以利用最小二乘法建立目标函数，此时目标函数只与 P_x、P_y、P_z 有关，表示为

$$F(P_x,P_y,P_z)=\sum_{i=1}^{3}F_i^2(P_x,P_y,P_z)$$

以上通过例题介绍了 6 自由度 Stewart 平台三维搜索法进行正运动学求解的过程，三维搜索法是对原有的方程组进行化简，得到只含有三个方程的方程组，可以对三个方程进行迭代求解，大大减少计算量，节约计算时间。

8.3.2 解析法求解

数值法求解依赖于迭代计算，求解速度慢、效率低，并且不能求出所有的解，同时采用数值法也不利于对并联机器人的控制分析，所以总是希望能够得到解析解，获得并联机构末端位姿关于关节状态的表达式。对于一些特殊构型的并联机构，可以通过观察其构型的几何特征，建立新的约束方程，从而求解并联机构正运动学的解析解。

【例 8.3-3】如图 8.3-2 所示，已知 3-PRR 并联机构输入为三个移动副的长度(l_1,l_2,l_3)，且 $l_i=\|\overrightarrow{A_iB_i}\|$，$i=1,2,3$，采用解析法求解动平台位姿($P$ 点位置，动平台倾角 θ)。

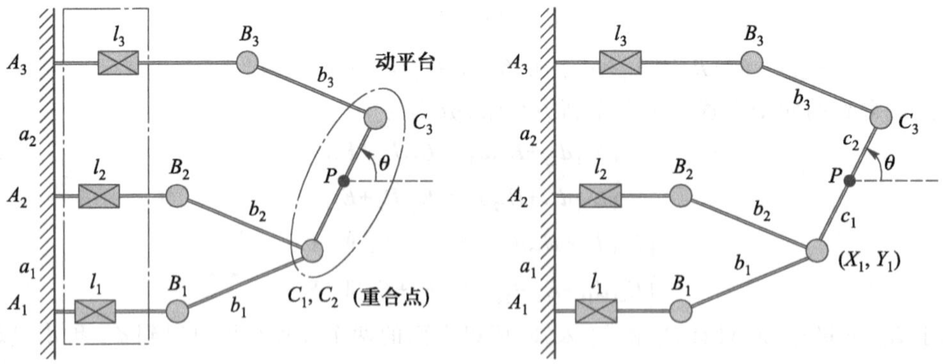

图 8.3-2 平面 3-PRR 并联机构

解：

在 A_1 点建立世界坐标系$\{O\}$，令 $\overrightarrow{OP}=[X_P \quad Y_P]^{\mathrm{T}}$

在坐标系 OXY 中，OA_i 和 OB_i 的矢量可以表示为

$$\overrightarrow{OA_1}=[0\quad 0]^{\mathrm{T}},\quad \overrightarrow{OA_2}=[0\quad a_1]^{\mathrm{T}},\quad \overrightarrow{OA_3}=[0\quad a_1+a_2]^{\mathrm{T}}$$

$$\overrightarrow{OB_1}=[l_1\quad 0]^{\mathrm{T}},\quad \overrightarrow{OB_2}=[l_2\quad a_1]^{\mathrm{T}},\quad \overrightarrow{OB_3}=[l_3\quad a_1+a_2]^{\mathrm{T}}$$

根据定常方程 $b_i=\|\overrightarrow{C_iB_i}\|$,可以得到

$$\begin{cases}(l_1-X_1)^2+(Y_1)^2=(b_1)^2\\(l_1-X_1)^2+(Y_1-a_1)^2=(b_2)^2\end{cases}$$

求解该方程组,可得

$$\begin{cases}X_1=f_1(l_1,l_2)\\Y_1=f_2(l_1,l_2)\end{cases}$$

进一步,根据定常方程 $b_3=\|\overrightarrow{C_3B_3}\|,c_1+c_2=\|\overrightarrow{C_1C_3}\|$,可得

$$\begin{cases}(X_3-l_3)^2+(Y_3-a_1-a_2)^2=(b_3)^2\\(X_3-X_1)^2+(Y_3-Y_1)^2=(c_1+c_2)^2\end{cases}$$

求解该方程组,可得

$$\begin{cases}X_3=g_1(X_1,Y_1,l_3)\\Y_3=g_2(X_1,Y_1,l_3)\end{cases}$$

根据点 C_1 和 C_3 的位置,θ 可表示为

$$\theta=\arctan\left(\frac{Y_3-Y_1}{X_3-X_1}\right)$$

对于一般的 6-SPS 平台,不能得到其解析解,但对于其衍生机构,很多可以得到解析解,下面将通过一个例子介绍并联机器人的正运动学求解。单三角平台是一种 6-SPS 机构的衍生机构,是将原机构动平台相邻两关节复合成一个衍生的机构,其位姿正解是由梁崇高教授等人于 1991 年提出的,其他形式的三角平台并联机构也可以仿照这个方法求解。

【例 8.3-4】采用解析法求解图 8.3-3 所示 6-SPS 机构的衍生机构的正运动学。

解:

首先求解动平台与运动链的约束 P_{12},则三角形 $P_{12}B_2B_3$ 只能绕 B_2B_3 轴线转动,点 P_{12} 的轨迹是以点 B_{12} 为圆心、R_{12} 长度为半径的圆。同理,P_{34} 和 P_{56} 的轨迹分别是以 B_{34} 和 B_{56} 为圆心、R_{34} 和 R_{56} 长度为半径的圆。因此,这些圆心的坐标可以写为

$$\begin{cases}B_{ij_x}=B_{i_x}+t_{ij}(B_{i_x}-B_{j_x})\\B_{ij_y}=B_{i_y}+t_{ij}(B_{i_y}-B_{j_y})\\B_{ij_z}=B_{i_z}+t_{ij}(B_{i_z}-B_{j_z})\end{cases}$$

其中,

$$t_{ij}=\frac{l_j^2-l_i^2-(B_{i_x}-B_{j_x})^2-(B_{i_y}-B_{j_y})^2-(B_{i_z}-B_{j_z})^2}{2\times[(B_{i_x}-B_{j_x})^2+(B_{i_y}-B_{j_y})^2+(B_{i_z}-B_{j_z})^2]}$$

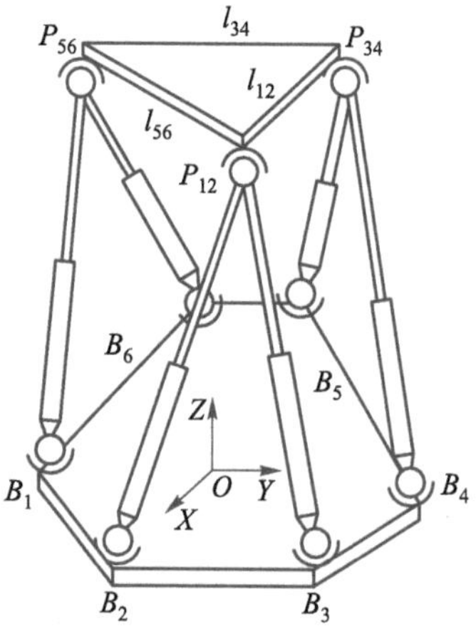

图 8.3-3 6-SPS 机构的衍生机构

圆的半径为

$$R_{ij}=\sqrt{l_i^2-(\overrightarrow{B_iB_{ij}})^2}=\sqrt{l_i^2-[(B_{i_x}-B_{j_x})^2+(B_{i_y}-B_{j_y})^2+(B_{i_z}-B_{j_z})^2]}$$

在各轨迹圆的圆心处建立局部坐标系 $B_{ij}-X'Y'Z'$，令 Y'轴沿轴线 B_iB_j 方向。各半径 R_{12}、R_{34}、R_{56} 与各坐标轴 X'的夹角以 ϕ_{12}、ϕ_{34} 和 ϕ_{56} 表示，这些夹角也可以视为机构的输出变量。进行坐标变换后，可以得到 φ_{12}、φ_{34} 和 φ_{56} 表示的平台铰链点在固定坐标系 $O-XYZ$ 中的坐标。

$$P_{ij_x}=\frac{B_{j_y}-B_{i_y}}{H_{ij}}R_{ij}\cos\varphi_{ij}+B_{ij_x}$$

$$P_{ij_y}=\frac{-(B_{j_x}-B_{i_x})}{H_{ij}}R_{ij}\cos\varphi_{ij}+B_{ij_y}$$

$$P_{ij_z}=R_{ij}\sin\varphi_{ij}+B_{ij_z}$$

其中，$H_{ij}=\sqrt{(B_{i_x}-B_{j_x})^2-(B_{i_y}-B_{j_y})^2-(B_{i_z}-B_{j_z})^2}$。

根据上平台的三角形写出机构的约束方程，即用 P_{ij} 的坐标表示三角形的边长 l_k，有

$$\begin{cases}(P_{12_x}-P_{34_x})^2+(P_{12_y}-P_{34_y})^2+(P_{12_z}-P_{34_z})^2=l_{12}^2\\(P_{34_x}-P_{56_x})^2+(P_{34_y}-P_{56_y})^2+(P_{34_z}-P_{56_z})^2=l_{34}^2\\(P_{56_x}-P_{12_x})^2+(P_{56_y}-P_{12_y})^2+(P_{56_z}-P_{12_z})^2=l_{56}^2\end{cases}$$

将各点的坐标代入可以得到关于 φ_{12}、φ_{34} 和 φ_{56} 的超越方程为

$$\begin{cases}A_1\cos\varphi_{12}+B_1\cos\varphi_{34}+D_1\cos\varphi_{12}\cos\varphi_{34}+E_1\sin\varphi_{12}\sin\varphi_{34}+F_1=0\\A_2\cos\varphi_{34}+B_2\cos\varphi_{56}+D_2\cos\varphi_{34}\cos\varphi_{56}+E_2\sin\varphi_{34}\sin\varphi_{56}+F_2=0\\A_3\cos\varphi_{56}+B_2\cos\varphi_{12}+D_3\cos\varphi_{56}\cos\varphi_{12}+E_3\sin\varphi_{56}\sin\varphi_{12}+F_3=0\end{cases}$$

其中，A_i、B_i、D_i、E_i、F_i 都是与机构参数和驱动关节变量有关的函数。

进一步，采用变量替换将方程变为非超越的方程，令 $x_{ij}=\tan\dfrac{\varphi_{ij}}{2}$，可以得到 $\sin\varphi_{ij}=\dfrac{x_{ij}}{1+x_{ij}^2}$，$\cos\varphi_{ij}=\dfrac{1-x_{ij}^2}{1+x_{ij}^2}$，因此方程组可以转化为关于 x_{ij} 的方程组：

$$\begin{cases}[(F_1-B_1+A_1-D_1)+(F_1-B_1-A_1+D_1)x_{12}^2]x_{34}^2+\\(2E_1x_{12})x_{34}+[(F_1+B_1+A_1+D_1)+(F_1+B_1-A_1-D_1)x_{12}^2]=0\\[(F_2-B_2+A_2-D_2)+(F_2-B_2-A_2+D_2)x_{34}^2]x_{56}^2+\\(2E_2x_{34})x_{56}+[(F_2+B_2+A_2+D_2)+(F_2+B_2-A_2-D_2)x_{34}^2]=0\\[(F_3+B_3-A_3-D_3)+(F_3-B_3-A_3+D_3)x_{12}^2]x_{56}^2+\\(2E_3x_{12})x_{56}+[(F_3+B_3+A_3+D_3)+(F_3-B_3-A_3+D_3)x_{12}^2]=0\end{cases}$$

为了进一步化简，上面的每个方程都写成了关于 x_{ij} 的一元二次方程的形式，但是 x_{ij} 的系数不是常数，而是和 x_{ij} 有关的量，将系数用字母代替，可以化简得到

$$\begin{cases}a_1x_{34}^2+b_1x_{12}+c_1=0\\a_2x_{56}^2+b_2x_{56}+c_2=0\\a_3x_{56}^2+b_3x_{56}+c_3=0\end{cases}$$

上式中两个方程是关于 x_{56} 的方程，经过消元运算得到

$$\begin{cases}a_2x_{56}^2+b_2x_{56}+c_2=0\\a_3x_{56}^2+b_3x_{56}+c_3=0\end{cases}$$

对其中一次项进行消元运算得到

$$\begin{cases}a_2x_{56}^2+b_2x_{56}+c_2=(a_2x_{56}+b_2)x_{56}+c_2=0\\a_3x_{56}^2+b_3x_{56}+c_3=(a_3x_{56}+b_3)x_{56}+c_3=0\end{cases}\Rightarrow(a_2c_3-a_3c_2)x_{56}+(b_2c_3-b_3c_2)=0$$

对其中二次项进行消元运算得到

$$\begin{cases}a_2x_{56}^2+b_2x_{56}+c_2=a_2x_{56}^2+(b_2x_{56}+c_2)=0\\a_3x_{56}^2+b_3x_{56}+c_3=a_3x_{56}^2+(b_3x_{56}+c_3)=0\end{cases}\Rightarrow(a_2b_3-b_3a_2)x_{56}+(a_2c_3-a_3c_2)=0$$

这样得到了两个关于 x_{56} 的一元一次方程，将它们联立并消去 x_{56}，可以得到

$$(a_2c_3-a_3c_2)^2-(a_2b_3-a_3b_2)(b_3c_2-b_2c_3)=0$$

由于 a_2、b_2、c_2 是与 x_{34} 有关的变量，a_3、b_3、c_3 是与 x_{12} 有关的变量，因此上面的方程是关于 x_{12} 和 x_{34} 的方程，最高次数不高于 4，将其写成关于 x_{34} 的显式为

$$k_1x_{34}^4+k_2x_{34}^3+k_3x_{34}^2+k_4x_{34}+k_5=0$$

经过消元运算，得到了两个关于 x_{34} 的方程为

$$\begin{cases}k_1x_{34}^4+k_2x_{34}^3+k_3x_{34}^2+k_4x_{34}+k_5=0\\a_1x_{34}^2+b_1x_{12}+c_1=0\end{cases}$$

将方程整理成一个关于 x_{34} 的一元五次方程，并将这六个方程写成矩阵形式，为

$$\begin{bmatrix}0&k_1&k_2&k_3&k_4&k_5\\k_1&k_2&k_3&k_4&k_5&0\\a_1&b_1&c_1&0&0&0\\0&a_1&b_1&c_1&0&0\\0&0&a_1&b_1&c_1&0\\0&0&0&a_1&b_1&c_1\end{bmatrix}\begin{bmatrix}x_{34}^5\\x_{34}^4\\x_{34}^3\\x_{34}^2\\x_{34}\\1\end{bmatrix}=0$$

根据线性代数的知识，由于 $[x_{34}^5\quad x_{34}^4\quad x_{34}^3\quad x_{34}^2\quad x_{34}\quad 1]^{\mathrm{T}}\neq0$，若该方程组的解存在，则系数矩阵的行列式为 0。于是得到了关于 x_{12} 的方程为

$$\begin{vmatrix}0&k_1&k_2&k_3&k_4&k_5\\k_1&k_2&k_3&k_4&k_5&0\\a_1&b_1&c_1&0&0&0\\0&a_1&b_1&c_1&0&0\\0&0&a_1&b_1&c_1&0\\0&0&0&a_1&b_1&c_1\end{vmatrix}=0$$

该代数方程最高次为 16，求解这个方程就可以得到 x_{12}。

得到 x_{12} 以后，代入方程 $(a_2c_3-a_3c_2)x_{56}+(b_2c_3-b_3c_2)=0$，便可以解出 x_{56}，代入系数矩阵，便可以解出 x_{34}。

以此类推，得到 x_{ij} 以后，代入对应方程就得到了动平台各点的坐标，即得到该并联机构的运动学正解。

上述过程就是对三角形并联机构的正运动学求解过程，其思路是通过几何约束建立输出量与输入变量的关系，再通过方程的变形、逐步消去变量，将原本的三元多次方程组最终转化为一元多次方程。这也是一般并联机构求解析解的基本思路，前面介绍的三维搜索法的思路也是类似的，通过不断消元化简，减少方程中未知量的数量。消元的过程是一个解耦合的过程，由于并联机构中存在约束角度，各输出变量之间耦合较强，因此需要通过消元解除耦合才可以得到简单的表示式。

在上面计算的最后一步，是对 x_{12} 的最高次为 16 的代数方程进行求解，虽然只含有一个变量，但是次数过高，且超过四次的一元方程没有解的通式，对于这样的高次方程，一般还是需要通过数值方法求解。所以上面的方法不能得到 x_{12} 的最终表达式，只能得到一个关于 x_{12} 的一元方程。

近年来，研究人员采用增加关节传感器数目的方法来获取额外的关节位置信息，使得并联机器人运动学方程中更多的关节变量变为已知，减少了求解的难度，无论是采用数值法还是解析法，都可以大大减少运算量，加快求解速度。同时，增加关节传感器可以增加约束，消除并联机器人运动学求解的多解问题。通过冗余的传感器还可以减少关节位置测量的误差，提高运动学解的精度。

8.4 并联机器人的逆运动学

并联机构的逆运动学求解实际上是对每个支链的逆运动学求解，因此采用的方法与串联机器人的逆运动学求解的方法相同，分为解析法和几何法。

8.4.1 解析法求解示例

【例 8.4-1】已知并联机构动平台上 C 点的位置和旋转角度 ϕ，利用解析法求解图 8.4-1 所示平面 3-RRR 并联机构的运动学逆解。

解：

三角形 $B_1B_2B_3$ 的边长已知，由点 C 的位置和旋转角度 ϕ，可以得到点 C 和三角形各顶点 B_i 的变换矩阵 ${}^{B_i}_{C}\boldsymbol{T}$，进一步就得到了 B_i 的位置和旋转角度 ϕ_i。然后对串联机构 $A_iM_iB_i$ 展开逆运动学求解。对该串联机构

$$\overrightarrow{OB_i}=\overrightarrow{OA_i}+\overrightarrow{A_iM_i}+\overrightarrow{M_iB_i}$$

建立关于 θ_i 和 α_i 的二元一次超越方程组，容易解出 θ_i 和 α_i。

【例 8.4-2】已知图 8.4-2 所示平面 3-PRR 并联机构动平台的位姿（$\overrightarrow{OP}=[X_P \quad Y_P]^{\mathrm{T}}$，$\theta$），求解三个输入长度 l_1、l_2、l_3。

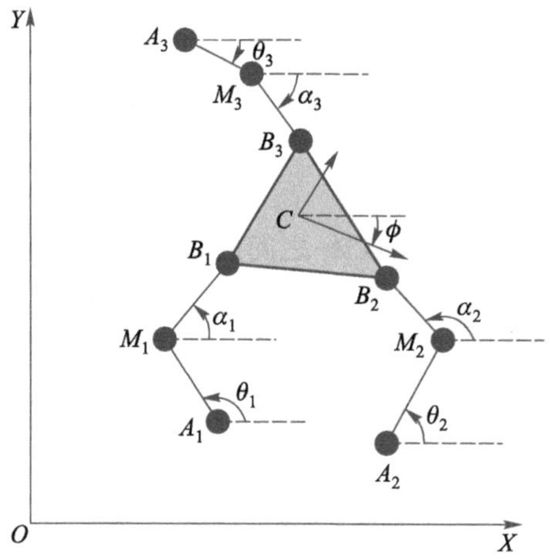

图 8.4-1 平面 3-RRR 并联机构逆运动学分析

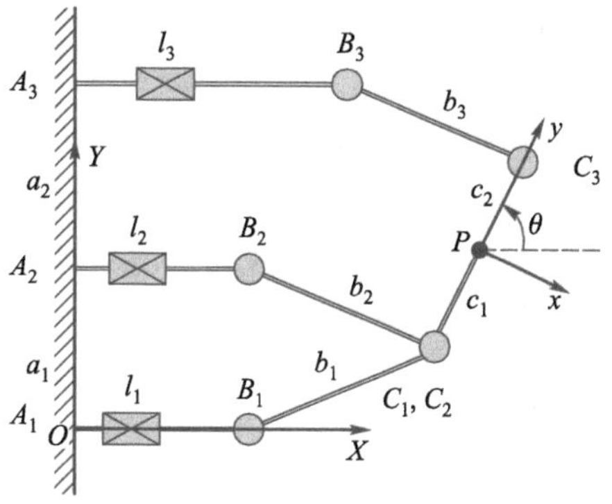

图 8.4-2 平面 3-PRR 并联机构

解：

建立坐标系$\{O\}$，则有

$$\overrightarrow{OA_1}=[0 \quad 0]^{\mathrm{T}}, \quad \overrightarrow{OA_2}=[0 \quad a_1]^{\mathrm{T}}, \quad \overrightarrow{OA_3}=[0 \quad a_1+a_2]^{\mathrm{T}}$$

$$\overrightarrow{OB_1}=[l_1 \quad 0]^{\mathrm{T}}, \quad \overrightarrow{OB_2}=[l_2 \quad a_1]^{\mathrm{T}}, \quad \overrightarrow{OB_3}=[l_3 \quad a_1+a_2]^{\mathrm{T}}$$

在动平台坐标系 Pxy 中，C 点的位置为

$$^{P}C_1={}^{P}C_2=[0 \quad -c_1]^{\mathrm{T}}$$

$$^{P}C_3=[0 \quad c_2]^{\mathrm{T}}$$

通过坐标转换 $\overrightarrow{PC_i}={}_P^O R\,{}^P C_i$，有

$$_P^O\boldsymbol{R}=\begin{bmatrix}\cos\theta & -\sin\theta & 0\\ \sin\theta & \cos\theta & 0\\ 0 & 0 & 1\end{bmatrix}$$

得到 $\overrightarrow{PC_1}=\overrightarrow{PC_2}=[-c_1\cos\theta \quad -c_1\sin\theta]^{\mathrm{T}}$，$\overrightarrow{PC_3}=[c_2\cos\theta \quad c_2\sin\theta]^{\mathrm{T}}$。

根据 $\overrightarrow{OP}+\overrightarrow{PC_i}=\overrightarrow{OB_i}+\overrightarrow{B_iC_i}$，可得

$$\overrightarrow{B_1C_1}=[(X_P-c_1\cos\theta)-l_1 \quad Y_P-c_1\sin\theta]^{\mathrm{T}}$$

$$\overrightarrow{B_2C_2}=[(X_P-c_1\cos\theta)-l_2 \quad Y_P-c_1\sin\theta-a_1]^{\mathrm{T}}$$

$$\overrightarrow{B_3C_3}=[(X_P+c_2\cos\theta)-l_3 \quad (Y_P+c_2\sin\theta)-a_1-a_2]^{\mathrm{T}}$$

将$\|\overrightarrow{B_iC_i}\|=b_i$ 代入上式，求解可得

$$l_1=X_P-c_1\cos\theta\pm\sqrt{b_1^2-(Y_P-c_1\sin\theta)^2}$$

$$l_2=X_P-c_1\cos\theta\pm\sqrt{b_2^2-(Y_P-c_1\sin\theta-a_1)^2}$$

$$l_3=X_P+c_2\cos\theta\pm\sqrt{b_3^2-(Y_P+c_2\sin\theta-a_1-a_2)^2}$$

8.4.2 几何法求解示例

【例 8.4-3】已知 C 点的位置和旋转角度 ϕ，利用几何法求解图 8.4-3 所示平面 3-RRR 并联机构的运动学逆解。

解：

对于图中的平面机构，M_i 和点 C 之间的距离是定值，M_i 和点 A_i 之间的距离也是定值。为了求解点 M_i 的位置，在点 C 处以 M_iC 画圆，在点 A_i 处以 M_iA_i 画圆，两个圆的交点即为 M_i 的位置。因为两圆交点的情况可能有三种，交点最多有两个，说明这个机构运动学的逆解不是唯一的，最多可能的解的情况为 $2^3=8$ 组（如图 8.4-4 所示）。

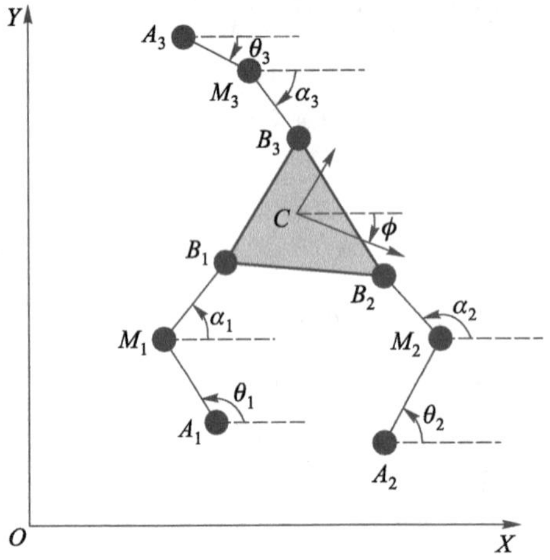

图 8.4-3 平面 3-RRR 并联机构逆运动学分析

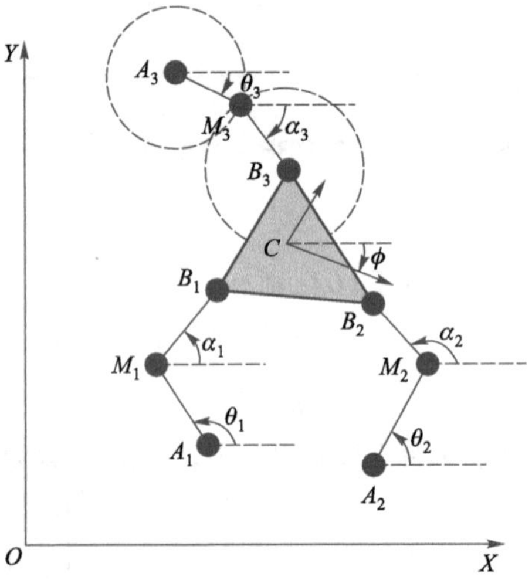

图 8.4-4 平面 3-RRR 并联机构逆运动学分析

【例 8.4-4】图 8.4-5 所示 6-SPS 并联机器人，若驱动关节为移动关节，已知末端 P 的位姿，求解各驱动关节的变量。

解：

该机构中运动链是串联形式，解除与动平台的约束后自由度数目为 4，其中一个自由度是冗余自由度，不影响末端的位姿。给定动平台位姿后，可以得到其相对于静平台的描述为 ${}_0^nT=\begin{bmatrix} {}_0^nR & {}_0^nP \\ 0 & 1 \end{bmatrix}$。

利用几何关系，容易写出 B_i 在定坐标系{0}中的坐标以及 b_i 在动坐标系{n}中的坐标系，于是得到位置矢量 ${}^0OB_i$ 和 ${}^nPb_i$。利用齐次变换矩阵可以得到位置矢量 ${}^nPb_i$ 在坐标系{0}中的描述为

$$ {}^0Pb_i={}_n^0R\,{}^nPb_i $$

再经过矢量的求和可以得到关于矢量 ${}^0B_ib_i$ 的方程

$$ {}^0B_ib_i={}^0B_iO+{}^0OP+{}^0Pb_i $$

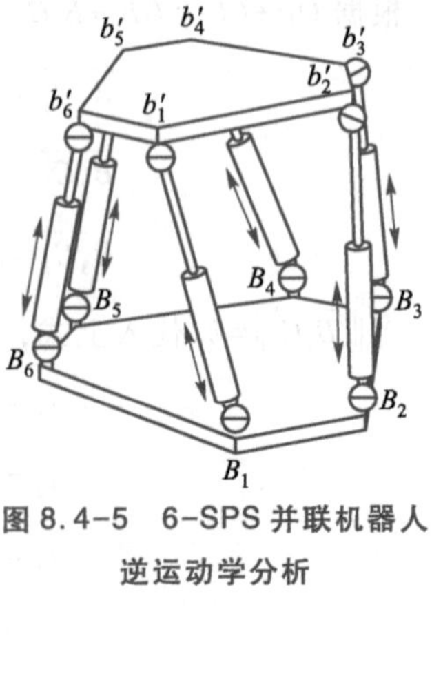

图 8.4-5 6-SPS 并联机器人逆运动学分析

通过方程可以解出 ${}^{0}\boldsymbol{B}_i\boldsymbol{b}_i$ 的长度，减去原来的长度，就可以得到第 i 个关节运动的距离。由 ${}^{0}\boldsymbol{B}_i\boldsymbol{b}_i$ 还可以得到点 B_i 处球关节的转动角度。还可以通过 ${}^{0}\boldsymbol{b}_i\boldsymbol{P}$ 得到 b_i 处球关节的转动角度。

上面两个例子给出了并联机器人逆运动学求解的过程，与串联机器人的逆运动学求解过程相似，但并联机构中，串联形式的运动支链连杆数目较少，因此求解较为简单。对于空间的并联机器人，其支链形式比平面形式的并联机器人复杂，但求解过程比正运动学问题的简单。

8.5 并联机器人的奇异性

8.5.1 并联机器人中的雅可比矩阵

并联机器人的雅可比矩阵定义与串联机器人的雅可比矩阵定义相同，都是描述关节速度与末端速度的映射，但在并联机器人中，关节速度是指运动支链上驱动关节的速度。当建立了并联机器人的运动方程后，可以将末端位置写成驱动关节位置的函数为

$$\boldsymbol{x}=\boldsymbol{x}(\boldsymbol{q}) \tag{8.5-1}$$

对等式两边求导

$$\dot{\boldsymbol{x}}=\dot{\boldsymbol{x}}(\boldsymbol{q})=\boldsymbol{J}(\boldsymbol{q})\dot{\boldsymbol{q}} \tag{8.5-2}$$

虽然并联机器人中，关节位置和末端位置的关系是非线性的，关节速度和末端速度的关系仍是线性的，其雅可比矩阵 $\boldsymbol{J}(\boldsymbol{q})$ 仅由机构当前位置决定。

建立并联机器人雅可比矩阵的方法也有多种，有兴趣的读者可自行阅读。可以利用雅可比矩阵分析并联机器人的奇异性，这和串联机器人的分析类似。

8.5.2 并联机器人的奇异性

当并联机器人的雅可比矩阵奇异时，并联机器人处于奇异状态，平台具有多余的自由度，机构失去了控制，因此在进行机构设计时应该避开奇异位形。实际上，并联机器人在奇异位置附近时，传动性能也会变差，因此机构一般要远离奇异位形，或通过冗余驱动的方式进行控制。

戈瑟兰（Gosselin）等人通过机构的速度约束方程，将并联机构的奇异位形分为边界奇异位形、局部奇异位形和结构奇异位形。其中，边界奇异位形是指 $\det\boldsymbol{J}(\boldsymbol{q})=0$ 的情况，是出现在机构边界的奇异位形。局部奇异位形是指 $\det\boldsymbol{J}(\boldsymbol{q})\to\infty$ 的情况，表示并联机器人在该位形有一个不可控的局部自由度。结构奇异位形只存在于并联机构中，在串联机构中是没有的。结构奇异位形也是并联机器人独有的，是指 $\det\boldsymbol{J}(\boldsymbol{q})\to 0/0$ 的情况，即雅可比矩阵趋近于零比零时，并联机构处于结构奇异位形，只有满足特殊机构尺寸时才会出现。

综上所述，并联机构处于奇异位形时的特性：

① 并联机构瞬时自由度增加，机构失去稳定性，失去传动和承载能力，这一特性与串联机器人不同，串联机器人处于奇异位形时自由度会减少。

② 并联机构中各连杆受力会急剧增加。

8.5.3 并联机器人的灵巧性分析

当并联机器人接近奇异位形时，雅可比矩阵是一个病态的矩阵，机构的传动精度会降低，

可以用雅可比矩阵的病态程度描述并联机器人的灵巧性。

① 雅可比矩阵的条件数

雅可比矩阵的条件数参照 6.5.3 节中的定义，条件数可以描述雅可比矩阵的病态程度，反映了机构在该位形的传动精确程度和灵巧性。

② 机器人的可操作度

吉川(Yoshikawa)等人将雅可比矩阵与其转置的乘积的行列式定义为机器人的可操作度，即

$$w=\sqrt{\det(\boldsymbol{J}\cdot\boldsymbol{J}^{T})} \tag{8.5-3}$$

上式又可以表示成矩阵奇异值的乘积的形式：

$$w=\sigma_1\sigma_2\cdots\sigma_n \tag{8.5-4}$$

当机构处于非奇异位形时，可操作度就是雅可比矩阵行列式的值；当机构处于奇异位形时，可操作度为 0。可操作度可以用于描述机器人的灵巧性，计算比较简单，适用于不是方阵的雅可比矩阵。但需要注意的是，可操作度只反映了雅可比矩阵的行列式的值，因此对机器人的灵巧性的描述有一定的缺陷。

8.6 并联机器人的工作空间

并联机器人的工作空间与串联机器人的工作空间定义相同，是指并联机器人末端所有位姿构成的空间，是衡量并联机器人的重要指标。并联机器人的工作空间也可以分为可达工作空间和灵巧工作空间。可达工作空间是指并联机器人末端可以达到的位姿的集合，和工作空间是等价的，而灵巧工作空间是指并联机器人可以任意姿态到达的位姿的集合，是可达工作空间的一部分。由于并联机器人的平台一般不能绕某点任意旋转，因此对于一般空间并联机器人不存在灵巧工作空间，但对于一些平面 3 自由度并联机构，在特定情况下会存在灵巧工作空间。

由于并联机器人的正运动学问题求解困难，不容易得到末端位姿关于关节输入变量的表达式，因此并联机器人的工作空间求解也很困难，平面并联机器人可以写出工作空间的解析表达式，而一般空间并联机器人不容易得到解析表达式。空间并联机器人工作空间的主要求解方式是数值法。

另外，由于并联机器人的特性，其工作空间比串联机器人小，因此在进行机构设计时，需要考虑工作空间的大小，进行关节和关节位置的合理排布，使得并联机器人有较大的工作空间，这样在进行操作时就会更加灵活。

8.6.1 影响并联机器人工作空间的因素

1. 运动支链中连杆长度的限制

运动支链中连杆的极限长度决定了动平台的极限位置，当某个连杆长度达到极限时，平台的位置也就达到了极限。例如，对于 6-SPS 并联机器人，若所有移动关节输入量都相同，那么动平台将会相对于静平台做上下平移运动，运动的最高点和最低点对应着运动支链中连杆的

最大和最小长度,因此连杆长度越长,其最高点与最低点相差越远,运动空间越大。

2. 运动副转角的限制

并联机构中,平台与连杆的连接方式有球面副和虎克铰,实际中运动副的转角不是360°,因此当关节位置到达了运动副转角极限时,机构也到达了运动位置的极限。同样地,对于6-SPS并联机器人,若运动支链中连杆长度不受限制,但关节转角有限制,当平台做上下平移运动时,运动的最高点和最低点分别对应着关节转角的最大值和最小值。因此关节转角越大,运动空间越大。

3. 连杆的干涉

因为机构中各构件的尺寸不可忽略,且在运动中构件会发生干涉,平台的运动也会受到限制。构件的干涉情况在串联机器人中出现得较少,但在并联机器人中较为常见。构件的干涉可以视作构件表面曲线相交,可以通过求交点或构件的相对距离分析构件是否相交。

以上的影响因素也称为并联机器人工作空间的约束条件,对于不同形式的并联机器人,可能还存在其他的约束条件。由约束条件的定义可以知道,若并联机器人某一状态满足约束条件,其运动学逆解一定存在,对应的位姿属于工作空间;若不满足约束条件,其运动学逆解可能存在,但该位姿不属于工作空间。因此可以将约束条件作为目标函数,通过搜索的方法确定某一位姿是否为操作空间。

8.6.2 并联机器人工作空间的确定方法

在串联机器人中,有机器人操作空间的生成表达式,因此可以通过几何法和解析法对工作空间进行求解。但在并联机器人中,则不存在这样的工作空间生成表达式,只能通过数值法对工作空间进行求解。通常在对工作空间进行计算时,采用的方法是搜索验证方法。首先根据并联机器人的机构链接建立约束条件,包括最大或最小杆长、转角的限制、构件干涉限制等,通过搜索得到并联机器人末端的位姿,对于给定位姿,可以计算对应的杆长、转角和构件的距离,验证是否满足约束,若满足,则该位姿是工作空间中的点;若刚好满足,则该位姿是工作空间的边界;若不满足约束,则不是工作空间中的点。

具体的步骤如下。

第一步:将某端有可能到达的某一空间视为搜索空间(如图8.6-1所示),将该空间用平行于 XY 的平面分割成厚度为 ΔZ 的微分子空间,并设微分子空间是一高度为 ΔZ 的圆柱。

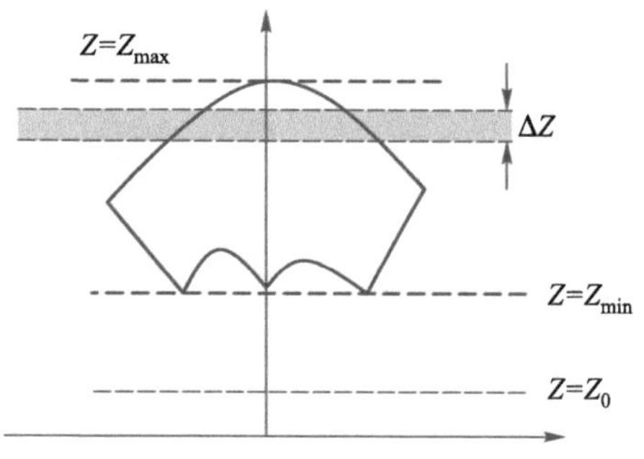

图 8.6-1 搜索空间

第二步:将得到的微分子空间作为搜索的区域,从最低点 $Z=Z_{min}$ 开始,到最高点 $Z=Z_{max}$ 结束,对微分子空间内的点 $(X,Y,Z+\Delta Z)$ 进行计算,验证是否满足约束条件,搜索对应的工作空间的边界。

第三步:在微分子空间内搜索时,可以采用快速极坐标搜索法。

将工作空间内点的坐标用极坐标形式表示(如图8.6-2所示),在起始角度 γ_0 处,极径 A_0 从0递增到极限条件,即到达连杆长度极限、关节转角极限或连杆干涉的极限位置,这时对应

的极径为 ρ_0，坐标点 $A_1(\rho_0,\gamma_0)$ 是工作空间边界上的点。

然后给角度一个增量 $\Delta\gamma$，对于角度 $\gamma+\Delta\gamma$，极径从 ρ_0 开始，根据 $(\rho_0,\gamma+\Delta\gamma)$ 是否满足约束条件进行递增或递减，达到对应的极限位置以后，便获得了另一个处于工作边界的点 A_2。

如果 T 点在工作空间的外边，如图 8.6-2 所示的点 T_2，则可以递减极径直至满足约束条件之一，即可得到工作空间的边界点 A_3。

以此类推，可以对工作空间进行快速搜索。

这样得到的每一个微分子空间内的工作空间体积为

$$V_i=\frac{1}{2}\sum_j \rho_j^2\Delta\gamma\Delta Z \tag{8.6-1}$$

对于工作空间不是一个单联通区域的微分子空间，搜索的极径需要足够大，否则容易漏掉一些可能的值（如图 8.6-3 所示）。工作空间体积计算表达式为

$$V_i=\frac{1}{2}\sum_j (\rho_{j1}^2+\rho_{j3}^2-\rho_{j2}^2)\Delta\gamma\Delta Z \tag{8.6-2}$$

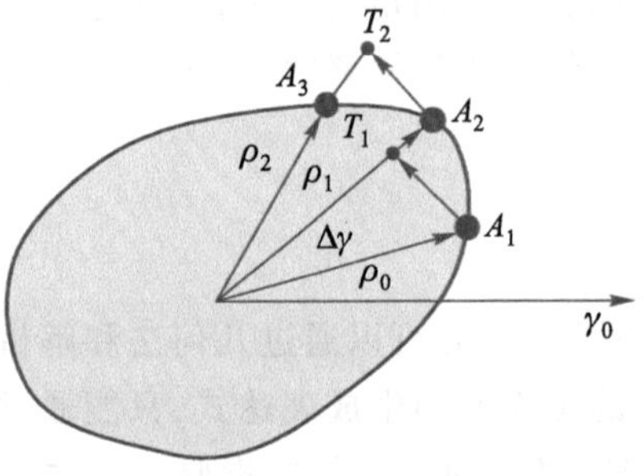

图 8.6-2 单域搜索

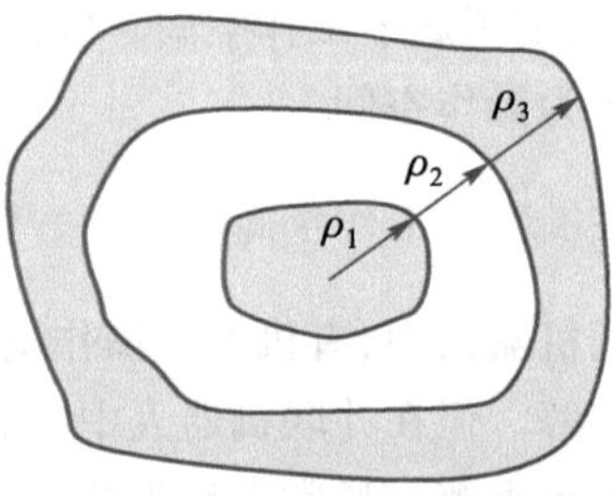

图 8.6-3 多域搜索

第四步：对每一个微分子空间内的工作空间进行求和，便可以得到这个空间内的工作空间的体积。

$$\boldsymbol{V}=\sum \boldsymbol{V}_i \tag{8.6-3}$$

8.7 小结

本章系统地介绍了并联机器人的基础知识，包括并联机构的基本组成及其特性，并联机构的运动学建模方法。以典型的平面并联机构和空间并联机构为例，阐述了其正运动学与逆运动学的求解过程。最后，介绍了并联机构奇异特性与工作空间的求解方法。

通过并联机器人运动学、串联机器人运动学和移动机器人运动学，读者已经对机器人运动学有了深入了解。下一章将介绍机器人复杂的动力学。

8.8 习题

【题 8-1】计算图题 8-1 所示的 3-RPS 的 3 自由度并联机构的自由度，并判别其运动确定性。

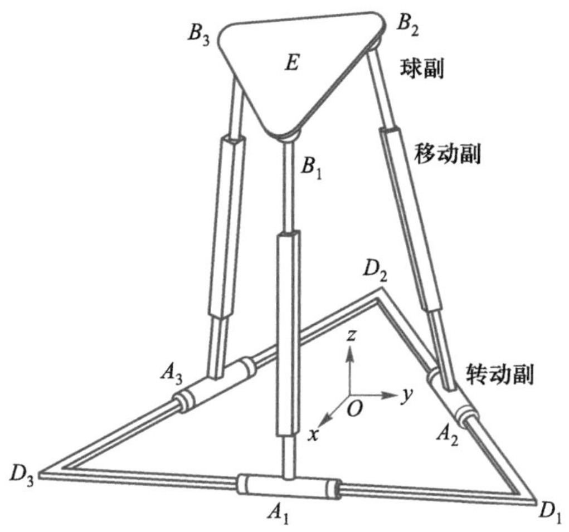

图题 8-1

【题 8-2】计算图题 8-2 所示的 3D 打印并联机器人的自由度,并判别其运动确定性。

【题 8-3】绘制图题 8-3 所示冗余 3 自由度移动的 Delta 并联机器人的机构运动示意图,并计算机构的自由度,判别机构的运动确定性。

【题 8-4】绘制图题 8-4 所示液压缸驱动的 6 自由度 Stewart 平台并联机器人的机构运动示意图,并计算机构的自由度,判别机构的运动确定性。

图题 8-2

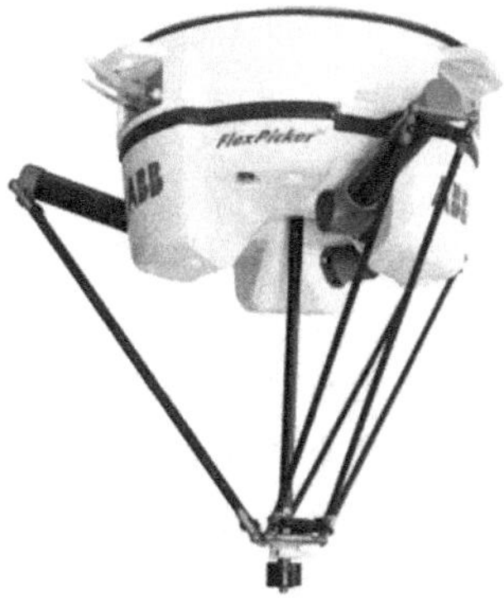

图题 8-3

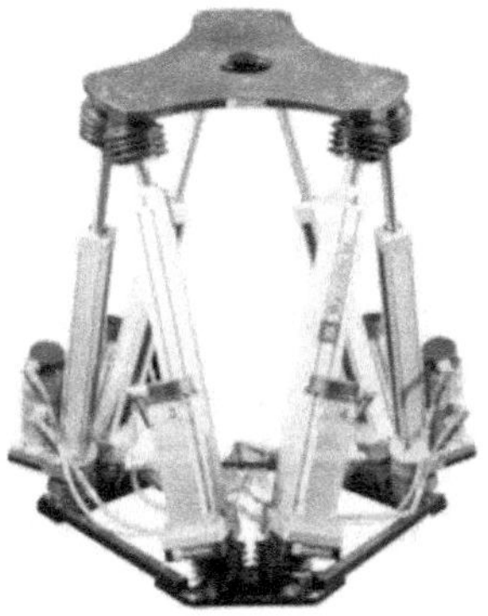

图题 8-4

【题 8-5】如图题 8-5 所示,计算 Gosselin 球形机器人的自由度。

【题 8-6】简述解析法求解图题 8-6 所示的三角平台型 6-SPS 并联机器人的位姿正解的过程和所用公式。

【题 8-7】说明图题 8-7 的机械臂至多有 4 种配置模式。找出 $T=1,-1$ 时的多项式值。

【题 8-8】说明图题 8-8 中描述的 Nabla6 机器人的正运动学至多有 16 解。

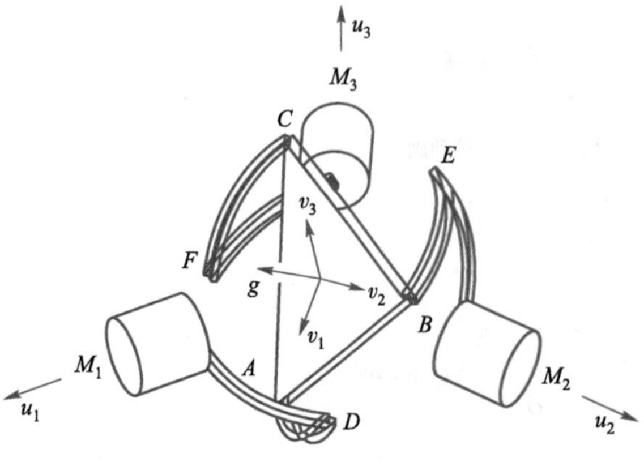

图题 8-5

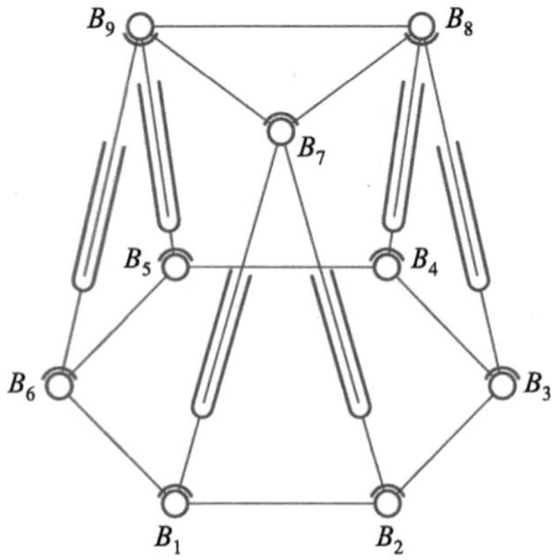

图题 8-6

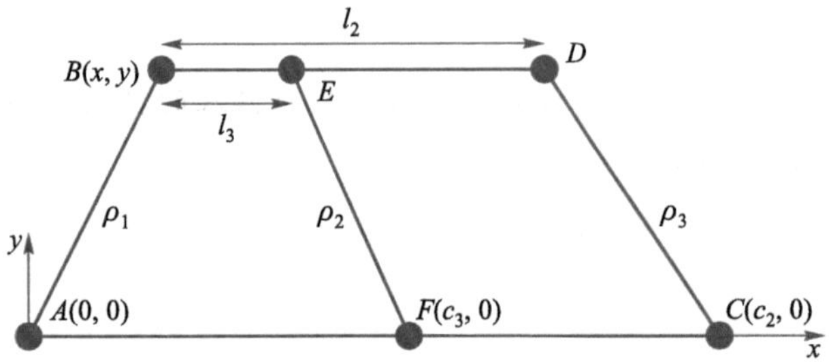

图题 8-7

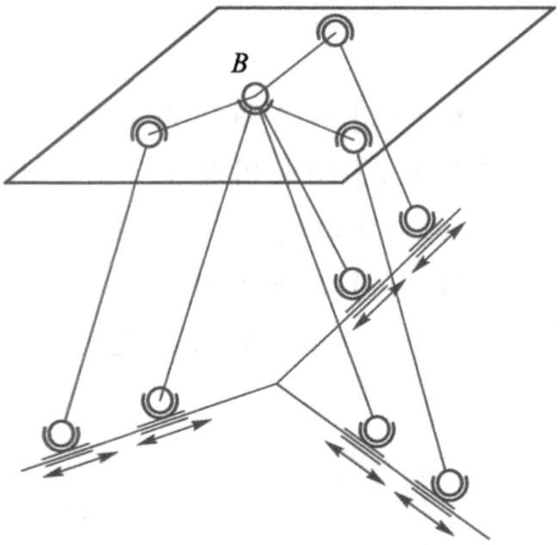

图题 8-8

【题 8-9】说明 RRP 平面机器人的逆运动学存在两个解；说明 RPP 平面机器人的逆运动学存在两个解。

【题 8-10】说明 PPR 平面机器人的逆运动学存在一个解；说明 PRP 平面机器人的逆运动学存在一个解。

【题 8-11】给定平台位置，确定 3-UPU 平移机器人靠近基座的旋转关节的旋转角度。

【题 8-12】证明具有相同支链的 6 自由度全并联机器人的逆运动学最多有 64 种解。

【题 8-13】在参考坐标系中给定点 A、B 的坐标，求 6-UPS 机器人中连杆的万向节的欧拉角。

【题 8-14】建立求球面机器人的逆运动学解的二次关系式。

【题 8-15】写出并联机器人输出构件变量的列矩阵与输入构件变量的列矩阵的速度关系、加速度关系及其速度雅可比矩阵。

【题 8-16】求图题 8-9 所示的肩机械臂的动平台上第 i 个铰链的速度和加速度、连杆的伸长速度和伸长加速度。

【题 8-17】图题 8-10 是在图题 8-9 的基础上，将杆改为液压缸，成为具有中间液压缸的肩机械臂，求具有中间液压缸的肩机械臂的速度雅可比矩阵。

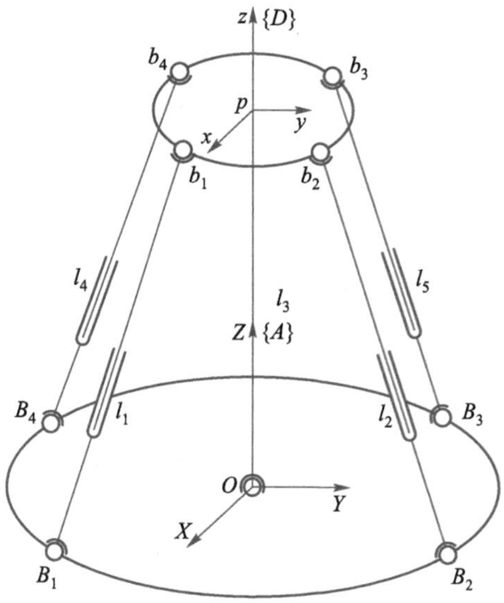

图题 8-9

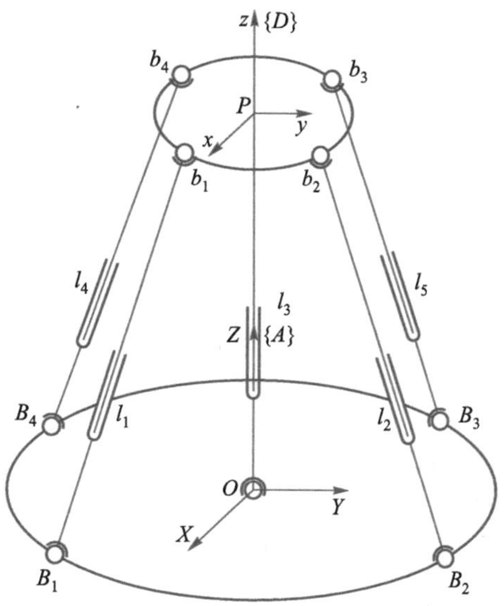

图题 8-10

【题 8-18】求图题 8-3 所示的 3 自由度移动 Delta 并联机器人的速度雅可比矩阵。

【题 8-19】分别解释并联机器人的工作空间、定方位工作空间、定点工作空间、可达工作空间和灵巧工作空间。绘制计算流程图，并说明其计算流程。

【题 8-20】图题 8-11 所示的 6-SPS 并联操作器的位置如何表示？它的工作空间和奇异位形的限制条件是什么？用公式如何表示？

【题 8-21】按并联机构的运动状态、奇异形成的原因、奇异的研究方法、奇异的运动性和动力性，奇异位形分别可以分为哪几类？

【题 8-22】说明如何修改 6-UPS 机器人定方位工作空间横截面的计算方法，使其能适用于 6-PUS 机器人（仅包含直线驱动器行程的限制）。说明工作空间边界由圆弧和椭圆弧构成。

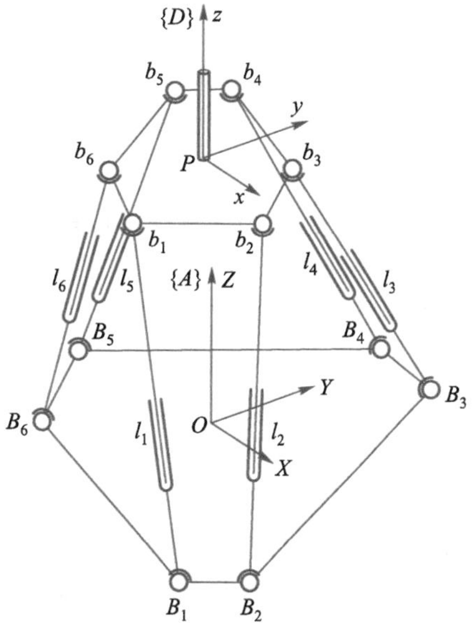

图题 8-11

第八章习题参考答案

第九章 机器人的动力学

电子教案：机器人的动力学

本章主要讨论机器人的动力学，主要研究机器人运动与力之间的关系，为机器人的运动规划和控制奠定基础。机器人是一个具有多输入多输出、非线性且强耦合的复杂动力学系统。在机器人运动规划和控制的早期研究中，机器人的动力学受到较少的关注和研究。然而，随着机器人对高速、重载、特种环境等需求的增加，机器人的动力学变得十分重要。随着机器人技术向更高级别的自主性发展，对动力学模型的需求也随之增加。动力学模型使机器人能够理解和预测其动作和环境之间的关系，这是实现复杂决策和自主学习的基础。

9.1 概述

机器人的动力学提供了机器人运动控制、仿真映射、轨迹规划必要的理论基础，使得机器人能够精确控制每一个动作。通过理解和应用机器人的动力学，可以预测机器人在一组给定的力或力矩下的精确行为。动力学分析使得工程师能够在设计阶段预测机器人的性能。通过模拟机器人在不同条件下的行为，设计者可以优化机器人的结构和驱动系统，以提高其效率、减少能耗，并确保其在执行任务时的稳定性和可靠性。

机器人的动力学涉及其部件的运动和力的分析，这一领域的研究对于设计、控制和优化机器人系统至关重要。动力学在机器人的力控制和状态估计中扮演着至关重要的角色。通过动力学模型，可以预测机器人在特定操作下的力反馈，并据此调整其动作以达到期望的作用力，这对于需要精细操作的任务尤为重要，如装配、打磨或手术等。

在机器人与复杂环境的交互中，动力学模型帮助理解接触点的动态变化，使机器人能够适应不同的接触条件，如不同硬度的表面或不稳定的物体。利用已知的动力学模型和机器人的运动状态（如位置、速度和加速度），可以估计机器人执行特定任务时所产生的力。这对于监控和调整机器人与脆弱物体的交互尤为重要。在复杂或不确定的环境中，动力学模型可以帮助估计那些难以直接测量的力，如因摩擦、冲击或物体形状不规则而产生的力。通过动力学分析，机器人可以更好地理解其与环境的物理交互，即使在没有直接接触力测量的情况下也能感知到外部力的作用，这对于执行需要精细感知的任务至关重要。

机器人的动力学根据求解变量的不同，主要分为三类。

正向动力学/正动力学（forward dynamics）：已知机器人的驱动力或约束力，求解机器人的运动加速度。机器人可以根据运动加速度积分得到运动速度和位置。如机械臂可以根据末端所受到的外力,计算关节加速度。

逆向动力学/逆动力学(inverse dynamics):已知机器人的运动加速度,求解机器人的驱动力或约束力。如机械臂可以根据期望的轨迹,计算关节所需要的驱动力矩,来实现机器人的稳定控制。

混合动力学(hybrid dynamics):已知机器人的部分驱动力或约束力和部分运动加速度,求解机器人其余驱动力或约束力和运动加速度。

机器人动力学主要用于机器人的仿真和控制规划。根据不同的应用场景,需要采用不同的动力学建模方式,具体包括正动力学和逆动力学的利用。机器人的正动力学主要用于机器人的仿真,如各种动力学仿真软件,由于正动力学计算得到的是加速度值,因而正动力学需要有效且高效的数值积分器。逆动力学主要应用于机器人的控制和规划,在规划中,机器人可以根据动力学约束,设计最优的期望轨迹;在控制中,机器人可以根据动力学方程,从期望轨迹计算出所需要的期望驱动力或力矩。

常见的机器人大多基于刚体的假设,所以刚体动力学是机器人动力学的基础。刚体动力学(rigid body dynamics)是经典力学的一个分支,关注的是在外力或力矩作用下刚体的运动规律。与之对应的是质点动力学,质点动力学忽略物体的大小和形状,只考虑质点的运动,而刚体动力学则考虑物体的旋转、平移以及这两者的组合运动。刚体(如图 9.1-1 所示)可以被认为是占据一定空间的几何体,由无限多个质点组成,这些质点之间的相对位置在运动过程中保持不变。这意味着,无论刚体受到怎样的外力作用,它都不会发生形变,如石头、墙体在一般情况下都可以等效为刚体。

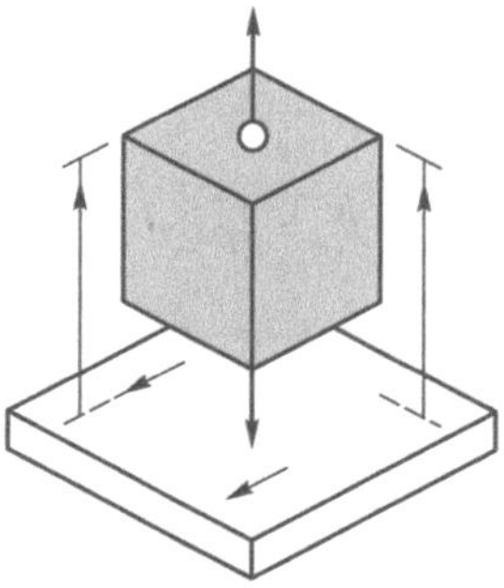

图 9.1-1 刚体

传统机器人是一个多刚体系统,在单刚体动力学的基础上,需要一些系统的计算方法来建立多刚体系统的动力学,其中最著名的两种方法是拉格朗日法(Lagrange)和牛顿-欧拉法(Newton-Euler)。本章首先介绍最简单的单个自由刚体的动力学,然后介绍了牛顿-欧拉法及其在串联机器人(如机械臂)上的应用、拉格朗日法及其在串联机器人(如机械臂)上的应用。除了本章介绍的这两种方法,还有许多经典的方法可供分析机器人的动力学,更多的方法读者可以参考相关文献。

9.2 刚体动力学

本节从刚体的惯性开始介绍,其次引入刚体动能和动量的概念,最后介绍单个自由刚体动力学。

9.2.1 刚体的惯性

假设刚体的质量分布是已知的,可以通过刚体的质心(或质量中心)来简化对刚体动力学问题的分析。假设刚体由非时变的各向同性材料构成,因此刚体的密度(ρ)为常数。刚体的质量表示为

$$m = \int \rho \mathrm{d}V \tag{9.2-1}$$

其中,V 表示刚体所占的体积。

刚体的质心是密度的加权平均值,并且质心的位置($\boldsymbol{t}_C$)表示为

$$\boldsymbol{t}_C = \frac{\int \rho \boldsymbol{t} \mathrm{d}V}{m} \tag{9.2-2}$$

其中,$\boldsymbol{t}$ 表示在绝对坐标系下积分处的位置。

在本节中,绝对坐标系称为坐标系$\{S\}$,将刚体的物体坐标系$\{C\}$原点建立在质心处,刚体的位姿可以表示为齐次矩阵 $\boldsymbol{G}_C$。

根据转动惯量的定义,将转动惯量扩展到三维空间,刚体的惯性矩阵(inertia matrix)表示为

$$\boldsymbol{I}^C = \int -\rho \hat{\boldsymbol{t}}^2 \mathrm{d}V = \begin{bmatrix} I_{xx}^C & -I_{xy}^C & -I_{xz}^C \\ -I_{yx}^C & I_{yy}^C & -I_{yz}^C \\ -I_{zx}^C & -I_{zy}^C & I_{zz}^C \end{bmatrix} \tag{9.2-3}$$

其中,$I_{xx}^C = \int \rho(y^2+z^2)\mathrm{d}V, I_{yy}^C = \int \rho(x^2+z^2)\mathrm{d}V, I_{zz}^C = \int \rho(x^2+y^2)\mathrm{d}V, I_{xy}^C = I_{yx}^C = \int \rho xy \mathrm{d}V, I_{xz}^C = I_{zx}^C = \int \rho xz \mathrm{d}V, I_{yz}^C = I_{zy}^C = \int \rho yz \mathrm{d}V$。$\hat{\boldsymbol{t}} = \begin{bmatrix} 0 & -t_z & t_y \\ t_z & 0 & -t_x \\ -t_y & t_x & 0 \end{bmatrix}$表示三维矢量 $\boldsymbol{t} = [t_x \quad t_y \quad t_z]^{\mathrm{T}}$ 的反对称运算,即三维向量叉乘运算的简写 $\hat{\boldsymbol{a}}\boldsymbol{b} = \boldsymbol{a} \times \boldsymbol{b}$。

惯性矩阵是一个对称矩阵,其中 I_{xx}^C、I_{yy}^C、I_{zz}^C 分别代表刚体绕 x、y、z 轴的惯性矩(moment of inertia),I_{xy}^C、I_{xz}^C、I_{yz}^C 被称为惯性积。如果刚体的惯性矩阵是在物体坐标系中表示的,那么它也被称为惯性张量(inertia tensor)。由于惯性张量在物体坐标系下表示,因此它是一个定常矩阵。惯性矩阵是一个对称矩阵,必定是正定矩阵,因此可以进行对角化。从刚体的物理角度来看,在某个特定的姿态参考坐标系下,惯性矩阵可以变成一个对角矩阵,此时三个特殊的坐标轴(对应于矩阵的特征向量)被称为惯性主轴,对应的对角矩阵的对角线上的值被称为主惯性矩。已知惯性张量,要求解惯性主轴和主惯性矩,可以通过求解特征值和特征向量来实现,具体的方法可以参考矩阵论。

惯性矩阵仅能代表转动惯性的特性。将平移惯性(质量)和转动惯量结合,刚体的广义惯性矩阵(generalized inertia matrix)表示为

$$\boldsymbol{M}^C = \begin{bmatrix} \boldsymbol{I}^C & \boldsymbol{0}_3 \\ \boldsymbol{0}_3 & m\boldsymbol{I}_3 \end{bmatrix} \tag{9.2-4}$$

其中,$\boldsymbol{I}_3$ 表示 3×3 单位矩阵,$\boldsymbol{0}_3$ 表示 3×3 零矩阵。在物体坐标系下,刚体的广义惯性矩阵是一个对称的正定矩阵。特别地,如果坐标系的中心建立在质心,并以惯性主轴为基础建立坐标系,那么广义惯性矩阵可以表示成对角矩阵的形式。

9.2.2 刚体的动能

刚体的动能(kinetic energy)包括线速度和角速度所带来的动能。根据能量的定义,刚体的动能表示为

$$E_{\mathrm{k}}=\frac{1}{2}\boldsymbol{V}^{\mathrm{T}}\boldsymbol{M}\boldsymbol{V} \tag{9.2-5}$$

其中,$\boldsymbol{V}$ 表示广义速度。

请注意,公式中的广义速度和广义惯性矩阵需在同一坐标系下表达。

基于能量守恒定理,在不同坐标系下对同一物体的统一适用性,不同坐标系下广义惯性矩阵的坐标变换关系表示为

$$\begin{gathered}E_{\mathrm{k}}=\frac{1}{2}\boldsymbol{V}_1^{\mathrm{T}}\boldsymbol{M}_1\boldsymbol{V}_1=\frac{1}{2}\boldsymbol{V}_2^{\mathrm{T}}\boldsymbol{M}_2\boldsymbol{V}_2=\frac{1}{2}(\mathrm{Ad}_{\boldsymbol{G}}\boldsymbol{V}_1)^{\mathrm{T}}\boldsymbol{M}_2(\mathrm{Ad}_{\boldsymbol{G}}\boldsymbol{V}_1)\\ \Rightarrow\boldsymbol{M}_1=\mathrm{Ad}_{\boldsymbol{G}}^{\mathrm{T}}\boldsymbol{M}_2\mathrm{Ad}_{\boldsymbol{G}}\end{gathered} \tag{9.2-6}$$

其中,$\boldsymbol{M}_1$、$\boldsymbol{M}_2$ 表示两个坐标系下的广义惯性矩阵,$\boldsymbol{V}_1$、$\boldsymbol{V}_2$ 表示两个坐标系下的广义速度,$\boldsymbol{G}$ 表示两个坐标系的齐次坐标变换,$\mathrm{Ad}_G=\begin{bmatrix}\boldsymbol{R} & \boldsymbol{0}\\ \hat{\boldsymbol{p}}\boldsymbol{R} & \boldsymbol{R}\end{bmatrix}$ 被称为位姿矩阵 $\boldsymbol{G}=\begin{bmatrix}\boldsymbol{R} & \boldsymbol{p}\\ \boldsymbol{0} & 1\end{bmatrix}$ 的伴随运算,表示广义速度在不同坐标系下的变换。

在这里,以质心坐标系推导到绝对坐标系下的广义惯性矩阵为例。绝对坐标系下的刚体广义惯性矩阵表示为

$$\boldsymbol{M}^{\mathrm{S}}=\mathrm{Ad}_{\boldsymbol{G}_C^{-1}}^{\mathrm{T}}\boldsymbol{M}^C\mathrm{Ad}_{\boldsymbol{G}_C^{-1}}=\begin{bmatrix}\boldsymbol{R}_C\boldsymbol{I}^C\boldsymbol{R}_C^{\mathrm{T}}-m\hat{\boldsymbol{t}}_C^2 & m\hat{\boldsymbol{t}}_C\\ -m\hat{\boldsymbol{t}}_C & m\boldsymbol{I}_3\end{bmatrix} \tag{9.2-7}$$

特别需要指出的是,根据相关公式能够推导出惯性矩阵的平行轴定理(parallel axes theorem),该定理适用于仅存在平移变换的两个坐标系间的惯性矩阵转换。惯性矩阵的平行轴定理表示为

$$\boldsymbol{I}^S=\boldsymbol{I}^C-m\hat{\boldsymbol{t}}_C^2=\begin{bmatrix}I_{xx}^C+m(y_C^2+z_C^2) & -I_{xy}^C-mx_Cy_C & -I_{xz}^C-mx_Cz_C\\ -I_{yx}^C-mx_Cy_C & I_{yy}^C+m(x_C^2+z_C^2) & -I_{yz}^C-my_Cz_C\\ -I_{zx}^C-mx_Cz_C & -I_{zy}^C-my_Cz_C & I_{zz}^C+m(x_C^2+y_C^2)\end{bmatrix} \tag{9.2-8}$$

其中,$\boldsymbol{I}^S$ 表示在绝对坐标系下的惯性矩阵,x_C、y_C、z_C 表示物体坐标系相对于绝对坐标系的位置。

9.2.3 刚体的动量

刚体的动量(momentum)根据运动特征分为角动量(angular momentum)和线动量(linear momentum)。

刚体的线动量表示为

$$\boldsymbol{P}_{\omega}=\int\boldsymbol{v}\mathrm{d}m=\int(\boldsymbol{v}_C+\boldsymbol{\omega}_C\times\boldsymbol{t}^C)\mathrm{d}m=m\boldsymbol{v}_C \tag{9.2-9}$$

其中,$\boldsymbol{v}_C$、$\boldsymbol{\omega}_C$ 表示质心的线速度和角速度,$\boldsymbol{t}^C$ 表示积分坐标相对质心的位置。根据积分性质可

以得出 $\int(\boldsymbol{\omega}_C \times \boldsymbol{r}^C)\mathrm{d}m = 0$。

刚体的角动量,即线动量相对于原点的矩,表示为

$$\boldsymbol{P}_\omega = \int(\boldsymbol{t} \times \boldsymbol{v})\mathrm{d}m \tag{9.2-10}$$

上述公式可化简为

$$\begin{aligned}\boldsymbol{P}_\omega &= \int((\boldsymbol{t}_C + \boldsymbol{t}^C) \times (\boldsymbol{v}_C + \boldsymbol{\omega}_C \times \boldsymbol{t}^C))\mathrm{d}m \\ &= \int(\boldsymbol{t}_C \times \boldsymbol{v}_C + \boldsymbol{t}_C \times (\boldsymbol{\omega}_C \times \boldsymbol{t}^C) + \boldsymbol{t}^C \times \boldsymbol{v}_C + \boldsymbol{t}^C \times (\boldsymbol{\omega}_C \times \boldsymbol{t}^C))\mathrm{d}m \\ &= m(\boldsymbol{t}_C \times \boldsymbol{v}_C) + \int(-\hat{\boldsymbol{t}}^C\hat{\boldsymbol{t}}^C\boldsymbol{\omega}_C)\mathrm{d}m = \boldsymbol{t}_C \times \boldsymbol{P}_v + \boldsymbol{I}^C\omega_C\end{aligned} \tag{9.2-11}$$

其中,$\boldsymbol{t}_C$ 表示质心的位置。

刚体的动量表示为

$$\boldsymbol{P} = \begin{bmatrix}\boldsymbol{P}_v \\ \boldsymbol{P}_\omega\end{bmatrix} = \begin{bmatrix} m\boldsymbol{v}_C \\ \boldsymbol{t}_C \times m\boldsymbol{v}_C + \boldsymbol{I}^C\omega_C\end{bmatrix} \tag{9.2-12}$$

*9.2.4 单刚体动力学

对于质点的动力学方程,可以直接应用牛顿第二运动定律得出其表达式。同理,简单空间中单刚体的动力学方程也可以结合牛顿第二定律和刚体惯性的概念来推导。

在本节中,假设一个单独的刚体在空间中不受任何约束,并仅受到外部力或力矩的作用,刚体的坐标系原点位于其质心。考虑单个自由刚体具有 6 个自由度,本章选择广义运动速度来描述其运动(其他常见描述方式包括欧拉角等)。本章后续将介绍两种动力学方程,它们均可用于推导单刚体动力学方程。在此,本章采用一种简化方法将质点动力学方程与单刚体动力学方程联系起来,以便读者更好地理解。然而,此方法不适用于推导一般的动力学方程。

本节分别针对平移运动和转动运动推导动力学方程。

在物体坐标系下,基于牛顿第二定律,将刚体看作连续分布的质点,得到一个易于理解的单刚体平移动力学,表示为

$$\boldsymbol{f}^C = \int \boldsymbol{a}\mathrm{d}m \tag{9.2-13}$$

其中,$\boldsymbol{f}^C$ 表示刚体受到的合外力,$\boldsymbol{a}$ 表示积分处的加速度。根据加速度的定义,合外力可表示为

$$\boldsymbol{f}^C = \int \frac{\mathrm{d}\boldsymbol{v}}{\mathrm{d}t}\mathrm{d}m = \int \frac{\mathrm{d}(\boldsymbol{v}_C + \boldsymbol{\omega}_C \times \boldsymbol{t}^C)}{\mathrm{d}t}\mathrm{d}m = m\boldsymbol{a}_C + \boldsymbol{\omega}_C \times m\boldsymbol{v}_C \tag{9.2-14}$$

其中,$\boldsymbol{a}_C = \frac{\mathrm{d}\boldsymbol{v}_C}{\mathrm{d}t}$ 表示刚体的加速度,$\boldsymbol{v}_C$、$\boldsymbol{\omega}_C$ 表示质心的线速度和角速度,$\boldsymbol{t}^C$ 表示积分点相对质心的位置。

同样地,在物体坐标系下,可以得到一个易于理解的单刚体转动动力学,表示为

$$\boldsymbol{\tau}^C = \int(\boldsymbol{a} \times \boldsymbol{t}^C)\mathrm{d}m \tag{9.2-15}$$

其中,$\boldsymbol{\tau}^C$ 表示刚体受到的合外力矩。该公式可以化简为

$$
\begin{aligned}
\boldsymbol{\tau}^{C} &= \int\left(\frac{\mathrm{d}(\boldsymbol{v}_{C}+\boldsymbol{\omega}_{C}\times\boldsymbol{t}^{C})}{\mathrm{d}t}\times\boldsymbol{t}^{C}\right)\mathrm{d}m \\
&= \int((\boldsymbol{\alpha}_{C}\times\boldsymbol{t}^{C})\times\boldsymbol{t}^{C}+(\boldsymbol{\omega}_{C}\times\boldsymbol{v}^{C})\times\boldsymbol{t}^{C})\mathrm{d}m \\
&= \int(\hat{\boldsymbol{t}}^{C}\hat{\boldsymbol{t}}^{C}\boldsymbol{\alpha}_{C})\mathrm{d}m+\int((\boldsymbol{\omega}_{C}\times(\boldsymbol{\omega}_{C}\times\boldsymbol{t}^{C}))\times\boldsymbol{t}^{C})\mathrm{d}m \\
&= \boldsymbol{I}^{C}\boldsymbol{\alpha}_{C}+\boldsymbol{\omega}_{C}\times\boldsymbol{I}^{C}\boldsymbol{\omega}_{C}
\end{aligned}
\tag{9.2-16}
$$

其中，$\boldsymbol{\alpha}_C=\dfrac{\mathrm{d}\boldsymbol{\omega}_C}{\mathrm{d}\boldsymbol{t}}$表示刚体的角加速度。

结合刚体的平移和转动动力学，在物体坐标系下单刚体的动力学表示为

$$
\boldsymbol{F}^{C}=\begin{bmatrix}\boldsymbol{I}^{C}\boldsymbol{\alpha}_{C}+\boldsymbol{\omega}_{C}\times\boldsymbol{I}^{C}\boldsymbol{\omega}_{C}\\ m\boldsymbol{a}_{C}+\boldsymbol{\omega}_{C}\times m\boldsymbol{v}_{C}\end{bmatrix}=\boldsymbol{M}^{C}\boldsymbol{A}^{C}-\mathrm{ad}^{\mathrm{T}}(\boldsymbol{V}^{C})\boldsymbol{M}^{C}\boldsymbol{V}^{C}
\tag{9.2-17}
$$

其中，$\boldsymbol{M}^C=\begin{bmatrix}\boldsymbol{I}^C & \boldsymbol{0}_3\\ \boldsymbol{0}_3 & m\boldsymbol{I}_3\end{bmatrix}$表示物体坐标系下刚体的广义惯性矩阵，$\boldsymbol{F}^C=\begin{bmatrix}\boldsymbol{\tau}^C\\ \boldsymbol{f}^C\end{bmatrix}$表示物体坐标系下合外广义力（力和力矩）的一种反写形式（为了保证公式的统一性），$\boldsymbol{V}^C=\begin{bmatrix}\boldsymbol{\omega}_C\\ \boldsymbol{v}_C\end{bmatrix}$表示物体坐标系下刚体的广义速度，$\boldsymbol{A}^C=\begin{bmatrix}\boldsymbol{\alpha}_C\\ \boldsymbol{a}_C\end{bmatrix}$表示物体坐标系下刚体的广义加速度。$\mathrm{ad}(\boldsymbol{V})=\begin{bmatrix}\hat{\boldsymbol{\omega}} & \boldsymbol{0}_3\\ \hat{\boldsymbol{v}} & \hat{\boldsymbol{\omega}}\end{bmatrix}$被称为广义速度 $\boldsymbol{V}=\begin{bmatrix}\boldsymbol{\omega}\\ \boldsymbol{v}\end{bmatrix}$ 的伴随变换。在绝对坐标系下的单刚体动力学可以通过伴随变换进行转换，这里不做详细讨论。

9.3 牛顿-欧拉动力学方程

本节首先介绍一般形式的牛顿-欧拉动力学方程，随后专门讨论适用于串联机器人的牛顿-欧拉动力学方程。为了确保公式的一致性和清晰性，本节所有广义力和广义动量将采用一种特定的反写形式表达，且不会重复详述。

9.3.1 牛顿-欧拉动力学方程的旋量形式

根据牛顿-欧拉方程可以得到

$$
\frac{\mathrm{d}\boldsymbol{P}}{\mathrm{d}t}=\boldsymbol{F}
\tag{9.3-1}
$$

其中，$\boldsymbol{P}$ 表示刚体的动量，$\boldsymbol{F}$ 表示刚体受到的广义力。

假设物体坐标系$\{C\}$的原点建立在质心处。由微分运算的定义，在物体坐标系下刚体的牛顿-欧拉方程表示为

$$
\boldsymbol{F}^{C}=\frac{\partial\boldsymbol{P}^{C}}{\partial t}+\boldsymbol{V}^{C}\times\boldsymbol{P}^{C}
\tag{9.3-2}
$$

其中，$\boldsymbol{F}^C=\begin{bmatrix}\boldsymbol{\tau}^C\\ \boldsymbol{f}^C\end{bmatrix}$表示物体坐标系下的合外广义力，$\boldsymbol{P}^C$ 表示物体坐标系下刚体的动量，$\boldsymbol{V}^C$ 表示物体坐标系下刚体的广义速度。

牛顿-欧拉方程可化简成单刚体动力学形式，表示为

$$\boldsymbol{M}^C\dot{\boldsymbol{V}}^C-\mathrm{ad}^{\mathrm{T}}(\boldsymbol{V}^C)\boldsymbol{M}^C\boldsymbol{V}^C=\boldsymbol{F}^C \tag{9.3-3}$$

其中，$\boldsymbol{M}^C=\begin{bmatrix}\boldsymbol{I}^C & \boldsymbol{0}_3\\ \boldsymbol{0}_3 & m\boldsymbol{I}_3\end{bmatrix}$表示物体坐标系下刚体的广义惯性矩阵，$\dot{\boldsymbol{V}}^C$ 表示物体坐标系下刚体速度关于时间的一阶导数（不再使用加速度的概念）。

牛顿-欧拉方程也可以分解成角速度和线速度两个方程，表示为

$$\begin{cases}\boldsymbol{I}^C\dot{\boldsymbol{\omega}}+\hat{\boldsymbol{\omega}}\boldsymbol{I}^C\boldsymbol{\omega}=\boldsymbol{\tau}^C\\ m\dot{\boldsymbol{v}}+\hat{\boldsymbol{v}}\boldsymbol{I}^C\boldsymbol{\omega}+m\hat{\boldsymbol{\omega}}\boldsymbol{v}=\boldsymbol{f}^C\end{cases} \tag{9.3-4}$$

该方程可用于牛顿-欧拉方程的递推计算。

采用相同的方法，在绝对坐标系下刚体的牛顿-欧拉方程表示为

$$\boldsymbol{M}^S\dot{\boldsymbol{V}}^S-\mathrm{ad}^{\mathrm{T}}(\boldsymbol{V}^S)\boldsymbol{M}^S\boldsymbol{V}^S=\boldsymbol{F}^S \tag{9.3-5}$$

其中，$\boldsymbol{M}^S$ 表示绝对坐标系下刚体的广义惯性矩阵，$\boldsymbol{V}^S$ 表示绝对坐标系下刚体的广义速度，$\boldsymbol{F}^S$ 表示绝对坐标系下的合外广义力，$\dot{\boldsymbol{V}}^S$ 表示绝对坐标系下刚体广义速度关于时间的一阶导数。

9.3.2 串联机器人牛顿-欧拉动力学方程的递推法

9.3.1 节介绍了单个刚体的牛顿-欧拉方程，在实际应用中，机器人大多由复杂的多个刚体组合而成。本节主要介绍机械臂的牛顿-欧拉动力学方程。为了理解牛顿-欧拉动力学方程的作用，可以考虑如图 9.3-1 所示的一个机械臂拿起一个小球的场景，其中小球、机械臂的每段杆件都可以看作一个刚体，它们之间通过运动副链接。此时，如果需要保证机械臂拿起这个小球静止不动，或者按照期望的轨迹运动，那么每个驱动关节应该施加多少力矩？相反地，如果每个关节的力矩是已知的，那么机械臂运动末端的加速度又是多少呢？

利用前面的牛顿-欧拉单刚体动力学和各个刚体之间的关系逐步计算，然而单刚体动力学过于复杂，其次各个刚体之间具有约束，关节传递的只有单维度的力或力矩，是否可以简化这种串联形式的动力学？牛顿-欧拉公式的串联机器人动力学的目的就是将关节驱动力或力矩与末端力或力矩直接相关联。

本节主要考虑前置 D-H 法设计的坐标系下，基于牛顿-欧拉公式的串联机器人动力学建模过程。后续推导过程仍然假定机器人在自由空间运动，末端不受环境力。牛顿-欧拉动力学递推算法便于编程实现串联机器人逆动力学问题的求解，即已知关节位移、速度、加速度，求所需的关节驱动力或力矩。

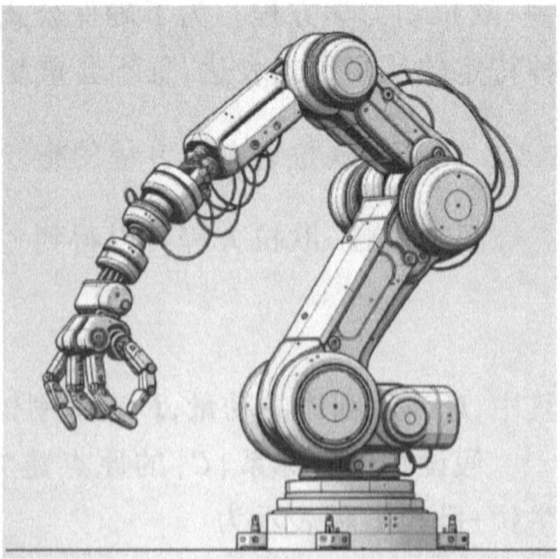

图 9.3-1 机械臂拿起一个小球的场景

整个算法分为两个阶段:第一阶段采用“向外递推”,从基座到末端计算各连杆的速度和加速度;第二阶段采用“向内递推”,从末端到基座,根据牛顿-欧拉公式计算各连杆的惯性力及惯性力矩,再计算作用在各关节上的力和力矩,最终得到各关节的驱动力或力矩。

本书只考虑两种简单的关节:转动关节和平移关节。其他形式的关节有兴趣的读者可以自行推导。本节字母变量的上下标规则:${}^{B}\bullet_{A}$表示坐标系 A 在坐标系 B 下的表达。

(1) 连杆速度、加速度的向外递推公式

向外递推公式如图 9.3-2 所示,关节 i 从 0 到 n 推导。基座(第 0 个刚体)的角速度和线速度均为 0,角加速度为 0,线加速度如果考虑重力就把重力加入,否则为 0。

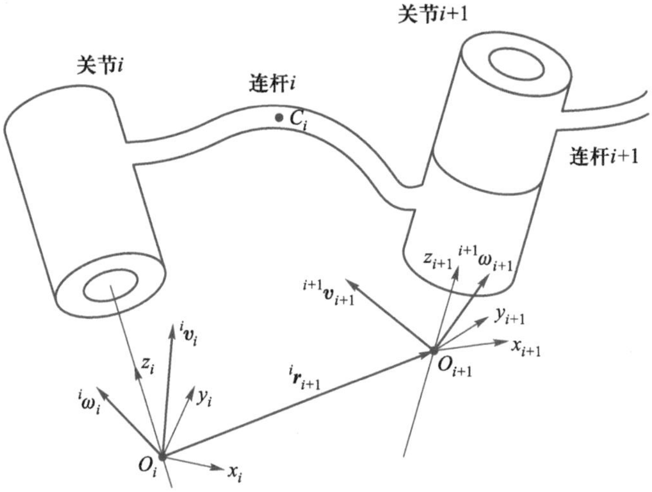

图 9.3-2 向外递推公式

第 i 个刚体和第 $i+1$ 个刚体的角速度(在第 i 个关节坐标系下表达)关系为

$$
{}^{i+1}\boldsymbol{\omega}_{i+1}=\begin{cases}{}^{i+1}\boldsymbol{R}_{i}\,{}^{i}\boldsymbol{\omega}_{i}+\dot{\theta}_{i+1}\,{}^{i+1}\boldsymbol{z}_{i+1} & \text{转动关节}\\ {}^{i+1}\boldsymbol{R}_{i}\,{}^{i}\boldsymbol{\omega}_{i} & \text{移动关节}\end{cases} \tag{9.3-6}
$$

其中,${}^{i+1}\boldsymbol{\omega}_{i+1}$、${}^{i}\boldsymbol{\omega}_{i}$ 表示关节坐标系的角速度,${}^{i+1}\boldsymbol{R}_{i}$ 表示姿态矩阵,${}^{i+1}\boldsymbol{z}_{i+1}$ 表示关节坐标系的旋转轴线,$\dot{\theta}_{i+1}$ 表示第 $i+1$ 个关节的角速度。

第 i 个刚体和第 $i+1$ 个刚体的角加速度关系为

$$
{}^{i+1}\dot{\boldsymbol{\omega}}_{i+1}=\begin{cases}{}^{i+1}\boldsymbol{R}_{i}\,{}^{i}\dot{\boldsymbol{\omega}}_{i}+\ddot{\theta}_{i+1}\,{}^{i+1}\boldsymbol{z}_{i+1}+{}^{i+1}\boldsymbol{R}_{i}\,{}^{i}\boldsymbol{\omega}_{i}\times\dot{\theta}_{i+1}\,{}^{i+1}z_{i+1} & \text{转动关节}\\ {}^{i+1}\boldsymbol{R}_{i}\,{}^{i}\boldsymbol{\omega}_{i} & \text{移动关节}\end{cases} \tag{9.3-7}
$$

其中,$\ddot{\theta}_{i+1}$ 表示第 $i+1$ 个关节坐标系的角加速度。

第 i 个刚体和第 $i+1$ 个刚体的线速度关系为

$$
{}^{i+1}\boldsymbol{v}_{i+1}=\begin{cases}{}^{i+1}\boldsymbol{R}_{i}({}^{i}\boldsymbol{v}_{i}+{}^{i}\boldsymbol{\omega}_{i}\times{}^{i}\boldsymbol{p}_{i+1}) & \text{转动关节}\\ {}^{i+1}\boldsymbol{R}_{i}({}^{i}\boldsymbol{v}_{i}+{}^{i}\boldsymbol{\omega}_{i}\times{}^{i}\boldsymbol{p}_{i+1})+\dot{d}_{i+1}\,{}^{i+1}\boldsymbol{z}_{i+1} & \text{移动关节}\end{cases} \tag{9.3-8}
$$

其中,${}^{i+1}\boldsymbol{v}_{i+1}$、${}^{i}\boldsymbol{v}_{i}$ 表示关节坐标系的线速度,${}^{i}\boldsymbol{p}_{i+1}$ 表示关节坐标系的位置,$\dot{d}_{i+1}$ 表示关节线速度。

第 i 个刚体和第 i+1 个刚体的线加速度关系为

$$
{}^{i+1}\dot{\boldsymbol{v}}_{i+1}=\begin{cases}{}^{i+1}\boldsymbol{R}_i({}^i\dot{\boldsymbol{v}}_i+{}^i\dot{\boldsymbol{\omega}}_i\times{}^i\boldsymbol{p}_{i+1}+{}^i\boldsymbol{\omega}_i\times({}^i\boldsymbol{\omega}_i\times{}^i\boldsymbol{p}_{i+1})) & \text{转动关节}\\ {}^{i+1}\boldsymbol{R}_i({}^i\dot{\boldsymbol{v}}_i+{}^i\dot{\boldsymbol{\omega}}_i\times{}^i\boldsymbol{p}_{i+1}+{}^i\boldsymbol{\omega}_i\times({}^i\boldsymbol{\omega}_i\times{}^i\boldsymbol{p}_{i+1})) & \text{移动关节}\\ +2{}^{i+1}\boldsymbol{\omega}_{i+1}\times\dot{d}_{i+1}{}^{i+1}\boldsymbol{z}_{i+1}+\ddot{d}_{i+1}{}^{i+1}\boldsymbol{z}_{i+1} & \end{cases} \tag{9.3-9}
$$

其中,$\ddot{d}_{i+1}$ 表示第 i+1 个关节坐标系的线加速度。

第 i+1 个刚体的质心加速度为

$$
{}^{i+1}\dot{\boldsymbol{v}}_{C_{i+1}}={}^{i+1}\dot{\boldsymbol{v}}_{i+1}+{}^{i+1}\dot{\boldsymbol{\omega}}_{i+1}\times{}^{i+1}\boldsymbol{r}_{C_{i+1}}+{}^{i+1}\boldsymbol{\omega}_{i+1}\times({}^{i+1}\boldsymbol{\omega}_{i+1}\times{}^{i+1}\boldsymbol{r}_{C_{i+1}}) \tag{9.3-10}
$$

其中,${}^{i+1}\dot{\boldsymbol{v}}_{C_{i+1}}$ 表示第 i+1 个刚体的质心加速度,${}^{i+1}\boldsymbol{r}_{C_{i+1}}$ 表示第 i+1 个刚体的质心位置。

(2) 关节力与力矩的向内递推公式

向内递推公式如图 9.3-3 所示,关节 i 从 n 到 1 推导。

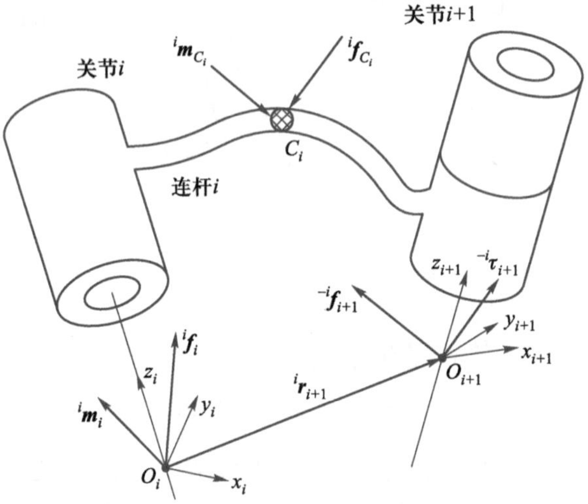

图 9.3-3 向内递推公式

质心惯性力可以表示为

$$
{}^i\boldsymbol{f}_{C_i}=m_i\dot{\boldsymbol{v}}_{C_i} \tag{9.3-11}
$$

其中,${}^i\boldsymbol{f}_{C_i}$ 表示第 i 个刚体的质心惯性力,m_i 表示第 i 个刚体的质量。

质心的力矩可以表示为

$$
{}^i\boldsymbol{\tau}_{C_i}={}^C\mathcal{I}_i\,{}^i\dot{\boldsymbol{\omega}}_i+({}^i\boldsymbol{\omega}_i\times{}^C\mathcal{I}_i\,{}^i\boldsymbol{\omega}_i) \tag{9.3-12}
$$

其中,${}^i\boldsymbol{\tau}_{C_i}$ 表示第 i 个刚体的质心力矩,${}^C\mathcal{I}_i$ 表示第 i 个刚体的质心处的转动惯量。

第 i 个关节的力的递推公式为

$$
{}^i\boldsymbol{f}_i={}^i\boldsymbol{f}_{C_i}+{}^i\boldsymbol{R}_{i+1}{}^{i+1}\boldsymbol{f}_{i+1} \tag{9.3-13}
$$

其中,${}^i\boldsymbol{f}_i$ 表示第 i 个关节的力。

第 i 个关节的力矩的递推公式为

$$
{}^i\boldsymbol{\tau}_i={}^i\boldsymbol{\tau}_{C_i}+{}^i\boldsymbol{R}_{i+1}{}^{i+1}\boldsymbol{\tau}_{i+1}+{}^i\boldsymbol{p}_{i+1}\times{}^i\boldsymbol{R}_{i+1}{}^{i+1}\boldsymbol{f}_{i+1}+{}^i\boldsymbol{r}_{C_i}\times{}^i\boldsymbol{f}_{C_i} \tag{9.3-14}
$$

其中,${}^i\boldsymbol{\tau}_i$ 表示第 i 个关节的力矩。

机器人的关节广义力可以表示为

$$\tau_i=\begin{cases}{}^i\boldsymbol{\tau}_i^{\mathrm{T}}\,{}^i\boldsymbol{z}_i & \text{转动关节}\\ {}^i\boldsymbol{f}_i^{\mathrm{T}}\,{}^i\boldsymbol{z}_i & \text{移动关节}\end{cases}\tag{9.3-15}$$

特别的,末端的受力为外力,即 ${}^{i+1}\boldsymbol{f}_{i+1}$ 和 ${}^{i+1}\boldsymbol{\tau}_{i+1}$ 为所受外力和力矩。

【例 9.3-1】计算简单平面 2R 串联机器人的动力学。

已知两个杆件的等效长度为 l_1、l_2,并且密度均值分布,质量为 m_1、m_2,$\boldsymbol{\theta}=[\theta_1\quad\theta_2]^{\mathrm{T}}(\theta_{12}=\theta_1+\theta_2)$,该简单平面 2R 串联机器人的广义坐标系如图 9.3-4 所示,基坐标和第一个关节重合,初始位置两个杆件水平放置。只存在驱动力 $\boldsymbol{\tau}=[\tau_1\quad\tau_2]^{\mathrm{T}}$ 和重力(重力加速度大小为 $m_ig(i=1,2)$,方向与坐标轴 y 相反)。

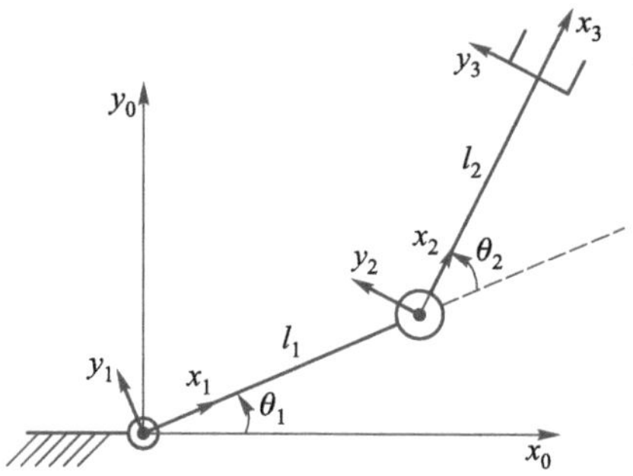

图 9.3-4 简单平面 2R 串联机器人的广义坐标系

第一阶段:向外递推,计算各连杆的速度和加速度。

由于密度均匀分布,每个杆件质心在其关节坐标系下表示为

$${}^i\boldsymbol{r}_{C_i}=[l_i/2\quad 0\quad 0]^{\mathrm{T}}(i=1,2)$$

由于密度均值分布,所示每个杆件对其质心坐标系的惯性张量为

$${}^C\mathcal{I}_i=\begin{bmatrix}0&0&0\\0&\dfrac{1}{12}m_il_i^2&0\\0&0&\dfrac{1}{12}m_il_i^2\end{bmatrix}(i=1,2)$$

根据 2R 串联机器人的运动学($i=0,1$)获得

$${}^{i+1}\boldsymbol{z}_{i+1}=[0\quad 0\quad 1]^{\mathrm{T}}$$

$${}^i\boldsymbol{R}_{i+1}={}^{i+1}\boldsymbol{R}_i^{\mathrm{T}}=\begin{bmatrix}\cos\theta_{i+1}&-\sin\theta_{i+1}&0\\ \sin\theta_{i+1}&\cos\theta_{i+1}&0\\0&0&1\end{bmatrix}$$

$${}^{i+1}\boldsymbol{p}_{i+2}=[0\quad 0\quad l_{i+1}]^{\mathrm{T}}$$

基座为静止的,所以初始值为 ${}^0\boldsymbol{\omega}_0={}^0\boldsymbol{v}_0={}^0\dot{\boldsymbol{\omega}}_0=\boldsymbol{0}$。考虑重力的影响,有 ${}^0\dot{\boldsymbol{v}}_0=[0\quad -g\quad 0]^{\mathrm{T}}$。

对于杆件 1,转动关节向外递推公式为

$${}^1\boldsymbol{\omega}_1={}^1\boldsymbol{R}_0\,{}^0\boldsymbol{\omega}_0+\dot{\theta}_1\,{}^1\boldsymbol{z}_1=[0\quad 0\quad \dot{\theta}_1]^{\mathrm{T}}$$

$$
{}^{1}\dot{\boldsymbol{\omega}}_{1}={}^{1}\boldsymbol{R}_{0}{}^{0}\dot{\boldsymbol{\omega}}_{0}+\ddot{\theta}_{1}{}^{1}\boldsymbol{z}_{1}+{}^{1}\boldsymbol{R}_{0}{}^{0}\boldsymbol{\omega}_{0}\times\dot{\theta}_{1}{}^{1}\boldsymbol{z}_{1}=[0\quad 0\quad \ddot{\theta}_{1}]^{\mathrm{T}}
$$

$$
{}^{1}\boldsymbol{v}_{1}={}^{1}\boldsymbol{R}_{0}({}^{0}\boldsymbol{v}_{0}+{}^{0}\boldsymbol{\omega}_{0}\times{}^{0}\boldsymbol{p}_{1})=\boldsymbol{0}
$$

$$
{}^{1}\dot{\boldsymbol{v}}_{1}={}^{1}\boldsymbol{R}_{0}({}^{0}\dot{\boldsymbol{v}}_{0}+{}^{0}\dot{\boldsymbol{\omega}}_{0}\times{}^{0}\boldsymbol{p}_{1}+{}^{0}\boldsymbol{\omega}_{0}\times({}^{0}\boldsymbol{\omega}_{0}\times{}^{0}\boldsymbol{p}_{1}))=[g\sin\theta_{1}\quad g\cos\theta_{2}\quad 0]^{\mathrm{T}}
$$

$$
{}^{1}\dot{\boldsymbol{v}}_{C_1}={}^{1}\dot{\boldsymbol{v}}_{1}+{}^{1}\dot{\boldsymbol{\omega}}_{1}\times{}^{1}\boldsymbol{r}_{C_1}+{}^{1}\boldsymbol{\omega}_{1}\times({}^{1}\boldsymbol{\omega}_{1}\times{}^{1}\boldsymbol{r}_{C_1})=\begin{bmatrix} g\sin\theta_{1}-\dfrac{l_{1}\dot{\theta}_{1}^{2}}{2} \\ g\cos\theta_{1}+\dfrac{l_{1}\ddot{\theta}_{1}}{2} \\ 0 \end{bmatrix}
$$

对于杆件 2,转动关节向外递推公式为

$$
{}^{2}\boldsymbol{\omega}_{2}={}^{2}\boldsymbol{R}_{1}{}^{1}\boldsymbol{\omega}_{1}+\dot{\theta}_{2}{}^{2}\boldsymbol{z}_{2}=[0\quad 0\quad \dot{\theta}_{1}+\dot{\theta}_{2}]^{\mathrm{T}}
$$

$$
{}^{2}\dot{\boldsymbol{\omega}}_{2}={}^{2}\boldsymbol{R}_{1}{}^{0}\dot{\boldsymbol{\omega}}_{1}+\ddot{\theta}_{2}{}^{2}\boldsymbol{z}_{2}+{}^{2}\boldsymbol{R}_{1}{}^{1}\boldsymbol{\omega}_{1}\times\dot{\theta}_{2}{}^{2}\boldsymbol{z}_{2}=[0\quad 0\quad \ddot{\theta}_{1}+\ddot{\theta}_{2}]^{\mathrm{T}}
$$

$$
{}^{2}\boldsymbol{v}_{2}={}^{2}\boldsymbol{R}_{1}({}^{1}\boldsymbol{v}_{1}+{}^{1}\boldsymbol{\omega}_{1}\times{}^{1}\boldsymbol{p}_{2})=[l_{1}\dot{\theta}_{1}\sin\theta_{2}\quad l_{1}\dot{\theta}_{1}\cos\theta_{2}\quad 0]^{\mathrm{T}}
$$

$$
\begin{aligned}
{}^{2}\dot{\boldsymbol{v}}_{2}&={}^{2}\boldsymbol{R}_{1}({}^{1}\dot{\boldsymbol{v}}_{1}+{}^{1}\dot{\boldsymbol{\omega}}_{1}\times{}^{1}\boldsymbol{p}_{2}+{}^{1}\boldsymbol{\omega}_{1}\times({}^{1}\boldsymbol{\omega}_{1}\times{}^{1}\boldsymbol{p}_{2}))\\
&=\begin{bmatrix} l_{1}(\ddot{\theta}_{1}\sin\theta_{2}-\dot{\theta}_{1}^{2}\cos\theta_{2})+g\sin(\theta_{1}+\theta_{2}) \\ l_{1}(\ddot{\theta}_{1}\cos\theta_{2}+\dot{\theta}_{1}^{2}\sin\theta_{2})+g\cos(\theta_{1}+\theta_{2}) \\ 0 \end{bmatrix}
\end{aligned}
$$

$$
\begin{aligned}
{}^{2}\dot{\boldsymbol{v}}_{C_2}&={}^{2}\dot{\boldsymbol{v}}_{2}+{}^{2}\dot{\boldsymbol{\omega}}_{2}\times{}^{2}\boldsymbol{r}_{C_2}+{}^{2}\boldsymbol{\omega}_{2}\times({}^{2}\boldsymbol{\omega}_{2}\times{}^{2}\boldsymbol{r}_{C_2})\\
&=\begin{bmatrix} l_{1}(\ddot{\theta}_{1}\sin\theta_{2}-\dot{\theta}_{1}^{2}\cos\theta_{2})+g\sin(\theta_{1}+\theta_{2})-\dfrac{l_{2}}{2}(\dot{\theta}_{1}+\dot{\theta}_{2})^{2} \\ l_{1}(\ddot{\theta}_{1}\cos\theta_{2}+\dot{\theta}_{1}^{2}\sin\theta_{2})+g\cos(\theta_{1}+\theta_{2})+\dfrac{l_{2}}{2}(\ddot{\theta}_{1}+\ddot{\theta}_{2}) \\ 0 \end{bmatrix}
\end{aligned}
$$

第二阶段:向内递推,计算各连杆的内力。

首先计算惯性力和力矩为

$$
{}^{1}\boldsymbol{f}_{C_1}=\boldsymbol{m}_{1}\dot{\boldsymbol{v}}_{C_1}=\boldsymbol{m}_{1}\begin{bmatrix} g\sin\theta_{1}-\dfrac{l_{1}\dot{\theta}_{1}^{2}}{2} \\ g\cos\theta_{1}+\dfrac{l_{1}\ddot{\theta}_{1}}{2} \\ 0 \end{bmatrix}
$$

$$
{}^{2}\boldsymbol{f}_{C_2}=\boldsymbol{m}_{2}\dot{\boldsymbol{v}}_{C_2}=\boldsymbol{m}_{2}\begin{bmatrix} l_{1}(\ddot{\theta}_{1}\sin\theta_{2}-\dot{\theta}_{1}^{2}\cos\theta_{2})+g\sin(\theta_{1}+\theta_{2})-\dfrac{l_{2}}{2}(\dot{\theta}_{1}+\dot{\theta}_{2})^{2} \\ l_{1}(\ddot{\theta}_{1}\cos\theta_{2}+\dot{\theta}_{1}^{2}\sin\theta_{2})+g\cos(\theta_{1}+\theta_{2})+\dfrac{l_{2}}{2}(\ddot{\theta}_{1}+\ddot{\theta}_{2}) \\ 0 \end{bmatrix}
$$

$$ {}^{1}\boldsymbol{\tau}_{C_1} = {}^{C}\boldsymbol{\mathcal{I}}_1 {}^{1}\dot{\boldsymbol{\omega}}_1 + ({}^{1}\boldsymbol{\omega}_1 \times {}^{C}\boldsymbol{\mathcal{I}}_1 {}^{1}\omega_1) = \begin{bmatrix} 0 & 0 & \frac{1}{12}m_1 l_1^2 \ddot{\theta}_1 \end{bmatrix}^{\mathrm{T}} $$

$$ {}^{2}\boldsymbol{\tau}_{C_2} = {}^{C}\boldsymbol{\mathcal{I}}_2 {}^{2}\dot{\boldsymbol{\omega}}_2 + ({}^{2}\boldsymbol{\omega}_2 \times {}^{C}\boldsymbol{\mathcal{I}}_2 {}^{2}\boldsymbol{\omega}_2) = \begin{bmatrix} 0 & 0 & \frac{1}{12}m_2 l_2^2 (\ddot{\theta}_1 + \ddot{\theta}_2) \end{bmatrix}^{\mathrm{T}} $$

假设外力为零，即 ${}^{3}\boldsymbol{f}_3 = {}^{3}\boldsymbol{\tau}_3 = \boldsymbol{0}$。

对于杆件 2，转动关节的内推公式为

$$ {}^{2}\boldsymbol{f}_2 = {}^{2}\boldsymbol{f}_{C_2} + {}^{2}\boldsymbol{R}_3 {}^{3}\boldsymbol{f}_3 = \boldsymbol{m}_2 \begin{bmatrix} l_1(\ddot{\theta}_1 \sin\theta_2 - \dot{\theta}_1^2 \cos\theta_2) + g\sin(\theta_1+\theta_2) - \frac{l_2}{2}(\dot{\theta}_1+\dot{\theta}_2)^2 \\ l_1(\ddot{\theta}_1 \cos\theta_2 + \dot{\theta}_1^2 \sin\theta_2) + g\cos(\theta_1+\theta_2) + \frac{l_2}{2}(\ddot{\theta}_1+\ddot{\theta}_2) \\ 0 \end{bmatrix} $$

$$ \begin{aligned} {}^{2}\boldsymbol{\tau}_2 &= {}^{2}\boldsymbol{\tau}_{C_2} + {}^{2}\boldsymbol{R}_3 {}^{3}\boldsymbol{\tau}_3 + {}^{2}\boldsymbol{p}_3 \times {}^{2}\boldsymbol{R}_3 {}^{3}\boldsymbol{f}_3 + {}^{2}\boldsymbol{r}_{C_2} \times {}^{2}\boldsymbol{f}_{C_2} \\ &= \begin{bmatrix} 0 & 0 & \frac{1}{3}m_2 l_2^2(\ddot{\theta}_2+\ddot{\theta}_1) + \frac{1}{2}m_2 l_1 l_2(\ddot{\theta}_1\cos\theta_2 + \dot{\theta}_1^2 \sin\theta_2) + \frac{1}{2}l_2 m_2 g\cos(\theta_1+\theta_2) \end{bmatrix}^{\mathrm{T}} \end{aligned} $$

对于杆件 1，转动关节的内推公式为

$$ \begin{aligned} {}^{1}\boldsymbol{f}_1 &= {}^{1}\boldsymbol{f}_{C_1} + {}^{1}\boldsymbol{R}_2 {}^{2}\boldsymbol{f}_2 \\ &= \begin{bmatrix} -l_1\dot{\theta}_1^2\left(\frac{m_1}{2}+m_2\right) - \frac{m_2 l_2}{2}(\dot{\theta}_1+\dot{\theta}_2)^2\cos\theta_2 - \frac{m_2 l_2}{2}(\ddot{\theta}_1+\ddot{\theta}_2)\sin\theta_2 + (m_1+m_2)g\sin\theta_1 \\ l_1\ddot{\theta}_1\left(\frac{m_1}{2}+m_2\right) - \frac{m_2 l_2}{2}(\dot{\theta}_1+\dot{\theta}_2)^2\sin\theta_2 + \frac{m_2 l_2}{2}(\ddot{\theta}_1+\ddot{\theta}_2)\cos\theta_2 + (m_1+m_2)g\cos\theta_1 \\ 0 \end{bmatrix} \end{aligned} $$

$$ \begin{aligned} {}^{1}\boldsymbol{\tau}_1 &= {}^{1}\boldsymbol{\tau}_{C_1} + {}^{1}\boldsymbol{R}_2 {}^{2}\boldsymbol{\tau}_2 + {}^{1}\boldsymbol{p}_2 \times {}^{1}\boldsymbol{R}_2 {}^{2}\boldsymbol{f}_2 + {}^{1}\boldsymbol{r}_{C_1} \times {}^{1}\boldsymbol{f}_{C_1} \\ &= \begin{bmatrix} 0 \\ 0 \\ \left(\frac{1}{3}m_1 l_1^2 + m_2\left(\frac{1}{3}l_2^2 + l_1^2 + l_1 l_2\cos\theta_2\right)\right)\ddot{\theta}_1 + m_2\left(\frac{1}{3}l_2^2 + \frac{1}{2}l_1 l_2\cos\theta_2\right)\ddot{\theta}_2 \\ -m_2 l_1 l_2\left(\dot{\theta}_1\dot{\theta}_2 + \frac{1}{2}\dot{\theta}_2^2\right)\sin\theta_2 + \frac{1}{2}m_1 g l_1\cos\theta_1 + m_2 g\left(l_1\cos\theta_1 + \frac{1}{2}l_2\cos\theta_{12}\right) \end{bmatrix} \end{aligned} $$

由此可以获得机器人的动力学方程为

$$ \begin{aligned} \tau_1 &= {}^{1}\boldsymbol{\tau}_1^{\mathrm{T}}\, {}^{1}\boldsymbol{z}_1 \\ &= \left(\frac{1}{3}m_1 l_1^2 + m_2\left(\frac{1}{3}l_2^2 + l_1^2 + l_1 l_2\cos\theta_2\right)\right)\ddot{\theta}_1 + m_2\left(\frac{1}{3}l_2^2 + \frac{1}{2}l_1 l_2\cos\theta_2\right)\ddot{\theta}_2 - \\ &\quad m_2 l_1 l_2\left(\dot{\theta}_1\dot{\theta}_2 + \frac{1}{2}\dot{\theta}_2^2\right)\sin\theta_2 + \frac{1}{2}m_1 g l_1\cos\theta_1 + m_2 g\left(l_1\cos\theta_1 + \frac{1}{2}l_2\cos\theta_{12}\right) \end{aligned} $$

$$ \begin{aligned} \tau_2 &= {}^{2}\boldsymbol{\tau}_2^{\mathrm{T}}\, {}^{2}\boldsymbol{z}_2 \\ &= m_2\left(\frac{1}{3}l_2^2 + \frac{1}{2}l_1 l_2\cos\theta_2\right)\ddot{\theta}_1 + \frac{1}{3}m_2 l_2^2\ddot{\theta}_2 + \frac{1}{2}m_2 l_1 l_2\dot{\theta}_1^2\sin\theta_2 + \frac{1}{2}m_2 g l_2\cos\theta_{12} \end{aligned} $$

*9.3.3 串联机器人牛顿-欧拉动力学方程的旋量法

9.3.2 节用 D-H 法递推了串联机器人的牛顿-欧拉动力学方程,它可以用于分析常见串联机器人的动力学特性。由于串联机器人具有多重约束,且每一段等效杆的坐标系并未建立在其质心,因此,在建立动力学方程时,选择以关节角为动力学方程的参数,旨在减少由约束产生的反作用力对分析的影响。

本节首先讨论一般串联机器人单个等效杆的运动,常见的约束从旋量的角度上看都是定轴的运动(如转动副、移动副等)。其次,在绝对坐标系 $\{S\}$ 下,研究 n 个关节的串联机器人的动力学方程。假设 $\boldsymbol{\xi}_i(i=1,2,\cdots,n)$ 表示第 i 个关节的初始单位旋量,$\boldsymbol{G}_i(0)$ 为第 i 个关节的质心初始位姿矩阵,$\boldsymbol{G}_i=\mathrm{e}^{\theta_1\hat{\xi}_1}\mathrm{e}^{\theta_2\hat{\xi}_2}\cdots\mathrm{e}^{\theta_i\hat{\xi}_i}\boldsymbol{G}_i(0)$ 表示绝对坐标系下第 i 个关节的位姿矩阵。第 i 个刚体的速度旋量可以用速度雅可比矩阵表示为

$$\boldsymbol{V}_i^S=\boldsymbol{J}_i^S\dot{\boldsymbol{\theta}} \tag{9.3-16}$$

其中,$\dot{\boldsymbol{\theta}}$ 表示所有关节的角速度,$\boldsymbol{J}_i^S=(\boldsymbol{\xi}_1^S\quad\cdots\quad\boldsymbol{\xi}_1^S\quad\boldsymbol{0}_{6\times1}\quad\cdots\quad\boldsymbol{0}_{6\times1})_{6\times n}$ 表示绝对坐标系下第 i 个刚体的速度雅可比矩阵。

$\boldsymbol{\xi}_i^S$ 表示第 i 个关节旋量在绝对坐标系下的表达,计算方法如下:

当 $i=1$ 时,$\boldsymbol{\xi}_1^S=\boldsymbol{\xi}_1$;

当 $i>1$ 时,$\boldsymbol{\xi}_i^S=\mathrm{Ad}_{(\boldsymbol{G}_{i-1}\boldsymbol{G}_{i-1}^{-1}(0))}\boldsymbol{\xi}_i$。

速度雅可比矩阵可表示为

$$\boldsymbol{V}_i^S=\boldsymbol{J}_i^S\dot{\boldsymbol{\theta}}=\dot{\theta}_1\boldsymbol{\xi}_1^S+\cdots+\dot{\theta}_i\boldsymbol{\xi}_i^S=\sum_{j=1}^{i}\dot{\theta}_j\,\boldsymbol{\xi}_j^S \tag{9.3-17}$$

其中,$\dot{\theta}_i$ 表示第 i 个关节的角速度。

根据牛顿-欧拉动力学方程,需要求解出速度旋量的一阶导数。在绝对坐标系下,第 i 个刚体速度旋量的一阶导数表示为

$$\dot{\boldsymbol{V}}_i^S=\sum_{j=1}^{i}\ddot{\theta}_j\,\boldsymbol{\xi}_j^S+\sum_{j=1}^{i}\dot{\theta}_j\,\dot{\boldsymbol{\xi}}_j^S \tag{9.3-18}$$

上式中除了变量 $\dot{\boldsymbol{\xi}}_j^S$ 需要求解,其他变量均可以直接得到。

$\dot{\boldsymbol{\xi}}_j^S$ 的计算方法如下:

当 $j=1$ 时,$\dot{\boldsymbol{\xi}}_1^S=\boldsymbol{0}_{6\times1}$;

当 $j\neq1$ 时,$\dot{\boldsymbol{\xi}}_j^S$ 可以表示为

$$\dot{\boldsymbol{\xi}}_j^S=\frac{\mathrm{d}\boldsymbol{\xi}_j^S}{\mathrm{d}t}=\frac{\mathrm{d}(\mathrm{Ad}_{\boldsymbol{G}_{j-1}'}\boldsymbol{\xi}_j)}{\mathrm{d}t}=\mathrm{ad}(\boldsymbol{V}_{j-1}^S)\mathrm{Ad}_{\boldsymbol{G}_{j-1}'}\boldsymbol{\xi}_j=\mathrm{ad}(\boldsymbol{V}_{j-1}^S)\boldsymbol{\xi}_j^S \tag{9.3-19}$$

其中,$\mathrm{Ad}_{\boldsymbol{G}}$ 和 $\mathrm{ad}(\boldsymbol{V})$ 分别表示位姿矩阵 $\boldsymbol{G}$ 和广义速度矢量 $\boldsymbol{V}$ 的伴随矩阵,$\boldsymbol{G}_{j-1}'=G_{j-1}G_{j-1}^{-1}(0)$

$$\frac{\mathrm{d}(\mathrm{Ad}_{\boldsymbol{G}})}{\mathrm{d}t}=\mathrm{ad}(\boldsymbol{V}^S)\mathrm{Ad}_{\boldsymbol{G}}=\mathrm{Ad}_{\boldsymbol{G}}\mathrm{ad}(\boldsymbol{V}^C) \tag{9.3-20}$$

其中,$\boldsymbol{V}^S$ 和 $\boldsymbol{V}^C$ 分别表示在绝对坐标系和物体坐标系下刚体的速度旋量,这里不详细推导了。

根据前述公式,速度旋量的一阶导数可以通过递推方法得出,构建一套递推式的牛顿-欧

拉动力学方程。这一方程组采用 D-H 法建立的坐标系作为参考，从而得到适用于串联机器人的动力学方程。

将公式递推展开表示为

$$\dot{\boldsymbol{\xi}}_j^S=\mathrm{ad}(\boldsymbol{V}_{j-1}^S)\boldsymbol{\xi}_j^S=\mathrm{ad}\Big(\sum_{k=1}^{j-1}\dot{\theta}_k\boldsymbol{\xi}_k^S\Big)\boldsymbol{\xi}_j^S=\Big(\sum_{k=1}^{j-1}\dot{\theta}_k\mathrm{ad}(\boldsymbol{\xi}_k^S)\Big)\boldsymbol{\xi}_j^S \tag{9.3-21}$$

为了统一速度旋量的导数，将公式化简成矩阵形式为

$$\begin{aligned}\dot{\boldsymbol{\xi}}_j^S&=\mathrm{ad}(\boldsymbol{V}_{j-1}^S)\boldsymbol{\xi}_j^S\\&=\Big(\sum_{k=1}^{j-1}\dot{\theta}_k\mathrm{ad}(\boldsymbol{\xi}_k^S)\Big)\boldsymbol{\xi}_j^S\\&=[\mathrm{ad}(\boldsymbol{\xi}_1^S)\boldsymbol{\xi}_j^S\quad\cdots\quad\mathrm{ad}(\boldsymbol{\xi}_{j-1}^S)\boldsymbol{\xi}_j^S\quad\boldsymbol{0}_{6\times1}\quad\cdots\quad\boldsymbol{0}_{6\times1}]_{6\times n}\dot{\boldsymbol{\theta}}\end{aligned} \tag{9.3-22}$$

在绝对坐标系下，将第 i 个等效杆的速度旋量的一阶导数表示为

$$\dot{\boldsymbol{V}}_i^S=\boldsymbol{J}_i^S\ddot{\boldsymbol{\theta}}+[\boldsymbol{C}_1\dot{\boldsymbol{\theta}}\quad\cdots\quad\boldsymbol{C}_i\dot{\boldsymbol{\theta}}\quad\boldsymbol{0}_{6\times1}\quad\cdots\quad\boldsymbol{0}_{6\times1}]_{6\times n}\dot{\boldsymbol{\theta}} \tag{9.3-23}$$

其中，$\boldsymbol{C}_i=[\mathrm{ad}(\boldsymbol{\xi}_1^S)\boldsymbol{\xi}_i^S\quad\cdots\quad\mathrm{ad}(\boldsymbol{\xi}_{i-1}^S)\boldsymbol{\xi}_i^S\quad\boldsymbol{0}_{6\times1}\quad\cdots\quad\boldsymbol{0}_{6\times1}]_{6\times n}$。

在广义坐标系下，获得第 i 个等效杆的速度旋量及其一阶导数之后，牛顿-欧拉动力学方程表示为

$$\boldsymbol{M}_i^S\dot{\boldsymbol{V}}_i^S-\mathrm{ad}^{\mathrm{T}}(\boldsymbol{V}_i^S)\boldsymbol{M}_i^S\boldsymbol{V}_i^S=\boldsymbol{F}_i^S \tag{9.3-24}$$

其中，$\boldsymbol{M}_i^S$，$\boldsymbol{F}_i^S$ 分别表示绝对坐标系下第 i 个等效杆的广义惯性矩阵和等效广义力旋量。

将式(9.3-24)化简为

$$\begin{aligned}\boldsymbol{F}_i^S&=\boldsymbol{M}_i^S(\boldsymbol{J}_i^S\ddot{\boldsymbol{\theta}}+[\boldsymbol{C}_1\dot{\boldsymbol{\theta}}\quad\cdots\quad\boldsymbol{C}_i\dot{\boldsymbol{\theta}}\quad\boldsymbol{0}_{6\times1}\quad\cdots\quad\boldsymbol{0}_{6\times1}]_{6\times n}\dot{\boldsymbol{\theta}})-\mathrm{ad}^{\mathrm{T}}(\boldsymbol{J}_i^S\dot{\boldsymbol{\theta}})\boldsymbol{M}_i^S\boldsymbol{J}_i^S\dot{\boldsymbol{\theta}}\\&=\boldsymbol{M}_i^S\boldsymbol{J}_i^S\ddot{\boldsymbol{\theta}}+\boldsymbol{M}_i^S[\boldsymbol{C}_1\dot{\boldsymbol{\theta}}\quad\cdots\quad\boldsymbol{C}_i\dot{\boldsymbol{\theta}}\quad\boldsymbol{0}_{6\times1}\quad\cdots\quad\boldsymbol{0}_{6\times1}]_{6\times n}\dot{\boldsymbol{\theta}}-\mathrm{ad}^{\mathrm{T}}(\boldsymbol{J}_i^S\dot{\boldsymbol{\theta}})\boldsymbol{M}_i^S\boldsymbol{J}_i^S\dot{\boldsymbol{\theta}}\end{aligned} \tag{9.3-25}$$

最后求解串联机器人受到的等效力旋量与关节驱动力矩的关系。对于串联机器人，外力主要为重力、驱动力和末端执行器接触力。所以等效外力可以表示为

$$\boldsymbol{F}_i^S={}^g\boldsymbol{F}_i^S+{}^e\boldsymbol{F}_i^S+{}^a\boldsymbol{F}_i^S \tag{9.3-26}$$

其中，${}^g\boldsymbol{F}_i^S$，${}^e\boldsymbol{F}_i^S$，${}^a\boldsymbol{F}_i^S$ 分别表示绝对坐标系下所有重力、额外力和关节驱动力在第 i 个关节产生的等效力旋量。由于每个刚体的物体坐标系建立在质心，所以第 i 个绝对坐标系下的重力可以表示为

$${}^g\boldsymbol{F}_i^S=\begin{bmatrix}\boldsymbol{I}_3&\hat{\boldsymbol{t}}_i\\\boldsymbol{0}_3&\boldsymbol{I}_3\end{bmatrix}\begin{bmatrix}\boldsymbol{0}_3\\m_i\boldsymbol{g}\end{bmatrix}=\begin{bmatrix}m_i\hat{\boldsymbol{t}}_i\boldsymbol{g}\\m_i\boldsymbol{g}\end{bmatrix} \tag{9.3-27}$$

其中，$\boldsymbol{g}$ 为重力矢量，$\boldsymbol{t}_i$ 为第 i 个等效刚体的质心位置(物体坐标系下的位置)。

根据静力学方程，关节力矩可以表示为

$${}^a\boldsymbol{\tau}_i=(\boldsymbol{J}_i^S)^{\mathrm{T}}(\boldsymbol{F}_i^S-{}^e\boldsymbol{F}_i^S-{}^g\boldsymbol{F}_i^S) \tag{9.3-28}$$

其中，${}^a\boldsymbol{\tau}_i$ 表示所有关节驱动力为了实现第 i 个刚体运动的分量。

将式(9.3-25)代入式(9.3-28)，化简为

$$\begin{aligned}{}^a\boldsymbol{\tau}_i&=(\boldsymbol{J}_i^S)^{\mathrm{T}}(\boldsymbol{M}_i^S\boldsymbol{J}_i^S\ddot{\boldsymbol{\theta}}+\boldsymbol{M}_i^S[\boldsymbol{C}_1\dot{\boldsymbol{\theta}}\quad\cdots\quad\boldsymbol{C}_i\dot{\boldsymbol{\theta}}\quad\boldsymbol{0}_{6\times1}\quad\cdots\quad\boldsymbol{0}_{6\times1}]_{6\times n}\dot{\boldsymbol{\theta}}-\mathrm{ad}^{\mathrm{T}}(\boldsymbol{J}_i^S\dot{\boldsymbol{\theta}})\boldsymbol{M}_i^S\boldsymbol{J}_i^S\dot{\boldsymbol{\theta}}-{}^e\boldsymbol{F}_i^S-{}^g\boldsymbol{F}_i^S)\\&\triangleq\mathcal{M}_i(\boldsymbol{\theta})\ddot{\boldsymbol{\theta}}+\mathcal{H}_i(\boldsymbol{\theta},\dot{\boldsymbol{\theta}})\dot{\boldsymbol{\theta}}-(\boldsymbol{J}_i^S)^{\mathrm{T}}({}^e\boldsymbol{F}_i^S+{}^g\boldsymbol{F}_i^S)\end{aligned} \tag{9.3-29}$$

其中，$\mathcal{M}_i(\boldsymbol{\theta})=(\boldsymbol{J}_i^S)^{\mathrm{T}}\boldsymbol{M}_i^S\boldsymbol{J}_i^S$，$\mathcal{H}_i(\boldsymbol{\theta},\dot{\boldsymbol{\theta}})=(\boldsymbol{J}_i^S)^{\mathrm{T}}\boldsymbol{M}_i^S[\boldsymbol{C}_1\dot{\boldsymbol{\theta}}\ \cdots\ \boldsymbol{C}_i\dot{\boldsymbol{\theta}}\ \ \boldsymbol{0}_{6\times1}\ \cdots\ \boldsymbol{0}_{6\times1}]_{6\times n}-(\boldsymbol{J}_i^S)^{\mathrm{T}}\mathrm{ad}^{\mathrm{T}}(\boldsymbol{J}_i^S\dot{\boldsymbol{\theta}})\boldsymbol{M}_i^S\boldsymbol{J}_i^S$。

在绝对坐标系下，将串联机器人的所有杆的动力学方程组合成矩阵形式，表示为

$$\mathcal{M}(\boldsymbol{\theta})\ddot{\boldsymbol{\theta}}+\mathcal{H}(\boldsymbol{\theta},\dot{\boldsymbol{\theta}})\dot{\boldsymbol{\theta}}-{}^e\boldsymbol{F}^S-{}^g\boldsymbol{F}^S={}^a\boldsymbol{\tau} \tag{9.3-30}$$

其中，$\mathcal{M}(\boldsymbol{\theta})=\sum_{i=1}^{n}\mathcal{M}_i(\boldsymbol{\theta})$，$\mathcal{H}(\boldsymbol{\theta},\dot{\boldsymbol{\theta}})=\sum_{i=1}^{n}\mathcal{H}_i(\boldsymbol{\theta},\dot{\boldsymbol{\theta}})$，${}^e\boldsymbol{F}^S=\sum_{i=1}^{n}((\boldsymbol{J}_i^S)^{\mathrm{T}}\,{}^e\boldsymbol{F}_i^S)$表示机器人在绝对坐标系下的接触力旋量，${}^g\boldsymbol{F}^S=\sum_{i=1}^{n}((\boldsymbol{J}_i^S)^{\mathrm{T}}\,{}^g\boldsymbol{F}_i^S)$表示机器人在绝对坐标系下的重力旋量，${}^a\boldsymbol{\tau}$表示串联机器人的关节驱动力。

式(9.3-30)就是串联机器人动力学的牛顿-欧拉方程的一种形式。同样的，式(9.3-30)可以在物体坐标系下表示，这里不做详细介绍了。

【例 9.3-2】计算简单平面 2R 串联机器人的动力学。

解：

已知两个杆件参数与【例 9.3-1】相同。

① 写出各个杆件的关节旋量表示，计算位姿矩阵和速度雅可比矩阵。

$$\boldsymbol{\xi}_1=[0\quad 0\quad 1\quad 0\quad 0\quad 0]^{\mathrm{T}},\quad \boldsymbol{\xi}_2=[0\quad 0\quad 1\quad 0\quad -l_1\quad 0]^{\mathrm{T}}$$

$$\boldsymbol{G}_1=\begin{bmatrix}\cos\theta_1 & -\sin\theta_1 & 0 & \dfrac{l_1}{2}\cos\theta_1\\ \sin\theta_1 & \cos\theta_1 & 0 & \dfrac{l_1}{2}\sin\theta_1\\ 0 & 0 & 1 & 0\\ 0 & 0 & 0 & 1\end{bmatrix}$$

$$\boldsymbol{G}_2=\begin{bmatrix}\cos\theta_{12} & -\sin\theta_{12} & 0 & l_1\cos\theta_1+\dfrac{l_2}{2}\cos\theta_{12}\\ \sin\theta_{12} & \cos\theta_{12} & 0 & l_1\sin\theta_1+\dfrac{l_2}{2}\sin\theta_{12}\\ 0 & 0 & 1 & 0\\ 0 & 0 & 0 & 1\end{bmatrix}$$

$$\boldsymbol{G}_1\boldsymbol{G}_1^{-1}(0)=\begin{bmatrix}\cos\theta_1 & -\sin\theta_1 & 0 & 0\\ \sin\theta_1 & \cos\theta_1 & 0 & 0\\ 0 & 0 & 1 & 0\\ 0 & 0 & 0 & 1\end{bmatrix}$$

$$\boldsymbol{G}_2\boldsymbol{G}_2^{-1}(0)=\begin{bmatrix}\cos\theta_{12} & -\sin\theta_{12} & 0 & l_1(\cos\theta_1-\cos\theta_{12})\\ \sin\theta_{12} & \cos\theta_{12} & 0 & l_1(\sin\theta_1-\sin\theta_{12})\\ 0 & 0 & 1 & 0\\ 0 & 0 & 0 & 1\end{bmatrix}$$

注意区分两种位姿矩阵。

$$\boldsymbol{\xi}_1^S=[0\quad 0\quad 1\quad 0\quad 0\quad 0]^{\mathrm{T}},\quad \boldsymbol{\xi}_2^S=[0\quad 0\quad 1\quad l_1\sin\theta_1\quad -l_1\cos\theta_1\quad 0]^{\mathrm{T}}$$

$$\boldsymbol{J}_1^S=\begin{bmatrix}0&0\\0&0\\1&0\\0&0\\0&0\\0&0\end{bmatrix},\quad \boldsymbol{J}_2^S=\begin{bmatrix}0&0\\0&0\\1&1\\0&l_1\sin\theta_1\\0&-l_1\cos\theta_1\\0&0\end{bmatrix}$$

② 计算各个杆件物体坐标系下的广义惯性矩阵。

$$\boldsymbol{M}_i^C=\begin{bmatrix}\boldsymbol{I}_i^C&\boldsymbol{0}_3\\\boldsymbol{0}_3&m_i\boldsymbol{I}_3\end{bmatrix}=\begin{bmatrix}0&0&0&0&0&0\\0&\frac{1}{12}m_il_i^2&0&0&0&0\\0&0&\frac{1}{12}m_il_i^2&0&0&0\\0&0&0&m_i&0&0\\0&0&0&0&m_i&0\\0&0&0&0&0&m_i\end{bmatrix}\quad(i=1,2)$$

得到主要计算的绝对坐标系下广义的惯性矩阵值为

$$^{11}\boldsymbol{M}_1^S=m_1\left(\frac{1}{3}l_1^2\sin^2\theta_1\right)$$

$$^{12}\boldsymbol{M}_1^S=m_2\left(-\frac{1}{3}l_1^2\sin\theta_1\cos\theta_1\right)$$

$$^{22}\boldsymbol{M}_1^S=m_2\left(\frac{1}{3}l_1^2\cos^2\theta_1\right)$$

$$^{33}\boldsymbol{M}_1^S=m_2\left(\frac{1}{3}l_1^2\right)$$

$$^{11}\boldsymbol{M}_2^S=m_2\left(\frac{1}{3}l_2^2\sin^2\theta_{12}+l_1^2\sin^2\theta_1+l_1l_2\sin\theta_1\sin\theta_{12}\right)$$

$$^{12}\boldsymbol{M}_2^S=m_2\left(-\frac{1}{3}l_2^2\sin\theta_{12}\cos\theta_{12}-l_1^2\sin\theta_1\cos\theta_1-\frac{l_1l_2}{2}(\sin\theta_1\cos\theta_{12}+\cos\theta_1\sin\theta_{12})\right)$$

$$^{22}\boldsymbol{M}_2^S=m_2\left(\frac{1}{3}l_2^2\cos^2\theta_{12}+l_1^2\cos^2\theta_1+l_1l_2\cos\theta_1\cos\theta_{12}\right)$$

$$^{33}\boldsymbol{M}_2^S=m_2\left(\frac{1}{3}l_2^2+l_1^2+l_1l_2\cos\theta_2\right)$$

其中 $^{ij}\boldsymbol{M}$ 表示惯性矩阵 $\boldsymbol{M}$ 的第 i 行第 j 列的元素。

③ 计算机器人的广义惯性矩阵。

$$\mathcal{M}(\boldsymbol{\theta})=\sum_{i=1}^{2}((\boldsymbol{J}_i^S)^{\mathrm{T}}\boldsymbol{M}_i^S\boldsymbol{J}_i^S)$$

$$=\begin{bmatrix} \frac{1}{3}m_1l_1^2+m_2\left(\frac{1}{3}l_2^2+l_1^2+l_1l_2\cos\theta_2\right) & m_2\left(\frac{1}{3}l_2^2+\frac{1}{2}l_1l_2\cos\theta_2\right) \\ m_2\left(\frac{1}{3}l_2^2+\frac{1}{2}l_1l_2\cos\theta_2\right) & \frac{1}{3}m_2l_2^2 \end{bmatrix}$$

④ 计算科氏力和离心力项。

$$\mathcal{H}(\boldsymbol{\theta},\dot{\boldsymbol{\theta}})=\begin{bmatrix} -\frac{1}{2}m_2l_1l_2\dot{\theta}_2\sin\theta_2 & -\frac{1}{2}m_2l_1l_2(\dot{\theta}_1+\dot{\theta}_2)\sin\theta_2 \\ \frac{1}{2}m_2l_1l_2\dot{\theta}_1\sin\theta_2 & 0 \end{bmatrix}$$

⑤ 计算外力。

$${}^g\boldsymbol{F}^S=-\begin{bmatrix} \frac{1}{2}m_1gl_1\cos\theta_1+m_2g\left(l_1\cos\theta_1+\frac{1}{2}l_2\cos\theta_{12}\right) \\ \frac{1}{2}m_2gl_2\cos\theta_{12} \end{bmatrix}$$

⑥ 获得机器人的动力学方程。

$$\mathcal{M}(\boldsymbol{\theta})\ddot{\boldsymbol{\theta}}+\mathcal{H}(\boldsymbol{\theta},\dot{\boldsymbol{\theta}})\dot{\boldsymbol{\theta}}-{}^e\boldsymbol{F}^S-{}^g\boldsymbol{F}^S={}^a\boldsymbol{\tau}$$

代入数值可以得到机器人的动力学方程为

$$\left(\frac{1}{3}m_1l_1^2+m_2\left(\frac{1}{3}l_2^2+l_1^2+l_1l_2\cos\theta_2\right)\right)\ddot{\theta}_1+m_2\left(\frac{1}{3}l_2^2+\frac{1}{2}l_1l_2\cos\theta_2\right)\ddot{\theta}_2-$$

$$m_2l_1l_2\left(\dot{\theta}_1\dot{\theta}_2+\frac{1}{2}\dot{\theta}_2^2\right)\sin\theta_2+\frac{1}{2}m_1gl_1\cos\theta_1+m_2g\left(l_1\cos\theta_1+\frac{1}{2}l_2\cos\theta_{12}\right)=\tau_1$$

$$m_2\left(\frac{1}{3}l_2^2+\frac{1}{2}l_1l_2\cos\theta_2\right)\ddot{\theta}_1+\frac{1}{3}m_2l_2^2\ddot{\theta}_2+\frac{1}{2}m_2l_1l_2\dot{\theta}_1^2\sin\theta_2+\frac{1}{2}m_2gl_2\cos\theta_{12}=\tau_2$$

9.4 拉格朗日动力学方程

拉格朗日动力学方程可以分为两类:第一类拉格朗日方程和第二类拉格朗日方程。与牛顿-欧拉方程相比,拉格朗日动力学方程提供了一种更广泛的动力学方程表述,其特点在于约束条件可以直接融入动力学分析中,且在建立方程时所选用的坐标系和变量参数具有高度的灵活性。鉴于约束的特性对拉格朗日方程的建立有显著影响,本节首先介绍约束的特性,随后阐述两类拉格朗日动力学方程的一般形式,最后针对串联机器人构建其拉格朗日动力学方程。

9.4.1 约束的性质

在分析力学中,对一般的约束可以用如下方程表示:

$$\phi(\boldsymbol{\theta},\dot{\boldsymbol{\theta}},t)=0 \tag{9.4-1}$$

其中,$\boldsymbol{\theta}$ 表示选定的广义坐标(坐标个数一般和机器人的自由度相同),$\dot{\boldsymbol{\theta}}$ 代表选定广义坐标的广义速度(角速度或线速度),t 代表时间。一般广义坐标的二阶导数相当于广义加速度,可以直接加入动力学方程中，所以不在约束方程中。

特别地，如果约束方程可以通过化简和积分消除广义速度项，表示为

$$\phi(\boldsymbol{\theta},t)=0 \tag{9.4-2}$$

此时约束称作完整性约束(holonomic constraint)，从机构的角度也称作几何约束，如果约束中不含有时间，称作定常几何约束，如果约束中含有时间，称作不定常几何约束。完整性约束的例子很多，常见的转动副和移动副都是完整性约束。

不属于完整性约束的约束称为非完整性约束(non-holonomic constraint)。在日常生活中，非完整性约束的典型例子包括冰刀滑行、轮子运动以及球体在地面上的滚动。例如，轮子在地面上的运动就是一种非完整性约束，该约束条件可依据图 9.4-1 进行表述。

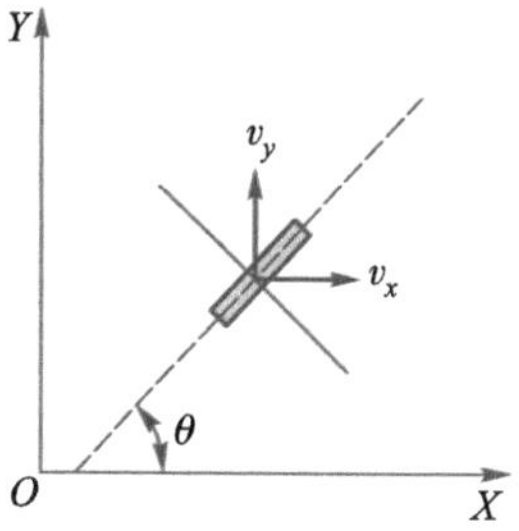

图 9.4-1 平面轮子的等效运动

根据轮子运动的特点，轮子瞬时不能产生侧向的平移速度，其约束表示为

$$v_x\sin\theta-v_y\cos\theta=0 \tag{9.4-3}$$

其中，v_x、v_y、θ 分别表示轮子的 X 轴方向的速度、Y 轴方向的速度和轮子的方向角。请注意，在此情境中，方向角并非一个常量，而是广义坐标。由此可见，该方程不能通过运动学化简或积分来消除速度项，因此属于非完整性约束。当然，若方向角为常数，则该约束为完整性约束，其性质与纯平移约束相同。

在动力学领域，研究约束的主要目的是探究其力学特性。约束作用可被理解为一种力的作用。通过引入约束力的概念，受约束的动力学方程与自由动力学方程的表达形式相同，从而避免了对约束本身的专门研究。然而，约束力并不能直接求解，只能通过约束方程来确定约束力。在理论力学中，通常利用虚功原理将约束运动与约束力联系起来，但在此不做详细讨论。

根据约束力的特点，可以将约束分为两类：

(1) 若约束力的虚功恒为零，则称为理想约束(ideal constraint)，相应的力称为理想约束力；

(2) 若约束力的虚功不恒为零，则称为非理想约束(non-ideal constraint)，相应的力称为非理想约束力。

*9.4.2 第一类拉格朗日动力学方程

第一类拉格朗日动力学方程将牛顿动力学定律与约束力相结合，建立了一个描述自由运动的动力学方程。该类方程的一个显著优点是不需要区分完整性约束和非完整性约束，能够以统一的方式进行处理。然而，引入了约束的拉格朗日因子后，方程的未知数增加，使得方程求解变得更加复杂。

在分析力学中，第一类拉格朗日动力学方程表示为

$$\boldsymbol{M}_i\ddot{\boldsymbol{\theta}}_i={}^{e}\boldsymbol{F}_i+{}^{s}\boldsymbol{F}_i+{}^{ns}\boldsymbol{F}_i(i=1,\cdots,n) \tag{9.4-4}$$

其中，$\boldsymbol{M}_i$ 表示广义惯性(质量或转动惯量)，$\ddot{\boldsymbol{\theta}}_i$ 表示广义加速度，${}^{e}\boldsymbol{F}_i$、${}^{s}\boldsymbol{F}_i$、${}^{ns}\boldsymbol{F}_i$ 分别表示外力、理想约束力、非理想约束力。由于第一类拉格朗日动力学增加了拉格朗日因子，增加了方程的未

知数,使得方程求解变得更加困难,并且不易拓展到一般的刚体运动,因此这里不做详细介绍,有兴趣的读者可以自己参阅文献。

9.4.3 第二类拉格朗日动力学方程

第二类拉格朗日动力学方程以广义坐标系作为未知变量,利用能量守恒定理,建立动力学的基本方程组。动力学基本方程组以广义坐标和未定乘子共同形成了封闭的动力学方程组。第二类拉格朗日方程是力学系统最一般意义的广义坐标描述下的动力学方程。

在理论力学中,第二类拉格朗日方程一般形式为

$$\frac{\mathrm{d}}{\mathrm{d}t}\left(\frac{\partial E}{\partial \dot{\theta}_i}\right)-\frac{\partial E}{\partial \theta_i}=Q_i+\sum_{j=1}^{m}\left(\lambda_j\frac{\partial \phi_j}{\partial \dot{\theta}_i}\right)+P_i \quad (i=1,\cdots,n) \tag{9.4-5}$$

其中,θ_i 表示第 i 个广义坐标,可以是位移、角度等(n 一般和机器人的自由度相同);

$\dot{\theta}_i$ 表示第 i 个广义坐标的导数(广义速度);

$E=E_k-E_p$ 表示拉格朗日函数,E_k 表示系统动能,E_p 表示系统势能;

Q_i 表示合外力在第 i 个广义坐标下的广义力(不包括势能力,一般指驱动力);

P_i 表示非理想约束力在第 i 个广义坐标下的广义力;

$\phi_j=0(j=1,\cdots,m)$ 表示 m 个非完整性约束方程;

$\lambda_j=0(j=1,\cdots,m)$ 表示 m 个拉格朗日乘子,为未知常数,需要约束方程共同求解。

第二类拉格朗日方程是最一般意义的广义坐标描述下的动力学方程,这个方程组的形式对各种不同广义坐标来说是统一的,具有不变的性质。

特别地,当机器人系统只含有理想约束和完整性约束时,第二类拉格朗日方程可以简化为

$$\frac{\mathrm{d}}{\mathrm{d}t}\left(\frac{\partial E}{\partial \dot{\theta}_i}\right)-\frac{\partial E}{\partial \theta_i}=Q_i \quad (i=1,\cdots,n) \tag{9.4-6}$$

该方程是机器人中最常见的动力学方程。当然,随着轮式机器人的发展,非完整性约束的分析越来越重要,带有非完整性约束的动力学方程受到了广泛关注和发展。

*9.4.4 串联机器人的拉格朗日动力学旋量法

本节建立了常见的具有 n 个关节的串联机器人的拉格朗日方程,并利用旋量推导。

假设绝对坐标系 $\{S\}$ (基坐标系)建立在基座,每个等效杆的物体坐标系 $\{L_i\}$ $(i=1,\cdots,n)$ 建立在等效杆的质心,并且初始姿态平行于基坐标系。初始状态下,初始单位运动旋量表示为 $\boldsymbol{\xi}_i(i=1,\cdots,n)$,广义坐标(旋转角或者平移位移)为 $\boldsymbol{\theta}=[\theta_1 \quad \cdots \quad \theta_n]^{\mathrm{T}}$,则第 i 个等效杆的坐标系位姿表示为

$$\boldsymbol{G}_i=\mathrm{e}^{\theta_1\hat{\xi}_1}\mathrm{e}^{\theta_2\hat{\xi}_2}\cdots\mathrm{e}^{\theta_i\hat{\xi}_i}\boldsymbol{G}_i(0) \tag{9.4-7}$$

其中,$\boldsymbol{G}_i(0)$ 为第 i 个等效杆的坐标系初始位姿。

第 i 个等效杆的绝对速度表示为

$$\boldsymbol{V}_i^S=\boldsymbol{J}_i^S\dot{\boldsymbol{\theta}} \tag{9.4-8}$$

其中,$\dot{\boldsymbol{\theta}}$ 表示所有关节的角速度,$\boldsymbol{J}_i^S=(\boldsymbol{\xi}_1^S \quad \cdots \quad \boldsymbol{\xi}_i^S \quad \boldsymbol{0}_{6\times1} \quad \cdots \quad \boldsymbol{0}_{6\times1})_{6\times n}$ 表示绝对坐标系下第 i 个刚体的雅可比速度矩阵。

$\boldsymbol{\xi}_i^S$ 表示第 i 个关节旋量在绝对坐标系下的表达,计算方法如下:

当 $i=1$ 时,$\boldsymbol{\xi}_1^S=\boldsymbol{\xi}_1$;

当 $i>1$ 时,$\boldsymbol{\xi}_i^S=\mathrm{Ad}_{(\boldsymbol{G}_{i-1}\boldsymbol{G}_{i-1}^{-1}(0))}\boldsymbol{\xi}_i$。

第 i 个等效杆的动能表示为

$$E_{\mathrm{k},i}=\frac{1}{2}(\boldsymbol{V}_i^S)^{\mathrm{T}}\boldsymbol{M}_i^S\boldsymbol{V}_i^S=\frac{1}{2}\dot{\boldsymbol{\theta}}^{\mathrm{T}}(\boldsymbol{J}_i^S)^{\mathrm{T}}\boldsymbol{M}_i^S\boldsymbol{J}_i^S\dot{\boldsymbol{\theta}} \tag{9.4-9}$$

其中,$\boldsymbol{M}_i^S$ 表示绝对坐标系下第 i 个等效杆刚体的广义惯性矩阵。

机器人的动能,即对所有等效杆的动能求和,可以表示为

$$E_{\mathrm{k}}=\sum_{i=1}^{n}\left(\frac{1}{2}\dot{\boldsymbol{\theta}}^{\mathrm{T}}(\boldsymbol{J}_i^S)^{\mathrm{T}}\boldsymbol{M}_i^S\boldsymbol{J}_i^S\dot{\boldsymbol{\theta}}\right)=\frac{1}{2}\dot{\boldsymbol{\theta}}^{\mathrm{T}}\boldsymbol{\mathcal{M}}(\boldsymbol{\theta})\dot{\boldsymbol{\theta}} \tag{9.4-10}$$

其中,$\boldsymbol{\mathcal{M}}(\boldsymbol{\theta})=\sum_{i=1}^{n}((\boldsymbol{J}_i^S)^{\mathrm{T}}\boldsymbol{M}_i^S\boldsymbol{J}_i^S)$ 表示机器人的广义惯性矩阵。

计算机器人的势能(E_{p}),即对所有等效杆势能($E_{\mathrm{p},i}$)求和,表示为

$$E_{\mathrm{p}}=\sum_{i=1}^{n}(E_{\mathrm{p},i})=\sum_{i=1}^{n}(m_i\boldsymbol{g}^{\mathrm{T}}\boldsymbol{t}_i) \tag{9.4-11}$$

其中,$\boldsymbol{g}$ 为重力矢量,$\boldsymbol{t}_i$ 为第 i 个等效刚体的质心位置。根据定义,第 i 个等效刚体的势能对时间导数为

$$\begin{aligned}&\frac{\mathrm{d}(m_i\boldsymbol{g}^{\mathrm{T}}\boldsymbol{t}_i)}{\mathrm{d}t}=m_i[\boldsymbol{0}_{1\times3}\quad \boldsymbol{g}^{\mathrm{T}}]\begin{bmatrix}\boldsymbol{I}_3 & \boldsymbol{0}_3\\ -\hat{\boldsymbol{t}}_i & \boldsymbol{I}_3\end{bmatrix}\boldsymbol{J}_i^S\dot{\boldsymbol{\theta}}=\frac{\partial(m_i\boldsymbol{g}^{\mathrm{T}}\boldsymbol{t}_i)}{\partial\boldsymbol{\theta}}\dot{\boldsymbol{\theta}}\\ &\Rightarrow\frac{\partial(m_i\boldsymbol{g}^{\mathrm{T}}\boldsymbol{t}_i)}{\partial\theta_j}=m_i[-\boldsymbol{g}^{\mathrm{T}}\hat{\boldsymbol{t}}_i\quad \boldsymbol{g}^{\mathrm{T}}]\,{}^{j}\boldsymbol{\mathcal{J}}_i^S\end{aligned} \tag{9.4-12}$$

其中,${}^{j}\boldsymbol{\mathcal{J}}_i^S$ 表示雅可比矩阵 $\boldsymbol{J}_i^S$ 的第 j 列。

拉格朗日函数表示为

$$E=E_{\mathrm{k}}-E_{\mathrm{p}}=\frac{1}{2}\dot{\boldsymbol{\theta}}^{\mathrm{T}}\boldsymbol{\mathcal{M}}(\boldsymbol{\theta})\dot{\boldsymbol{\theta}}-\sum_{i=1}^{n}(m_i\boldsymbol{g}^{\mathrm{T}}\boldsymbol{t}_i) \tag{9.4-13}$$

下面进行一些基础公式的推导。

$$\frac{\partial E}{\partial\dot{\theta}_i}=\sum_{j=1}^{n}\boldsymbol{\mathcal{M}}_{ij}(\boldsymbol{\theta})\dot{\theta}_j \tag{9.4-14}$$

其中,$\boldsymbol{\mathcal{M}}_{ij}(\boldsymbol{\theta})$表示$\boldsymbol{\mathcal{M}}(\boldsymbol{\theta})$的第 i 行第 j 列元素。

$$\begin{aligned}\frac{\mathrm{d}}{\mathrm{d}t}\left(\frac{\partial E}{\partial\dot{\theta}_i}\right)&=\sum_{j=1}^{n}\boldsymbol{\mathcal{M}}_{ij}(\boldsymbol{\theta})\ddot{\theta}_j-\sum_{j=1}^{n}\frac{\mathrm{d}\boldsymbol{\mathcal{M}}_{ij}(\boldsymbol{\theta})}{\mathrm{d}t}\dot{\theta}_j\\ &=\sum_{j=1}^{n}\boldsymbol{\mathcal{M}}_{ij}(\boldsymbol{\theta})\ddot{\theta}_j-\sum_{j=1}^{n}\sum_{k=1}^{n}\frac{\partial\boldsymbol{\mathcal{M}}_{ij}(\boldsymbol{\theta})}{\partial\theta_k}\dot{\theta}_j\dot{\theta}_k\end{aligned} \tag{9.4-15}$$

$$\begin{aligned}\frac{\partial E}{\partial\theta_i}&=\frac{1}{2}\frac{\partial}{\partial\theta_i}\left(\sum_{j=1}^{n}\sum_{k=1}^{n}\boldsymbol{\mathcal{M}}_{jk}(\boldsymbol{\theta})\dot{\theta}_j\dot{\theta}_k\right)-\frac{\partial}{\partial\theta_i}\left(\sum_{j=1}^{n}m_j\boldsymbol{g}^{\mathrm{T}}\boldsymbol{t}_j\right)\\ &=\frac{1}{2}\left(\sum_{j=1}^{n}\sum_{k=1}^{n}\frac{\partial\boldsymbol{\mathcal{M}}_{jk}(\boldsymbol{\theta})}{\partial\theta_i}\dot{\theta}_j\dot{\theta}_k\right)-\sum_{j=1}^{n}(m_j[-\boldsymbol{g}^{\mathrm{T}}\hat{\boldsymbol{t}}_j\quad \boldsymbol{g}^{\mathrm{T}}]\,{}^{i}\boldsymbol{\mathcal{J}}_j^S)\end{aligned} \tag{9.4-16}$$

串联机器人一般是理想完整的动力学系统,其拉格朗日动力学表示为

$$\frac{\mathrm{d}}{\mathrm{d}t}\left(\frac{\partial E}{\partial \dot{\theta}_i}\right)-\frac{\partial E}{\partial \theta_i}=Q_i \quad (i=1,\cdots,n) \tag{9.4-17}$$

联合上述公式,串联机器人的动力学方程可以表示为

$$\begin{aligned}&\sum_{j=1}^{n}\boldsymbol{\mathcal{M}}_{ij}(\boldsymbol{\theta})\ddot{\theta}_j+\sum_{j=1}^{n}\sum_{k=1}^{n}\frac{\partial \boldsymbol{\mathcal{M}}_{ij}(\boldsymbol{\theta})}{\partial \theta_k}\dot{\theta}_j\dot{\theta}_k-\\&\frac{1}{2}\left(\sum_{j=1}^{n}\sum_{k=1}^{n}\frac{\partial \boldsymbol{\mathcal{M}}_{jk}(\boldsymbol{\theta})}{\partial \theta_i}\dot{\theta}_j\dot{\theta}_k\right)+\sum_{j=1}^{n}(m_j[-\boldsymbol{g}^{\mathrm{T}}\hat{\boldsymbol{t}}_j \quad \boldsymbol{g}^{\mathrm{T}}]\,{}^{i}\boldsymbol{\mathcal{J}}_j^{S})=Q_i \quad (i=1,\cdots,n)\end{aligned} \tag{9.4-18}$$

将式(9.4-18)写成矩阵形式,表示为

$$\sum_{j=1}^{n}\boldsymbol{\mathcal{M}}_{ij}(\boldsymbol{\theta})\ddot{\theta}_j+\boldsymbol{\mathcal{H}}_i(\boldsymbol{\theta},\dot{\boldsymbol{\theta}})+\boldsymbol{\mathcal{G}}_i(\boldsymbol{\theta})=Q_i \quad (i=1,\cdots,n) \tag{9.4-19}$$

其中,$\boldsymbol{\mathcal{H}}_i(\boldsymbol{\theta},\dot{\boldsymbol{\theta}})=\sum_{j=1}^{n}\sum_{k=1}^{n}\left(\frac{\partial \boldsymbol{\mathcal{M}}_{ij}(\boldsymbol{\theta})}{\partial \theta_k}-\frac{1}{2}\frac{\partial \boldsymbol{\mathcal{M}}_{jk}(\boldsymbol{\theta})}{\partial \theta_i}\right)\dot{\theta}_k\dot{\theta}_j$,$\boldsymbol{\mathcal{G}}_i(\boldsymbol{\theta})=\sum_{j=1}^{n}(m_j[-\boldsymbol{g}^{\mathrm{T}}\hat{\boldsymbol{t}}_j \quad \boldsymbol{g}^{\mathrm{T}}]\,{}^{i}\boldsymbol{\mathcal{J}}_j^{S})$。

将式(9.4-19)方程组统一成矩阵形式,表示为

$$\boldsymbol{\mathcal{M}}(\boldsymbol{\theta})\ddot{\boldsymbol{\theta}}+\boldsymbol{\mathcal{H}}(\boldsymbol{\theta},\dot{\boldsymbol{\theta}})+\boldsymbol{\mathcal{G}}(\boldsymbol{\theta})=\boldsymbol{Q} \tag{9.4-20}$$

其中,$\boldsymbol{\mathcal{M}}(\boldsymbol{\theta})$表示机器人的广义惯性矩阵(对称正定矩阵),左边第一项表示机器人的惯性力,$\boldsymbol{\mathcal{H}}(\boldsymbol{\theta},\dot{\boldsymbol{\theta}})=\begin{bmatrix}\boldsymbol{\mathcal{H}}_1(\boldsymbol{\theta},\dot{\boldsymbol{\theta}})\\ \vdots\\ \boldsymbol{\mathcal{H}}_n(\boldsymbol{\theta},\dot{\boldsymbol{\theta}})\end{bmatrix}$表示机器人的科氏力和离心力,$\boldsymbol{\mathcal{G}}(\boldsymbol{\theta})=\begin{bmatrix}\boldsymbol{\mathcal{G}}_1(\boldsymbol{\theta})\\ \vdots\\ \boldsymbol{\mathcal{G}}_n(\boldsymbol{\theta})\end{bmatrix}$表示机器人的重力。

【例 9.4-1】计算简单平面 2R 串联机器人的动力学。

解:

已知两个杆件参数与【例 9.3-1】相同。

① 写出各个杆件的关节旋量表示,计算位姿矩阵和速度雅可比矩阵。

$$\boldsymbol{\xi}_1=[0 \quad 0 \quad 1 \quad 0 \quad 0 \quad 0]^{\mathrm{T}},\quad \boldsymbol{\xi}_2=[0 \quad 0 \quad 1 \quad 0 \quad -l_1 \quad 0]^{\mathrm{T}}$$

$$\boldsymbol{G}_1=\begin{bmatrix}\cos\theta_1 & -\sin\theta_1 & 0 & \frac{l_1}{2}\cos\theta_1\\ \sin\theta_1 & \cos\theta_1 & 0 & \frac{l_1}{2}\sin\theta_1\\ 0 & 0 & 1 & 0\\ 0 & 0 & 0 & 1\end{bmatrix}$$

$$\boldsymbol{G}_2=\begin{bmatrix}\cos\theta_{12} & -\sin\theta_{12} & 0 & l_1\cos\theta_1+\frac{l_2}{2}\cos\theta_{12}\\ \sin\theta_{12} & \cos\theta_{12} & 0 & l_1\sin\theta_1+\frac{l_2}{2}\sin\theta_{12}\\ 0 & 0 & 1 & 0\\ 0 & 0 & 0 & 1\end{bmatrix}$$

$$G_1 G_1^{-1}(0)=\begin{bmatrix}\cos\theta_1 & -\sin\theta_1 & 0 & 0\\ \sin\theta_1 & \cos\theta_1 & 0 & 0\\ 0 & 0 & 1 & 0\\ 0 & 0 & 0 & 1\end{bmatrix}$$

$$G_2 G_2^{-1}(0)=\begin{bmatrix}\cos\theta_{12} & -\sin\theta_{12} & 0 & l_1(\cos\theta_1-\cos\theta_{12})\\ \sin\theta_{12} & \cos\theta_{12} & 0 & l_1(\sin\theta_1-\sin\theta_{12})\\ 0 & 0 & 1 & 0\\ 0 & 0 & 0 & 1\end{bmatrix}$$

注意区分两种位姿矩阵。

$$\boldsymbol{\xi}_1^S=[0\quad 0\quad 1\quad 0\quad 0\quad 0]^{\mathrm{T}},\quad \boldsymbol{\xi}_2^S=[0\quad 0\quad 1\quad l_1\sin\theta_1\quad -l_1\cos\theta_1\quad 0]^{\mathrm{T}}$$

$$\boldsymbol{J}_1^S=\begin{bmatrix}0 & 0\\ 0 & 0\\ 1 & 0\\ 0 & 0\\ 0 & 0\\ 0 & 0\end{bmatrix},\quad \boldsymbol{J}_2^S=\begin{bmatrix}0 & 0\\ 0 & 0\\ 1 & 1\\ 0 & l_1\sin\theta_1\\ 0 & -l_1\cos\theta_1\\ 0 & 0\end{bmatrix}$$

② 计算各个杆件物体坐标系下的广义惯性矩阵。

$$\boldsymbol{M}_i^C=\begin{bmatrix}\boldsymbol{I}_i^C & \boldsymbol{0}_3\\ \boldsymbol{0}_3 & m_i\boldsymbol{I}_3\end{bmatrix}=\begin{bmatrix}0 & 0 & 0 & 0 & 0 & 0\\ 0 & \frac{1}{12}m_il_i^2 & 0 & 0 & 0 & 0\\ 0 & 0 & \frac{1}{12}m_il_i^2 & 0 & 0 & 0\\ 0 & 0 & 0 & m_i & 0 & 0\\ 0 & 0 & 0 & 0 & m_i & 0\\ 0 & 0 & 0 & 0 & 0 & m_i\end{bmatrix}(i=1,2)$$

得到主要计算的绝对坐标系下广义惯性矩阵值为

$${}^{11}\boldsymbol{M}_1^S=m_1\left(\frac{1}{3}l_1^2\sin^2\theta_1\right)$$

$${}^{12}\boldsymbol{M}_1^S=m_2\left(-\frac{1}{3}l_1^2\sin\theta_1\cos\theta_1\right)$$

$${}^{22}\boldsymbol{M}_1^S=m_2\left(\frac{1}{3}l_1^2\cos^2\theta_1\right)$$

$${}^{33}\boldsymbol{M}_1^S=m_2\left(\frac{1}{3}l_1^2\right)$$

$${}^{11}\boldsymbol{M}_2^S=m_2\left(\frac{1}{3}l_2^2\sin^2\theta_{12}+l_1^2\sin^2\theta_1+l_1l_2\sin\theta_1\sin\theta_{12}\right)$$

$$^{12}\boldsymbol{M}_2^S=m_2\left(-\frac{1}{3}l_2^2\sin\theta_{12}\cos\theta_{12}-l_1^2\sin\theta_1\cos\theta_1-\frac{l_1l_2}{2}(\sin\theta_1\cos\theta_{12}+\cos\theta_1\sin\theta_{12})\right)$$

$$^{22}\boldsymbol{M}_2^S=m_2\left(\frac{1}{3}l_2^2\cos^2\theta_{12}+l_1^2\cos^2\theta_1+l_1l_2\cos\theta_1\cos\theta_{12}\right)$$

$$^{33}\boldsymbol{M}_2^S=m_2\left(\frac{1}{3}l_2^2+l_1^2+l_1l_2\cos\theta_2\right)$$

其中 ^{ij}M 表示惯性矩阵的第 i 行第 j 列的元素。

③ 计算机器人的广义惯性矩阵。

$$\boldsymbol{\mathcal{M}}(\boldsymbol{\theta})=\sum_{i=1}^{2}((\boldsymbol{J}_i^S)^{\mathrm{T}}\boldsymbol{M}_i^S\boldsymbol{J}_i^S)$$

$$=\begin{bmatrix}\frac{1}{3}m_1l_1^2+m_2\left(\frac{1}{3}l_2^2+l_1^2+l_1l_2\cos\theta_2\right) & m_2\left(\frac{1}{3}l_2^2+\frac{1}{2}l_1l_2\cos\theta_2\right)\\ m_2\left(\frac{1}{3}l_2^2+\frac{1}{2}l_1l_2\cos\theta_2\right) & \frac{1}{3}m_2l_2^2\end{bmatrix}$$

④ 计算重力项。

$$\boldsymbol{\mathcal{G}}(\boldsymbol{\theta})=\begin{bmatrix}\frac{1}{2}m_1gl_1\cos\theta_1+m_2g\left(l_1\cos\theta_1+\frac{1}{2}l_2\cos\theta_{12}\right)\\ \frac{1}{2}m_2gl_2\cos\theta_{12}\end{bmatrix}$$

⑤ 计算科氏力和离心力项。

$$\boldsymbol{\mathcal{H}}(\boldsymbol{\theta},\dot{\boldsymbol{\theta}})=\begin{bmatrix}-m_2l_1l_2\left(\dot\theta_1\dot\theta_2+\frac{1}{2}\dot\theta_2^2\right)\sin\theta_2\\ \frac{1}{2}m_2l_1l_2\dot\theta_1^2\sin\theta_2\end{bmatrix}$$

⑥ 计算驱动力项。

$$\boldsymbol{Q}=\begin{bmatrix}\tau_1\\ \tau_2\end{bmatrix}$$

⑦ 获得机器人的动力学方程。

$$\boldsymbol{\mathcal{M}}(\boldsymbol{\theta})\ddot{\boldsymbol{\theta}}+\boldsymbol{\mathcal{H}}(\boldsymbol{\theta},\dot{\boldsymbol{\theta}})+\boldsymbol{\mathcal{G}}(\boldsymbol{\theta})=\boldsymbol{Q}$$

代入数值可以获得机器人的动力学方程为

$$\left(\frac{1}{3}m_1l_1^2+m_2\left(\frac{1}{3}l_2^2+l_1^2+l_1l_2\cos\theta_2\right)\right)\ddot\theta_1+m_2\left(\frac{1}{3}l_2^2+\frac{1}{2}l_1l_2\cos\theta_2\right)\ddot\theta_2-$$

$$m_2l_1l_2\left(\dot\theta_1\dot\theta_2+\frac{1}{2}\dot\theta_2^2\right)\sin\theta_2+\frac{1}{2}m_1gl_1\cos\theta_1+m_2g\left(l_1\cos\theta_1+\frac{1}{2}l_2\cos\theta_{12}\right)=\tau_1$$

$$m_2\left(\frac{1}{3}l_2^2+\frac{1}{2}l_1l_2\cos\theta_2\right)\ddot\theta_1+\frac{1}{3}m_2l_2^2\ddot\theta_2+\frac{1}{2}m_2l_1l_2\dot\theta_1^2\sin\theta_2+\frac{1}{2}m_2gl_2\cos\theta_{12}=\tau_2$$

通过这个例子,可以看到不同的动力学建模方法得到的结果是一致的,另外,即使是简单的平面二连杆机构的动力学方程也十分复杂。

9.5 小结

本章详细介绍了机器人的基本动力学方程。首先以单个刚体为出发点，探讨了刚体的动能、动量以及单个刚体的动力学方程的表达形式。以串联机器人为例，分别采用牛顿-欧拉法和拉格朗日法构建了机器人的动力学方程。鉴于机器人的约束条件具有多样性和复杂性，动力学方程的建立过程相当复杂。本章为有兴趣深入了解更多约束形式和动力学模型的读者提供了一个基础的起点。

动力学提供了一套原理和方法来建立系统的数学模型。这些模型描述了系统的状态如何随时间变化，以及力和力矩如何影响这些状态。在机器人控制中，动力学模型帮助工程师理解各个关节和执行器如何相互作用，以及它们如何响应外部输入。动力学模型是设计控制策略的基础。这些策略可以是简单的 PID 控制，也可以是更复杂的基于模型的力矩前馈控制、预测控制、自适应控制。通过理解系统的动力学行为，控制器可以适当地调整其输出，以引导系统达到期望的状态或执行特定的任务。此外，利用关节电机电流等参数动力学模型有一定概率估计关节的力或力矩参数，测量流经关节电机的电流。

本章仅涵盖了刚体的动力学方程。随着软体机器人技术的不断创新和应用，柔性机器人的动力学建模呈现出更大的难度和挑战性。

9.6 习题

【题 9-1】机器人动力学解决什么问题？什么是动力学的正问题，什么是动力学的逆问题？

【题 9-2】写出单刚体运动满足的动力学方程。

【题 9-3】建立拉格朗日动力学方程的一般步骤是什么？

【题 9-4】使用牛顿-欧拉法的一般步骤是什么？

【题 9-5】使用牛顿-欧拉法和拉格朗日法建立机器人动力学模型各有什么优缺点？

【题 9-6】求一个匀质的、坐标原点建立在其质心的刚性圆柱体的惯性张量。

【题 9-7】考虑一个纯旋转运动的刚体，其上没有任何外力作用。那么它的动能表示为

$$K=\frac{1}{2}(I_{xx}\omega_x^2+I_{yy}\omega_y^2+I_{zz}\omega_z^2)$$

相对于一个位于质心处的坐标系表达，上式的坐标轴被称为主坐标轴。证明该旋转物体运动方程的拉格朗日表达式为

$$I_{xx}\dot{\omega}_x+(I_{zz}-I_{yy})\omega_y\omega_z=0$$
$$I_{yy}\dot{\omega}_y+(I_{xx}-I_{zz})\omega_z\omega_x=0$$
$$I_{zz}\dot{\omega}_z+(I_{yy}-I_{xx})\omega_x\omega_y=0$$

【题 9-8】一个均匀的长方实体，边长分别为 a、b、c。参考坐标系的原点位于长方体的一个顶点处，并且其轴线与长方体各边平行。求解该长方体相对于该参考系的转动惯量以及惯性叉积。

【题 9-9】如图题 9-1 所示，如果机器人各关节的速度和加速度分别 $\dot{\theta}_1$、$\ddot{\theta}_1$ 和 $\dot{\theta}_2$、$\ddot{\theta}_2$，当机

器人手部负重的质量为 m，试计算各关节需要的驱动力或力矩。

【题 9-10】建立图题 9-2 所示的二连杆非平面机械臂的动力学方程。假设每个连杆的质量集中于连杆末端（最外端），质量分别为 m_1 和 m_2，连杆长度为 L_1 和 L_2。假设作用于每个关节的黏性摩擦系数分别为 v_1 和 v_2。

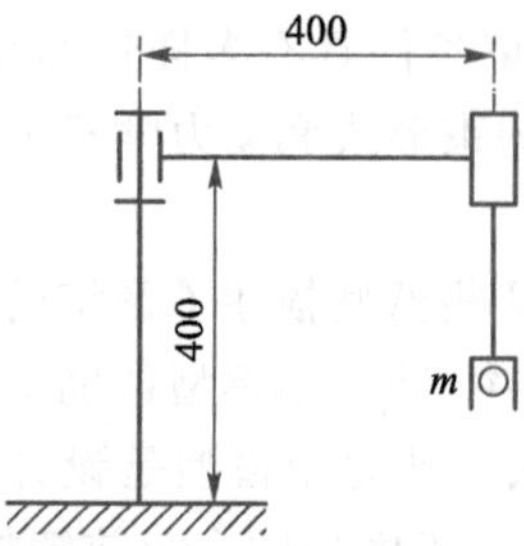

图题 9-1 机器人机构

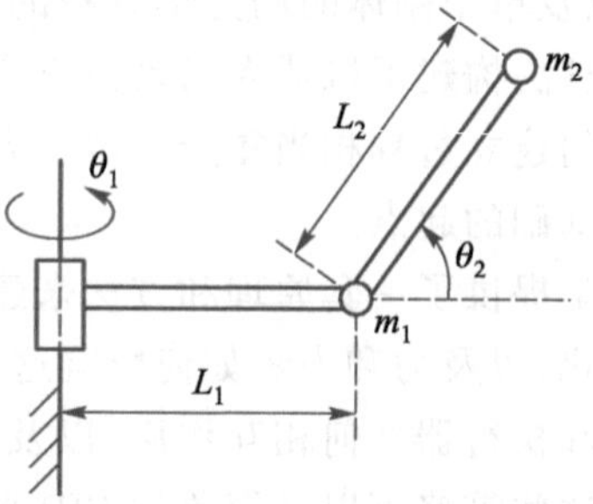

图题 9-2 二连杆非平面机械臂

【题 9-11】推导图题 9-3 所示的二连杆机械臂的动力学方程。已知连杆 1 的惯性张量为

$$
C_1 I=\begin{bmatrix} I_{xx_1} & 0 & 0 \\ 0 & I_{yy_1} & 0 \\ 0 & 0 & I_{zz_1} \end{bmatrix}
$$

假定连杆 2 的质量集中于末端执行器处。重力的方向是向下的（z_1 的负方向）。

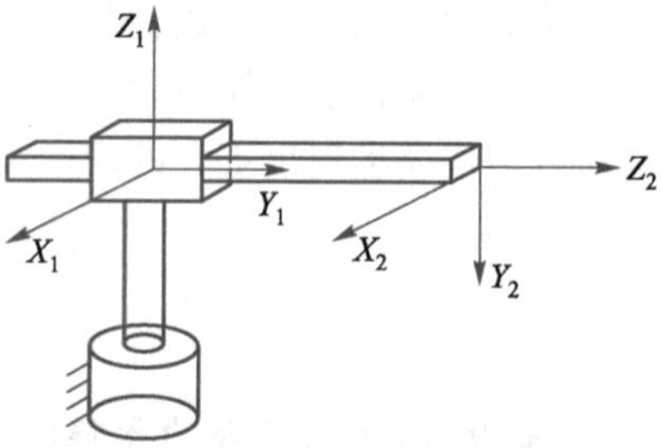

图题 9-3 二连杆机械臂

【题 9-12】求图题 9-4 所示二连杆平面机械臂的拉格朗日形式的动力学模型。

【题 9-13】求图题 9-5 所示二连杆平面机械臂的拉格朗日形式的动力学模型。

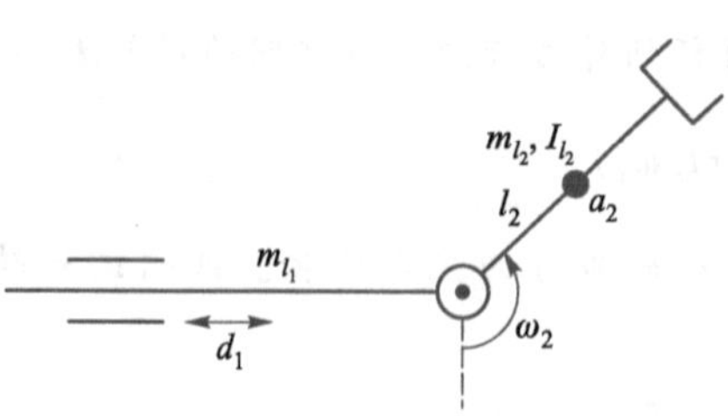

图题 9-4 二连杆平面机械臂

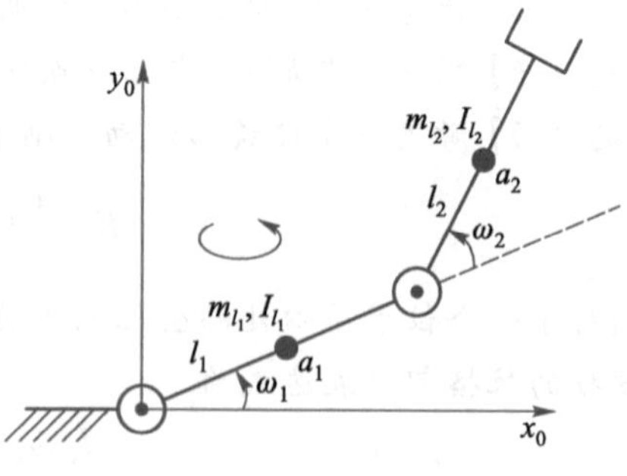

图题 9-5 二连杆平面机械臂

【题 9-14】一个单连杆机械臂的惯性张量为

$$
C_1 I=\begin{bmatrix} I_{xx_1} & 0 & 0 \\ 0 & I_{yy_1} & 0 \\ 0 & 0 & I_{zz_1} \end{bmatrix}
$$

假定这只是连杆自身的惯性张量。如果电机电枢的惯量矩为 $\boldsymbol{I}_m$，齿轮的传动比为 100，那么从电机轴来看，总惯性张量是多少？

【题 9-15】二自由度 RP 机械臂的动力学方程为

$$\begin{cases}\tau_1=m_1(d_1^2+d_2)\ddot{\theta}_1+m_2d_2^2\ddot{\theta}_1+2m_2d_2\dot{d}_2\dot{\theta}_1+g\cos\theta_1[m_1(d_1+d_2\dot{\theta}_1)+m_2(d_2+\dot{d}_2)]\\ \tau_2=m_1\dot{d}_2\ddot{\theta}_1-m_2d_2\ddot{\theta}_2-m_1d_1\dot{d}_2-m_2d_2\dot{\theta}_2+m_2(d_2+1)g\sin\theta_1\end{cases}$$

其中，有一些项显然是不正确的。请指出它们。

【题 9-16】证明对于所有的 $\boldsymbol{q}$，有 $\det\boldsymbol{M}(\boldsymbol{q})\neq 0$，$\boldsymbol{M}(\boldsymbol{q})$ 为机器人的惯性矩阵。

【题 9-17】证明 n 连杆机器人的惯性矩阵 $\boldsymbol{M}(\boldsymbol{q})$ 总为正定矩阵。

【题 9-18】推导图题 9-6 所示的平面 PR 机器人所对应的拉格朗日动力学方程。

【题 9-19】推导图题 9-7 所示的平面 RPR 机器人所对应的拉格朗日动力学方程。

图题 9-6 平面 PR 机械臂

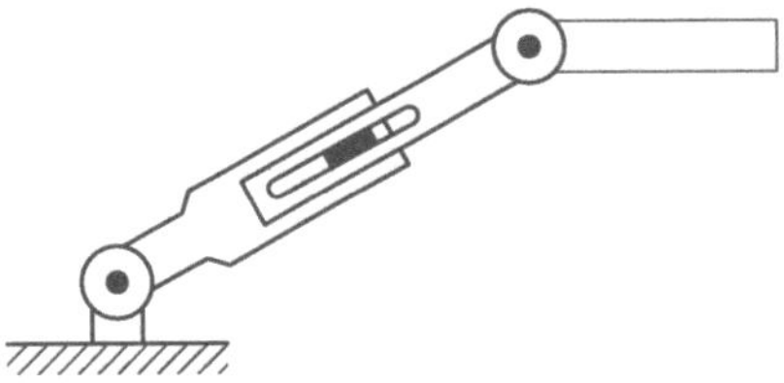

图题 9-7 平面 RPR 机械臂

【题 9-20】证明 $\boldsymbol{N}(\boldsymbol{q},\dot{\boldsymbol{q}})=\dot{\boldsymbol{B}}(\boldsymbol{q})-2\boldsymbol{C}(\boldsymbol{q},\dot{\boldsymbol{q}})$ 是反对称矩阵。

【题 9-21】单自由度机械臂的总质量为 $m=1$，质心为 $(2,0,0)$，惯性张量为 $\begin{bmatrix}1&0&0\\0&2&0\\0&0&2\end{bmatrix}$。从静止 $t=0$ 开始，关节角 θ_1 按照如下时间函数运动：

$$\theta_1(t)=bt+ct^2$$

求连杆的角加速度和质心的线加速度。

【题 9-22】Steiner 定理：位于坐标系 $\{b\}$ 中的点 $\boldsymbol{q}=(q_x,q_y,q_z)$ 的惯性矩阵 $\boldsymbol{I}_q$，与在质心处计算的惯性矩阵 $\boldsymbol{I}_b$ 有关，即

$$\boldsymbol{I}_q=\boldsymbol{I}_b+m(\boldsymbol{q}^{\mathrm{T}}\boldsymbol{q}\boldsymbol{I}-\boldsymbol{q}\boldsymbol{q}^{\mathrm{T}})$$

其中，$\boldsymbol{I}$ 为单位矩阵，m 为物体质量。请证明上述定理。

【题 9-23】机器人动力学方程的一般形式是什么？其中每一项的含义是什么？

【题 9-24】一个质点的动能为 $K=\dfrac{1}{2}m\dot{x}^2$，而动量定义为

$$p=m\dot{x}=\frac{\mathrm{d}K}{\mathrm{d}\dot{x}}$$

因此，对于广义坐标为 $q_1,\cdots,q_n$ 的机械系统，定义广义动量 p_k 为

$$p_k=\frac{\partial L}{\partial\dot{q}_k}$$

其中，L 是系统的拉格朗日算子。根据 $K=\frac{1}{2}\dot{\boldsymbol{q}}^{\mathrm{T}}\boldsymbol{D}(\boldsymbol{q})\dot{\boldsymbol{q}}$ 和 $L=K-V$ 验证

$$\sum_{k=1}^{n}\dot{q}_k p_k = 2K$$

【题 9-25】存在另外一种构造机械系统运动方程的哈密顿方法。哈密顿函数定义如下：

$$H=\sum_{k=1}^{n}\dot{q}_k p_k - L$$

证明 $H=K+V$。

【题 9-26】图题 9-8 所示 2R 机器人，称为旋转倒立摆或 Furuta 摆，图中给出其零位。假设每个连杆的质量集中在末端，忽略其厚度。$m_1=m_2=2, L_1=L_2=1, g=10$，连杆惯量 $\boldsymbol{I}_1$ 和 $\boldsymbol{I}_2$ 表示为（分别在各自的连杆坐标系 $\{B_1\}$ 和 $\{B_2\}$ 中表示）

$$\boldsymbol{I}_1=\begin{bmatrix}0&0&0\\0&4&0\\0&0&4\end{bmatrix},\quad \boldsymbol{I}_2=\begin{bmatrix}4&0&0\\0&4&0\\0&0&0\end{bmatrix}$$

当 $\theta_1=\theta_2=\pi/4$，并且关节速度和加速度都为 0 时，推导出其动力学方程并确定输入力矩 τ_1 和 τ_2。

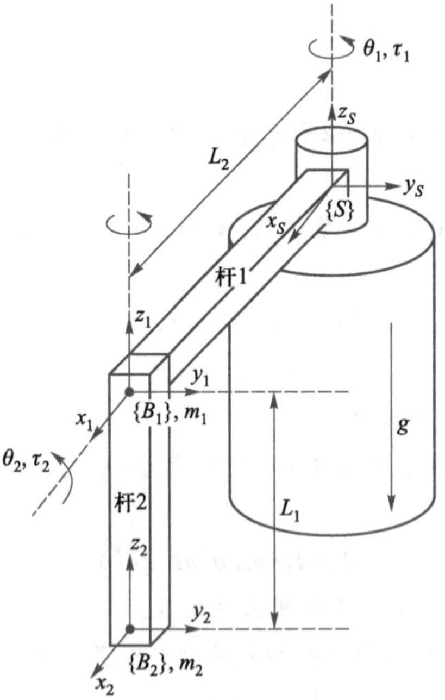

图题 9-8 旋转倒立摆（零位）

第九章习题参考答案

第十章 机器人的控制

机器人控制(control)是一个广泛的领域,其理论基础主要来源于控制理论。本章专注于机器人的控制问题,因此不详细介绍控制理论方面的具体内容。对此感兴趣的读者可以自行查阅相关资料。

电子教案:
机器人的控制

机器人控制可以简要地理解为:机器人需要根据环境和自身状态的变化,直接或间接地调整可控制的状态量,以达到期望的目标状态。控制问题是机器人技术中的核心挑战之一,而控制系统的性能则是衡量机器人发展水平的一个重要标志。机器人控制作为控制领域的一个独特子集,其控制系统与机构学、运动学和动力学原理紧密相关,通常是一个耦合度高、非线性且时变的多变量控制系统。机器人技术和控制学科的关系如图 10.0-1 所示。

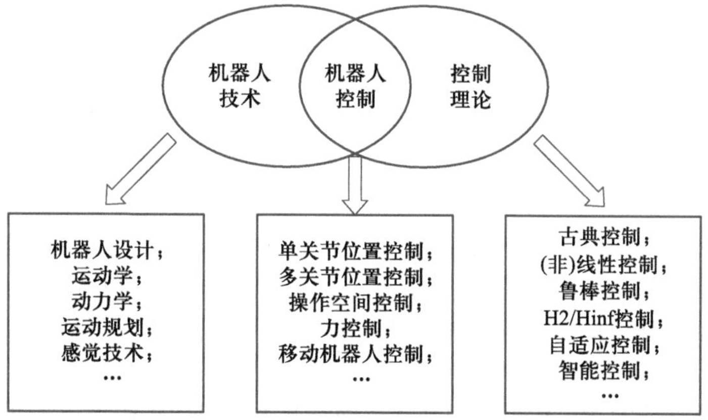

图 10.0-1 机器人技术和控制学科的关系

机器人控制方法可以根据不同的标准进行分类。根据运动空间的不同,机器人控制可以分为关节空间运动控制和位姿空间运动控制。从轨迹的角度来看,可分为点位控制和连续轨迹控制。考虑到输出特性的差异,机器人控制方法又可划分为运动学控制和动力学控制。

此外,随着机器人技术的发展,其控制系统也经历了从程序性控制系统到适应性控制系统,再到人工智能控制系统的演变。在传统的固定基座机构构成的机器人领域中,关节空间控制方法包括经典伺服控制、力矩控制法、最短时间控制以及变结构控制等。现代机器人控制技术已经从传统的模拟控制系统转向全数字化控制系统。这种转变意味着所有的信号处理、决策制定和控制命令执行都在数字域内完成，大大提高了控制的精确度、灵活性和可靠性。全数字化控制系统便于集成先进的算法，如机器学习等人工智能算法，可实现更加复杂和智能化的控制策略。在机器人技术中，单轴控制通常指的是对机器人单一关节或执行器的控制，而多轴控制则涉及机器人多个关节或执行器的协调控制。全数字化控制系统在这里发挥着关键作用。

10.1 机器人控制发展概述

随着机器人概念的逐步清晰和发展，以及计算机、自动控制理论的发展，机器人控制方法也经历了三个阶段。

第一代机器人控制方法为程序控制机器人。其主要指应用在第一代可编程机器人中的控制方法。这种方法的特点是可根据操作员所编写的程序，完成一些简单的重复性的操作，这种方法从 20 世纪 60 年代后半期开始被广泛应用于工业机器人行业并逐步推广开来。该阶段控制方法可以更进一步地分成三种，即示教方法、开环控制系统和简单的闭环控制系统。示教方法是指由操作者使用示教盒或手把手教机器人完成要求的动作，同时把产生这些动作的序列记录下来，需要时由控制装置予以再现。示教方式又可以细分成集中示教方式、分散示教方式、直接示教方式、间接示教方式、记忆示教方式等。由于这种控制方法简单，适用于环境不变的情况，稳定性好，所以初期在工业机器人上得到了广泛的应用。开环控制系统指无反馈（系统的输出量不对系统的控制产生影响）的控制系统，例如步进电机的控制系统。相比示教方法，开环控制系统的灵活性更好并且适应性更强。但是开环控制系统无法感知自己实际的输出值，经过长时间的工作会产生累计误差，影响运行精度，由此产生了闭环控制系统，即有反馈环节的控制系统（指针对输出量的反馈，并不是环境的反馈），例如伺服电机的控制系统。第一代机器人的控制方法只适用于外界环境、作业和机器人在作业过程中不变的情况。

第二代机器人控制方法为适应性控制。适应性控制机器人指可以通过视觉、触觉等传感器感知外界环境的状态，并且通过控制器结合机器人自身的状态和外界环境的状态改变控制的输出量，从而达到期望的运动。适应性控制能够适应环境，从而使得机器人的应用场景更加广阔，是目前机器人领域应用最多的控制方法。第二代机器人控制系统一般具有传感器、控制器和执行器。传感器分为内部传感器和外部传感器两类。内部传感器主要指对自身状态测量的传感器，如电位计、光电编码器、感应同步器、行程开关、直流测速电机、加速度计、应变计等。外部传感器主要指对环境状态测量的传感器，如触觉传感器、视觉传感器、压感传感器、滑动传感器、测距装置等。控制器是实现控制算法的核心，主要进行逻辑计算并发出控制指令，常见的控制器主要有单片机、数字信号处理芯片和微型计算机等。执行器是指根据控制指令做出相应运动的驱动器，常见的执行器有步进电机、伺服电机、液压电机等。在各个部件的数据传输中，通信的速度直接影响机器人的运动性能。随着通信技术的发展，越来越多的高速通信方式被应用到机器人控制系统中，常见的通信方式有串口、I^2C、USB、CAN 和 EtherCAT 等，这些高速通信技术同样也促进了多机器人协同控制的发展。

第三代机器人控制方法为人工智能方法。随着人工智能技术的发展,强化学习、深度学习等方法也被应用在机器人的控制中。人工智能方法相比适应性控制的最大区别在于,它不仅能感知环境,还有一定记忆、学习及推理能力。在第三代机器人控制方法中,一般将机器人控制系统分成三层(如图 10.1-1 所示),第一层为人工智能层,主要是进行组织,实现作业级别的控制;第二层为控制模式层,主要是进行协调,实现运动级别的控制;第三层为伺服系统层,主要是进行执行,实现驱动器的控制。由于人工智能较适应性控制的计算量急剧增加,需要并行计算能力,第三代机器人系统引入了一些高性能的计算单元,如图形处理器(graphics processing unit,GPU)、嵌入式神经网络处理器等。当然,第三代机器人的控制方法大部分还处于理论研究阶段,采用这类控制方法的机器人也尚处于实验室研究、探索阶段,有大量复杂的技术问题亟待解决。

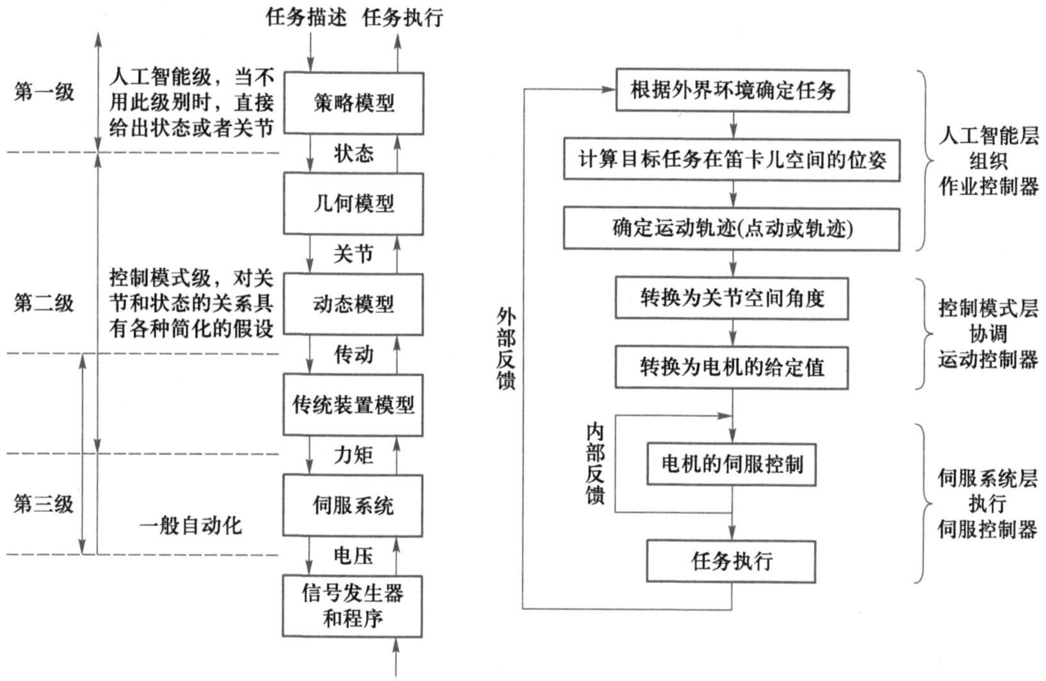

图 10.1-1　第三代机器人控制系统的分层

与一般的伺服控制系统或过程控制系统相比,机器人控制系统有如下特点:

(1) 机器人的控制与机构运动学及动力学密切相关。机器人的状态可以在各种坐标系下进行描述,应当根据需要选择不同的参考坐标系,并做适当的坐标变换。机器人控制系统经常要求解运动学正问题和逆问题,除此之外还要考虑惯性力、外力及科氏力、向心力的影响。

(2) 机器人系统是一个多变量控制系统。一个简单的机器人也至少有 2~3 个自由度,比较复杂的机器人有十几个甚至几十个自由度。每个自由度一般包含一个伺服机构,所有伺服机构必须协调起来,组成多变量控制系统。

(3) 机器人控制系统必须是一个计算机控制系统。把多个伺服系统有机地协调起来,使其按照人的意志行动,甚至赋予机器人一定的“智能”,这个任务只能由计算机完成。

(4) 机器人控制系统是一个非线性、多闭环控制系统。描述机器人状态和运动的数学模型是一个非线性模型,随着状态的不同和外力的变化,其参数也在变化,各变量之间还可能存在耦合关系。因此,仅仅利用位置闭环是不够的,往往还要加入速度闭环甚至加速度闭环控制。机器人系统中也经常使用重力补偿、前馈、解耦或自适应控制等方法。

(5) 机器人控制存在最优问题。较高级的机器人要求对环境条件、控制指令进行测定和分析,采用计算机建立庞大的信息库,用人工智能的方法进行控制、决策、管理和操作,按照给定的要求自动选择最佳控制规律。

机器人的控制原理是一个比较复杂的问题。简单地说,机器人的控制原理就是模仿人的各种肢体动作、思维方式和控制决策能力。从控制的角度看,机器人可以通过如下四种方式来达到这一目标:

(1) 示教再现方式。它通过“示教盒”或人“手把手”两种方式教机器人如何动作,控制器将示教过程记忆下来,然后机器人就按照记忆周而复始地重复示教动作,如弧焊机器人、点焊机器人、喷涂机器人等。

(2) 可编程控制方式。根据机器人的工作任务和运动轨迹编制控制程序,将控制程序输入机器人的控制器,起动控制程序,机器人就按照程序所规定的动作一步一步地完成,如果任务变更,只需要修改或重新编写控制程序,非常灵活方便。大多数机械臂都是按照前面这两种方式工作的。

(3) 遥控方式。人用有线或无线遥控器控制机器人在人难以到达或危险的场所完成某项任务。如防暴排险机器人、军用机器人、在有核辐射和化学污染环境工作的机器人等。

(4) 自主控制方式。它是机器人控制中最高级、最复杂的控制方式,要求机器人在复杂的非结构化环境中具有识别环境和自主决策的能力,也就是要具有人的某些智能行为。

虽然从控制理论的角度看,机器人系统确实是“耦合度高、非线性且时变的多变量控制系统”,但在实际应用中,更多的是将机器人视为实现特定任务的工具。这意味着,尽管背后的控制理论复杂,但在应用层面的控制方法往往追求的是技术的成熟度和简化操作的便利性。这种区分对于理解机器人控制系统的设计至关重要。比如不同机器人的控制需求是不相同的,机械臂控制通常要求非常高的位置和姿态精度,特别是在制造业和手术机器人等领域。相比之下,移动机器人(如服务机器人或自动导引车)的位置精度要求较低,但它们需要更好地处理环境的不确定性和动态变化。此外,实际的机器人控制系统设计需要平衡理论的复杂性和应用的实用性。

在现代机器人控制系统中,基于运动学模型的单轴升速-定速-减速运动控制是实现精确机器人运动的基础。然而,对于复杂的多轴机器人系统,如工业机械臂或多关节机器人,单轴控制策略需要扩展到多轴协调控制,以确保整个系统能够沿着预定轨迹精确、平滑地运动。这种多轴协调控制的实现,尤其依赖于高速数字通信技术(如高速伺服总线)来实现机器人各个关节和执行器之间的虚拟连接和同步控制。高速伺服总线技术是实现多轴协调控制的关键。这种数字通信技术允许机器人控制系统中的各个组件(如控制器、驱动器、传感器等)以高速、实时的方式进行数据交换。伺服总线技术支持快速的数据更新率,使得控制系统能够实时响应环境变化和控制指令,从而提高了机器人运动的精度和稳定性。随着技术的发展,高速伺服总线技术和多轴协调控制策略正在不断进步。例如,实时以太网技术(如 EtherCAT 等)已经被广泛应用于机器人控制系统中,提供了更高的通信速度和更低的延迟。这些技术的应用不仅提高了机器人系统的性能，也为实现更复杂的控制策略和应用提供了可能。基于运动学模型的多轴协调控制，结合高速伺服总线技术，是现代机器人系统实现高精度和高效率运动的关键。通过这些技术，可以实现复杂的空间轨迹控制，满足工业自动化、精密制造和服务机器人等领域的需求。

10.2 机器人典型控制方法

10.2.1 机器人控制系统建模

尽管机器人控制领域有众多典型的方法，但对于传统控制方法而言，建立模型始终是控制的首要步骤。机器人的模型通常是预先已知的，在前面的章节中已经介绍了如何建立机器人的运动学和动力学模型。本节将介绍如何结合控制理论中的方法，利用这些预先建立的机器人模型，来实现对机器人的有效控制。

根据所基于模型的特点，可以将机器人典型的控制方法分成基于运动学的控制方法和基于动力学的控制方法。

1. 基于运动学的控制方法

基于运动学的控制方法是指将运动学模型作为机器人控制器的状态模型，如图 10.2-1 所示，以机器人的关节位置或速度为输出量的控制策略。在此过程中，机器人的力变化不作为控制器考虑的因素。根据其描述的空间，基于运动学的控制方法可分为关节空间运动学控制和位姿空间运动学控制两种。

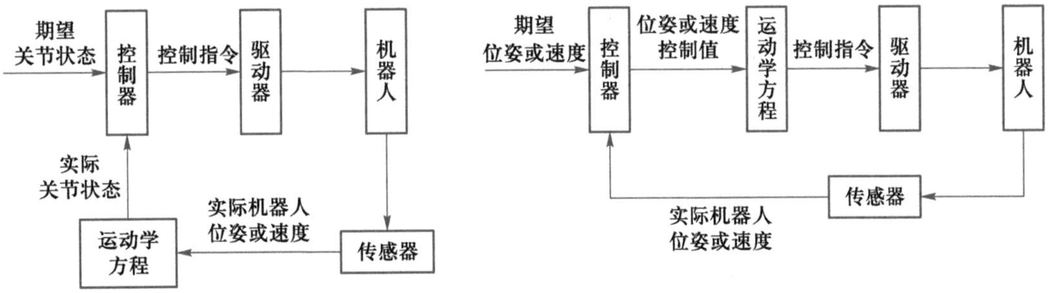

图 10.2-1　基于运动学的控制方法

(1) 关节空间运动学控制需要根据机器人的逆运动学，将期望的机器人位姿或速度映射成关节空间的位置和速度。控制器利用传感器获取的机器人位姿或速度信息计算出对应各关节的位置和角度，将其作为实时状态量，进而控制机器人的关节位置或速度，以使末端执行器达到指定的目标位姿或速度。

(2) 位姿空间运动学控制是先利用传感器获取机器人的位姿或速度信息，通过控制器将机器人的位姿或速度作为状态量进行控制，进而得到关节角的位置或速度指令值。接着，运用运动学方程计算关节的指令值，以实现末端执行器的目标位姿或速度。在位姿空间运动学控制中，需要特别考虑位姿空间的表达方式。由于姿态空间是强耦合的，常用的位姿空间表达方法包括欧拉角、指数映射、旋量和四元数等。

2. 基于动力学的控制方法

基于动力学的控制方法与前面讨论的基于运动学的控制方法相比,在建模过程中考虑了更多的因素。尽管基于运动学的控制方法在建模上相对简单,但由于没有考虑力的因素,在诸如碰撞等情况下,机器人可能承受巨大的冲击力,从而对机构造成重大损耗。相对而言,基于动力学的控制方法使用动力学模型作为状态模型,其输出量为机器人的关节位置或速度,这种方法也被称为力柔顺控制。在这种方法中,动力学模型可以是一种虚拟的物理模型。常见的基于动力学的控制方法有阻抗/导纳控制和力/位混合控制。

(1) 阻抗控制(impedance control)是由霍根(N. Hogan)在 1985 年提出的概念,借助诺顿(Norton)等效网络的理念,将外部环境等效为导纳,而将机器人操作手等效为阻抗,从而将机器人的力控制问题转化为阻抗调节问题。阻抗由惯量-弹簧-阻尼三项组成,期望力可以表示为

$$\boldsymbol{F}_d=\boldsymbol{K}(x_d-x)+\boldsymbol{B}(\dot{x}_d-\dot{x})+\boldsymbol{M}(\ddot{x}_d-\ddot{x}) \tag{10.2-1}$$

其中,x_d、x,$\dot{x}_d$、$\dot{x}$ 和 $\ddot{x}_d$、$\ddot{x}$ 分别表示期望和实际的广义坐标、速度和加速度。$\boldsymbol{K}$、$\boldsymbol{B}$、$\boldsymbol{M}$ 分别表示弹性、阻尼和惯量系数矩阵。导纳控制(admittance control)是阻抗控制的反过程,将控制器等效为导纳系统,输入力、输出位置;将机器人等效为阻抗系统,输入位置、输出力。阻抗和导纳控制的目的是一样的,而导纳控制需要系统能获取力的信息,并且能够控制机器人的关节。导纳控制和阻抗控制的公式相同,只是输入量和输出量相反。

(2) 力/位混合控制方法中最为著名的一种是雷伯特(Raibert)和克雷格(Craig)提出的 R-C 控制方法,如图 10.2-2 所示。该控制方法与刚度控制和阻抗控制有所不同。在阻抗控制和刚度控制中,输入变量主要是位置和速度,而其力控制实际隐含在刚度反馈矩阵之中,本质上依然属于位置控制。相比之下,R-C 控制器的输入变量不仅包括位置和速度,还包括力。R-C 控制器是力/位混合控制领域的经典,后来许多控制方案都是基于此方案的演变或改进。然而,R-C 控制器并未充分考虑机械臂动态耦合的影响,可能导致机械臂在工作空间的某些非奇异位置的不稳定性。

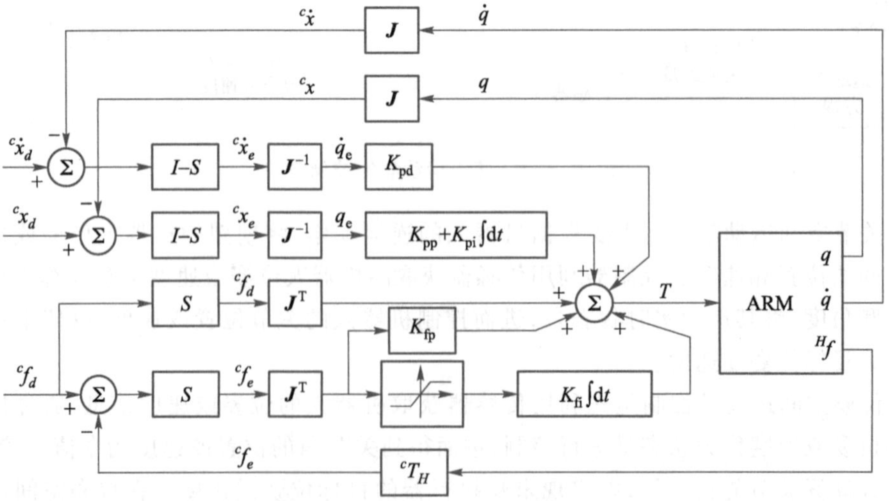

图 10.2-2 R-C 控制方法

10.2.2 机器人控制与策略

前文根据模型的特征介绍了两大类机器人控制的建模方法。一旦模型建立完成,便可以应用现有的控制理论方法或者采用特定的控制策略来实现机器人的控制。经典控制方法和策略包括比例-积分-微分控制、最优控制、自适应控制等。这些方法和策略在机器人控制领域中被广泛应用,各有其独特的优势和适用场景。

(1) 比例-积分-微分控制(proportion integral differential,PID)是经典控制理论中最重要的控制方法之一。它通过将偏差的比例、积分和微分以线性方式组合,构成控制量。这种方法因其算法简单、鲁棒性强和可靠性高而被广泛应用。然而,PID 控制的一个限制是其反馈增益为固定常量,无法根据有效载荷的变化自动调整反馈增益,这限制了其应用。

(2) 最优控制(optimal control)是一种基于特定性能指标极大化或极小化的控制策略。在高速机器人的应用中,除了选择最佳路径,通常还会采用最短时间、最优能量等性能指标。研究最优控制问题的一个强有力的数学工具是变分理论。在现代变分理论中,最常用的方法有动态规划法和极小值原理,这两种方法都非常有效地解决了具有闭集约束的控制变分问题。值得注意的是,动态规划法和极小值原理本质上都是解析方法。此外,变分法和线性二次型控制法也是解决最优控制问题的常用解析方法。除解析法外,最优控制问题的研究方法还包括数值计算法如梯度下降方法。

(3) 自适应控制(adaptive control)是一种能够根据系统运行状态自动补偿模型中的不确定因素,从而显著改善机器人性能的控制方法。与常规的反馈控制和最优控制一样,自适应控制也是基于数学模型的,但区别在于自适应控制对模型和扰动的先验知识依赖较少。它需要在系统运行过程中不断提取关于模型的信息,以逐步完善模型。具体来说,通过分析对象的输入输出数据,不断辨识模型参数,这一过程被称为系统的在线辨识。随着生产过程的持续,模型通过在线辨识逐渐变得更加精确,更接近实际情况。因此,基于不断完善的模型制定的控制策略也会相应地持续改进。在这种意义上,控制系统显示出一定的适应能力。自适应控制的分类包括模型参考自适应控制器、自校正自适应控制器以及线性摄动自适应控制等。

在机器人控制领域,还存在一些特有的控制方法和策略,包括解耦控制、重力补偿、耦合惯量与摩擦力补偿、传感器的位置补偿、前馈控制和超前控制等。解耦控制旨在通过特定的控制结构,找到合适的控制规律来消除系统中各个控制回路之间相互耦合的关系。例如,最基本的解耦控制方法之一就是将机器人的位姿空间解耦,分别对位置和姿态进行独立控制。重力补偿是指在伺服系统的控制量中实时计算并加入一个抵消重力的量,以补偿重力的影响。耦合惯量与摩擦力补偿主要针对高速、高精度机器人中的需求,考虑一个关节的运动可能导致另一个关节等效转动惯量的变化,即耦合问题,并考虑摩擦力的补偿。传感器的位置补偿是在内部反馈基础上,通过外部位置传感器进一步消除误差的策略,这种系统被称为传感器闭环系统或大伺服系统(与半闭环系统相对)。前馈控制是指从给定信号中提取速度和加速度信号,并将其插入伺服系统中的适当位置,以消除系统的速度和加速度跟踪误差。超前控制是指预估下一时刻的位置误差,并将这一估计量加入下一时刻的控制量中。

本节将以机器人单关节的角度反馈比例控制为例,探讨如何运用模型和控制理论来实现机器人的有效控制。针对机器人的单关节构建一个系统,该系统选用直流伺服电机作为执行机构。在此系统中,需考虑多个关键组成部分,包括位置信号输入、误差调节机制、数模(D/A)转换器、速度控制器等,如图 10.2-3 所示。这些组件共同工作,以确保机器人关节的精确控制和稳定操作。

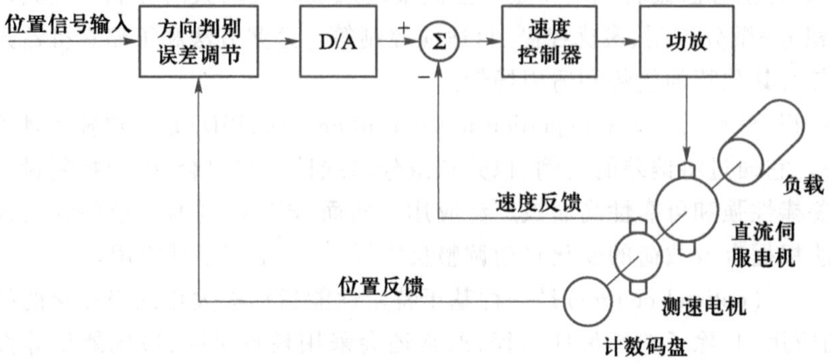

图 10.2-3 直流电动机伺服传动系统原理图

首先,建立伺服系统的物理模型。假设折算到电机的总的等效转动惯性矩为 J_0、等效摩擦系数为 f_0。根据电机的原理,电机电气部分的模型由电机电枢绕组内的电压平衡方程表示为

$$U_a(t)=R_a i_a(t)+L_a\frac{\mathrm{d}i_a(t)}{\mathrm{d}t}+e_b(t) \tag{10.2-2}$$

其中,$U_a(t)$、$i_a(t)$ 分别表示电机的电压、电枢回路的电流,R_a、L_a 分别表示电枢回路的电阻、电感,$e_b(t)$ 表示感应电动势。

利用电机的动力学方程作为电机的力学模型,电机的力矩平衡方程表示为

$$\tau(t)=J_0\ddot{\theta}_m(t)+f_0\dot{\theta}_m(t) \tag{10.2-3}$$

其中,$\tau(t)$ 表示电机驱动力矩,$\theta_m(t)$、$\dot{\theta}_m(t)$、$\ddot{\theta}_m(t)$ 分别表示电枢的角位移、角速度、角加速度。

机械和电气部分的耦合关系表示为

$$\begin{cases}\tau(t)=k_a i(t)\\ e_b(t)=k_b\dot{\theta}_m(t)\end{cases} \tag{10.2-4}$$

结合上面的公式,利用控制理论的拉普拉斯变换,电机的整体动力学方程表示为

$$\begin{cases}I_a(s)=\dfrac{U_a(s)-E_b(s)}{R_a+sL_a}\\ T(s)=s^2J_0\theta_m(s)+sf_0\theta_m(s)\\ T(s)=k_aI_a(s)\\ E_b(s)=sk_b\theta_m(s)\end{cases} \tag{10.2-5}$$

利用经典控制理论,驱动系统的传递函数表示为

$$\frac{\theta_m(s)}{U_a(s)}=\frac{k_a}{s(J_0L_as^2+(L_af_0+R_aJ_0)s+R_af_0+k_ak_b)} \tag{10.2-6}$$

一般电枢的电感比较低,这里忽略电枢的电感,传递函数化简为

$$G(s)=\frac{\theta_m(s)}{U_a(s)}=\frac{k_a}{s(R_aJ_0s+R_af_0+k_ak_b)}=\frac{k}{s(T_ms+1)} \tag{10.2-7}$$

其中，$G(s)$表示系统开环的传递函数，$k=\frac{k_a}{R_a f_0+k_a k_b}$表示电机的增益常数，$T_m=\frac{R_a J_0}{R_a f_0+k_a k_b}$表示电机的时间常数。

建立单关节的角度比例反馈控制器，如图 10.2-4 所示。

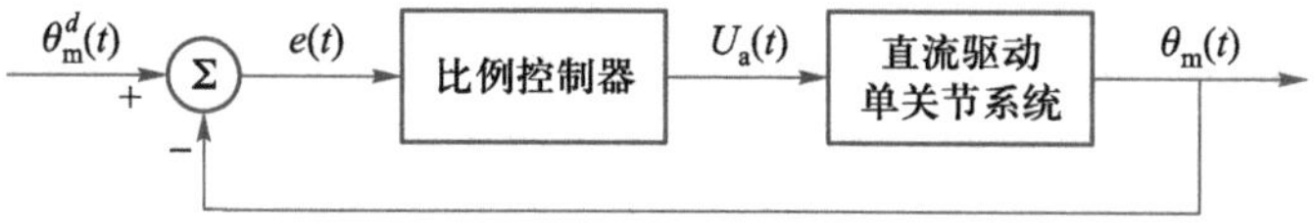

图 10.2-4 单关节的角度比例反馈控制器

根据比例控制器，电压控制率表示为

$$U_a(t)=k_p e(t)=k_p(\theta_m^d(t)-\theta_m(t)) \tag{10.2-8}$$

其中，$\theta_m^d(t)$表示期望的关节角度，$e(t)=\theta_m^d(t)-\theta_m(t)$表示关节误差。

代入拉普拉斯变换可以得到电压控制率为

$$U_a(s)=k_p(\theta_m^d(s)-\theta_m(s)) \tag{10.2-9}$$

系统的闭环传递函数可以表示为

$$\frac{\theta_m(s)}{\theta_m^d(s)}=\frac{k_p G(s)}{1+k_p G(s)}=\frac{kk_p}{T_m s^2+s+kk_p} \tag{10.2-10}$$

闭环传递函数表明，当机器人应用比例控制器时，该系统呈现二阶系统的特性。在系统参数均为正值的情况下，依据经典控制理论，可以证明该系统具备稳定性。这表明利用比例控制器，可以实现机器人单关节运动的稳定控制。在这个例子中，根据机器人的物理模型建立系统的基本模型，并结合控制理论中的控制方法，通过分析控制器的系统稳定性，实现了机器人的稳定控制。虽然目前机器人的单关节伺服控制技术已经相当成熟，且集成的多关节伺服控制系统也十分完善，但对于整个机器人的控制，依然面临着诸多复杂的挑战。

10.3 机器人的智能控制

智能控制(intelligent control)代表着控制理论发展的一个高级阶段，它特别适用于那些传统控制方法难以解决的复杂系统控制问题。这种控制方式的特点在于其智能信息处理、智能信息反馈和智能控制决策的能力。智能控制的研究对象通常具有不确定的数学模型、高度的非线性程度和复杂的任务需求。因此，智能控制技术是解决这类控制问题的理想选择，能够有效处理和适应这些复杂性和不确定性。

智能控制的概念起源于 20 世纪 60 年代，此后对于智能控制、学习控制的研究非常活跃，并已在诸多领域取得显著应用成果。随着研究的不断展开和深入，智能控制作为一个新兴学科的基础逐渐奠定。1985 年 8 月，IEEE 在美国纽约举办了首届智能控制学术讨论会，会上探讨了智能控制的原理和系统结构。这次会议标志着智能控制作为一门新兴学科获得了广泛认可，并快速发展。智能控制领域包括专家系统、模糊控制、鲁棒控制、滑模控制、遗传算法、神经网络、强化学习和深度学习等多种技术。

（1）专家系统（expert system）是一种集成了丰富专业知识和经验的程序系统，它结合人工智能技术和计算机技术，基于一个或多个领域专家提供的知识和经验进行推理和判断。此系统旨在模拟人类专家的决策过程，以解决那些通常需由人类专家处理的复杂问题。简言之，专家系统是一种模仿人类专家解决特定领域问题的计算机程序系统。专家系统的基本功能依赖于其包含的知识量，因此，它也被称为基于知识的系统。

（2）模糊控制（fuzzy control）是一种基于模糊数学基本思想和相关理论的控制方法。虽然传统控制理论在处理明确定义或明确系统时表现出强大的控制能力，但它在面对过于复杂或难以精确描述的系统时往往力不从心。为了解决这个问题，研究者们尝试利用模糊数学来处理这些控制问题。例如，在语音识别等领域，模糊控制被广泛应用，以解决相关的复杂问题。

（3）鲁棒控制（robust control）是指控制系统在面对一定程度（包括结构和大小）的参数摄动时，仍能维持性能特性的控制策略。根据性能的不同定义，鲁棒控制可以分为稳定鲁棒性和性能鲁棒性两种。专门为实现闭环系统鲁棒性而设计的固定控制器，被称为鲁棒控制器。这种控制器的设计目标是确保系统即便在外部条件或系统参数发生变化时，也能保持其性能和稳定性。主要的鲁棒控制理论有 Kharitonov 区间理论、$H\infty$ 控制理论、结构奇异值理论（μ 理论）等。

（4）滑模控制（sliding mode control，SMC），也称为变结构控制，本质上是一种特殊的非线性控制方法，其非线性特点主要表现为控制的不连续性。与其他控制策略不同的是，滑模控制中系统的“结构”并非固定不变的，而是可以根据系统当前状态（如偏差及其导数等）在动态过程中有目的地变化。这样的设计迫使系统沿预定的“滑动模态”状态轨迹运动。由于滑动模态的设计可自定义且不受对象参数及扰动的影响，滑模控制因而具有快速响应、对参数变化和扰动不敏感、无须系统在线辨识以及物理实现简单等优点。然而，滑模控制也有其缺点，当状态轨迹到达滑动模态面后，系统难以严格沿着滑动模态面向平衡点滑动，而是会在其两侧来回穿越，逐渐趋近于平衡点，这一现象导致了抖振，这也是滑模控制在实际应用中的主要障碍。

（5）遗传算法（genetic algorithm）是一种计算模型，它模拟达尔文生物进化论中的自然选择和遗传学机理。这种方法通过模拟自然进化过程来搜索最优解。遗传算法的特点在于其整体搜索策略和优化搜索方法在计算过程中不依赖于梯度信息或其他辅助知识。该算法仅依赖于影响搜索方向的目标函数和相应的适应度函数，因此提供了一种解决复杂系统问题的通用框架。遗传算法的这种通用性和对问题种类的强鲁棒性使其成为一种广泛应用的工具。然而，遗传算法也存在一些明显的缺点，与其他传统优化方法相比，其效率较低，容易出现过早收敛的问题。此外，在算法的精度、可行性、计算复杂性等方面，目前还缺乏有效的定量分析方法。

（6）人工智能。随着人工智能技术的发展，其多种技术已被应用于机器人控制领域，包括神经网络、强化学习和深度学习等。神经网络是一种利用众多神经元按照特定拓扑结构进行学习和调整的自适应控制方法。它具有并行计算、分布式存储、可变结构、高度容错性、非线性运算、自我组织和学习或自学习等丰富的特性，这些都是长期以来人们在系统设计中追求的目标。在智能控制的参数自适应、结构自组织和环境自学习等方面，神经网络显示出其独特的能力。强化学习（reinforcement learning，RL）也是机器学习的一个重要范式和方法论。它主要用于描述和解决智能体在与环境的交互过程中，如何通过学习策略来最大化回报或实现特定目标。这种学习方式在机器人控制中尤为关键,因为它有助于智能体自主地发现有效的行动策略。这些新的人工智能的方法目前逐渐被应用于机器人的控制等方面。

机器人的智能控制是一个涵盖广泛技术和方法的领域,它不仅包括对机器人运动的精确控制,还涉及如何使机器人能够智能地与其环境互动,完成复杂的任务。智能控制的核心在于结合机器人的规划能力(包括逆运动学求解、力/位控制策略、安全空间的维护以及利用最优化算法)来实现上述目标。其中,逆运动学是确定机器人的关节配置,使得其末端执行器能够达到指定位置和姿态。在智能控制中,逆运动学求解是实现精确位置控制的基础。对于复杂的机器人系统,可能存在多个解,选择最优解通常需要考虑能耗、运动平滑性或避免奇异配置等因素。力/位控制是指同时控制机器人末端执行器的位置和与环境的接触力,这在需要机器人与环境进行精细交互的应用中尤为重要,如装配、打磨或手术,智能控制系统通过实时监测和调整力和位置,确保任务的高效和安全执行。在机器人执行任务的过程中,维护安全空间是至关重要的,尤其是在人机共享环境中,智能控制系统需要实时监测机器人周围的环境,识别潜在的碰撞风险,并采取措施避免碰撞,保证人员和设备的安全。智能控制系统广泛应用数字求解方法和最优化算法来解决逆运动学、力/位控制和安全空间维护等问题。这些算法包括但不限于梯度下降、遗传算法、粒子群优化等,它们可以帮助找到满足特定约束条件下的最优或近似最优解。智能控制不仅仅是关于执行层面的控制,还需要与高层次的任务规划紧密结合。例如,机器人的路径规划需要考虑到逆运动学的解,力/位控制策略需要根据任务规划来调整,安全空间的维护需要实时地根据环境变化和任务需求来更新。通过这种方式,智能控制系统能够实现更加复杂和高级的机器人应用。

机器人的智能控制是一个跨学科的领域,它结合了机器人运动学、动力学、控制理论、人工智能和计算机科学等多个领域的技术和方法。通过这些技术的综合应用,可以使机器人更加智能地完成各种复杂的任务。

10.4 小结

本章提供了机器人控制领域发展的概述,涵盖了常见的机器人控制方法以及智能控制方法。机器人控制本身是一个跨学科的研究领域,涉及机器人学、控制理论和机器学习等多个方面。本章仅对一些常见控制方法的基本概念进行了介绍。对于详细的算法,感兴趣的读者可以进一步自行学习和研究。

10.5 习题

【题 10-1】机器人控制发展主要分为哪三个阶段?各自有什么特点?

【题 10-2】与一般的伺服控制系统或过程控制系统相比,机器人控制系统有哪些特点?

【题 10-3】机器人经典的 PID 控制方程是什么?

【题 10-4】机器人的解耦控制方式有哪些?

【题 10-5】强化学习和机器人学习有什么区别?

【题 10-6】智能控制领域包含了哪些技术?

【题 10-7】图题 10-1 所示系统，参数分别为 $m=1,b=4$ 和 $k=5$，并且系统的未建模共振频率为 $\omega=6.0$。确定在刚度达到允许的最大值时，这个临界阻尼的增益 k_v 和 k_p。

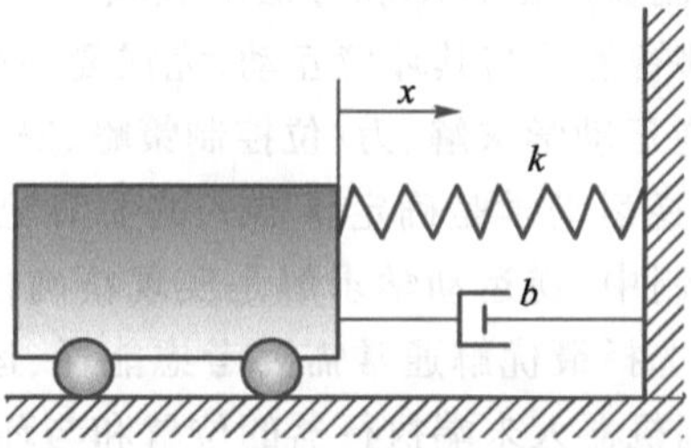

图题 10-1 带有驱动器的有阻尼质量-弹簧系统

【题 10-8】对于系统 $\tau=(2\sqrt{\theta}+1)\ddot{\theta}+3\dot{\theta}^2-\sin(\theta)$，写出 α、β 控制器分解的非线性控制方程。选择合适的增益使系统始终工作在 k_{CL} 的临界阻尼状态下。

【题 10-9】设计一个轨迹跟踪控制系统。系统的动力学方程为

$$\begin{cases}\tau_1=m_1l_1^2\ddot{\theta}_1+m_1l_1l_2\dot{\theta}_1\dot{\theta}_2\\ \tau_1=m_2l_2^2(\ddot{\theta}_1+\ddot{\theta}_2)+v_2\dot{\theta}_2\end{cases}$$

上述方程可以代表一个真实的系统吗？

【题 10-10】系统的开环动力学方程为 $\tau=m\ddot{\theta}+b\dot{\theta}^2+c\dot{\theta}$。系统的控制规律为 $\tau=m[\ddot{\theta}_d+k_v\dot{e}+k_pe]+\sin(\theta)$。写出闭环系统的微分方程。

第十章习题参考答案

第十一章　机器人的运动规划

机器人的运动规划是机构学和控制理论之间十分重要的一个环节，机器人进行运动规划对实现机器人的自主运动能力非常重要，是实现机器人自主化和智能化必不可少的环节。因此机器人的运动规划也是经久不衰的热点研究方向之一。

电子教案：机器人的运动规划

机器人进行运动规划的主要目的是生成机器人的期望运动状态序列，典型的例子是生成工业机械臂期望的运动轨迹点。本章将对机器人运动规划的基础知识进行介绍，包括运动规划的基本概念、机械臂的基本轨迹规划方法，以及移动机器人的经典路径规划方法。同时运动规划需要建立在已知自身状态和周围环境的基础上，因此本章对同时定位与建图方法也进行了简单的介绍。

11.1　概述

对机器人运动规划的研究始于 20 世纪 60 年代，当时的研究焦点主要集中在机械臂方面。1978 年佩雷斯（Lozano Perez）和韦斯利（Wesley）将构型空间的概念引入运动规划领域，并应用于一些经典的运动规划问题。1979 年，赖夫（Reif）证明了钢琴搬运工问题是一个空间复杂问题，由此拉开了传统运动规划算法发展的序幕。传统的运动规划算法有胞分法、势场法、路径图法等。这类算法的共同特点是在参数设置合适的时候，可以保证规划的完备性（如果存在一条可行的路径，则具有完备性的算法一定能够在有限时间内找到）。但是这些算法在高维构型空间和复杂环境中使用存在较多问题，例如具有高自由度机械臂的运动规划问题。1987 年，洛蒙（J. P. Laumond）将机械系统中的非完备性引入到机器人运动规划中，用于解决自动泊车问题，这将运动规划领域从机械臂拓展到了移动机器人，自此非完备运动规划亦逐渐成为研究热点之一。

为解决传统算法的缺陷，一系列基于采样的运动规划算法开始兴起。此类方法通过避免在状态空间中显式地构造障碍物来减少复杂约束产生的计算时间。虽然基于采样的运动规划算法不符合算法完备性的定义，但是可以证明基于采样的运动规划算法在概率上是完备的，即采样规划算法不能返回解的概率随着样本数趋近无穷而呈指数级衰减到零。基于采样的运动规划算法可以追溯到 1990 年巴拉奎特（Barraquand）和拉孔贝（Latombe）提出的随机潜在规划器（randomized potential planner，RPP）算法。而 1994 年**概率路线图算法**（probabilistic roadmap method,PRM)和 1998 年快速扩展随机树(rapidly-exploring random tree,RRT)算法的出现,掀起了机器人运动规划研究的新热潮。上述算法适用于高自由度机器人在复杂环境下的运动规划问题。尽管基于采样的规划算法具有计算速度快的优势,但是仍然存在致命的缺点——由随机采样引入的随机性。随机性的引入意味着利用 RRT 和 PRM 算法进行运动规划时无法保证结果的一致性,即同条件下每次规划的结果很可能都不一样,这限制了使用该类算法的机器人进入对稳定性要求极为严苛的工业生产领域。目前规划领域也主要集中在对 PRM 和 RRT 的改进上,学术界在朝着有优化目标函数限制的条件下减少该类算法的不确定性的方向进行努力。

首先给出机器人运动规划的一些概念。机器人的运动规划(motion planning)指在满足一定约束条件下,规划一个从起始构型到目标构型的连续运动。所谓的约束条件通常指机构运动学或动力学约束,或者无碰撞、距离最短、机械功最小的路径等。机器人的构型/位形指机器人当前的状态,由此定义机器人的构型/位形空间是机器人所有能够到达构型的集合。例如对于一个平面质点,它的构型可以表示为二维位置矢量,它的构型空间是二维向量空间;对于一个平面刚体,它的构型可以表示为二维位置矢量和一维姿态矢量,它的构型空间是二维特殊欧式群;对于一个三维空间刚体,它的构型可以表示为三维位置矢量和三维姿态矢量,它的构型空间是三维特殊欧式群;对于一个 N 自由度的机械手臂,它的构型可以表示为 N 维矢量,它的构型空间是一个 N 维向量空间。

根据是否含有时间信息,运动规划可以分为轨迹规划(trajectory planning)和路径规划(path planning)。轨迹规划是指包括时间信息的运动规划,它的特点是关联了连续运动中构型变化和时间的对应关系。轨迹(trajectory)可以泛指机械臂在运动过程中的轨迹(主要包括运动点的位移、速度和加速度)。路径规划是指只包含构型变化的运动规划,主要研究从构型空间中选取满足一定约束条件的构型序列,最典型的例子是地图里面的导航功能。路径规划在移动机器人中具有十分重要的位置。最近的一些研究指出,如果将与时间有关的量包含进构型空间,在高维度空间的规划上,轨迹规划、路径规划的数学抽象模型是完全一样的。因此在这些工作中不再区分运动规划、轨迹规划、路径规划三者的概念。由于本书以机器人为研究核心,故本书还是将三种规划进行区分,并以低维空间的规划为主进行讨论,以便读者理解。本章将以机器人平台作为区分,介绍机器人的运动规划,先介绍机械臂的轨迹规划算法,再介绍移动机器人的路径规划算法。

最后介绍机器人运动规划方法常用的评价指标:完备性(completeness)和最优性(optimality)。运动规划方法的完备性是指如果一个运动规划问题存在解,则使用该方法能够在有限时间内找到一个解(不一定是最佳的);运动规划方法的最优性是指使用该方法生成的解能够满足某项指标的最优,例如满足路径最短、路径耗能最小、轨迹耗时最短等。

11.2 机械臂的轨迹规划

机械臂轨迹规划的目的可以简单描述为生成用于操作的工具坐标系 $\{T\}$ 相对于绝对坐标系 $\{S\}$ 的一系列期望运动。例如,图 11.2-1 所示机械臂将销钉插入工件孔中的作业,可以借助工具坐标系相对于绝对坐标系的一系列位姿 $\{\boldsymbol{G}_i\}$ $(i=0,\cdots,m)$ 来描述。这种描述方法的优势在于不仅直观反映了机械臂在三维空间的运动,而且有利于机器人运动轨迹的生成。这种方法把作业路径描述与具体的机器人、手爪或工具分离开来,形成了模型化的作业描述方法,从而使这种描述既适用于不同的机器人,也适用于在同一机器人上装夹不同规格的工具。有了这种描述方法就可以把图 11.2-1 所示机器人从初始状态运动到终止状态的作业看作是工具坐标系从初始位置 $\{\boldsymbol{G}_0\}$ 变化到终止位置 $\{\boldsymbol{G}_m\}$ 的坐标变换。显然,这种变换与具体机器人无关。因此这种将作业路径用工具坐标系相对于绝对坐标系来描述的方法已经被学术界和工业界广泛接受。

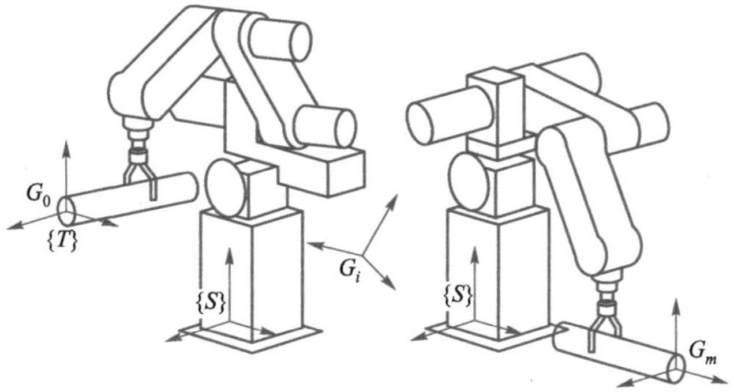

图 11.2-1 机械臂的轨迹规划

更详细地描述运动时不仅要规定机器人的起始点和终止点,而且要给出介于起始点和终止点之间的中间点,也称路径点。此时运动轨迹除了位姿约束,还存在着各路径点之间的时间分配问题。

避碰/避障(collision avoidance)是指机器人在执行运动时避免与环境中的障碍物或者与自身进行碰撞,从而保证任务安全地完成。保证路径的安全性通常是机器人运动规划最基本的要求,因此具备避碰或避障功能是对一个机器人运动规划最基本的要求之一。

除避免碰撞的要求之外,对机械臂的另一个要求是运动的平稳性,不平稳的运动将导致机器人产生振动和受到冲击,从而加剧机械部件的磨损。因此,所选择的运动轨迹描述函数必须保持路径点处空间的连续性,而且它的一阶导数(速度),有时甚至二阶导数(加速度)也应该连续。

根据机械臂的轨迹作业需求,可以将轨迹作业分成点位作业和连续轨迹作业。点位作业又称点到点(point to point,PTP)作业。PTP 运动通常没有路径约束,只需要满足起点和终点的位置需求,因此多以关节空间下的坐标表示。PTP 在轨迹规划中只有关节几何限制、最大速度限制和最大加速度限制。与 PTP 作业相对的概念称为连续轨迹作业(continuous path,CP),CP 作业需要保证机器人运动的连续性,要求规划的轨迹具有速度连续性和各个关节协调性。CP 作业通常指有路径约束和完整连续路径的作业,一般 CP 作业的流程为先进行路径规划,再利用路径规划的结果进行轨迹规划。

机械臂的主要轨迹描述方法可以分为三类:基于示教的轨迹规划、基于关节空间的轨迹规划以及基于位姿空间的轨迹规划。基于示教的轨迹规划是最原始的规划方法,直接利用人"手把手"示教机器人,定时记录各个关节的变量值,得到各关节变量,再按内存记录值产生序列动作。但是随着机器人技术的不断发展,这种示教方法显现出许多问题:人工示教费时费力;无法应对变化的环境;更新流水线成本太高;应用场景简单。因此开始对机械臂进行具有任务层次的编程,从而产生了后两种轨迹规划的方法。下面将对基于关节空间和笛卡儿(位姿)空间的轨迹规划方法进行详细介绍。

11.2.1 关节空间的轨迹规划

如图 11.2-2 所示,关节空间的轨迹规划通常分为三个阶段。首先输入工具空间中期望的路径点及相应的速度和加速度,通过机械臂的逆运动学和动力学计算,转化为关节空间下的位置、广义速度和广义加速度。然后在关节空间内同一关节相邻的两个期望位置之间,利用指定的光滑函数进行插补(interpolation),并使得所有关节在相同的相邻位置之间所用的时间相同。此外,在关节空间上进行插补还要考虑满足关节位置、关节速度、关节加速度的边界条件。最后将规划好的路径点发送到控制器执行规划的路径。

图 11.2-2 关节空间轨迹规划

需要注意的是,各个关节在相邻两个期望位置之间进行插补的光滑函数可以是任意的,只要能够保证光滑性、最大速度约束、最大加速度约束和时间一致性即可。关节空间函数的光滑性并不表示工具空间运动的光滑性(具体可以参考机器人的运动学一章)。满足所要求的约束条件之后,可以选取不同类型的连续光滑函数进行插补,以生成不同的轨迹。常见关节空间使用的连续光滑函数插补方法有三次多项式插补、过路径点的三次多项式插补、高阶多项式插补、抛物线过渡的线性插补和 B 样条曲线(B-spline curve)插补。

针对光滑函数的设计,首先需要做一些通用的假设。假设在机器人运动过程中,末端执行器的起始和终止位姿已知,由逆向运动学即可求出对应于两个位姿的各关节角度。末端执行器实现两位姿的运动轨迹描述可在关节空间中用经过起始点和终止点关节角的一个平滑轨迹函数 $\theta(t)$ 表示,t 为运动时间。设起始点和终止点的时间分别为 0 和 t_f,起始点和终止点的关节期望值、期望速度值、期望加速度值分别表示为 θ_0、θ_f,$\dot{\theta}_0$、$\dot{\theta}_f$,$\ddot{\theta}_0$、$\ddot{\theta}_f$。

(1) 三次多项式插补

三次多项式插补主要针对只有起始点和终止点位置已知的情况。使用三次多项式插补时,要求起始时刻和终止时刻的关节速度均为 0。边界条件可以表达为

$$\theta(0)=\theta_0,\quad \theta(t_f)=\theta_f,\quad \dot{\theta}(0)=0,\quad \dot{\theta}(t_f)=0 \tag{11.2-1}$$

利用三次多项式拟合边界条件为

$$\begin{cases}\theta(t)=a_0+a_1t+a_2t^2+a_3t^3\\ \dot{\theta}(t)=a_1+2a_2t+3a_3t^2\end{cases} \tag{11.2-2}$$

其中,a_0、a_1、a_2、a_3 为多项式常系数,代入边界条件可以求得

$$\begin{cases} a_0=\theta_0 \\ a_1=\dot{\theta}_0 \\ a_2=\dfrac{3}{t_f^2}(\theta_f-\theta_0) \\ a_3=-\dfrac{2}{t_f^3}(\theta_f-\theta_0) \end{cases} \tag{11.2-3}$$

根据以上公式,可以求出任意时刻 t 关节的位置和关节速度的期望值。

(2) 过路径点的三次多项式插补

若所规划的机器人作业路径在多个点上有位姿要求,假如末端执行器在路径点停留,即各路径点上速度为 0,则轨迹规划可连续直接使用前面介绍的三次多项式插补方法;但若末端执行器只是经过路径点,并不停留,就需要将三次多项式插补方法进行推广。

对于机器人作业路径上的所有路径点可以用求解逆运动学的方法先得到多组对应的关节空间路径点,进行轨迹规划时,把每个关节上相邻的两个路径点分别看作起始点和终止点,再确定相应的三次多项式插补函数,把路径点平滑连接起来。一般情况下,这些起始点和终止点的关节运动速度不再为零,则轨迹规划的边界条件变为

$$\theta(0)=\theta_0,\quad \theta(t_f)=\theta_f,\quad \dot{\theta}(0)=\dot{\theta}_0,\quad \dot{\theta}(t_f)=\dot{\theta}_f \tag{11.2-4}$$

利用三次多项式拟合边界条件为

$$\begin{cases} \theta(t)=a_0+a_1t+a_2t^2+a_3t^3 \\ \dot{\theta}(t)=a_1+2a_2t+3a_3t^2 \end{cases} \tag{11.2-5}$$

代入边界条件可以求得

$$\begin{cases} a_0=\theta_0 \\ a_1=\dot{\theta}_0 \\ a_2=\dfrac{3}{t_f^2}(\theta_f-\theta_0)-\dfrac{1}{t_f}(\dot{\theta}_f+2\dot{\theta}_0) \\ a_3=-\dfrac{2}{t_f^3}(\theta_f-\theta_0)+\dfrac{1}{t_f^2}(\dot{\theta}_f+\dot{\theta}_0) \end{cases} \tag{11.2-6}$$

可以看出三次多项式插补的速度是二次函数,加速度是线性函数。

(3) 高阶多项式插补

若对于运动轨迹的要求更为严格,这意味着约束条件增多,三次多项式就不能满足需要,须用更高阶的多项式对运动轨迹的路径段进行插补。例如对某段路径的起始点和终止点都规定了关节的位置、速度和加速度,则应当使用五次多项式进行插补。考虑机器人关节空间起始点和目标点的加速度时,插值函数为

$$\begin{cases} \theta(t)=a_0+a_1t+a_2t^2+a_3t^3+a_4t^4+a_5t^5 \\ \dot{\theta}(t)=a_1+2a_2t+3a_3t^2+4a_4t^3+5a_5t^4 \\ \ddot{\theta}(t)=2a_2+6a_3t+12a_4t^2+20a_5t^3 \end{cases} \tag{11.2-7}$$

其中,a_0、a_1、a_2、a_3、a_4、a_5 为多项式常系数,边界条件表示为

$$\theta(0)=\theta_0,\quad \theta(t_f)=\theta_f,\quad \dot{\theta}(0)=\dot{\theta}_0,\quad \dot{\theta}(t_f)=\dot{\theta}_f,\quad \ddot{\theta}(0)=\ddot{\theta}_0,\quad \ddot{\theta}(t_f)=\ddot{\theta}_f \tag{11.2-8}$$

该过程的求解可视为六元的线性方程组求解,具体求解步骤不再详细叙述。

(4) 抛物线过渡的线性插补

考虑最简单的情况,机器人在运动过程中如果保持恒定的速度运动,那么轨迹方程相当于一次多项式,即线性插补,运动过程的速度为常数,加速度为0。使用线性插补的问题在于运动开始和结束阶段速度发生突变,产生无穷大的加速度。为了避免这一问题,可以使用抛物线进行起始点和终止点处的过渡以产生较为平滑的轨迹,两者的区别如图11.2-3所示。

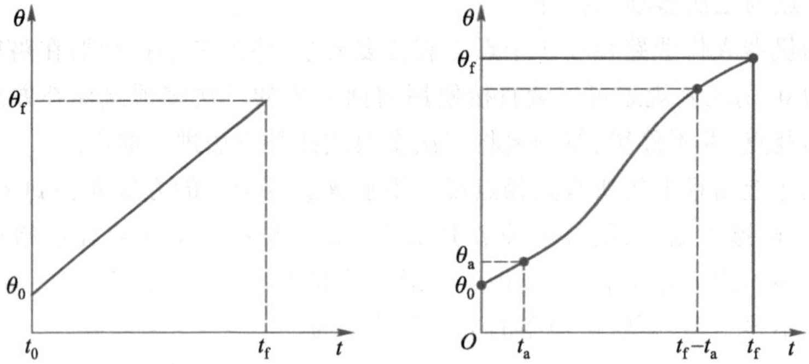

图 11.2-3 两点间的线性插补轨迹(左图)和抛物线过渡的线性插补轨迹(右图)

起始时刻和终止时刻的关节速度均要求为0。边界条件可以表达为

$$\theta(0)=\theta_0,\quad \theta(t_f)=\theta_f,\quad \dot{\theta}(0)=0,\quad \dot{\theta}(t_f)=0 \tag{11.2-9}$$

考虑到该插补方法具有对称性,所以只需要给出中间时刻的参数,假设 t_h 为中间时刻,t_b 为过渡时刻,θ_h 为中间位置,关节过渡的加速度为 $\ddot{\theta}_b$,关节匀速的速度为 $\dot{\theta}_h$,则过渡阶段内三个关联方程为

$$\begin{cases}\theta(t_b)=\ddot{\theta}_b t_b^2/2\\ \dot{\theta}_h=\ddot{\theta}_b t_b\\ \theta(t_h)=\theta(t_b)+\dot{\theta}_h(t_h-t_b)\end{cases} \tag{11.2-10}$$

上述方程中 $t_h=t_f/2$,$\theta(t_h)=\theta(t_f)/2$ 是已知量,主要规划设计 $\ddot{\theta}_b$、$\dot{\theta}_h$,但需要满足一个约束条件为

$$t_b=\frac{\dot{\theta}_h}{\ddot{\theta}_b}\leqslant t_h \tag{11.2-11}$$

如果机器人的关节设计加速度是已知的,则可以利用以上公式求得方程组的解为

$$\begin{cases}t_b=t_h-\sqrt{t_h^2-2\dfrac{\theta(t_h)}{\ddot{\theta}_b}}\\ \dot{\theta}_h=t_h\ddot{\theta}_b-\sqrt{\ddot{\theta}_b^2 t_h^2-2\ddot{\theta}_b\theta(t_h)}\end{cases} \tag{11.2-12}$$

如果机器人的关节设计速度是已知的,则可以求得方程组的解为

$$
\begin{cases}
t_{\mathrm{b}}=t_{\mathrm{h}}-\dfrac{\theta(t_{\mathrm{h}})}{\dot{\theta}_{\mathrm{h}}}-\sqrt{\left(t_{\mathrm{h}}-\dfrac{\theta(t_{\mathrm{h}})}{\dot{\theta}_{\mathrm{h}}}\right)^{2}-2\dot{\theta}_{\mathrm{h}}} \\
\ddot{\theta}_{\mathrm{b}}=\dfrac{\dot{\theta}_{\mathrm{h}}}{t_{\mathrm{b}}}
\end{cases}
\tag{11.2-13}
$$

用抛物线过渡的线性插补方式可以使机器人以最快的速度运动。

(5) B 样条曲线插补

B 样条曲线是一种用于表示曲线的数学方法,它在计算机图形学、计算机辅助设计和计算机辅助制造等领域中广泛应用。B 样条曲线具有几何不变性、凸包性、保凸性、变差减小性、局部支撑性等许多优良性质,利用 B 样条曲线插补也成了一种发展趋势。

B 样条曲线是 B 样条基曲线的线性组合,是由申贝格(Isaac Jacob Schoenberg)首先提出的。B 样条曲线是贝塞尔曲线(又称贝兹曲线)的一般化表示,在其基础上又可以进一步推广为非均匀有理 B 样条曲线。使用 B 样条曲线能给更多一般的几何体建造精确的模型。

B 样条曲线的主要特点是在局部的小范围修改不会引起样条形状的大范围变化。在实际使用中,具有曲线修改方便,曲线严格通过设定的节点,曲线计算量较小的优点。B 样条曲线本身又有很多种类,比如均匀 B 样条曲线、准均匀 B 样条曲线、分段贝塞尔曲线和非均匀 B 样条曲线等。由于篇幅限制,不对 B 样条曲线进行深入的介绍。

【例 11.2-1】三次多项式插补的计算。

假设机械臂关节角起始角度 $\theta_0=\dfrac{\pi}{3}$,终止角度 $\theta_{\mathrm{f}}=\pi$,要求起始速度和终止速度 $\dot{\theta}_0=\dot{\theta}_{\mathrm{f}}=0$,给定的运行时间 $t_{\mathrm{f}}=4\mathrm{s}$,使用三次多项式进行插补计算。

解:

三次多项式的系数求解公式为

$$
\begin{cases}
a_0=\theta_0=\dfrac{\pi}{3} \\
a_1=\dot{\theta}_0=0 \\
a_2=\dfrac{3}{t_{\mathrm{f}}^2}(\theta_{\mathrm{f}}-\theta_0)=\dfrac{1}{8}\pi \\
a_3=-\dfrac{2}{t_{\mathrm{f}}^3}(\theta_{\mathrm{f}}-\theta_0)=-\dfrac{1}{48}\pi
\end{cases}
$$

则三次多项式插补曲线计算结果为

$$
\begin{cases}
\theta(t)=\dfrac{\pi}{3}+\dfrac{1}{8}\pi t^2-\dfrac{1}{48}\pi t^3 \\
\dot{\theta}(t)=\dfrac{1}{4}\pi t-\dfrac{1}{16}\pi t^2 \\
\ddot{\theta}(t)=\dfrac{1}{4}\pi-\dfrac{1}{8}\pi t
\end{cases}
$$

绘制 θ-t、$\dot{\theta}$-t、$\ddot{\theta}$-t 曲线如图 11.2-4 所示。

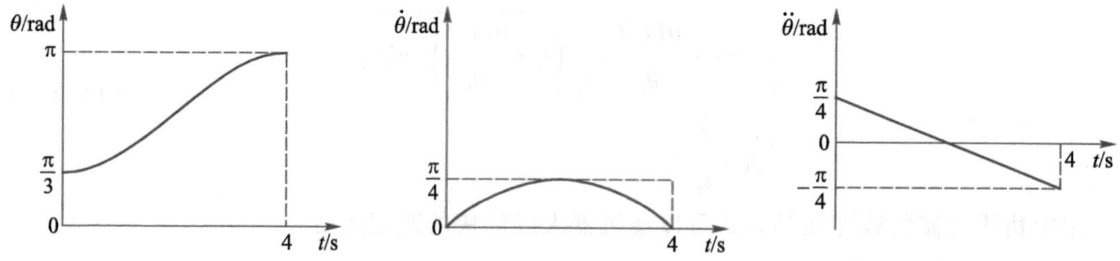

图 11.2-4 $\theta-t$、$\dot{\theta}-t$、$\ddot{\theta}-t$ 曲线

【例 11.2-2】五次多项式插补的计算。

在【例 11.2-1】的基础上添加条件 $\ddot{\theta}_0=\ddot{\theta}_f=0$,使用五次多项式进行插补计算。

解:

根据五次多项式的通式,可以列出方程:

$$\begin{cases}\theta_0=a_0=\dfrac{\pi}{3}\\ \theta_f=a_0+4a_1+16a_2+64a_3+256a_4+1024a_5=\pi\\ \dot{\theta}_0=a_1=0\\ \dot{\theta}_f=a_1+8a_2+48a_3+256a_4+1280a_5=0\\ \ddot{\theta}_0=2a_2=0\\ \ddot{\theta}_f=2a_2+24a_3+192a_4+1280a_5=0\end{cases}$$

整理为矩阵形式:

$$\begin{bmatrix}1&0&0&0&0&0\\1&4&16&64&256&1024\\0&1&0&0&0&0\\0&1&8&48&256&1280\\0&0&2&0&0&0\\0&0&2&24&192&1280\end{bmatrix}\begin{bmatrix}a_0\\a_1\\a_2\\a_3\\a_4\\a_5\end{bmatrix}=\begin{bmatrix}\dfrac{\pi}{3}\\ \pi\\0\\0\\0\\0\end{bmatrix}$$

求解该形为 $\boldsymbol{ax}=\boldsymbol{b}$ 的方程,可以解得

$$\begin{cases}a_0=\dfrac{\pi}{3}\\ a_1=0\\ a_2=0\\ a_3=\dfrac{5\pi}{48}\\ a_4=-\dfrac{5\pi}{128}\\ a_5=\dfrac{\pi}{256}\end{cases}$$

代入五次多项式方程中，有

$$\begin{cases}\theta(t)=\dfrac{\pi}{3}+\dfrac{5\pi}{48}t^3-\dfrac{5\pi}{128}t^4+\dfrac{\pi}{256}t^5\\ \dot{\theta}(t)=\dfrac{5\pi}{16}t^2-\dfrac{5\pi}{32}t^3+\dfrac{5\pi}{256}t^4\\ \ddot{\theta}(t)=\dfrac{5\pi}{8}t-\dfrac{15\pi}{32}t^2+\dfrac{5\pi}{64}t^3\end{cases}$$

绘制 $\theta-t$、$\dot{\theta}-t$、$\ddot{\theta}-t$ 曲线如图 11.2-5 所示。

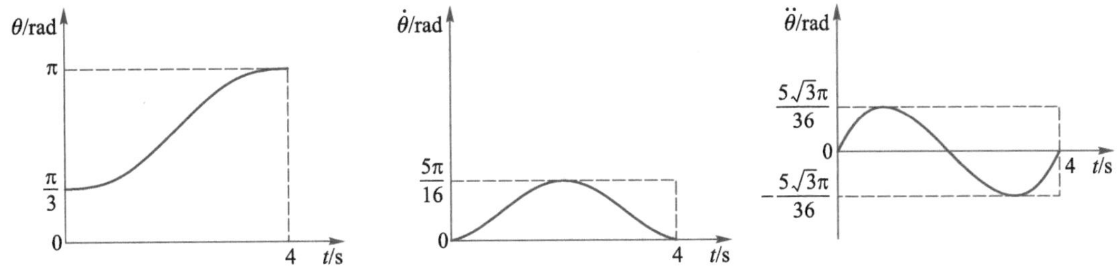

图 11.2-5 $\theta-t$、$\dot{\theta}-t$、$\ddot{\theta}-t$ 曲线

11.2.2 笛卡儿空间的轨迹规划

另一种轨迹规划的方式为直接在位姿空间中进行的轨迹规划。如图 11.2-6 所示，笛卡儿空间的轨迹规划：首先在位姿空间内对初始状态到目标状态使用连续光滑的曲线进行约束条件下轨迹的生成。再通过机器人的逆运动学与动力学求解出相应的关节角度、角速度、角加速度。同样需要注意的是，位姿空间函数的光滑性并不表示关节空间运动的光滑性。最后在满足所要求的约束条件后，可以选取不同类型的连续光滑函数进行插补以生成不同的轨迹。常见笛卡儿空间使用的插补方法有空间直线插补、平面圆弧插补、空间圆弧插补、定时插补、定距插补。

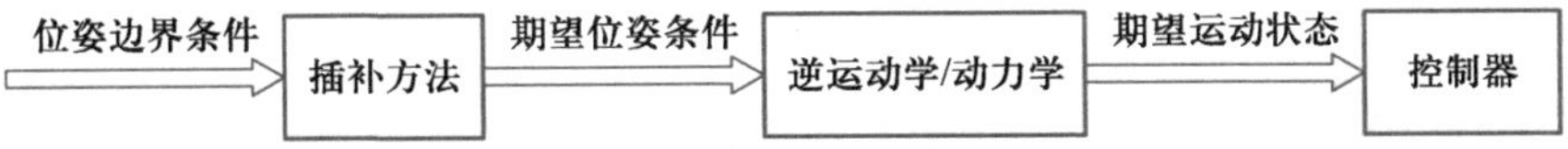

图 11.2-6 笛卡儿空间轨迹规划

针对空间插补，位置本身是欧式空间，可以插补，而姿态矩阵需要转换成欧拉角、四元数或轴角表示，但不影响插补方法，因为上述插补方法的本质都是在线性空间实现的。

(1) 空间直线插补

空间直线插补是最简单的插补方法。空间直线插补是在已知该直线始末两点的位姿条件下，求轨迹中间点（插补点）的位姿。首先给定空间内起始点和终止点的位姿，然后根据插补数目 n 选取直线上离散的刚体位姿，最后利用机器人的逆运动学求解各个关节的期望值。各个插补的位姿可以表示为

$$\boldsymbol{\xi}_i=\boldsymbol{\xi}_1+\frac{i}{n}(\boldsymbol{\xi}_2-\boldsymbol{\xi}_1)\quad(i=0,1,2,\cdots,n) \tag{11.2-14}$$

其中,末端执行器的起始和终止位姿分别表示为$\boldsymbol{\xi}_1$、$\boldsymbol{\xi}_2$。利用插补得到的位姿可以进一步求解关节的期望值并交由控制器进行执行。

(2) 平面圆弧插补

平面圆弧插补是用于平面操作过程中避障的一种简单规划方法。假定平面操作在 xy 平面上,已知不在同一条直线上的三个点 $\boldsymbol{P}_1=\begin{bmatrix}x_1\\y_1\end{bmatrix}$,$\boldsymbol{P}_2=\begin{bmatrix}x_2\\y_2\end{bmatrix}$,$\boldsymbol{P}_3=\begin{bmatrix}x_3\\y_3\end{bmatrix}$,如图 11.2-7 所示。

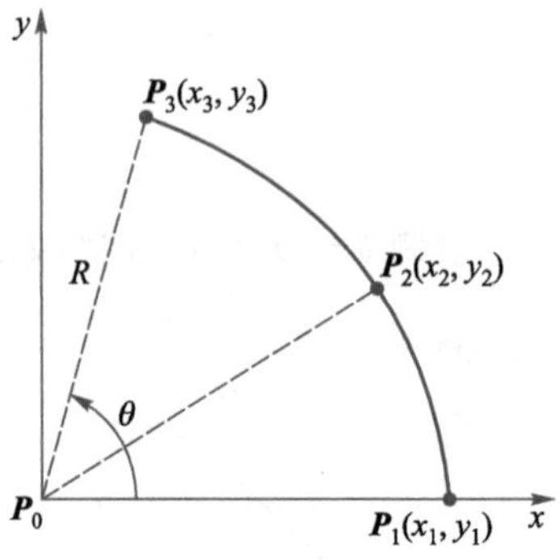

图 11.2-7 平面圆弧插补

假设从第一个点到第三个点时间为 T。平面圆弧的插补步骤如下。

第一步:通过几何法,用三个点计算出圆心坐标和圆弧半径,表示为

$$\boldsymbol{P}_0=\begin{bmatrix}x_0\\y_0\end{bmatrix}=\begin{bmatrix}-\dfrac{de-bf}{bc-ad}\\-\dfrac{af-ce}{bc-ad}\end{bmatrix} \tag{11.2-15}$$

$$R=\sqrt{(x_1-x_0)^2+(y_1-y_0)^2} \tag{11.2-16}$$

其中,$\boldsymbol{P}_0$ 为圆弧的圆心位置,R 为圆弧半径,$a=x_1-x_2$,$b=y_1-y_2$,$c=x_1-x_3$,$d=y_1-y_3$,$e=\dfrac{(x_1^2-x_2^2)-(y_2^2-y_1^2)}{2}$,$f=\dfrac{(x_1^2-x_3^2)-(y_3^2-y_1^2)}{2}$。

第二步:计算总的圆心角度(假定圆弧方向为逆时针),表示为

$$\theta=\arccos\frac{(x_3-x_1)^2+(y_3-y_1)^2-2R^2}{2R^2} \tag{11.2-17}$$

第三步:根据插补个数可以求得角度的插补值为

$$\theta_i=\frac{i}{n}\theta+\arctan^2(y_1-y_0,x_1-x_0)\quad(i=0,1,\cdots,n) \tag{11.2-18}$$

插补的位置为

$$\boldsymbol{Q}_i=\begin{bmatrix}x_0+R\cos(\theta_i)\\y_0+R\sin(\theta_i)\end{bmatrix}\quad(i=0,1,\cdots,n) \tag{11.2-19}$$

利用计算出来的位姿可以进一步求解关节空间中的期望值。

(3) 空间圆弧插补

空间圆弧插补是平面圆弧插补的一般化推广。空间圆弧插补是指三维空间内不在一条直线上的三个已知点使用空间圆弧进行插补。可以将空间圆弧插补转换成平面圆弧插补。已知不在同一条直线上的三个点 $\boldsymbol{P}_1=[x_1\quad y_1\quad z_1]^{\mathrm{T}}$,$\boldsymbol{P}_2=[x_2\quad y_2\quad z_2]^{\mathrm{T}}$,$\boldsymbol{P}_3=[x_3\quad y_3\quad z_3]^{\mathrm{T}}$,如图 11.2-8 所示。

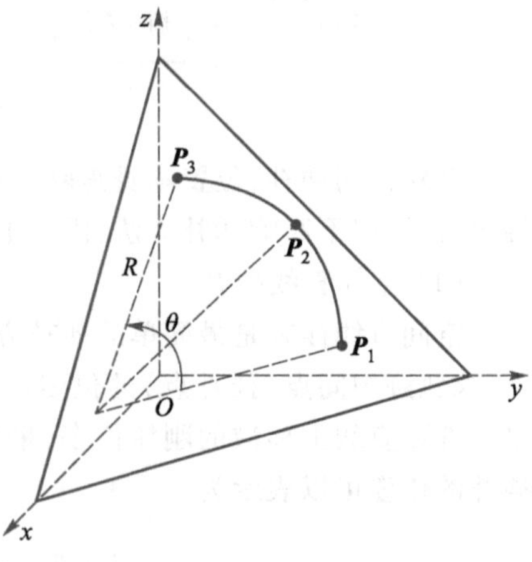

图 11.2-8 空间圆弧插补

空间圆弧插补可以分为以下四个步骤。

第一步：通过坐标转换，将三维问题转换成二维问题，找出空间圆弧所在的平面。

平面可以表示为

$$\boldsymbol{R}_z^{\mathrm{T}}(\boldsymbol{P}-\boldsymbol{P}_1)=0 \tag{11.2-20}$$

其中，$\boldsymbol{R}_z=(\boldsymbol{P}_3-\boldsymbol{P}_1)\times(\boldsymbol{P}_2-\boldsymbol{P}_1)$代表平面的法向量，也代表新坐标旋转矩阵的第三列，$\boldsymbol{P}$ 为平面上一点。

第二步：建立新的空间坐标，用于转换成二维问题。

不失一般性地，新坐标原点建立在第一个点上，第一个点和第三个点的连线为 y 轴，则新的坐标系位姿可以表示为

$$\boldsymbol{G}=\begin{bmatrix}(\boldsymbol{P}_3-\boldsymbol{P}_1)\times\boldsymbol{R}_z & \boldsymbol{P}_3-\boldsymbol{P}_1 & \boldsymbol{R}_z & \boldsymbol{P}_1\\ 0 & 0 & 0 & 1\end{bmatrix} \tag{11.2-21}$$

其中，$\boldsymbol{G}$ 为新坐标相对于绝对坐标的位姿矩阵。

在新的坐标系下，三个点的位置可以表示为

$$\boldsymbol{P}_i'=\boldsymbol{R}^{\mathrm{T}}(\boldsymbol{P}_i-\boldsymbol{t})\quad (i=1,2,3) \tag{11.2-22}$$

第三步：在新坐标系下，使用二维平面插补算法(参照平面空间插补)求解插补坐标，假设插补值为 $\boldsymbol{Q}_i'(i=0,1,\cdots,n)$。

第四步：把插补点转换为绝对坐标系下的值。

$$\boldsymbol{Q}_i=\boldsymbol{R}\boldsymbol{Q}_i'+\boldsymbol{t}\quad (i=0,1,\cdots,n) \tag{11.2-23}$$

其中，$\boldsymbol{Q}_i$ 为空间圆弧插补期望的位置。

前面介绍的三种插补方法可以实现点位作业的需求，也可以在离散化后的轨迹中相邻的期望位姿上进行插补规划。但是如果这些离散点间隔很大，则机器人运动轨迹与期望的轨迹可能产生较大的误差，只有这些插补得到的离散点彼此距离很近，才有可能使机器人轨迹以足够的精确度逼近要求的轨迹。实际应用中，机器人会多次执行带插补点的 PTP 控制，以密集的插补点来逼近要求的轨迹。那么插补点要达到怎样的密集程度才能保证轨迹不失真、保证运动连续平滑呢？这个问题可以采用定时插补和定距插补方法来解决。

(4) 定时插补

从轨迹控制过程的角度考虑，每插补得到一轨迹点的坐标值，就要转换成相应的关节角度值，并输出到位置伺服系统，以使机器人到达这个位置，该过程每隔一个时间间隔 t_s 完成一次。为保证运动的平稳，显然 t_s 的值不能太大。由于常见机械臂的机械结构大多属于开链式，刚度不高，因此时间间隔一般不超过 25ms(40Hz)，这样就产生了时间间隔的上限值。时间间隔当然越小越好，但它的下限值受到计算量限制，计算机要在 t_s 内完成一次插补运算和一次逆向运动学计算。对于目前的大多数机器人控制器，完成这样一次计算不到 1ms，由此产生了时间间隔 t_s 的下限值。一般情况下，应当选择 t_s 接近或等于它的下限值，这样可保证较高的轨迹精度和较好的运动平滑度。

假设已知机械臂的期望轨迹 $\boldsymbol{f}(t)$ $(t\in[0,1])$ 和所需要的时间 T，则机器人的定时插补定义为

$$Q_i = f\left(i\frac{t_s}{T}\right) \quad (i=0,1,\cdots,n) \tag{11.2-24}$$

其中,$\boldsymbol{Q}_i$ 为定时插补期望的位姿。根据定时插补的特点可以看出,两个插补点之间的距离正比于要求的运动速度,两点之间的轨迹不受控制,只有插补点之间的距离足够小,才能满足一定的轨迹精度要求。机器人控制系统易于实现定时插补,例如采用定时中断方式每隔 t_s 中断一次进行一次插补,计算一次逆向运动学,输出一次给定值。由于 t_s 仅为几毫秒,机器人沿着要求轨迹的速度一般不会很高,且机器人总的运动精度不如数控机床、加工中心高,故大多数机械臂和移动机器人采用定时插补方式。当要求以更高的精度实现运动轨迹时,可采用定距插补。

(5) 定距插补

定时插补的缺陷在于插值时间不能改变,插值之间的位姿变化无法估计。如果要求两插补点的距离恒为一个足够小的值,以保证轨迹精度,时间间隔就要动态地变化。定距插补指两插补点保持距离不变,但时间间隔要随着不同工作速度的变化而变化。这两种插补方式的基本算法相同,只是前者固定时间间隔,易于实现,后者保证轨迹插补精度,但时间间隔要随之变化,实现起来比前者困难。

通过精心设计的笛卡儿空间轨迹规划和关节空间轨迹规划,机器人能够实现复杂的空间任务,如精确搬运、组装、绘画或手术操作。这一过程通常需要高度集成的软件和硬件系统,包括先进的传感器、控制算法和执行器。实用中通常是从笛卡儿空间的轨迹规划至下层关节空间的运动规划,由笛卡儿空间轨迹逆解等得到关节空间轨迹,控制关节运动才能实现机器人的目标轨迹。总之,笛卡儿空间的轨迹规划和关节空间的轨迹规划是实现机器人精确空间目标轨迹的关键步骤。这两个过程相辅相成,确保机器人能够高效、准确地完成其任务。

11.3 移动机器人的路径规划

移动机器人的路径规划是机器人技术中的一个核心领域,它解决的问题是如何使机器人从当前位置移动到目标位置,该问题以避免碰撞、符合机器人运动特性、环境作为约束,以最小化某一个目标函数(如距离、时间或能耗)作为优化目标。路径规划的复杂性和方法依赖于机器人操作的环境(如室内、室外、水下等)以及机器人的具体应用。路径规划对于实现机器人的自主性至关重要。它不仅使机器人能够独立完成任务,如导航、搜索和救援操作,还有助于提高机器人的效率和安全性。在广义上,路径规划可以应用于各种类型的机器人平台,包含平面移动机器人(轮式机器人)、空间机器人(无人机)、水上和水下机器人、星球探索机器人等。

相对于其他机器人,地面移动机器人的路径规划是一个平面路径规划问题,该问题空间维度较小,因此较为简单,并且已经被广泛深入地研究了。本节主要介绍平面的路径规划问题,该问题的典型应用领域为电子游戏。游戏中非玩家角色的移动、玩家导航等功能的实现都需要应用相关的路径规划算法。

根据移动机器人对环境信息的掌握程度,可以将移动机器人的路径规划问题分为两类子问题:全局路径规划(global path planning)和局部路径规划(local path planning)。前者是基于先验的完全的环境信息进行的规划,具体来说,全局路径规划是指在环境完全已知的条件下,规划器根据环境地图的所有信息进行的路径规划。后者是基于传感器的信息进行的规划,局部路径规划指环境完全未知或部分未知,需要通过移动机器人的实时感知获取和更新地图信息以生成规划的路径。局部路径规划需要由传感器实时采集环境信息,根据局部信息确定出所在地图的位置以及周围障碍物的分布情况,从而选出从当前节点到某一子目标节点的最优路径。

根据移动机器人环境本身的特点,可将移动机器人的路径规划问题分为静态环境下和动态环境下的规划问题。静态环境指移动机器人的物理环境不会随着时间而变化;动态环境指移动机器人的物理环境随着时间不断发生变化。显然动态环境下的路径规划问题明显比静态环境下的复杂得多。随着城市环境的发展和人机交互需求的增长,动态环境下路径规划问题的研究逐渐成为热点。

移动机器人路径规划一般包含环境建模、路径搜索、路径平滑三个环节。

① 环境建模。环境建模是路径规划的重要环节,目的是建立一个便于规划器进行路径规划所使用的环境模型,即将实际的物理空间抽象为算法能够处理的抽象地图,实现从物理环境到抽象地图的映射。

② 路径搜索。路径搜索阶段是在环境模型的基础上应用相应算法寻找一条可行路径,该可行路径应当尽量满足事先设定的优化目标。

③ 路径平滑。通过相应算法搜索出的路径不可以直接交给移动机器人执行,需要做进一步的平滑处理才能成为一条实际可被执行的路径。

由于移动机器人的路径规划算法数量多、种类杂,并且涉及多个学科,所以本书不再一一介绍具体的路径规划算法,只简单介绍常见的路径规划算法及其特点。图 11.3-1 展示了经典移动机器人路径规划算法的发展历史。移动机器人的路径规划算法最初由图搜索算法引入,后面通过启发算法提高了算法的运行效率,这方面的经典工作是 A* 算法;之后提出的 D* 算法实现了在 A* 基础上对障碍物动态变化条件下的快速重新规划。到了 21 世纪,随着技术发展,又提出了 A* 算法的扩展算法 Theta* 算法,结合前文介绍的随机采样系列算法,共同构成了当前移动机器人路径规划的主流算法。此外,随着人工智能和机器学习技术的发展,移动机器人的路径规划也开始使用神经网络等基于学习的方法实现。

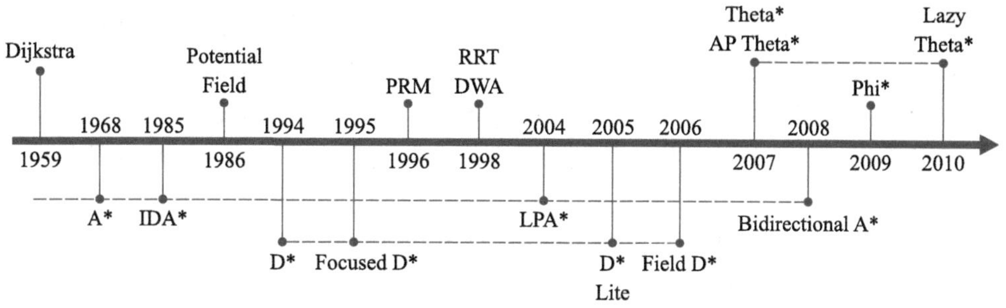

图 11.3-1 经典移动机器人路径规划算法的发展历史

11.3.1 基本算法

直接(walk to)算法是最简单的算法,即让移动机器人从当前位置直接朝着目标点前进(也可以理解成平面直线的轨迹规划),如图 11.3-2 中左图所示。在移动机器人刚开始发展的阶段,通常采用这种方法。直接算法理论上具有最短路径的最优性,但缺点是无法应对路径上有障碍的情况,因此该算法不具有完备性。为了实现避障功能,错误算法由此产生。

错误(bug)算法可以简单解释为沿着起始点和终点连线运动,如果在运动过程中遇到障碍物不能前进,则沿着障碍区的边界顺时针或逆时针运动,直到回到连线上。算法如图 11.3-2 中右图所示。错误算法通常被应用于方形二维迷宫求解问题。该算法在二维空间内是完备的,但不具有最优性。

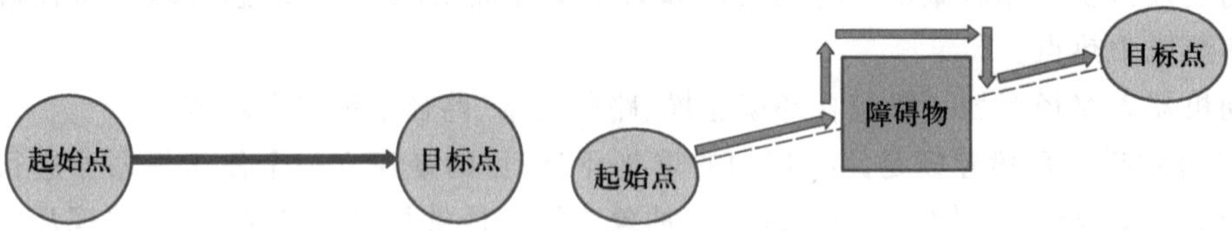

图 11.3-2 直接算法和错误算法

11.3.2 全局路径规划

全局路径规划有两类主要算法,分别为基于图搜索的路径规划算法以及基于采样的路径规划算法。

(1) 基于图搜索的路径规划算法

可以将移动机器人的路径规划问题转化为图搜索问题进行描述,之后便可以利用图的各种搜索算法来实现机器人的路径规划问题。图是图论(graph theory)中的一个概念,它可以简单表示为一类用若干离散节点与连接节点之间的边表示的拓扑结构。许多问题都可以归纳总结为图的结构,从而利用图论的理论来解决该类问题。

使用基于图搜索的方法,首先需要考虑如何将地图转换成图的形式,常用的方法有可视图法和空间离散法。可视图法的核心思想是:已知地图中的所有障碍区,将机器人的起始点、终点和障碍区的顶点作为图的节点,所有不和障碍区相交的节点连线作为边,以此构建图。可视化图法被证明是完备并且最优的。空间离散法是指按照一定的精度将地图网格化,网格区域被分为可通过区域和不可通过区域,网格的区域作为节点,相邻的两个节点以“四连通”或者“八连通”的方式生成节点之间的边,从而建立一个图。生成的网格地图也被称为栅格地图,其在计算机中的数据结构类似于二值化的图像。空间离散法具有分辨率完备性和最优性。两种方法如图 11.3-3 所示。

通过将地图离散为含有节点和边的图的形式,将全局路径规划问题转化为了图的搜索问题。在图结构中进行搜索,最基础的算法是深度优先搜索(depth-first search,DFS)和广度优先搜索(breadth-first search,BFS)。在较为均匀的地图中使用 DFS,可能会使算法在早期陷入错误方向上深度较大的分支,因此 BFS 算法更为常见。BFS 在栅格地图中进行搜索时,对于节点

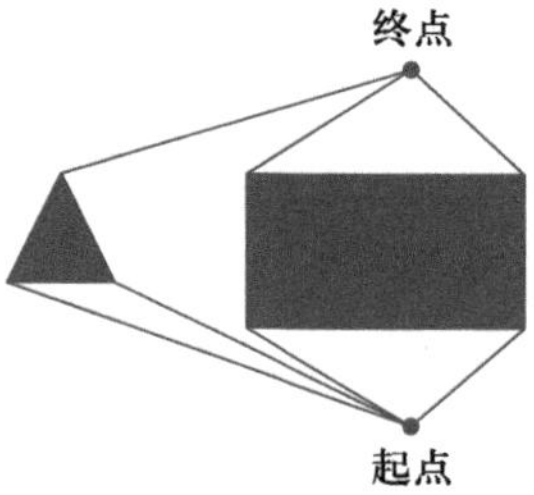

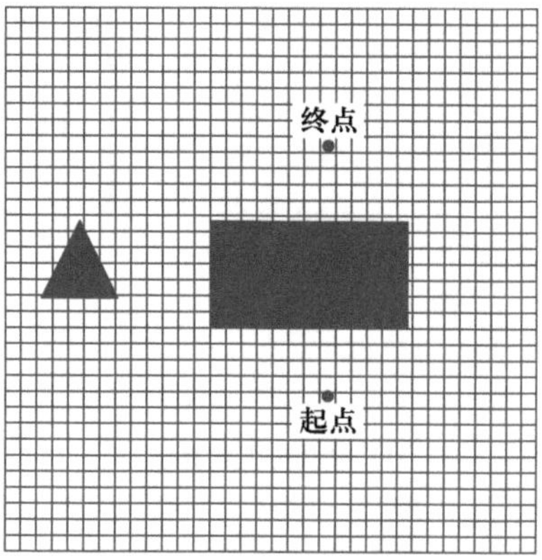

图 11.3-3 可视图法(左图)和空间离散法(右图)

的访问会一直从起点向外层拓展,直到找到目标节点为止。BFS 算法的缺点在于对栅格地图的访问是没有指向性的,因此使用 BFS 进行路径规划是十分低效的做法。

为了提高算法的效率,减少无意义节点的访问耗时,启发函数 $h(\boldsymbol{n})$ 被提出用以指导图搜索进行节点访问的方向。启发函数是对可能在质量较高的路径上的节点的一种猜测与估计。最简单的一种基于启发函数的搜索方法是贪心算法(greedy best first search),贪心算法的启发函数被定义为当前节点距离目标节点的距离,距离小的节点会优先被搜索算法访问。贪心算法的劣势也是显而易见的,贪心算法在每一步的迭代中都选择了这一步中最好的选择,而这样做的代价就是算法可能会陷入局部最优,无法得到全局最优。

另一种经典的图搜索算法是迪杰斯特拉(Dijkstra)算法。该算法与 BFS 算法的不同之处在于每个节点处都维护一个从初始节点到当前节点的代价和函数 $g(\boldsymbol{n})$。搜索的规则是选取当前 $g(\boldsymbol{n})$ 值最小的节点进行访问。Dijkstra 算法是完备的,通常用于加权图的搜索。当图为非加权图时,Dijkstra 算法退化为 BFS 算法。

移动机器人的平面路径规划算法中,最为经典的算法之一是 A* 算法。A* 算法是一种启发式算法,它与贪心算法的不同之处在于节点的选择指标 $f(\boldsymbol{n})$ 由两部分组成:启发函数 $h(\boldsymbol{n})$ 与代价和函数 $g(\boldsymbol{n})$。

$$f(\boldsymbol{n})=g(\boldsymbol{n})+h(\boldsymbol{n}) \tag{11.3-1}$$

A* 算法中启发函数 $h(\boldsymbol{n})$ 起到引导算法高效寻找潜在高质量节点的作用,而代价和函数 $g(\boldsymbol{n})$ 的作用是保证得到的路径的最优性。A* 算法相对较低的复杂度,使得其作为基础路径规划算法被广泛应用于真实移动机器人的路径规划中。以 A* 算法为基础,之后出现了加权 A* 算法、动态环境下高效重规划的 D* 算法、IDA* 算法、LDA* 算法及带边界的 A* 算法等。限于篇幅,感兴趣的读者可自行查阅其他文献。

图 11.3-4 给出了四种经典基础算法在相同环境中的表现情况。图中灰色栅格表示障碍物,白色栅格表示未被访问的节点。深绿色栅格表示为起始节点;红色栅格表示目标节点;浅绿色栅格表示为访问过的节点;浅蓝色栅格表示访问过后不再访问的栅格。黄色路径为算法最终生成的结果。

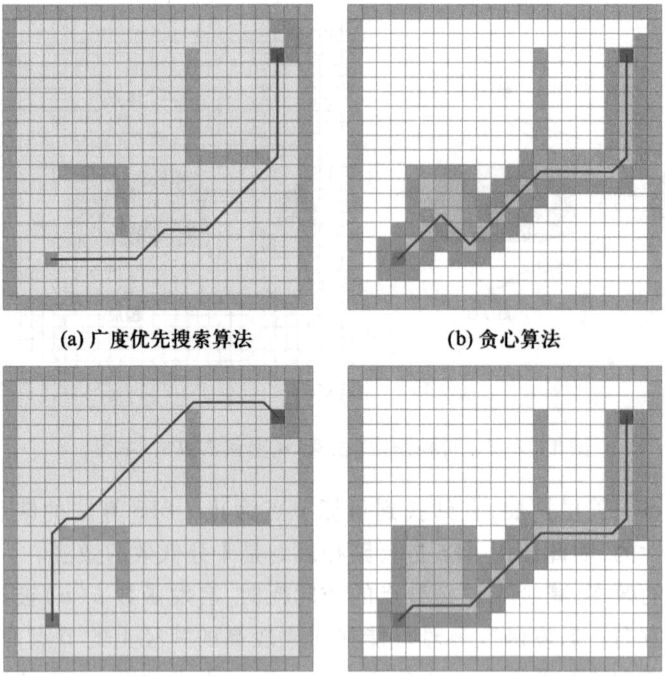

(a) 广度优先搜索算法 (b) 贪心算法

(c) Dijkstra算法 (d) A*算法

图 11.3-4 四种经典算法在相同环境中的表现情况

对于栅格地图,经过离散后采用的是“八连通”方式的无权无向图。因此对于 BFS 算法和 Dijkstra 算法,两者相似,对环境中所有栅格都访问了一遍后才得到最终的解。相对于 A^* 算法得到的最优路线来说,贪心算法在一开始陷入了局部最优,因此得到的路径并非最优的,但是相比于 BFS 和 Dijkstra 算法,贪心算法仅访问了较少的节点就生成了路径,因此贪心算法适用于在一些对路径质量要求不高,但对生成路径速度有要求的场合。而 A^* 算法在访问了较少节点的前提下得到了最优路径,因此 A^* 算法被广泛用于移动机器人的路径规划问题中。

(2) 基于采样的路径规划算法

在构型空间维度较高或者环境地图规模较大的前提下,基于图搜索的方法存在计算量较大的问题。而基于采样的路径规划算法在类似的前提下有较好的表现。其核心思想为先对机器人的单个构型进行碰撞检测,建立无碰撞构型的数据库,再对不同的构型进行采样以生成无碰撞路径。该算法的优点在于具有通用性,只需要针对不同的机器人运动规划问题进行合理的参数调整,即可快速部署算法。该算法的缺点在于完备性较弱,即当参数设置不合理时,即使存在可行的路径,也不一定能够找到。典型的采样规划算法有综合查询方法和单一查询方法两类。综合查询方法首先构建路线图,其次通过采样和碰撞检测建立完整的无向图,最后使用图搜索算法进行路径规划。综合查询方法最著名的就是基于随机采样技术的概率路线图路径规划算法。单一查询方法则从特定的初始构型出发,建立路线图,在构型空间中延伸树形数据结构,最终使初始构型和目标构型相连。单一查询方法最著名的算法是快速扩展随机树路径规划算法。

基于随机采样技术的 PRM 算法可以有效解决高维空间和复杂约束中的路径规划问题。PRM 是一种基于图搜索的方法,它将连续空间转换成离散空间,再利用 A^* 等搜索算法在路线图上寻找路径,以提高搜索效率。这种方法能用相对少的随机采样点找到一个解,对多数的问题而言,相对少的样本足以覆盖大部分可行的空间,随着采样点数增加,找到一条路径的概率趋近于 1。显然,PRM 算法能否找到解与采样点的数量、随机性相关,故 PRM 是概率完备且非最优的。PRM 方法适用范围很广,对于不同的应用场景,只需要调整相应的参数即可。但需要注意,采样方法的完备性很弱,即使空间中存在合理的路径,由于采样参数的设置问题,也可能无法找到路径;另外,由于采样过程的随机性,该方法的稳定性可能不好,对于同样的问题,前后两次的解可能不一样,因此在严格要求稳定性的场合并不适用。

图 11.3-5 展示了 PRM 算法的两个过程。左图展示了在连续地图中进行随机采样构建概率路线图的结果。右图展示了在随机路线图中使用图搜索算法得到的最优路径。

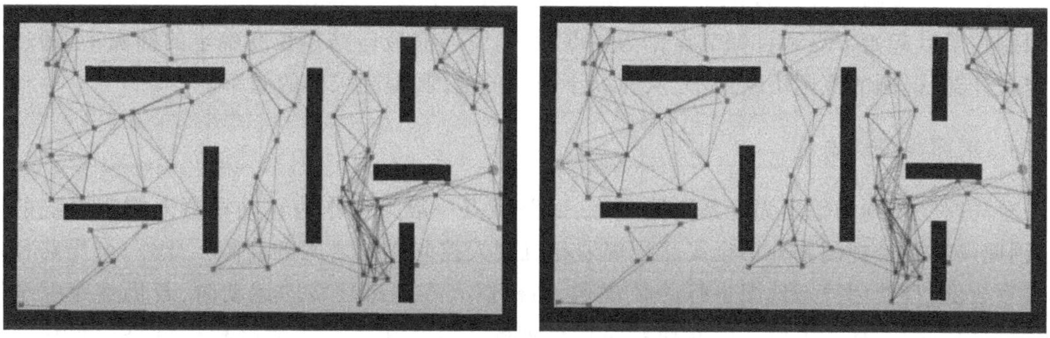

图 11.3-5 在连续地图中进行随机采样构建概率路线图(左图)和在概率路线图中进行图搜索得到最优路径(右图)

RRT 算法不对环境进行图结构的构建,而是直接使用随机方法对地图进行采样,并将采样点添加到已有的生长树中,通过树的不断生长向目标节点逼近。当树的叶节点距离目标节点足够近时,反向迭代寻找节点的根节点以形成路径。

RRT 算法的树结构生长过程如图 11.3-6 所示。

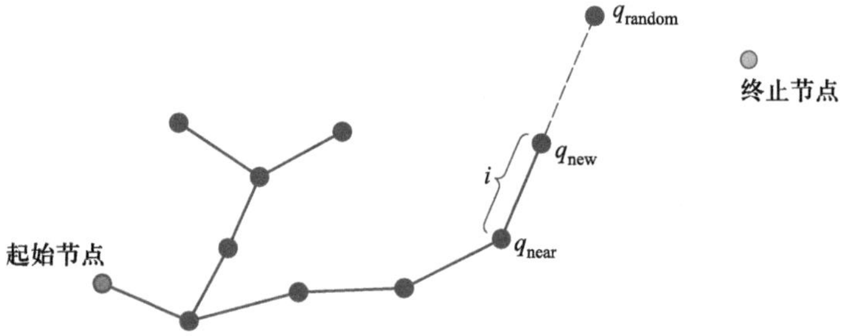

图 11.3-6 RRT 算法的树结构生长过程

① 在环境中进行随机采样,采样得到的节点记为 q_{random}。

② 在已经存在的树结构中找到一个距离 q_{random} 最近的节点,记为 q_{near}。

③ 使用直线连接 q_{random} 和 q_{near}，并在直线上取固定步长 i 生成一个新的节点 q_{new}。

④ 如果 q_{new} 和 q_{near} 之间不存在障碍物，则将 q_{new} 加入树结构中。

基于随机采样技术的 RRT 算法与 PRM 算法相同，也是概率完备的，但不是最优的。只要路径存在，且规划的时间足够长，就一定能找到一条路径解。而“规划的时间足够长”这一前提条件表明，如果规划器的参数设置不合理，例如搜索次数限制太少、采样点过少等，会存在找不到可行解的情况。

RRT 算法同样存在大量的改进。通常从采样方法、树的生长方式、迭代优化的角度进行改进。例如 RRT-connect 方法采用了从起始节点和目标节点同时生长的方式提高算法的效率；RRT^* 算法不再使用距离最短作为新节点的寻找条件，而是选择一定范围内的若干节点作为候选，进行代价比较，从而选择最佳的新节点。RRT^* 算法被证明是具有渐进最优性的，所谓渐进最优性即不断进行采样步骤，RRT^* 算法能够最终收敛到理论最优路径。此外，还有通过将采样区间限制在椭圆内进行多轮迭代的 Informed-RRT^* 算法。Informed-RRT^* 算法的采样区间被限制在了以起始节点和目标节点作为焦点，范围由当前最佳路径长度确定的椭圆中，通过多次迭代计算，椭圆的范围不断缩小，从而缩小采样的范围，提高采样的效率。

11.3.3 局部路径规划

全局路径规划的输出为一系列路径点，而路径点一般无法作为移动机器人控制系统的输入，因此局部路径规划弥补了全局路径规划和机器人控制系统之间的间隙。此外，全局路径规划频率较低，且使用静态地图进行路径规划，当机器人在动态环境中运动时，若仍然跟踪全局路径，可能碰撞到动态障碍。因此局部路径规划的主要作用是对全局路径进行路径跟踪及动态避障。图 11.3-7 为局部路径规划与其他模块的关系。

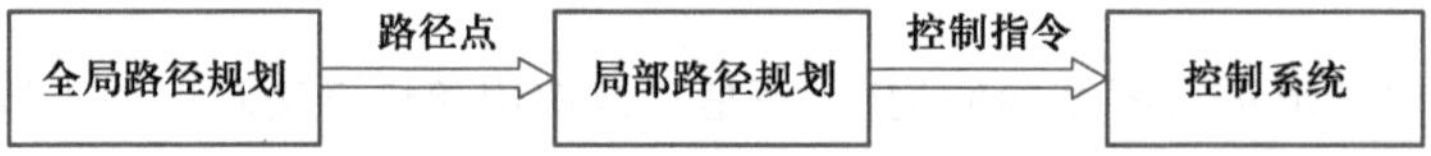

图 11.3-7 局部路径规划与其他模块的关系

局部路径规划最著名的方法就是人工势场法(artificial potential field)和动态窗口法(dynamic window approach，DWA)。

(1) 人工势场法

人工势场法是局部路径规划领域一种比较常用的传统方法。人工势场法是由哈提卜(Khatib)提出的一种虚拟力法。它的基本思想是将机器人在周围环境中的运动，视为一种抽象的人造引力场中的运动，目标点对移动机器人产生“引力”，障碍物对移动机器人产生“斥力”，最后通过求合力来控制移动机器人的运动。人工势场法规划出来的路径一般具有平滑性和安全性，但是这种方法存在局部最优点问题。由于人工势场法在数学描述上简洁、美观，该方法依然被广泛应用于实际机器人的路径规划领域。其局限性主要表现在当目标附近有障碍物时，移动机器人将永远也到达不了目的地。在以前的许多研究中，目标和障碍物都离得很远，当机器人逼近目标时，障碍物的斥力变得很小，甚至可以忽略，机器人将只受到吸引力的作用而直达目标。但在实际环境中，往往至少有一个障碍物与目标点离得很近，在这种情况下，当移动机器人逼近目标时,它也将向障碍物靠近,如果利用以前对引力场函数和斥力场函数的定义,斥力将比引力大得多,这样目标点将不是整个势场的全局最小点,因此移动机器人将不可能到达目标。这样就存在局部最优解的问题,因此如何设计"引力场"就成为该方法的关键。

(2) 动态窗口法

动态窗口法(DWA)主要是在控制空间内采样多组控制量,并通过移动机器人运动学模型预测在这些采样条件下一定时间后的轨迹(如图 11.3-8 中曲线 $u_1 \sim u_9$)。在得到多组预测轨迹后,建立评价函数,对这些预测轨迹进行评价,并选取最优轨迹所对应的一组速度来控制移动机器人的运动。DWA 名字的主要含义是根据移动机器人的控制性能限制,将采样空间限定在一个可行的动态范围窗口内。其中评价函数的指标通常为在局部路径规划中避开障碍的程度,角度与目标连线的偏离值、运行的速度等。与全局路径规划算法结合时,最简单的做法是将全局路径上的点作为子目标进行追踪,以达到跟踪全局路径的目的。图 11.3-8 中曲线 u_4 为当前最佳轨迹。这条轨迹既贴近全局路径(蓝色曲线),又能够躲避障碍物,同时具有较高的速度,所以 u_4 为此刻最佳的输出。

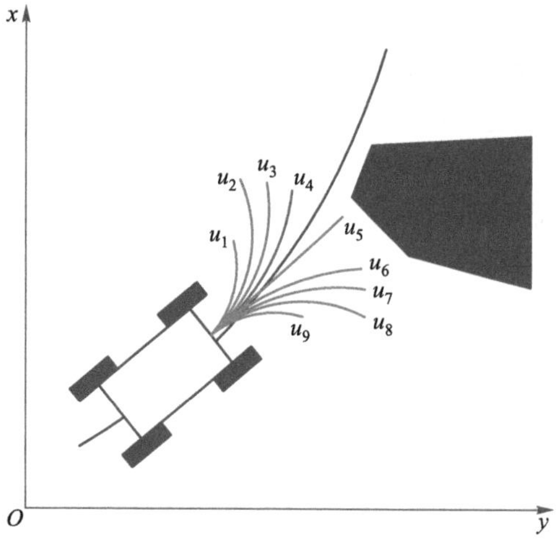

图 11.3-8 DWA 算法

需要注意的是,在简单环境中,可以不依靠全局路径规划而仅仅使用局部路径规划算法完成移动机器人的导航工作;而在复杂环境中,使用局部路径规划算法可能造成机器人陷入局部最优点而无法到达目标点。

11.3.4 同时定位与地图构建

同时定位与地图构建(simultaneous localization and mapping,SLAM)是一种使机器人能够在未知环境中导航的关键技术。SLAM 解决的核心问题是,当机器人在未知环境中探索时,如何同时建立环境的地图并在此地图中确定自己的位置。这一技术对于自动驾驶汽车、无人机、自动化仓库和家庭服务机器人等许多应用领域都是至关重要的,是在真实世界实现路径规划尤为重要的基础。

SLAM 过程通常涉及以下两个主要任务。

① 定位:确定机器人在环境中的精确位置和姿态。这通常需要机器人能够从其传感器(如摄像头、激光雷达)接收的数据中识别环境特征,并利用这些特征来估计自己的位置。

② 建图:根据机器人的观测数据构建环境的地图。这需要机器人能够识别和记录环境中的物体和结构,从而生成环境的表示(如二维或三维地图)。

SLAM 的挑战在于,定位和建图这两个任务是相互依赖的,机器人需要知道自己的位置来构建准确的地图,同时又需要地图来确定自己的位置。SLAM 算法通过同时处理这两个任务来解决这一依赖问题。

SLAM 技术可以根据使用的传感器类型、环境表示和算法复杂度等因素进行分类,包括基于视觉的 SLAM(visual SLAM 或 V-SLAM):仅使用摄像头作为主要传感器来进行定位和建图;基于激光的 SLAM:使用激光雷达来获取环境的距离信息,常用于需要高精度地图的应用;特征提取与匹配:从传感器数据中提取关键特征(如角点、边缘),并在连续的观测之间匹配这些特征来估计运动;图优化:是一种常用的后端优化技术,通过最小化所有观测数据之间误差的方法来优化整个轨迹和地图的准确性;粒子滤波:是一种概率方法,通过一组粒子来表示机器人的可能位置,用于处理定位的不确定性等。

SLAM 技术使得机器人能够在没有预先地图的情况下进行有效的导航和任务执行,这对于许多自主系统来说是极其重要的。无论是室内环境中的清洁机器人、复杂地形中的探索机器人,还是城市环境中的自动驾驶汽车,SLAM 都是实现其自主性的关键技术之一。

SLAM 作为机器人和自主系统领域一个活跃的研究方向,不断推动着这些领域的发展,使得机器人能够更加智能地与复杂多变的真实世界互动。有兴趣的读者可以自行查阅其他文献。

11.4 小结

本章介绍了机器人运动规划的发展和基本概念,以机械臂的轨迹规划为例,介绍了操作机器人常用的轨迹规划方法;以地面移动机器人的路径规划为例,介绍了移动机器人常用的路径规划方法。机器人的运动规划是一个很广泛的概念,随着机器人种类的多样化和复杂化,尤其是人工智能的发展,模糊化了这些概念的边界,使得运动、规划和控制一体化。

11.5 习题

【题 11-1】机械臂的轨迹规划可以分为哪两类?各自有什么特点?

【题 11-2】机械臂的定时插补和定距插补有什么特点?

【题 11-3】移动机器人路径规划一般包含哪三个步骤?

【题 11-4】移动机器人路径规划一般可分为哪两类?各自有什么特点?

【题 11-5】移动机器人路径规划 RRT 算法和 A^* 算法各自有什么特点?

【题 11-6】一个单连杆转动关节机器人静止在关节角 $\theta=-5°$ 处。希望在 4s 内平滑地将关节转动到 $\theta=80°$。求出完成此运动并且使机械臂停在目标点的三次多项式插补曲线的系数。画出关节的位置、速度和加速度随时间变化的函数。

【题 11-7】一个单连杆转动关节机器人静止在关节角 $\theta=-5°$ 处。希望在 4s 内平滑地将关节转动到 $\theta=80°$ 并平滑地停止。求抛物线过渡的线性插补直线轨迹的相应参数。画出关节的位置、速度和加速度随时间变化的函数。

【题 11-8】希望在时间 t_f 内把一个单关节机械臂由初始的静止状态 θ_0 转到 θ_f 并静止。θ_0 和 θ_f 的值已知。要求对所有的 t 满足 $\|\dot{\theta}(t)\|<\dot{\theta}_{max}$ 且 $\|\ddot{\theta}(t)\|<\ddot{\theta}_{max}$,其中 $\dot{\theta}_{max}$、$\ddot{\theta}_{max}$ 为给定的正常数。使用一条三次 B 样条曲线段,求 t_f 的表达式和三次 B 样条曲线的系数。

【题 11-9】平面 2θ 机械手的两连杆长度为 1m,要求从 $(x_0,y_0)=(1.98,0.5)$ 移动到 $(x_t,y_t)=(1,0.75)$,已知起始和终止的速度和加速度均为 0,求每个关节的三次多项式插补曲线的系数，可将关节轨迹分为几段路径。

【题 11-10】机器人从点 A 沿着直线运动到点 B，其位姿分别为

$$\boldsymbol{A}=\begin{bmatrix}-1 & 0 & 0 & 10\\ 0 & 1 & 0 & 10\\ 0 & 0 & -1 & 10\\ 0 & 0 & 0 & 1\end{bmatrix},\quad \boldsymbol{B}=\begin{bmatrix}0 & -1 & 0 & 10\\ 0 & 0 & 1 & 30\\ -1 & 0 & 0 & 10\\ 0 & 0 & 0 & 1\end{bmatrix}$$

且绕转轴 $\boldsymbol{K}$ 匀速回转等效角 θ，求矢量 $\boldsymbol{K}$ 和转角 θ，并求 A 到 B 之间的三个中间变换。

【题 11-11】已知图题 11-1 中 C 障碍，绘制起点到终点的可见性路线图，并表示出最短路径。

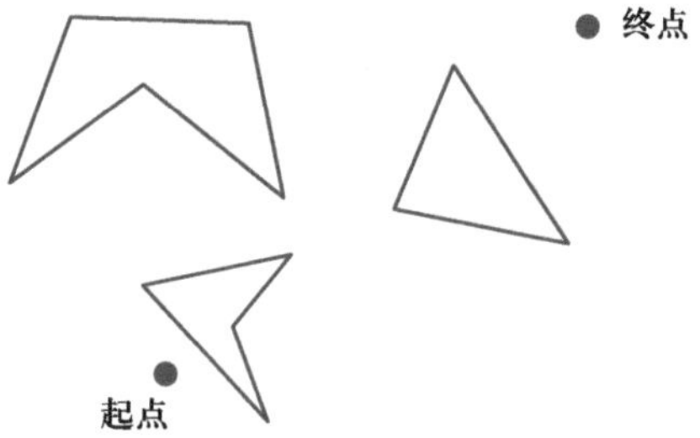

图题 11-1

【题 11-12】计算从 $q(0)=1$ 到 $q(2)=4$ 关节轨迹，初始和终末的速度、加速度都为 0。

【题 11-13】一个圆柱形的路径 $\boldsymbol{X}=(x,y,z)$ 由 $x=\cos 2\pi s, y=\sin 2\pi s, z=2s\ (s\in[0,1])$ 给出，并且时间尺度为 $s(t)=\frac{1}{4}t+\frac{1}{8}t^2\ (t\in[0,2])$。写出 $\dot{\boldsymbol{X}}$ 和 $\ddot{\boldsymbol{X}}$。

【题 11-14】写出满足以下条件的五阶多项式的时间尺度变换。

$$s(T)=1,\quad s(0)=\dot{s}(0)=\ddot{s}(0)=\dot{s}(T)=\ddot{s}(T)=0$$

【题 11-15】请证明梯形时间尺度变换利用最大允许加速度 $\boldsymbol{a}$ 和速度 $\boldsymbol{v}$ 使运动时间 T 最短。

【题 11-16】如果用多项式时间尺度计算点到点的运动（初始和最终速度、加速度都为零），那么多项式的最小阶数是多少？

第十一章习题参考答案

第十二章 仿生机器人

仿生学是一个广泛的领域，涵盖了机器人的所有领域，包括机器人结构、力学、驱动、感知、自主能力等。本节将重点介绍仿生机器人原理、仿生运动设计、仿生与人工智能的关系。

电子教案：
仿生机器人

12.1 仿生机器人原理

仿生机器人（bioinspired robot）是指在设计、功能或控制上模仿生物体（如动物、植物甚至微生物）特性的机器人。这类机器人通过借鉴自然界生物的形态结构、运动方式、感知机制或行为策略，旨在解决特定的工程问题或提高机器人系统的性能。仿生机器人的研究领域跨越了生物学、机器人学、材料科学和计算机科学等多个学科，是一个学科交叉度高的研究领域。

在介绍仿生机器人原理之前，首先需要明确什么是仿生学。仿生学（bionics）是研究生物系统的结构、性状、原理、行为以及相互作用，从而为工程技术提供新的设计思想、工作原理和系统构成的技术科学，是一门生命科学、物质科学、数学与力学、信息科学、工程技术以及系统科学等学科的交叉学科。1960 年 9 月，第一次世界仿生学大会在美国俄亥俄州的空军基地召开。此后几十年中，世界各国竞相展开仿生技术研究，仿生学理论和技术迅速发展，新的仿生原理和仿生装备不断涌现。

仿生学的研究内容包括力学仿生、分子仿生、信息与控制仿生和能量仿生等。其中，力学仿生主要研究生物的宏观结构性能，包括生物的静力学特性和动力学特性；分子仿生主要研究生物的微观特性，包括生物体内酶的催化作用和生物膜的选择性等；信息与控制仿生主要研究生物对信息的处理过程，包括生物的感觉器官、神经元与神经网络等；能量仿生主要是对生物体内的能量转化过程和新陈代谢进行研究，包括生物肌肉的能量转化、生物器官的发光等。仿生学的研究一般可分为以下三步：① 对生物原型和生物机理进行研究；② 将生物模型用数学的方法进行表示；③ 根据数学模型制造出工程技术上的实物模型。

仿生机器人是仿生学与机器人领域应用需求相结合的产物。从机器人发展的角度来看，仿生机器人是机器人发展的高级阶段。生物特性为机器人的设计提供了许多有益的参考，使得机器人可以从生物体上学习，以获得自适应性、鲁棒性、运动多样性和灵活性等一系列良好的性能。仿生机器人按照其工作环境可分为陆面仿生机器人、空中仿生机器人和水下仿生机器人三种。仿生机器人同时具有生物和机器人的特点，已经在反恐防暴、太空探索和抢险救灾等人类无法承担任务的环境中展现出广阔的应用前景。纵观仿生机器人的发展历程，目前已经经历了三个阶段。第一阶段是原始探索阶段，该阶段的仿生机器人主要是对于生物原型的原始模仿，如模拟鸟类翅膀扑动的原始飞行器，驱动方式也主要依靠人力驱动。到 20 世纪中后期，得益于计算机技术的出现以及驱动装置的革新，仿生机器人进入到第二个阶段，即宏观仿形与运动仿生阶段。该阶段的仿生机器人主要依靠机电系统实现诸如行走、跳跃、飞行等生物功能，并且已经实现了一定程度的运动控制。进入 21 世纪，随着人类对生物系统功能特征、形成机理研究的不断深入，以及计算机技术的进一步发展，仿生机器人进入了第三阶段，机电系统开始与生物特性进行部分融合，如传统结构与仿生材料的融合以及仿生驱动的应用。当前，随着生物学以及智能控制技术的发展，仿生机器人正向着第四个阶段发展，即结构与生物特性一体化的类生命系统，该阶段强调仿生机器人不仅具有生物的形态特征和运动方式，同时具备生物的自我感知、自我控制等特性，使得机器人在各个层面都更接近生物原型。比如随着人脑以及神经系统研究的深入，仿生脑和神经系统控制成了该领域的前沿研究方向。

从原理上说，仿生机器人有以下五个方面的发展趋势。

(1) 仿生机理研究由宏观向微观发展

认识生物原型的特性是仿生研究的前提。随着生物学、化学、物理学、机械学等多学科在仿生机理研究上的应用，仿生机理研究将跨越宏观、微观乃至纳观尺度，研究生物的多层次结构和功能，由表及里逐渐深入，通过建立更为逼真的数学模型，为仿生机器人的设计提供理论基础。

(2) 仿生结构由刚性结构向刚柔一体化结构发展

仿生刚柔混合结构是目前机构设计的发展趋势之一，仿生结构的设计从刚性结构转向刚柔混合结构，既具有生物刚性的支撑结构，又具有柔性的自适应结构。通过改进现有的机械设备和工具，或设计、制造新型的、高效的仿生机械设备和工具，仿生机器人将具有更轻便、更精密的结构。此外，变结构的复合仿生机构在变化的环境约束下具有更好的适应能力。因此，通过研究生物运动过程中开链和闭链结构的相互转化及复合，进而设计新型非连续变约束复合仿生机构，是仿生机构的另一个重要发展方向。

(3) 仿生材料由传统单一材料向结构、驱动、材料一体化方向发展

基于智能材料技术结合仿生结构，开展材料、结构、驱动一体化的高性能仿生机构研究，解决航空航天、国防武器、抢险救灾等领域中的特种机器人面临的典型复杂机构设计问题，是未来仿生机器人的发展趋势之一。采用仿生材料代替钢材、塑料等传统材料来制造机器人，能够降低机器人能耗，提高机器人效率，并增强其环境适应性。

(4) 仿生控制由传统控制向神经元精细控制发展

在未来，仿生机器人将摒弃传统的控制方式，通过对生物系统微观控制机理的研究，如肌电信号控制、脑电信号控制等，能够实现基于神经元的仿生机器人精细控制，并在多感知信息融合、远程感知、多机器人协调控制等方面取得突破，让机器人的运动更加精确、环境适应性更

高、动作响应更加快速，且具备敏锐的环境感知能力。

（5）能量传递方式由低效的机械能传递向高效的生物能传递发展

随着节能、环保理念的深化，高能效的仿生机构成为了现代机构学的发展趋势之一。在生物学、化学、物理学等多学科交叉的基础上，研究高效的能量利用、能量传递和转换机理及其与生物组织之间的关系，探索新兴能源、新型能量转化装置的应用，从功能、效率、质量、损耗这四个方面出发，提高仿生机器人的能量利用率，降低能耗。

12.2 仿生运动设计

在自然界中，许多动物通过进化可以适应非结构化的环境，用它们独特的运动方式寻找食物、逃避危险、栖息生存等。仿生机器人的设计尝试将生物学原理转换为工程系统，以实现自然界中观察到的优异功能，主要形成了仿生机械臂/手和仿生移动机器人两个研究领域。

12.2.1 仿生机械臂/手

抓握、附着、操作在仿生机器人领域发挥着重要作用。科学家们受到自然界的启发，将许多结构应用于仿生机械臂/手。

费斯托（Festo）公司因其在仿生机器人领域的出色表现，受到人们的广泛关注。人类的手是自然界中最神奇的工具之一，费斯托设计了如图 12.2-1（a）所示的仿人机械手，它通过手指中的气动波纹管结构控制运动，当气室充满空气时，手指弯曲；如果气室是空的，则手指保持笔直。拇指和食指还配备了一个旋转模块，使这两个手指可以横向移动，仿生机械手共有 12 个自由度，可用于安全、直接的人机协作。仿生手 DHEF 的作用原理源自变色龙的舌头，如图 12.2-1（b）所示，为了捕捉猎物，变色龙的舌头像橡皮筋一样弹出。在舌尖触及昆虫前，随着边缘继续向前移动，其中间部位向后拉。因此，舌头能够适应猎物的形状和大小，并紧紧包裹在猎物周围。仿生手的主要组件是硅胶帽，硅胶帽仿照变色龙的舌头制成，可以灵活地紧紧固定在所抓握的材料上，从而形成封闭，进行抓握物体。自适应抓手手指 DHAS 以鱼鳍为灵感进行设计，如图 12.2-1（c）所示，当向侧面按压鱼鳍时，将围绕压力点形成包络，开发人员借助两片通过中间小连杆相互连接的柔性聚氨酯长条，将这种鱼鳍效应融入工程设计中。在抓取时，稳定而灵活的手指很容易适应工件的轮廓，因而可以轻柔而安全地抓握表面不规则的物体。自适应抓手手指已经应用于食品行业，例如对水果和蔬菜进行分类。图 12.2-1（d）所示的仿象鼻机械臂具备自由移动性、柔顺性及安全性，可直接与人类进行接触，一旦发生碰撞，气动波纹管结构会立即缩回，因此不需要像传统机器人那样小心地避开人类。

北京航空航天大学文力教授课题组通过深入研究鮣鱼吸盘结构学与水下吸附运动学机理，利用多材料 3D 打印及微激光加工技术研制出一体化成型、多材料硬度梯度的仿生软体鮣鱼吸盘样机，如图 12.2-2（a）所示，可以产生相当于自身重力 340 倍的吸附力，通过与水下机器人集成，可实现在不同表面的自主吸附和脱附。此外，该课题组通过模仿章鱼的动作和特性，将感知/处理网络与章鱼触手的传播运动相结合，创造出一种称为电子集成软体章鱼臂的机器人系统，如图 12.2-2（b）所示。

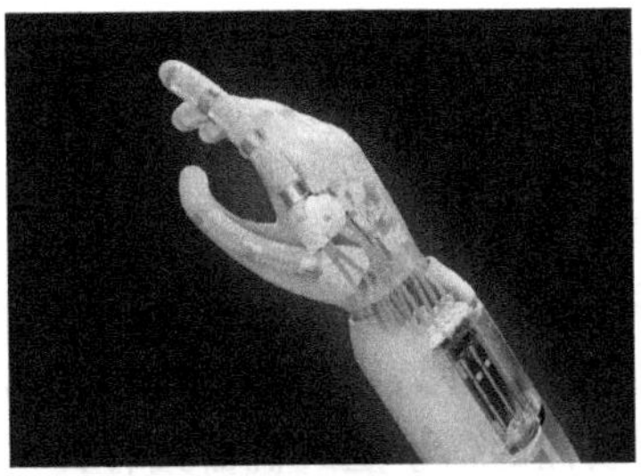

(a) 仿人机械手

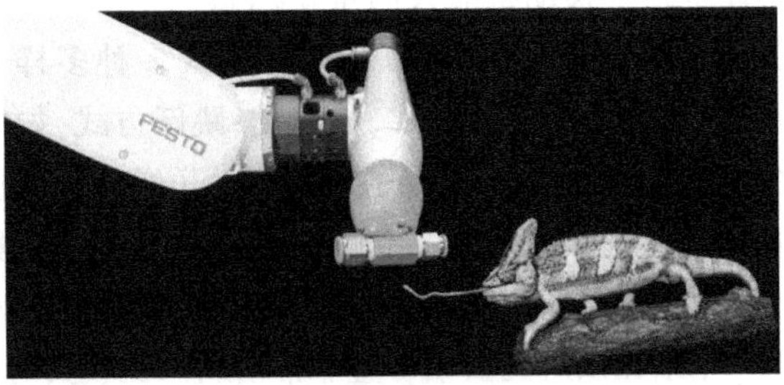

(b) DHEF

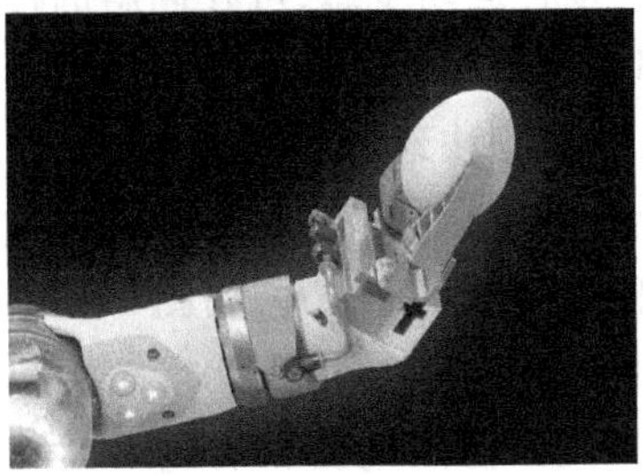

(c) DHAS

(d) 仿象鼻机械臂

图 12.2-1 费斯托仿生手

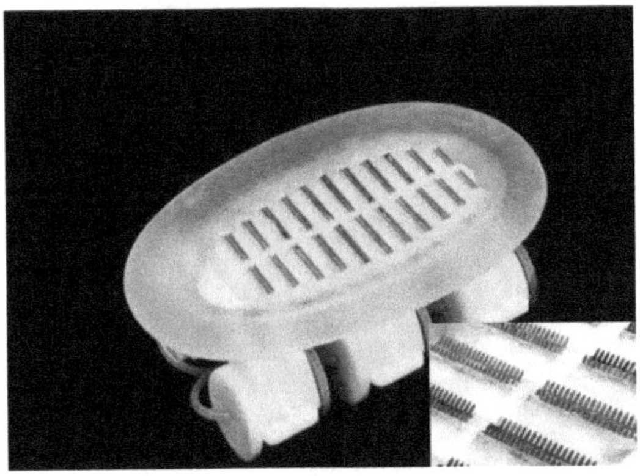

(a) 仿生软体鲫鱼吸盘样机

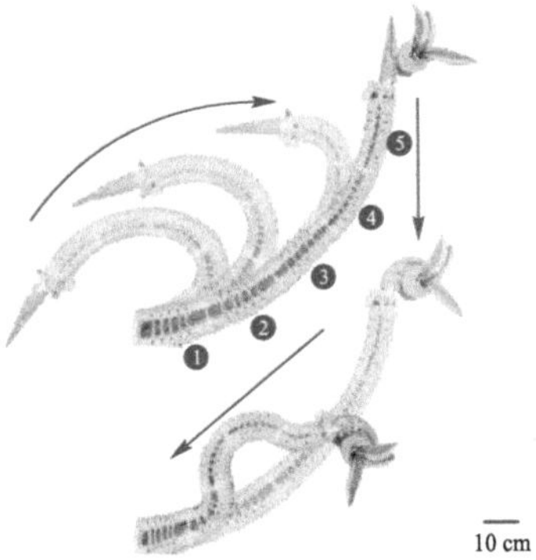

(b) 电子集成软体章鱼臂

图 12.2-2 水下仿生手

斯坦福大学借鉴壁虎脚掌的微纳米多层级结构，制备了微米级楔形黏附垫，并应用于多种仿生手与附着装置。在附着装置中，如图 12.2-3 所示，以壁虎的肌腱控制为灵感，采用键线驱动的方式对黏附垫进行加载与卸载，实现装置在光滑表面黏附、脱附的可控性。

图 12.2-3 仿壁虎脚掌附着装置

12.2.2 仿生移动机器人

对于陆面、空中和水下这三种仿生机器人，运动能力是评价仿生移动机器人的重要标志。

(1) 在自然界中,陆面生物的运动方式多种多样,有双足运动方式,如人类;足式爬行方式,如狗、壁虎等;无足移动方式,如蛇类;跳跃方式,如袋鼠、青蛙、蝗虫等。研究人员从这些生物的组织结构、运动方式等方面受到启发,开展了陆面仿生机器人的研究。

陆面仿生机器人主要包括:仿人机器人、仿生足式移动机器人、仿生蛇形机器人和仿生跳跃机器人。其中仿生足式移动机器人发展最早,目前也最为成熟的技术,因其具有良好的地形适应能力,近 20 年来在该研究领域一直非常活跃。比较具有代表性的仿生足式机器人有日本东京大学研制的 TITAN 系列机器人,如图 12.2-4(a)所示,其具有多种运动步态,可在倾斜的楼梯上行走。美国波士顿动力公司 2008 年仿大狗研制的 Big dog 机器人,如图 12.2-4(b)所示,具有良好的环境感知和姿态保持能力,即使机器人侧面被物体冲击,也能很快地通过调整步态恢复平衡状态。此机器人可以翻越山坡,通过冰面、雪地,走石子路,上、下楼梯,甚至能以跳跃的方式跨过单杠,在军事运输方面极具优势。该公司于 2013 年最新研制的猎豹机器人,如图 12.2-4(c)所示,能够冲刺、急转弯、急刹停止,与其生物原型——猎豹的运动方式接近。北京航空航天大学研制的 NOROS 系列机器人,如图 12.2-4(d)所示,其腿部机构仿照昆虫和哺乳动物的三段腿结构设计,具有四种不同的运动步态:I 型昆虫摆腿步态、II 型昆虫摆腿步态、哺乳动物踢腿步态以及混合步态,使得机器人可以根据不同的地形环境选择适合的步态进行全方位运动。

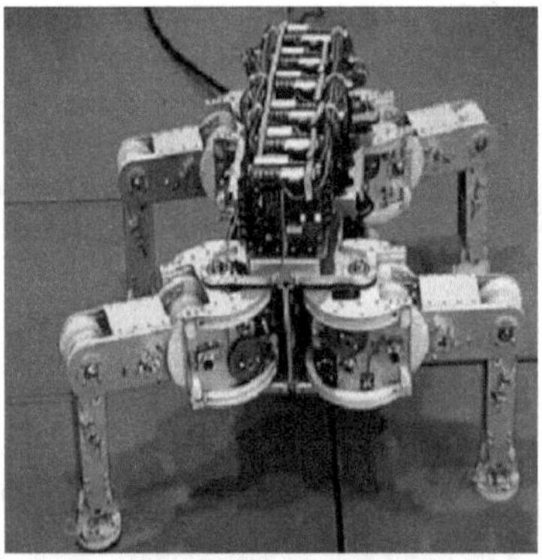

(a) TITAN-VIII

(b) Big dog

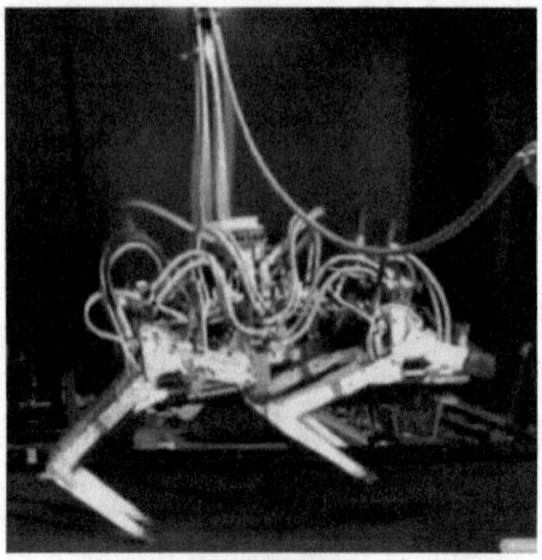

(c) 猎豹机器人

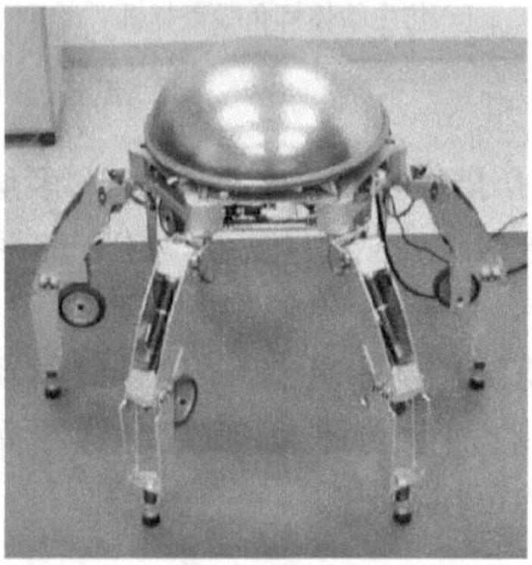

(d) NOROS-II 机器人

图 12.2-4 仿生足式移动机器人

仿生攀爬机器人也在近些年取得了显著的成果。仿壁虎机器人 Geckobot，如图 12.2-5(a)所示，总质量为 100g，全长 190mm，宽 110mm，脚掌末端使用平面弹性体材料，具有类似于壁虎的攀爬步态，可稳定攀爬在 85°的有机玻璃表面。斯坦福大学受到自然界中壁虎脚掌高黏附、易脱附特性的启发，基于楔形干黏附结构，研制了攀爬机器人 Stickybot，质量为 370g，如图 12.2-5(b)所示，该机器人从足部末端到整体为多层次柔顺结构，采用结合刚度控制器的力反馈控制策略，可在光滑垂直表面攀爬，最大攀爬速度为 4cm/s。Stickybot III 机器人如图 12.2-5(c)所示，足部末端利用楔形黏附垫，采用如壁虎一样的键机制，可在垂直表面爬升，明显增加了攀爬机器人的有效载荷，最大压力约为 10.5kPa，具备高黏附性，足部末端各向异性楔形结构使其具有明显易脱附特性。

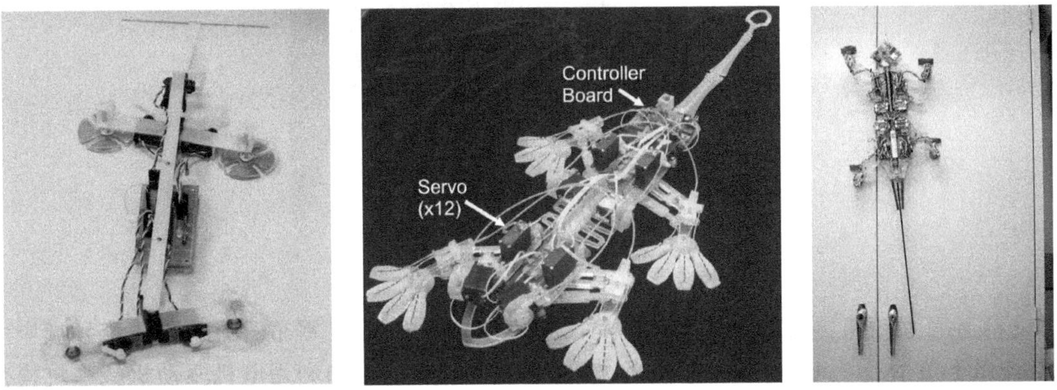

(a) Geckobot (b) Stickybot (c) Stickybot III

图 12.2-5 仿壁虎机器人

(2) 飞鸟、昆虫以及哺乳动物中的蝙蝠等能够在空中飞行的生物，经过上亿年的演化，不断地适应环境，在形态、运动方式、能量利用等方面各具优势，这为空中仿生机器人的设计提供了良好的借鉴和参照。空中仿生机器人具有体积小、运动灵活等特点，在军事和民用方面具有广阔的应用前景，受到各国研究机构的重视。近年来，美国、加拿大、德国等国家的科学家通过对飞行生物的模仿，研制了各式仿生扑翼飞行器。随着新式材料、新式驱动方式的应用以及控制理论的突破和计算机技术的进步，空中仿生机器人从最初的简单模仿昆虫、鸟类的运动，发展到当前无论是结构材料、还是运动方式，都与飞行生物更接近的材料结构一体化阶段。

典型的机器人有德国费斯托公司于 2010 年研制的能够像鸟一样飞行的扑翼飞行机器人 Smartbird，如图 12.2-6 所示，碳纤维材料以及柔性翅膀的应用使其外表与海鸥非常相似，该机器人的质量仅为 450g。通过精巧的多杆联动式传动设计，实现了类似海鸥翅膀在飞行时折叠扑动的运动方式，并且该机器人能根据需要改变扑翼的角度，极大地提高了飞行效率。该公司后续研制的仿生机械蜻蜓 BionicOpter，如图 12.2-7 所示，该机器人长 44cm，翼展为 63cm，质量为 175g，相比于 Smartbird 具有更高的飞行灵活性，两对扑动翅膀与身体连接处可以旋转，依靠改变翅膀拍动的振幅、频率及角度改变身体姿态，可实现几乎所有的蜻蜓动作，如前飞、急转弯、悬停等。

图 12.2-6 Smartbird

图 12.2-7 BionicOpter

(3) 水下仿生机器人作为水下高技术仪器设备的集成体，在军事、民用、科研等领域应用广泛。水下仿生机器人是从模仿鱼类的游动原理开始的，从最初利用电机驱动机械系统模仿鱼类尾部的摆动实现水中推进，发展到现阶段采用新型仿生材料和新型仿生驱动的方式实现推进。推进模式从身体、尾鳍推进发展到中鳍、对鳍推进，提高了仿生机器人的推进效率和机动性，正向着材料与结构一体化的柔性驱动方向发展。

典型的水下仿生机器人有英国埃塞克斯大学于 2005 年研制的机器鱼，如图 12.2-8 所示，其外形完全按照生物鱼的原型设计，其运动方式也是像鱼类一样依靠胸鳍和尾鳍的摆动完成直线运动和转向。新加坡南洋理工大学于 2010 年研制的 RoMan-II 仿生蝠鲼实验样机，如图 12.2-9 所示，该机器人机身两侧平均分布有 6 个柔性鳍条，通过鳍条拍动产生的推进力实现全方向机动，该样机可完成原地转弯和直线后退等对于传统水下机器人而言难度很高的动作，巡航速度可达 0.5m/s。

图 12.2-8 埃塞克斯大学研制的机器鱼

图 12.2-9 RoMan-II 仿生蝠鲼实验样机

12.3 仿生与人工智能

人工智能技术的发展一方面得益于计算机硬件水平的快速提高,另一方面则源于对于生物行为和生物智能认识的深入。

人形机器人是一种以人类形象为基础、具备人类特征和行为能力的机器人,又称仿生人。人形机器人是 AI 最有前景的落地方向之一,未来能将人从低级和高危行业中解放出来,提升人类生产力水平和工作效率。随着科技的不断进步和人工智能的快速发展,人形机器人的应用前景变得非常广阔。在家庭中,人形机器人可以帮助老年人独自生活,提供日常生活的帮助和照顾,减轻家庭成员的负担。在医疗领域,人形机器人可以协助医生进行手术,提供精确的医疗资源和服务,增强医疗效果。人形机器人还可以在教育领域发挥重要作用,它可以在学校中担任教育助理的角色,辅助教师进行教学,提供个性化的教育咨询和学习支持。此外,人形机器人还可以在旅游和服务行业中发挥重要作用,它可以担任导游的角色,提供专业的导览服务,为游客提供个性化的旅行建议和信息。在服务行业中,人形机器人可以担任接待员或服务员的角色,提供高质量的服务,提升客户体验。预计人形机器人产业成熟之后,其所对应的年度市场规模会有数万亿元。

人形机器人是融合了仿生机器人和人工智能技术的最高效形态之一,它结合了机器人学、人工智能、材料科学、生物力学、计算机科学等多个领域的最新研究成果。人形机器人旨在模仿人类的形态和行为,这包括行走、说话、识别物体和声音,甚至模仿复杂的人类表情和动作,技术难度大、投入多,需模拟人在各类环境下的感知、认知、决策、执行。美国特斯拉发布了人形机器人 Optimus,如图 12.3-1 所示,其第二代样机可利用视觉算法自动矫正胳膊和腿的位置,通过图像识别找到手上关键点的位置,再通过双目的视差反算出空间位置实现精确定位,能执行高难度的瑜伽动作,末端的灵巧手可进行柔顺抓取,此外,还可利用大语言模型理解人类指令,使用深度学习实现不同颜色方块的分类,并自动纠正错误。

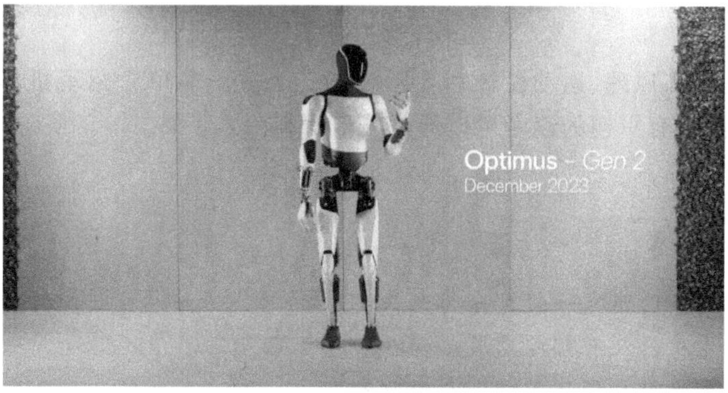

图 12.3-1 人形机器人 Optimus

人形机器人技术虽然发展迅速,但仍面临许多挑战,这些挑战既包括技术层面的问题,也包括伦理和社会接受度方面的问题。例如,人形机器人需要持续的能源供应来维持其操作,但目前的能源解决方案(如电池)在容量和效率上仍有限制,如何提高机器人的能源效率和续航能力是一个重大挑战。模仿人类的平衡和协调运动是极其复杂的,尤其是在不平坦的地面上行走或执行复杂任务时,开发出能够精确控制机器人每个部分的高级算法,以实现自然、流畅的运动,仍然是一个技术难题。虽然人形机器人在视觉和听觉感知方面取得了进展,但要达到人类的感知水平,尤其是在复杂动态的环境中,仍然非常困难。此外,使机器人具备高级认知能力,如理解复杂的语言指令和社会问题,也是一个挑战。高级人形机器人的研发和生产成本非常高,这限制了它们的普及和应用,降低成本,同时保持或提高性能,是推广人形机器人技术的一个重要挑战。

未来的人形机器人技术有望实现质的飞跃,不仅在技术层面上带来创新,也将在社会、经济和文化层面产生深远的影响。未来的人形机器人将拥有更加先进和细腻的感知系统,能够像人类一样理解复杂的环境和社会情境。这包括不仅限于视觉和听觉高度发达的多感官集成系统,还有对触觉、味觉甚至嗅觉的模拟和理解,使机器人能够在更加复杂的环境中自如地导航和执行任务。借助于人工智能的快速发展,未来的人形机器人将具备深度认知能力和自主学习能力。它能够通过观察和实践,像人类一样学习新技能和知识,甚至能够进行创造性的思考和解决问题。这将使人形机器人在教育、创意产业、复杂决策支持等领域发挥巨大作用。随着自然语言处理技术的进步,未来的人形机器人将能够流畅地使用多种语言与人类交流,理解复杂的指令和情感表达。同时,它们的非语言交互能力,如面部表情、手势和身体语言,也将变得更加自然和丰富,使得与人类的交互更加舒适。随着人形机器人技术的发展和应用,相关的伦理和法律问题也将得到深入的探讨和解决。这包括机器人的权利和责任、隐私保护、数据安全等方面,确保技术发展的同时,保护个人和社会的利益。总之,未来的人形机器人将是技术、智能和人性的完美结合,它将以前所未有的方式融入人类社会,成为促进人类进步的重要力量。实现这一愿景需要全球科学家、工程师、政策制定者和公众的共同努力,以确保技术的健康发展和正确应用。

12.4 小结

本章从仿生机器人原理、运动设计和人工智能三个方面简单介绍了机器人如何从仿生角度实现各种复杂运动,有兴趣的读者可以通过其他资料深入了解。

12.5 习题

【题 12-1】仿生学的研究一般可分为哪三步?

【题 12-2】仿生机器人有哪些发展趋势?

【题 12-3】仿生机器人经历了哪三个阶段?

【题 12-4】查阅相关资料,阐述 Festo 气动仿生手的特点。

【题 12-5】仿生移动机器人可以根据移动环境分为哪几类?

【题 12-6】查阅相关资料,阐述国际上知名的人形机器人。

【题 12-7】智能的形成需要经过哪些阶段?请阐述其特点。

【题 12-8】图题 12-1 为受动物运动启发的弹簧负载倒立摆模型，可用于跳跃机器人的设计与控制，请用拉格朗日法推导其动力学模型。

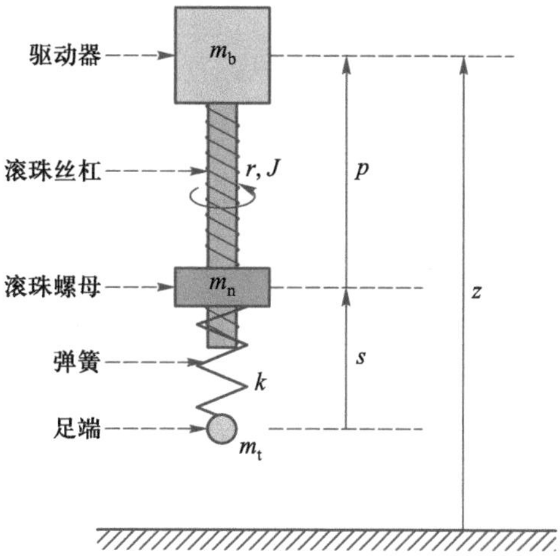

图题 12-1 弹簧负载倒立摆模型

第十二章习题参考答案